山东省高等教育名校建设工程课程改革教材

水利工程施工

主　编　刘祥柱　牛根波　冷爱国

副主编　成　波　刘昌礼　李庆坤

　　　　左　宏　彭英慧　付用坤

主　审　张念信　潘爱国

黄河水利出版社

·郑州·

内 容 提 要

本书是结合山东省高等教育名校建设工程建设方案，根据重点建设专业——水利工程专业的课程建设要求而编写的一本校企合作教材，是为适应现代高职教育培养应用型、技能型人才的需求，结合名校建设对专业改革发展的要求，按照教育部颁布的水利工程施工课程标准编写完成的。全书划分为基本知识学习领域和技能训练领域两个部分，共分11个学习项目和4个训练项目。基本知识学习领域的内容包括土方工程施工、砌体工程施工、爆破工程施工、钢筋工程施工、模板工程施工、混凝土工程施工、吊装施工、灌浆施工、施工导流与截流、基坑施工、施工组织设计等，技能训练领域的内容包括施工导流方案选择、混凝土拌和材料用量确定、模板安装与拆除实训、钢筋加工与绑扎实训等。

本书为高等职业院校水利工程、水利水电建筑工程、水利水电工程管理等专业的教学用书，也可作为相近专业师生和水利工程施工现场技术人员的参考用书和培训教材。

图书在版编目(CIP)数据

水利工程施工/刘祥柱，牛根波，冷爱国主编. —郑州：黄河水利出版社，2015.7 (2017.2 修订重印)

山东省高等教育名校建设工程课程改革教材

ISBN 978-7-5509-1159-8

Ⅰ.①水… Ⅱ.①刘…②牛…③冷… Ⅲ.①水利工程-工程施工-高等学校-教材 Ⅳ.①TV5

中国版本图书馆 CIP 数据核字(2015)第139802号

组稿编辑：王路平 电话：0371-66022212 E-mail：hhslwlp@163.com

出 版 社：黄河水利出版社 网址：www.yrcp.com

地址：河南省郑州市顺河路黄委会综合楼14层 邮政编码：450003

发行单位：黄河水利出版社

发行部电话：0371-66026940、66020550、66028024、66022620(传真)

E-mail：hhslcbs@126.com

承印单位：河南承创印务有限公司

开本：787 mm×1 092 mm 1/16

印张：20

字数：460千字 印数：2 101—5 000

版次：2015年7月第1版 印次：2017年2月第2次印刷

2017年2月修订

定价：45.00元

前 言

本书是依据中央财政支持提升社会服务能力重点建设专业和山东省高等教育名校建设工程重点建设专业——水利工程专业的人才培养方案和课程建设目标要求,并按照国家及行业有关水利工程施工的新规范、新法规、新标准编写完成的。在吸收有关教材和技术文献资料精华的基础上,充实了新思想、新理论、新方法和新技术;以“工学结合”为主线,以培养学生的实践动手能力为目标,不过分苛求学科的系统性和完整性,注重学生职业能力训练和综合素质培养,体现了高等职业教育的特点,突出了适用性、实践性、创新性的教材特色。

本书根据水利类专业的职业岗位要求,参照水利行业职业标准,构建课程改革及教学内容。教材内容强调理论联系实际,突出应用性,以培养学生独立工作技巧和熟练操作技能。基本知识和技能训练一一对应,符合学、练结合,教、学、做一体化的教学模式。本书把全部内容划分为基本知识学习和技能训练 2 个领域,其中基本知识学习包括 11 个学习项目、39 个学习单元,技能训练包括 4 个训练项目。

本书由山东水利职业学院主持编写工作,编写人员及编写分工如下:山东水利职业学院刘祥柱、山东水利工程总公司李庆坤合作编写学习项目一、六、九;山东水利职业学院刘昌礼、山东临沂水利工程总公司付用坤合作编写学习项目二、八;山东水利职业学院彭英慧、邹平县水利局左宏合作编写学习项目三、七;东营经济技术开发区管委会牛根波编写学习项目四、五;山东水利职业学院冷爱国编写学习项目十、十一;刘祥柱、山东水利职业学院成波、李庆坤编写技能训练领域。本书由刘祥柱、牛根波、冷爱国担任主编,刘祥柱负责全书规划、统稿;由成波、刘昌礼、李庆坤、左宏、彭英慧、付用坤担任副主编;由山东省资深评标专家、总监理工程师、教授级高级工程师张念信和山东水务发展有限公司济宁分公司经理潘爱国高级工程师担任主审。

本书在编写过程中,得到了水利工程专业教学团队领导和相关老师的指正和建议,同时得到日照市碧水建筑安装工程处和山东水利工程总公司的积极参与和大力帮助,在此一并表示衷心的感谢!

因编写时间仓促,书中难免存在错误及不妥之处,恳切希望读者给予批评、指正。

编 者

2014 年 12 月

课程描述表

学习项目11个　第二学年　基本学时:84学时

其中:理论62学时,校内实训10学时,现场实训12学时

学习目标

- 能够掌握水利工程施工的基本概念和作用。
- 掌握土方工程特性指标及其应用,明确土方开挖的方式、方法。
- 掌握脚手架的搭设与拆除。
- 掌握爆破的基本原理、方法与爆破措施,会进行爆破设计。
- 会进行控制爆破工艺控制。
- 掌握模板作用、使用要求,能进行模板的安装及质量检查和拆除。
- 掌握钢筋的进厂检验与保管,能进行钢筋加工和配料。
- 掌握骨料制备,混凝土拌和、运输与浇筑基本知识,能够进行混凝土浇筑施工的工艺控制。
- 能够准确进行混凝土配合比设计,熟悉混凝土的季节性施工措施。
- 能够对水工混凝土结构的施工质量进行针对性检查和控制。
- 了解吊装施工的基本知识。
- 掌握灌浆的含义、类型和灌浆施工工艺,能够对砂砾石地基的可灌性进行定量和定性评价。
- 能够选择并设计不同条件下的施工导截流方案,明确施工导流、截流的控制条件。
- 能够进行小型水工建筑物的基坑开挖、排水和地基处理设计。

学习内容

◆水利工程施工基本知识。

◆土方的工程特性、开挖和填筑。

◆脚手架的搭设与拆除、砌筑施工工艺。

◆爆破的基本原理、方法、爆破器材、控制爆破技术与爆破安全。

◆模板的作用、要求、类型、安装、拆除。

◆钢筋加工、配料、钢筋安装质量检查与控制。

◆混凝土的制备、运输、卸料、浇筑与养护。

◆混凝土的季节性施工措施与质量保证。

◆预应力混凝土和碾压混凝土的施工要领。

◆锚喷支护施工工艺和控制要领。

◆不同类型地基的灌浆施工控制。

续表

◆施工导流与截流内容、方案选择、截流措施。 ◆基坑施工环节、开挖要领与地基处理技术。
教学方法 ➢情景式教学。 ➢讨论式教学。 ➢现场教学。 ➢多媒体教学。 ➢启发式教学。 ➢项目导向教学。 ➢任务驱动教学。 ➢案例教学。 ➢试验法

目 录

第一部分 基本知识学习领域

学习项目一 土方工程施工

学习单元一 土的工程性质与分级

学习目标

(1)能够利用不同特性指标评价土体的施工特性。

(2)熟悉土体的不同级别与施工难易程度的关系。

学习内容

(1)土方工程在水利施工中的地位。

(2)土方的工程特性与特性指标。

(3)土体的分级标准。

在进行土石方开挖及确定挖运施工组织时,须根据各种土石的工程性质及其具体指标来选择施工方法及施工机具,确定工料消耗和劳动定额。

从广义的角度而言,土包括土质土和岩石两大类。由于开挖的难易程度不同,水利水电工程中沿用十六级分类法时,通常把前Ⅰ~Ⅳ级叫作土(土质土),Ⅴ级以上的都叫作岩石。对土方工程施工影响较大的因素有土的工程性质和工程分级。

一、土的工程性质

土的工程性质对土方工程的施工方法及工程进度影响很大,主要的工程性质有密度、含水量、可松性、自然倾斜角等。

(一)土的工程特性指标

1. 密度

土壤密度,就是单位体积土壤的质量。土壤保持其天然组织、结构和含水量时的密度称为自然密度。单位体积湿土的质量称为湿密度。单位体积干土的质量称为干密度,它是体现黏性土密实程度的指标,常用它来控制压实的质量。

2. 含水量

土的含水量表示土壤空隙中含水的程度，常用土壤中水的质量与干土质量的百分比表示。含水量的大小直接影响黏性土压实质量。

3. 可松性

自然状态下的土，经开挖扰动后，因变松散而使体积增大的性质称为土的可松性。土的可松性用可松性系数表示，即

$$K = \frac{V_2}{V_1} \tag{1-1}$$

式中 V_2——土经开挖后的松散体积，m^3；

V_1——土在自然状态下的体积，m^3。

土的可松性系数，用于计算土方量、进行土方填挖平衡计算和确定运输工具数量。各种土的可松性系数见表 1-1。

表 1-1　土的密度和可松性系数

土的类别	自然状态		挖松后		弃土堆	
	ρ_1(t/m³)	K_1	ρ_2(t/m³)	K_2	ρ_3(t/m³)	K_3
砂土	1.65～1.75	1.00	1.50～1.55	1.05～1.15	1.60～1.65	1.00～1.10
壤土	1.75～1.85	1.00	1.65～1.70	1.05～1.10	1.75～1.80	1.00～1.05
黏土	1.80～1.95	1.00	1.60～1.65	1.10～1.20	1.75～1.80	1.00～1.10
砂砾土	1.90～2.05	1.00	1.50～1.70	1.10～1.40	1.70～1.90	1.00～1.20
含砂砾壤土	1.85～2.00	1.00	1.70～1.80	1.05～1.10	1.85～1.95	1.00～1.05
含砂砾黏土	1.90～2.10	1.00	1.55～1.75	1.10～1.35	1.75～2.00	1.00～1.20
卵石	1.95～2.15	1.00	1.70～1.90	1.15	1.90～2.05	1.00～1.05

4. 自然倾斜角

自然堆积土壤的表面与水平面间所形成的角，称为土的自然倾斜角。挖方与填方边坡的大小，与土的自然倾斜角有关。确定土体开挖边坡和填土边坡应慎重考虑，重要的土方开挖，应通过专门的设计和计算确定稳定边坡。挖深在 5 m 以内的窄槽未加支撑时的安全施工边坡可参考表 1-2。

(二) 土的颗粒分类

根据土的颗粒级配，土可以分为碎石类土、砂土和黏性土。按土的沉积年代，黏性土又可分为老黏性土、一般黏性土和新近沉积黏性土。按照土的颗粒大小分类，又可分为块石、碎石、砂粒等，详见表 1-3。

表 1-2 挖深在 5 m 以内的窄槽未加支撑时的安全施工边坡

土的类别	人工开挖	机械开挖	说明
砂土	1:1.00	1:0.75	1. 必须做好防水措施，雨季应加支撑； 2. 附近如有强烈振动，应加支撑
轻亚黏土	1:0.67	1:0.50	
亚黏土	1:0.50	1:0.33	
黏土	1:0.33	1:0.25	
砾石土	1:0.67	1:0.50	
干黄土	1:0.25	1:0.10	

表 1-3 土的颗粒分类 单位：(mm)

颗粒名称	粒径	颗粒名称	粒径
漂石或块石	>200	砂粒	2.0～0.05
卵石或碎石	200～20	粉粒	0.05～0.005
圆砾或角砾	20～2.0	黏粒	<0.005

(三)土的松实关系

当自然状态的土挖松后，再经过人工或机械的碾压、振动，土可被压实。例如，在填筑拦河坝时，从土区取 1 m^3 的自然方，经过挖松运至坝体进行碾压后的实体方，就小于原 1 m^3 的自然方，这种性质叫作土的可缩性。

在土方工程施工中，经常有三种土方的名称，即自然方、松方、实体方。它们之间有着密切的关系。

1. 土的体积关系

土体在自然状态下是由土粒(矿物颗粒)、水和气体三相组成的。当自然土体松动后，气体体积(孔隙)增大，土粒数量不变时，原自然土体积 $V_{自}$ < 松动后的土体积 $V_{松}$；当经过碾压或振动后，气体被排出，则压实后的土体积 $V_{实} < V_{自}$。三者之间的关系为 $V_{实} < V_{自} < V_{松}$，$V_{实}$ 为经压实后的实体方，$V_{松}$ 为经扰动后的松方。

对于砾石、卵石和爆破后的块碎石，由于它们的块度大或颗粒粗，可塑性远小于土粒，因而它们的压实方大于自然方，详见表 1-4。

表 1-4 几种典型土的体积变化换算系数

土壤种类	$V_{自}$	$V_{松}$	$V_{实}$
黏土	1.00	1.27	0.90
壤土	1.00	1.25	0.90
砂	1.00	1.12	0.95
爆破块石	1.00	1.50	1.30
固结砾石	1.00	1.42	1.29

当1 m^3 的自然土体松动后,土体增大了,因而单位体积的质量变轻了;再经过碾压或振动,使土粒紧密度增加,因而单位体积质量增大,即

$$\rho_{松} < \rho_{自} < \rho_{实}$$

式中 $\rho_{松}$——开挖后的土体密度,kg/m^3;

$\rho_{自}$——未扰动的土体密度, kg/m^3;

$\rho_{实}$——碾压后的土体密度, kg/m^3。

2. 自然方和压实成品方的关系

在土方工程施工中,设计工程量为压实后的成品方,取料场的储量是自然方。在计算压实工程的备料量和运输量时,应该将两者之间的关系考虑进去,并考虑施工过程中技术处理、要求以及其他不可避免的各种损耗。水利水电系统在多年施工实践经验的基础上,提出了压实成品方与所需自然方的换算公式:

$$V_{实} = \left(1 + \frac{A}{100}\right)\frac{\rho_0}{\rho_d}V_{自} \tag{1-2}$$

式中 $V_{实}$——压实成品方的体积,m^3;

A——综合系数;

ρ_d——设计干密度,kg/m^3;

ρ_0——未经扰动的自然干密度,kg/m^3。

式中综合系数 A(见表1-5)考虑了施工中各种损失。它包括坝上运输、雨后清理、边坡削坡、接缝削坡、施工沉陷、取土坑、试验坑和不可避免的压坏等。

表1-5 土料施工的综合系数 A

填筑料	A	填筑料	A
机械填筑混合坝坝体土料	5.86	人工填筑心墙土料	3.43
机械填筑均质坝坝体土料	4.93	坝体砂石料、反滤料	2.20
机械填筑心墙土料	5.70	坝体堆石料	1.40
人工填筑坝体土料	3.43		

二、土的工程分级

土的工程分级按照十六级分类法,前Ⅰ~Ⅳ级称为土,见表1-6。同一级土中各类土壤的特征有着很大的差异。例如,坚硬黏土和含砾石黏土,前者含黏粒量(粒径<0.005 mm)在50%左右,而后者含砾石量在50%左右。它们虽都属一级土,但颗粒组成不同,开挖方法也不尽相同。

在实际工程中,对土壤的特性及外界条件应在分级的基础上,进行分析研究认真确定土的级别。

表 1-6 一般工程土壤分级

土质级别	土壤名称	自然湿密度(kg/m^3)	外形特征	开挖方法
Ⅰ	1. 砂土 2. 种植土	1 650 ~ 1 750	疏松、黏着力差或易透水,略有黏性	用锹,有时略加脚踩开挖
Ⅱ	1. 壤土 2. 淤泥 3. 含壤土种植土	1 750 ~ 1 850	开挖时能成块并易碎	用锹并用脚踩开挖
Ⅲ	1. 黏土 2. 干燥黄土 3. 干淤泥 4. 含少量砾石黏土	1 800 ~ 1 950	粘手、看不见砂粒,或干硬	用镐、三齿耙开挖或用锹并加脚用力踩开挖
Ⅳ	1. 坚硬黏土 2. 砾质黏土 3. 含砾石黏土	1 900 ~ 2 100	结构坚硬,将土分裂后成块状,或含黏粒、砾石较多	用镐、三齿耙等工具开挖

学习单元二 土方挖运

学习目标

(1)能够根据不同施工条件和工程要求选择合适的挖掘机械。

(2)根据施工强度,计算施工用挖掘机的需要量。

(3)能采取措施,提高挖掘机的生产率。

学习内容

(1)挖运机械的类型、工作原理与使用特点。

(2)挖运组合机械的类型与使用。

(3)挖掘机生产率的计算。

(4)提高挖掘机生产率的措施和方法。

一、土方开挖

(一)推土机

推土机是一种挖运综合作业机械,是在拖拉机上装上推土铲刀而成的(见图 1-1)。按推土板的操作方式不同,可分为索式和液压式两种。索式推土机的铲刀是借刀具自重切入土中,切土深度较小;液压式推土机能强制切土,推土板的切土角度可以调整,切土深度较大。因此,液压式推土机是目前工程中常用的一种推土机。

推土机构造简单,操作灵活,运转方便,所需作业面小,功率大,能爬 30°左右的缓坡。它适用于施工场地清理和平整,开挖深度不超过 1.5 m 的基坑以及沟槽的回填土,堆筑高度在 1.5 m 以内的路基、堤坝等。在推土机后面安装松土装置,可破松硬土和冻土,还可牵引无动力的土方机械(如拖式铲运机、羊脚碾等)进行其他土方作业。推土机的推运距离宜在100 m以内,当推运距离在30～60 m时,经济效益最好。

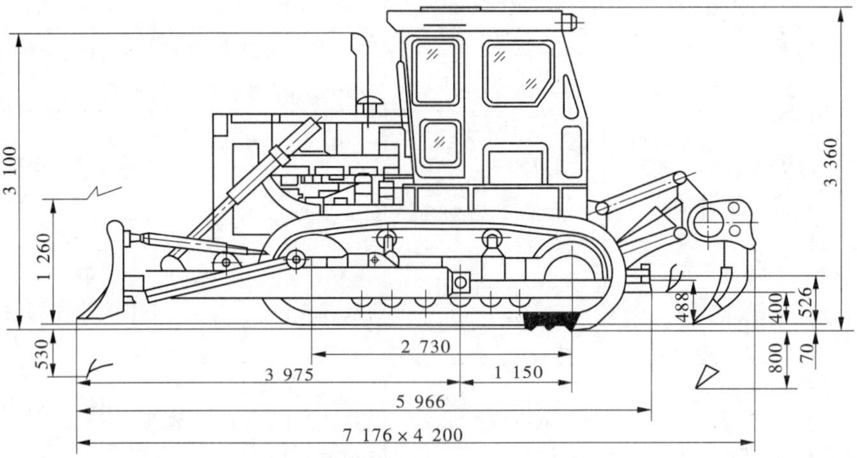

图1-1 T180推土机 (单位:mm)

提高推土机生产效率的方法如下:

(1)下坡推土。借推土机自重,增大铲刀的切土深度和运土数量,以提高推土能力和缩短运土时间。一般可提高效率30%～40%。

(2)并列推土。对于大面积土方工程,可用2～3台推土机并列推土。推土时,两铲刀相距15～30 cm,以减少土的侧向散失;倒车时,分别按先后顺序退回。平均运距不超过50～75 m时,效率最高。

(3)沟槽推土。当运距较远、挖土层较厚时,利用前次推土形成的槽推土,可大大减少土方散失,从而提高效率。此外,还可在推土板两侧附加侧板,增大推土板前的推土体积以提高推土效率。

(二)铲运机

按行走机构不同,铲运机有拖式和自行式两种。拖式铲运机由拖拉机牵引,工作时靠拖拉机上的操作机构进行操作。根据操作机构不同,拖式铲运机又分索式和液压式两种。自行式铲运机的行驶和工作都靠本身的动力设备,不需要其他机械的牵引和操作,见图1-2。

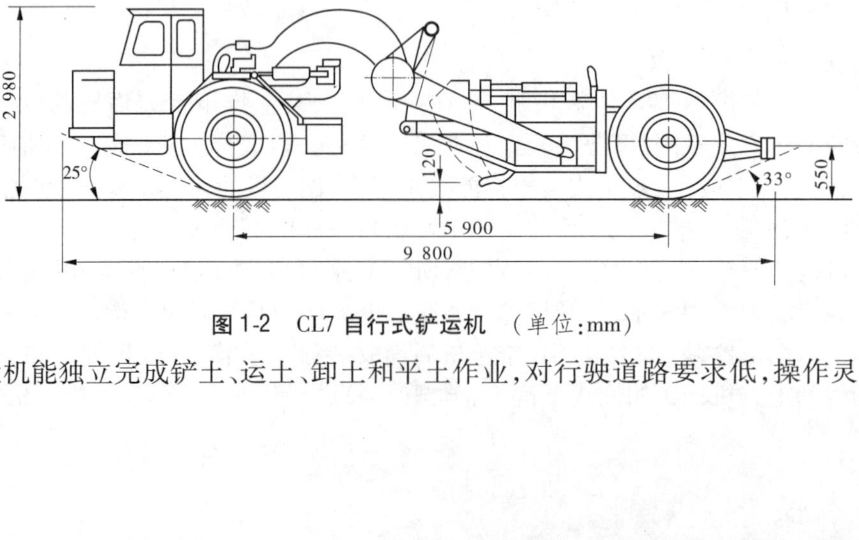

图1-2 CL7自行式铲运机 (单位:mm)

铲运机能独立完成铲土、运土、卸土和平土作业,对行驶道路要求低,操作灵活,运转方便，生产效率高。铲运机适用于大面积场地平整，开挖大型基坑、沟槽以及填筑路基、堤坝等，最适合开挖含水量不大于27%的松土和普通土，不适合在砾石层和沼泽区工作。当铲运较坚硬的土壤时，宜先用推土机翻松0.2～0.4 m，以减少机械磨损，提高效率。常用铲运机的铲斗容量为1.5～6 m^3。拖式铲运机的运距以不超过800 m为宜，当运距在300 m左右时效率最高；自行式铲运机经济运距为800～1 500 m。

（三）装载机

装载机是一种高效的挖运综合作业机械，见图1-3。主要用途是铲取散粒材料并装上车辆，可用于装运、挖掘、平整场地和牵引车辆等，更换工作装置后，可用于抓举或起重等作业，因此在工程中被广泛应用。

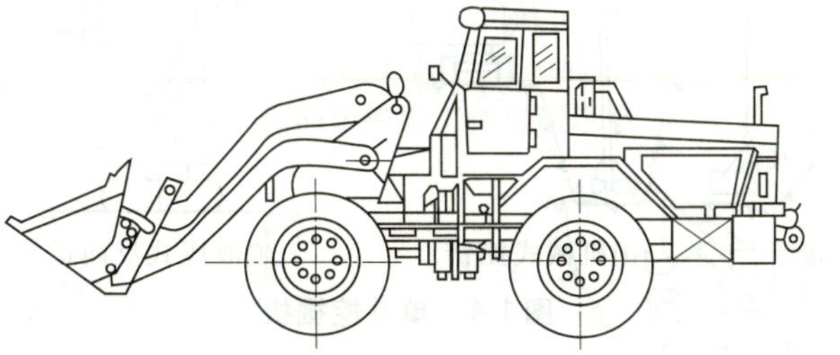

图1-3 装载机

装载机按行走装置不同可分为轮胎式和履带式；按卸料方式不同可分为前卸式、后卸式和回转式三种；按载重量大小可分为小型（<1 t）、轻型（1～3 t）、中型（4～8 t）、重型（>10 t）四种。目前，使用最多的是四轮驱动铰接转向的轮式装载机，其铲斗多为前卸式，有的兼可侧卸。

（四）单斗挖掘机

单斗挖掘机是一种循环作业的施工机械，在土石方工程施工中最常见。它按其行走机构不同，可分为履带式和轮胎式；按其传动方式不同，可分为机械传动和液压传动两种；按工作装置不同，可分为正向铲、反向铲、拉铲和抓铲等（见图1-4）。

1. 正向铲挖掘机

正向铲挖掘机构造图如图1-5所示。

图1-6为正向铲工作过程示意图。每一个工作循环包括挖掘、回转、卸料、返回四个过程。挖掘时先将土斗放到工作面底部（Ⅰ）的位置，然后将铲斗自下而上提升，同时向前推压斗杆，在工作面上形成一弧形挖掘带（Ⅱ、Ⅲ）；铲斗装满后，将铲斗后退，离开工作面（Ⅳ）；回转挖掘机上部机构至运输车辆处，打开斗门，将土卸出（Ⅴ、Ⅵ）；此后再回转挖掘机，进入第二个工作循环。

正向铲挖掘机施工时，应注意以下几点：为了操作安全，使用时应将最大挖掘高度、最大挖掘半径值减少5%～10%；在挖掘黏土时，工作面高度宜小于最大挖土半径时的挖掘高度，以防止出现土体倒悬现象；为了发挥挖掘机的生产效率，工作面高度应不低于挖掘一次即可装满铲斗的高度。

挖掘机的工作面称为掌子面，正向铲挖掘机主要用于停机面以上的掌子开挖。根据掌子面布置的不同，正向铲挖掘机有不同的作业方式，如图1-7所示。

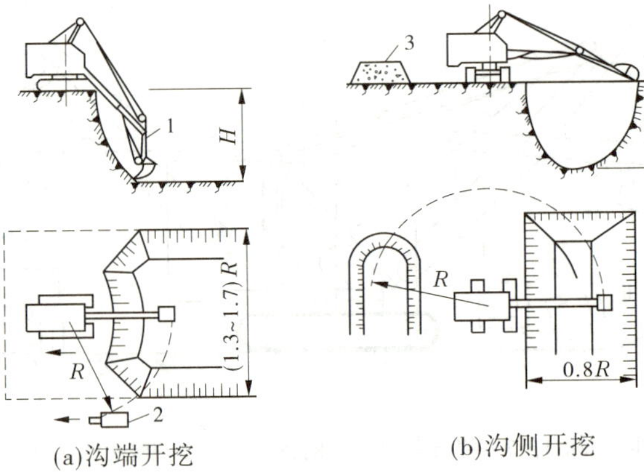

1—反向铲挖掘机;2—自卸汽车;3—弃土堆

图 1-8　反向铲挖掘机

3. 单斗挖掘机生产率的计算

挖掘机的生产率是指在单位时间内从掌子中挖取并卸入土堆或车箱的土方量。影响挖掘机生产率的主要因素有土壤性质、掌子的高度、旋转角度、工作时间的利用程度、运输车辆的大小、司机的操作水平和挖掘机的技术状况等。根据具体施工条件分析上述因素后,单斗挖掘机生产率可按下式计算:

$$P = 60nqK_{充} K_{修} K_{时} K_{延} / K_{松} \quad (m^3/h,自然方) \tag{1-3}$$

其中

$$K_{修} = 1/(0.4K_{土} + 0.6\beta)$$

$$n = 3\,600/T$$

式中　n——设计每分钟循环次数;

T——挖掘机一个工作循环时间,s;

q——铲斗平装容量,即铲斗的几何容积,m^3;

$K_{充}$——铲斗充盈系数,与土质有关,一般取 0.80 ~ 1.10;

$K_{修}$——工作循环时间修正系数;

$K_{土}$——土壤级别修正系数,可采用 1.0 ~ 1.2;

β——转角修正系数,转角 90°时取 1.0,转角 100° ~ 135°时取 1.08 ~ 1.37;

$K_{时}$——时间利用系数,取 0.8 ~ 0.9;

$K_{延}$——卸载延误系数,卸入弃土堆时取 1.0,卸入车箱时取 0.9;

$K_{松}$——土壤的可松性系数。

提高挖掘机生产率的措施:合理布置掌子面,缩短挖掘机工作循环时间;合理配套挖运设备;规范施工方法和步骤,提高机械设备操作水平,加强施工管理,提高时间利用系数;加强机械维修保养,保证机械正常运转。

二、土方运输

土方运输机械有:有轨运输、无轨运输和皮带机运输。

(一) 有轨运输

(1) 标准轨运输(轨距 1 435 mm)。工程量一般不少于 30 万 m^3,运距不少于 1 km,坡度不宜大于2.5%,转弯半径不小于200 m。

(2)窄轨运输。轨距有1 000 mm、762 mm、610 mm三种。窄轨运输设备简单,线路要求比标准轨低,能量消耗少,在工程中得到广泛使用。

有轨运输路基施工较难,效率较低,除窄轨运输有时用于隧洞出渣外,一般较少采用。

(二)无轨运输

1.自卸汽车运输

自卸汽车运输,机动灵活,运输线路布置受地形影响小,但运输效率易受气候条件的影响,燃料消耗多,维修费用高。自卸汽车运输,运距一般不宜小于300 m,重车上坡最大允许坡度为8%~10%,转弯半径不宜小于20 m。

2.拖拉机运输

拖拉机运输,是用拖拉机拖带拖车进行运输。根据行走装置不同,拖拉机分为履带式和轮胎式两种。履带式拖拉机牵引力大,对道路要求低,但行驶速度慢,适用于运距短、道路不良的情况。轮胎式拖拉机对道路的要求与自卸汽车相同,适用于道路良好,运距较大的情况。

(三)皮带机运输

皮带机是一种连续式的运输设备。与车辆运输相比,皮带机具有以下特点:结构简单、工作可靠、管理方便,易于实现自动控制;负荷均匀,动力装置的功率小,能耗低;连续运输,生产效率高。

皮带机,按其能否移动可分为固定式和移动式(见图1-9)两种。

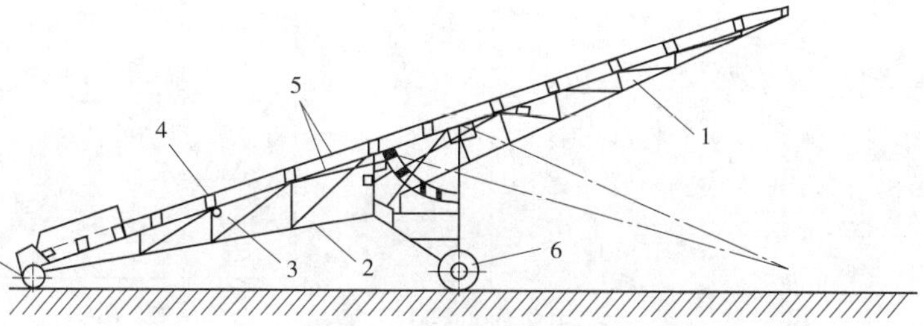

1—前机架;2—后机架;3—下托辊;4—上托辊;5—皮带;6—行走轮;7—尾部导向轮

图1-9 移动式皮带机

学习单元三 土的填筑

学习目标

(1)能根据工程要求组织压实试验,为施工提供参考依据。

(2)能根据不同土质和工程要求,选择合适的压实参数和压实机械并组织施工。

(3)能根据碾压试验关系曲线,选用合理的试验参数。

学习内容

(1)不同土体的压实机械、压实方法和压实注意事项。

(2)碾压参数的选用。

(3)黏性土碾压试验步骤。

(4)碾压试验结果的工程应用。

一、影响土料压实的因素

土料压实的程度主要取决于机具能量(压实功)、碾压遍数、铺土的厚度和土料的含水量等。

土料是由土粒、水和空气三相体所组成的,通常固相的土粒和液相的水是不会被压缩的。土料压实就是将被水包围的细土颗粒挤压填充到粗土颗粒间孔隙中去,从而排走空气,使土料的空隙率减小,密实度提高。一般来说,碾压遍数越多,则土料越密实,当碾压到接近土料极限密度时再进行碾压,则起的作用就不明显了,见图 1-10。

在同一碾压条件下,土的含水量对碾压质量有直接的影响。当土具有一定含水量时,水的润滑作用使土颗粒间的摩擦阻力减小,从而使土易于密实。但当含水量超过某一限度时,土中的孔隙全由水来填充而呈饱和状态,反而使土难以压实。图 1-11 中曲线最高点所对应的含水量即为土料压实的最优含水量,即土料在这样含水量的条件下,所得到的土料密实度为最大。

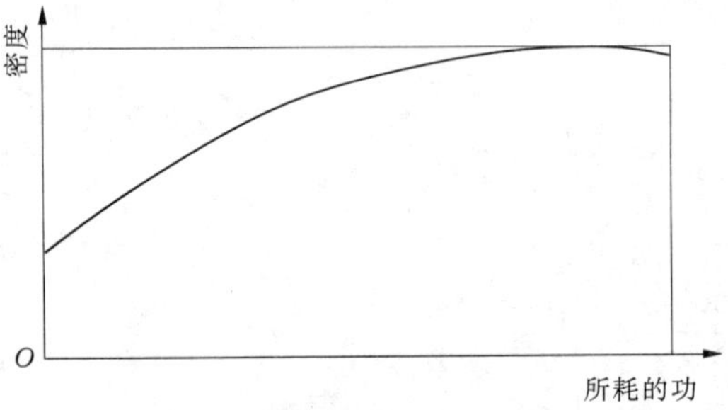

图 1-10　土的密度与压实功的关系

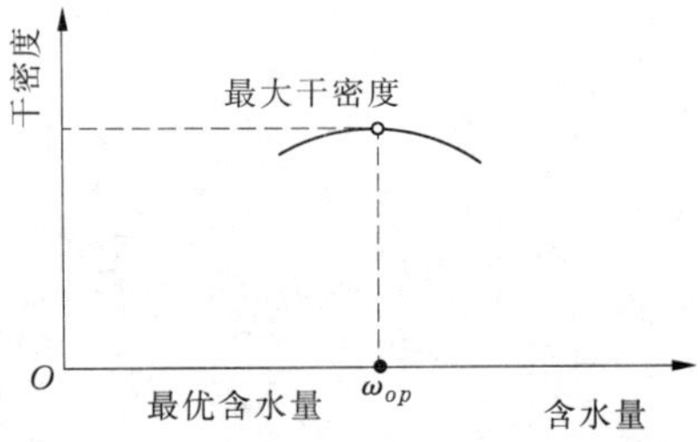

图 1-11　土的干密度与含水量的关系曲线

二、土料压实方法、压实机械及其选择

(一)压实方法

土料的物理力学性能不同,压实时要克服的压实阻力也不同。黏性土的压实主要是克服土体内的凝聚力,非黏性土的压实主要是克服颗粒间的摩擦力。压实机械作用于土体上的外力有静压碾压、振动碾压和夯击三种,见图 1-12。

静压碾压:作用在土体上的外力不随时间而变化,如图 1-12(a)所示。

振动碾压:作用在土体上的外力随时间作周期性的变化,如图 1-12(b)所示。

夯击:作用在土体上的外力是瞬间冲击力,其大小随时间而变化,如图 1-12(c)所示。

(二)压实机械

在碾压式的小型土坝施工中,常用的碾压机具有平碾、肋形碾、羊脚碾、气胎碾、振动碾、蛙夯,也有用重型履带式拖拉机作为碾压机具使用的。碾压机具主要是靠沿土面滚动时碾磙本身的重量,在短时间内对土体产生静荷重作用,使土粒互相移动而达到密实。

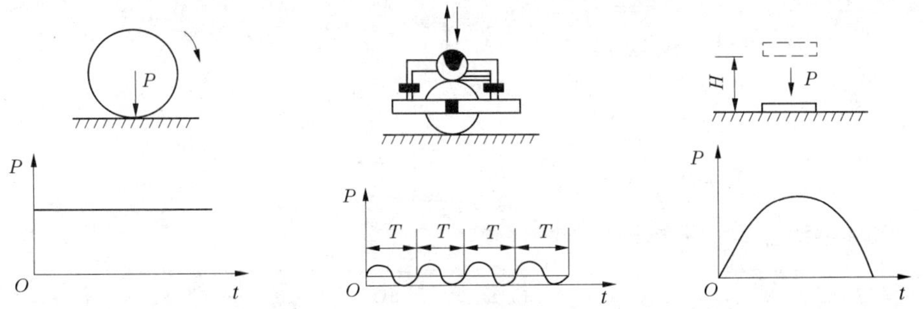

(a)静压碾压　(b)振动碾压　(c)夯击

图 1-12　土料的压实外力

1. 平碾

平碾的构造如图 1-13(a) 所示。钢铁空心滚筒侧面设有加载孔,加载大小根据设计要求而定。平碾碾压质量差、效率低,较少采用。

2. 肋形碾

肋形碾的构造如图 1-13(b) 所示。一般采用钢筋混凝土预制。肋形碾单位面积压力较平碾大,压实效果比平碾好,用于黏性土的碾压。

3. 羊脚碾

羊脚碾的构造如图 1-13(c) 所示。其碾压滚筒表面设有交错排列的羊脚。钢铁空心滚筒侧面设有加载孔,加载大小根据设计要求而定。

羊脚碾的羊脚插入土中,不仅使羊脚底部的土体受到挤压,而且使其侧向土体受到挤压,从而达到均匀压实的效果。碾筒滚动时,表层土体被翻松,有利于上下层间结合。但对于非黏性土,由于插入土体中的羊脚使无黏性颗粒产生向上和侧向移动,会降低压实效果,所以羊脚碾不适于非黏性土的压实。

羊脚碾的碾压遍数,可按土层表面都被羊脚压过一遍,即可达到压实要求考虑。所以,碾压遍数 n 可用下式计算,即

$$n = K\frac{S}{mF} \tag{1-4}$$

式中　K——考虑羊脚碾在碾压时分布不均匀的修正系数,一般取 1.3;

S——滚筒表面面积,cm^2;

m——滚筒上羊脚的个数;

F——每个羊脚的底面面积,cm^2。

4. 气胎碾

气胎碾是一种拖式碾压机械,分单轴和双轴两种。图 1-13(d)是单轴气胎碾。单轴气胎碾主要由装载荷载的金属车箱和装在轴上的 4 ~ 6 个充气轮胎组成。碾压时在金属车箱内加载同时将气胎充气至设计压力。为避免气胎损坏,停工时用千斤顶将金属车箱顶起,并把胎内的气放出一些。

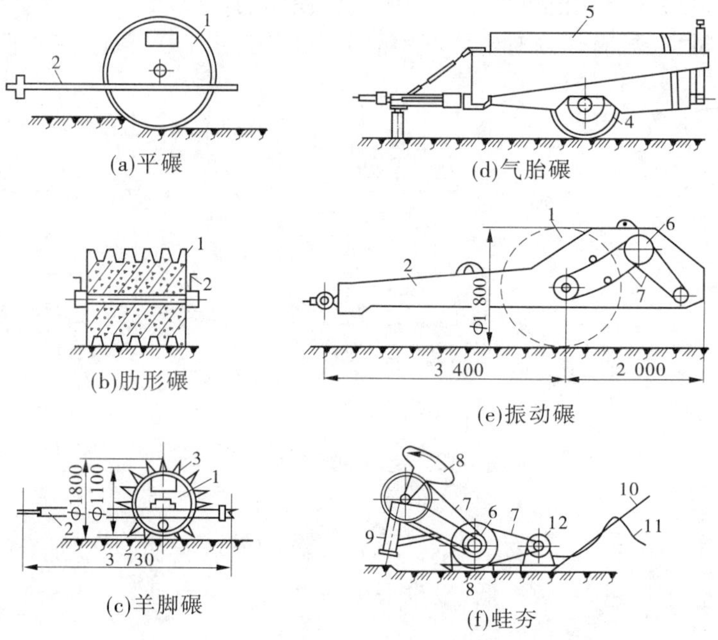

1—碾磙;2—机架;3—羊脚;4—充气轮胎;5—压重箱;6—主动轮;
7—传动皮带;8—偏心块;9—夯头;10—扶手;11—电缆;12—电动机

图 1-13　常用土方压实机械　（单位:mm）

气胎碾在压实土料时,充气轮胎随土体的变形而发生变形。开始时,土体很松,轮胎的变形小,土体的压缩变形大。随着土体压实密度的增大,气胎的变形也相应增大,气胎与土体的接触面积也增大,始终能保持较均匀的压实效果。另外,还可通过调整气胎内压,来控制作用于土体上的最大应力不致超过土料的极限抗压强度。增加轮胎上的荷重后,由于轮胎的变形调节,压实面积也相应增加,所以平均压实应力的变化并不大。因此,气胎的荷重可以增加到很大的数值。而对于平碾和羊脚碾,由于碾磙是刚性的,不能适应土壤的变形,当荷载过大时就会使碾磙的接触应力超过土壤的极限抗压强度,而使土壤结构遭到破坏。

气胎碾既适宜于压实黏性土,又适宜于压实非黏性土,适用条件好,压实效率高,是一种十分有效的压实机械。

5. 振动碾

振动碾一种振动和碾压相结合的压实机械,如图 1-13(e)所示。它是由柴油机带动与机身相连的轴旋转,使装在轴上的偏心块产生旋转,迫使碾磙产生高频振动。振动功能以压力波的形式传递到土体内。非黏性土料在振动作用下,内摩擦力迅速降低,同时由于颗粒不均匀,振动过程中粗颗粒质量大、惯性力大,细颗粒质量小、惯性力小。粗细颗粒由于惯性力的差异而产生相对移动,细颗粒填入粗颗粒间的空隙,使土体密实。而对于黏性土,由于土粒比较均匀,在振动作用下,不能取得像非黏性土那样的压实效果。

6. 蛙夯

夯击机械是利用冲击作用来压实土方的,具有单位压力大、作用时间短的特点,既可用来压实黏性土,也可用来压实非黏性土,如图 1-13(f)所示。蛙夯由电动机带动偏心块旋转,在离心力的作用下带动夯头上下跳动而夯击土层。夯击作业时各夯之间要套压,一般用于施工场地狭窄、碾压机械难以施工的部位。

以上碾压机械压实土料的方法有两种:圈转套压法和进退错距法,如图 1-14(a)、图 1-14(b)所示。

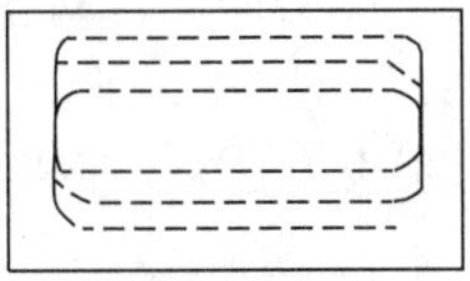

(a)圈转套压法

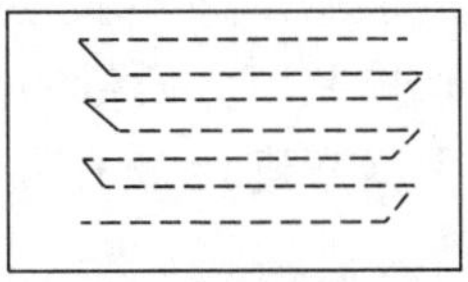

(b)进退错距法

图 1-14　碾压方式

圈转套压法:碾压机械从填方一侧开始,转弯后沿压实区域中心线另一侧返回,逐圈错距,以螺旋形线路移动进行压实。这种方法适用于碾压工作面大,多台碾具同时碾压,生产效率高。但转弯处重复碾压过多,容易引起超压剪切破坏,转角处易漏压,难以保证工程质量。

进退错距法:碾压机械沿直线错距进行往复碾压。这种方法操作简单,容易控制碾压参数,便于组织分段流水作业,漏压、重压少,有利于保证压实质量。此法适用于工作面狭窄的情况。

由于振动作用,振动碾的压实影响深度比一般碾压机械大 1 ~ 3 倍,可达 1 m 以上。它的碾压面积比振动夯、振动器压实面积大,生产率高。振动碾压实效果好,使非黏性土料的相对密实度大为提高,坝体的沉陷量大幅度降低,稳定性明显增强,使土工建筑物的抗震性能大为改善。抗震规范明确规定,对有防震要求的土工建筑物必须用振动碾压实。振动碾结构简单,制作方便,成本低廉,生产率高,是压实非黏性土石料的高效压实机械。

(三)压实机械的选择

选择压实机械主要考虑如下原则:

(1)适应筑坝材料的特性。黏性土应优先选用气胎碾、羊脚碾,砾质土宜用气胎碾、夯板,堆石与含有特大粒径的砂卵石宜用振动碾。

(2)应与土料含水量、原状土的结构状态和设计压实标准相适应。对含水量高于最优含水量 1% ~2% 的土料,宜用气胎碾压实;当重黏土的含水量低于最优含水量,原状土天然容重高并接近设计标准时,宜用重型羊脚碾、夯板;当含水量很高且要求压实标准较低时,黏性土也可选用轻型的肋形碾、平碾。

(3)应与施工强度大小、工作面宽窄和施工季节相适应。气胎碾、振动碾适用于生产要求强度高和抢时间的雨季作业,夯击机械宜用于坝体与岸坡或刚性建筑物的接触带、边角和沟槽等狭窄地带。冬季作业选择大功率、高效能的机械。

(4)应与施工单位现有机械设备情况和习用某种设备的经验相适应。

三、压实参数的选择及现场压实试验

坝面的铺土压实,除应根据土料的性质正确地选择压实机具外,还应合理地确定黏性土料的含水量、铺土厚度、压实遍数等各项压实参数,以便使坝体达到要求的密度,而消耗的压实功能又最少。由于影响土石料压实的因素很复杂,目前还不能通过理论计算或由实验室确定各项压实参数,宜通过现场压实试验进行选择。现场压实试验应在坝体填筑以前,土石料和压实机具已经确定的情况下进行。

(一)压实标准

土石坝的压实标准是根据设计要求通过试验提出来的。对于黏性土,在施工现场是以干密度作为压实指标来控制填方质量的。对于非黏性土,则以土料的相对密度来控制。由于在施工现场用相对密度来进行施工质量控制不方便,往往将相对密度换算成干密度作为现场控制质量的依据。

(二)压实参数的选择

当初步选定压实机具类型后,即可通过现场压实试验进一步确定为达到设计要求的各项压实参数。对于黏性土,主要是确定含水量、铺土厚度和压实遍数。对于非黏性土,一般多加水可压实,所以主要是确定铺土厚度和压实遍数。

(三)压实试验

根据设计要求和参考已建工程资料,可以初步确定压实参数,并进行现场压实试验。

1.试验场地选择

要求试验场地地面密实,地势平坦开阔,可以在建筑物附近或在建筑物的不重要部位。

2.场地布置

一般布置成60 m×6 m的条带形,然后将此条带等分为四段,每段长15 m,各段含水量依次为ω_1、ω_2、ω_3、ω_4,其误差不超过1%,再将每段沿长边等分为四块,段内各块规定碾压遍数依次为n_1、n_2、n_3、n_4,见图1-15。

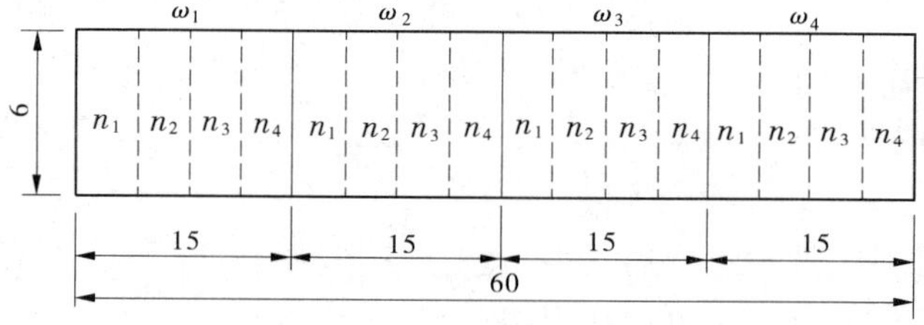

图1-15 土料压实试验场地布置示意图 (单位:m)

压实试验土料的含水量可根据土料性质分别确定。黏性土料一般采用四种含水量:$\omega_1=\omega_p-4\%$,$\omega_2=\omega_p-2\%$,$\omega_3=\omega_p$,$\omega_4=\omega_p+2\%$,ω_p为土的塑限。

试验的铺土厚度和压实遍数,可参照表1-7的数据选用。

3.现场碾压试验记录

试验时依次按规定碾压遍数进行碾压。将每段压n_1遍的小块各取9个试样组成一组,依次对各段压n_2、n_3、n_4遍的小块,各取9个试样,组成相应的组,然后分别测定其含水量和干密度。以上试验是在同一铺土厚度下进行的,如果要确定不同铺土厚度的压实参数,试验在不同铺土厚度的地段进行。试验土料的土质、含水量应与筑坝土料一致。现场压实试验记录可填入干密度测定成果表,见表1-8。

表 1-7 试验的铺土厚度和压实遍数

序号	压实机械名称	铺松土厚度 h (cm)	碾压遍数 n	
			黏性土	非黏性土
1	80 型履带拖拉机	10—13—16	6—8—10—12	4—6—8—10
2	10 t 平碾	16—20—24	4—6—8—10	2—4—6—8
3	5 t 双联羊脚碾	19—23—27	8—11—14—18	
4	30 t 双联羊脚碾	50—25—65	4—6—8—10	
5	13.5 t 振动平碾	75—100—150		2—4—6—8
6	25 t 气胎碾	28—34—40	4—6—8 - 10	2—4—6—8
7	50 t 气胎碾	40—50—60	4—6—8—10	2—4—6—8
8	2 ~ 3 t 夯板	80—100—150	2—4—6	2—3—4

4. 压实试验成果整理分析

根据上述压实试验成果，进行综合整理分析，以确定满足设计干密度要求的最合理碾压参数，步骤如下：

(1) 根据干密度测定成果表，绘制不同铺土厚度、不同压实遍数土料含水量和干密度的关系曲线，见图 1-16。

表 1-8 干密度测定成果表

n	h_1				h_2				h_3				h_4			
	ω_1	ω_2	ω_3	ω_4	ω_1	ω_2	ω_3	ω_4	ω_1	ω_2	ω_3	ω_4	ω_1	ω_2	ω_3	ω_4
n_1																
n_2																
n_3																
n_4																

(2) 从图 1-16 上查出最大干密度对应的最优含水量，填入最大干密度与最优含水量汇总表，见表 1-9。

(3) 根据表 1-9，绘制出铺土厚度、压实遍数和最优含水量、最大干密度的关系曲线，见图 1-17。

(4) 根据干密度 ρ_d，从图 1-17 曲线上查出不同铺土厚度时所对应的压实遍数 a、b、c 和最优含水量 d 、e 、f，分别计算 $\frac{h_1}{a}$、$\frac{h_2}{b}$ 及 $\frac{h_3}{c}$ 之值（单位压实遍数的压实厚度）进行比较，以单位压实遍数的压实厚度最大者，为最经济合理。

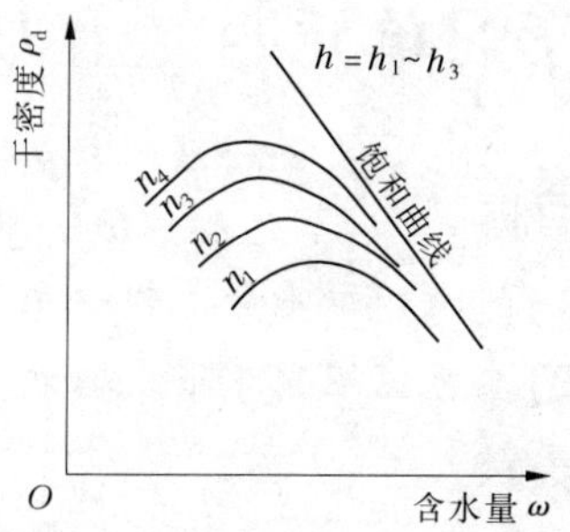

图 1-16 不同铺土厚度、不同压实遍数土料含水量和干密度的关系曲线

表 1-9　最大干密度与最优含水量汇总表

h	h_1				h_2				h_3				h_4			
n																
最大干密度																
最优含水量																

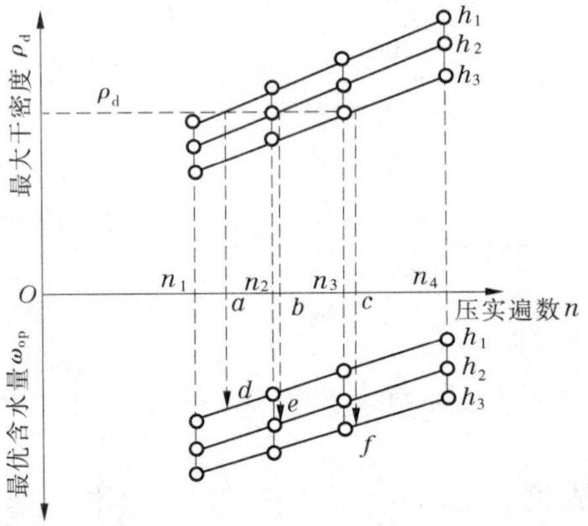

图 1-17　铺土厚度、压实遍数和最优含水量、最大干密度的关系曲线

对于非黏性土料的压实试验，也可用上述类似的方法进行，但因含水量的影响较小，可以不作考虑。根据试验成果，按不同铺土厚度绘制干密度（或相对密度）与压实遍数的关系曲线，然后根据设计干密度（或相对密度）即可由曲线查得在某种铺土厚度情况下所需的压实遍数，再选择其中压实工作量最小的，即单位压实遍数的压实厚度最大者，取其铺土厚度和压实遍数作为施工的依据。

选定经济压实厚度和压实遍数后，应首先核对其是否满足压实标准的含水量要求，然后将选定的含水量控制范围与天然含水量比较，看是否便于施工控制，否则可适当改变含水量和其他参数。有时对同一种土料采用两种压实机具、两种压实遍数是最经济合理的。

学习单元四　土方工程的季节性施工

学习目标

（1）能够明确土方工程施工受季节的影响程度。

（2）会根据不同季节采取适宜的施工措施。

学习内容

（1）低温季节的界定。

（2）冬季施工措施。

（3）雨季施工措施。

一、土方工程冬季施工

在寒冷地区的冬季，气温常在0 ℃以下，由于土料冻结，给土方工程施工带来很大的困难。《水利水电工程施工组织设计规范》（SL 303—2004）规定：当日平均气温低于0 ℃时，黏性土应按低温季节施工；当日平均气温低于－10 ℃时，一般不宜填筑土料，否则应进行技术经济论证。土方工程冬季施工的中心环节是防止土料的冻结。通常可以采用以下三方面的措施。

（一）防冻

（1）降低土料含水量。在入冬前，采用明沟截、排地表水或降低地下水位，使砂砾料的含水量降低到最低限度；对黏性土将其含水量降低到塑限的90%以下，并在施工中不再加水。

（2）降低土料冻结温度。在填土中加入一定量的食盐，降低土料冻结温度。

（3）加大施工强度，保证填土连续作业。采用严密的施工组织，严格控制各工序的施工速度，使土料在运输和填筑过程中的热量损失最小，下层土料未冻结前被新土迅速覆盖，以利于上下层间的良好结合。发现冻土应及时清除。

（二）保温

（1）覆盖隔热材料。对开挖面积不大的料场，可覆盖树枝、树叶、干草、锯末等保温材料。

（2）覆盖积雪。积雪是天然的隔热保温材料，覆盖一定厚度的积雪可以达到一定的保温效果。

（3）冰层保温。采取一定措施，在开挖土料表面形成10～15 cm厚度冰层，利用冰层下的空气隔热对土料进行保温。

（4）松土保温。在寒潮到来前，对将要开采的料场表层土料翻松、击碎，并平整至5～35 cm厚，利用松土内的空气隔热保温。

一般来讲，开采土料温度不低于5～10 ℃，压实温度不低于2 ℃，便能保证土料的压实效果。

（三）加热

当气温低、风速过大，一般保温措施不能满足要求时，则可采用加热和保温相结合的暖棚作业，在棚内用蒸汽或火炉升温。蒸汽可以用暖气管或暖气包放热。暖棚作业费用高，只有在冬季较长、工期很紧、质量要求很高、工作面狭长的情况下才使用。

二、土方工程雨季施工

在多雨地区进行土方工程施工，特别是黏性土，常因含水量过大而影响施工质量和施工进度。

因此，SL 303—2004要求：土料施工尽可能安排在少雨季节，若在雨季或多雨地区施工，应选用合适的土料和施工方法，并采取可靠的防雨措施。雨季作业通常采取以下措施：

（1）改进黏性土特性，使之适应雨季作业。在土料中掺入一定比例的砂砾料或岩石碎屑，滤出土料中的水分，降低土料含水量。

(2)合理安排施工,改进施工方法。对含水量高的料场,采用推土机平层松土取料,以利于降低含水量;晴天多采土,加以翻晒,堆成土堆,并将土堆表面压实抹光,以利排水,形成储备土料的临时土库,即所谓"土牛";充分利用气象预报,晴天安排黏性土施工,雨天安排非黏性土施工。

(3)增加防雨措施,保证更多的有效工作日。对作业面不大的土方填筑工程,雨季施工可以采用搭建防雨棚的方法,避免雨天停工;或在雨天到来时,用帆布或塑料薄膜加以覆盖;当雨量不大、降雨历时不长时,可在降雨前迅速撤出施工机械,然后用平碾或振动碾将土料表面压成光面,并使其表面向一侧倾斜,以利排水。

学习项目二　砌体工程施工

学习单元一　脚手架

学习目标

(1)会按照要求进行脚手架的搭设检查。

(2)会指导进行脚手架的拆除。

学习内容

(1)脚手架的作用、类型。

(2)脚手架的搭设与拆除施工。

(3)砌石工程的施工流程与质量要求。

一、脚手架

脚手架是施工作业中不可缺少的设备工具,是为施工现场工作人员生产和堆放部分建筑材料所提供的操作平台。它既要满足施工的需要,又要为保证工程质量和提高工作效率创造条件。

脚手架的主要作用有:

(1)保证工程作业面的连续性施工。

(2)能满足施工操作所需要的运料和堆料要求,并方便操作。

(3)对高处作业人员能起到防护作用,以确保施工人员的人身安全。

(4)使操作不致影响工效和工程的质量。

(5)能满足多层作业、交叉作业、流水作业和多工种之间配合作业的要求。

二、脚手架的分类

脚手架的分类方法很多,通常按以下几种方式进行分类。

(一)按脚手架的用途划分

(1)结构工程作业脚手架(简称为结构脚手架)。是为满足结构施工作业需要而设置的脚手架,也称砌筑脚手架。

(2)装修工程作业脚手架(简称为装修脚手架)。是为满足装修施工作业而设置的脚手架。

(3)支撑和承重脚手架(简称为模板支撑架或承重脚手架)。是为支撑模板及其荷载或为满足其他承重要求而设置的脚手架。

(4)防护脚手架。包括作业围护用墙式单排脚手架和通道防护棚等,是为施工安全设置的脚手架。

(二)按脚手架的设置状态划分

(1)落地式脚手架。脚手架荷载通过立杆传递给架设脚手架的地面、楼面、屋面或其他支撑结构物。

(2)挑脚手架。从建筑物内伸出的或固定于工程结构外侧的悬挑梁或其他悬挑结构上向上搭设的脚手架。脚手架通过悬挑结构将荷载传递给工程结构。

(3)挂脚手架。使用预埋托挂件或挑出悬挂结构将定型作业架悬挂于建筑物的外墙面。

(4)吊脚手架。悬吊于屋面结构或屋面悬挑梁之下的脚手架。当脚手架为篮式构造时,就称为"吊篮"。

(5)桥式脚手架。由桥式工作台及其两端支柱(一般采用格构式)构成的脚手架。桥式工作台可自由提升和下降。

(6)移动式脚手架。自身具有稳定结构,可移动使用的脚手架。

(三)按脚手架的搭设位置划分

(1)外脚手架。是沿建筑物外墙外侧周边搭设的一种脚手架。它既可用于砌筑墙柱,又可用于外装修。

(2)里脚手架。是用于建筑物内墙的砌筑、装修的脚手架。在施工中,里脚手架搭设在各层楼板上,每层楼板只需搭设两三步。

(四)按脚手架杆件、配件材料和连接方式划分

(1)木脚手架、竹脚手架。

(2)扣件式钢管脚手架。

(3)碗扣式钢管脚手架。

(4)门式钢管脚手架。

(5)其他连接形式钢脚手架。

三、木脚手架

(一)概述

木脚手架取材方便,经济适用,历史悠久,搭设经验丰富,技术成熟,是我国工程施工中应用较为广泛的脚手架。但这种脚手架由于木材用量大,重复利用率低,因而在各方面条件允许的情况下,尽可能不使用木脚手架。

这类脚手架选用木杆为主要杆件,采用8号铁丝绑扎而成。木脚手架根据使用要求可搭设成单排脚手架或双排脚手架。它由立杆、大横杆、小横杆、斜撑、剪刀撑、抛撑、扫地杆及脚手板等组成。

(二)木脚手架的搭设

木脚手架的搭设方式通常有单排外脚手架和双排外脚手架。单排外脚手架外侧只有一排立杆,小横杆一端与立杆或大横杆连接,另一端搁置在建筑物上。搭设注意事项如下:

(1)由于单排外脚手架稳定性差,搭设高度一般不得超过20 m。

(2)小横杆在墙上的搁置宽度不宜小于240 mm。

(3)立杆埋设深度一般不小于0.5 m,也可直接立于地面,但应加设垫板,并用扫地杆帮助稳定。

(4)立杆的间距以1.5 m左右为宜,最大不能超过2 m。横杆的距离一般为1~1.2 m,最大不得超过1.5 m。

(5)十字盖之间的间距。一般每隔六根立杆设一档十字盖,十字盖占两个立杆档,从下到上绑扎,要撑到地面,与地面的夹角为60°。

双排外脚手架是内外两侧均设立杆,小横杆两端分别与内、外侧立杆连接的外脚手架。它的稳定性比较好,搭设高度一般不超过30 m。

此外,木脚手架常可作为坡道的架设。

四、扣件式钢管脚手架

扣件式钢管脚手架由钢管和扣件组成。它搭拆方便、灵活,能适应建筑物中平立面的变化,强度高,坚固耐用。它还可以搭设成井字架、栈桥和上料台架等,是应用较多的脚手架。

(一)材料要求

1. 杆件用料要求

扣件式钢管脚手架的主要杆件有立杆、顺水杆(大横杆)、排木(小横杆)、十字盖(剪刀撑)、压柱子(抛撑、斜撑)、底座、扣件等。

钢管采用外径为48~51 mm,壁厚为3~3.5 mm的钢管,长度以4~6.5 m和2.1~2.3 m为宜。

2. 底座

扣件式钢管脚手架的底座是由套管和底板焊成的。套管一般用外径57 mm、壁厚3.5 mm的钢管(或用外径60 mm、壁厚3~4 mm的钢管),长为150 mm。底板一般用边长(或直径)150 mm、厚5 mm的钢板。

3. 扣件

扣件是用铸铁锻制而成的,螺栓用Q235钢制成,其形式有三种:

(1)回转扣件(见图2-1(a))。用于连接扣紧呈任意角度相交的杆件,如立杆与十字盖的连接。

(2)直角扣件(见图2-1(b)),又称十字扣件。用于连接扣紧两根垂直相交的杆件,如立杆与顺水杆、排木的连接。

(3)对接扣件(见图2-1(c)),又称一字扣件。用于两根杆件的接长;用于连接扣紧两根垂直相交的杆件,如立杆。

(二)扣件式钢管脚手架的搭设与拆除

1. 搭设

脚手架的搭设要求钢管的规格相同,地基平整夯实;对高层建筑物脚手架的基础要进行验算,脚手架地基的四周排水畅通,立杆底端要设底座或垫木。

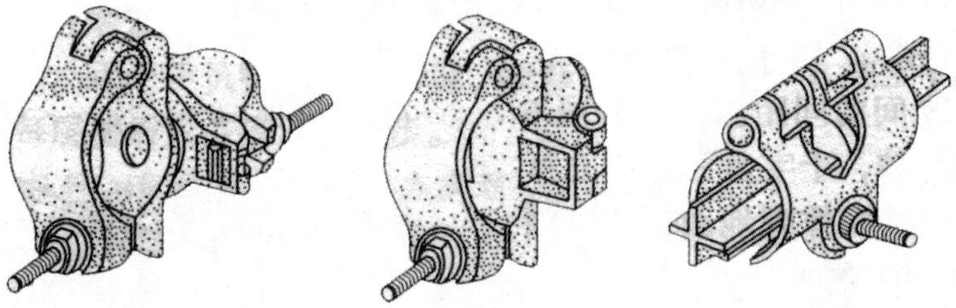

图 2-1　扣件形式

通常脚手架搭设顺序为：放置纵向扫地杆→立杆→横向扫地杆→第一步纵向水平杆（大横杆）→第一步横向水平杆（小横杆）→连墙件（或加抛撑）→第二步纵向水平杆（大横杆）→第二步横向水平杆（小横杆）……

开始搭设第一节立杆时，每六跨应暂设一根抛撑，当搭设至设有连墙件的构造层时，应立即设置连墙件与墙体连接，当装设两道连墙件后，抛撑便可拆除。双排脚手架的小横杆，靠墙一端应离开墙体装饰面至少 100 mm，杆件相交的伸出端长度不小于 100 mm，以防止杆件滑脱；扣件规格必须与钢管外径相一致，扣件螺栓拧紧。除操作层的脚手板外，宜每隔 1.2 m 高满铺一层脚手板，在脚手架全高或高层脚手架的每个高度区段内，铺板不多于六层，作业不超过三层，或者根据设计搭设。

2. 拆除

扣件式脚手架的拆除按由上而下、后搭者先拆、先搭者后拆的顺序进行，严禁上下同时拆除，以及先将整层连墙件或数层连墙件拆除后再拆其余杆件。如果采用分段拆除，其高差不应大于两步架，当拆除至最后一节立杆时，应先加临时抛撑，后拆除连接件，拆下的材料应及时分类集中运至地面，严禁抛扔。

学习单元二　砖砌体施工

学习目标

（1）会进行砖砌体的施工指导。

（2）熟悉砖砌体施工的过程控制与质量控制。

学习内容

（1）砖砌体的施工工艺。

（2）砌砖施工质量要求。

一、砖砌体的施工准备

（一）砖的准备

砖的品种、强度等级必须符合设计要求，并应规格一致。用于清水墙、柱表面的砖，还应边角整齐、色泽均匀。在常温下施工时,砌砖前1 d应将砖浇水湿润。施工中可将砖砍断,检查吸水深度,如达到10~20 mm,即认为合格。砖不应在脚手架上浇水,当砌筑时砖块干燥时,可用喷壶适当补充浇水。

(二)砂浆的准备

砂浆的品种、强度等级必须符合设计要求,砂浆的稠度符合砌体种类的规定。拌制中保证砂浆的配合比和稠度,运输中不漏浆、不离析,以保证施工质量。

(三)施工工具的准备

(1)大铲。铲灰和刮灰用。

(2)瓦刀。打砖、打灰条、披满口灰及铺瓦用。

(3)刨锛。打砖用。

(4)靠尺板和线锤。检查墙面垂直度用。

(5)皮数杆,砌筑时用于标志砖层、门窗、过梁、开洞及埋件标高的工具。

此外,还应准备小线、米尺、水平尺和小喷壶。

二、砌筑工艺

(一)砖基础砌体工程

1. 砖的加工与摆放

在砌筑时根据需要打砍加工的砖,按其尺寸不同可分为“七分头”“半砖”“二寸头”“二寸条”,见图2-2。

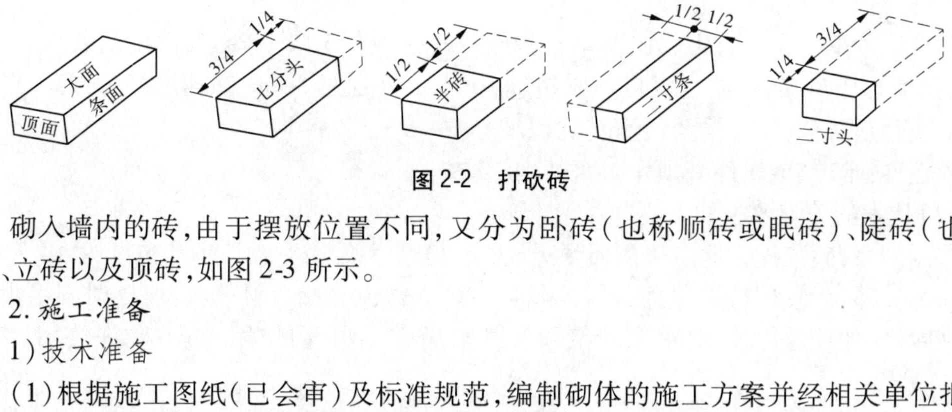

图2-2 打砍砖

砌入墙内的砖,由于摆放位置不同,又分为卧砖(也称顺砖或眠砖)、陡砖(也称侧砖)、立砖以及顶砖,如图2-3所示。

2. 施工准备

1)技术准备

(1)根据施工图纸(已会审)及标准规范,编制砌体的施工方案并经相关单位批准通过。

(2)根据现场条件,完成工程测量控制点的定位、移交、复核工作。

(3)编制工程材料、机具、劳动力的需求计划。

(4)完成进场材料的见证取样复检及砌筑砂浆的试配工作。

(5)组织施工人员进行技术、质量、安全、环境交底。

2)材料要求

(1)砌筑砂浆强度等级必须符合以下设计要求:

水泥:一般采用32.5级或42.5级普通硅酸盐水泥或矿渣硅酸盐水泥。

砂:一般宜用中砂,并不得含有有害物质,勾缝宜用细砂。

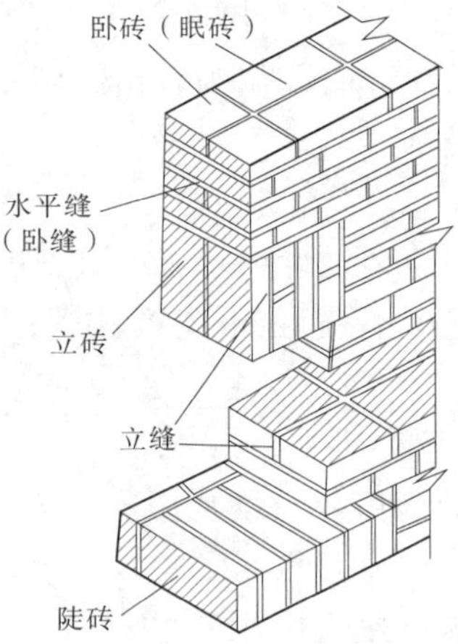

图 2-3　卧砖、陡砖、立砖图

水:使用自来水或天然洁净可供饮用的水。

(2)砖的品种、强度等级必须符合设计要求,并应规格一致,有出厂合格证及试验报告。用于基础的砖宜用烧结普通砖;蒸压灰砂砖和蒸压粉煤灰砖也可用于基础,但不得用于长期受热 200 ℃以上、受急冷急热和有酸性介质侵蚀的部位。

3)质量、安全与环境保护控制要点

(1)材料的关键要求如下:

砖的品种、强度等级必须符合设计要求,并应规格一致,有出厂合格证及试验单,严格检验手续,对不合格品坚决退厂。

砂浆用砂不得含有有害物质及草根等杂物。配制 M5 以上砂浆,砂的含泥量不应超过 5%;M5 以下砂浆,砂的含泥量不应超过 10%,并应通过 5 mm 筛孔进行筛选。

水质必须符合要求,严禁使用基坑积水。

预埋件:木砖、金属件必须作防腐处理。

(2)技术的关键要求如下:

拌制砂浆:砂浆配合比应采用质量比,并由实验室确定。水泥计量精度为 ±2%,砂、掺合料为 ±5%。宜用机械搅拌,投料顺序为:砂—水泥—掺合料—水,搅拌时间不少于 2 min。砂浆应随拌随用,一般水泥砂浆须在拌成后 3～4 h 内使用完,不允许使用过夜砂浆。

基础按一个楼层每 250 m 砌体,各种砂浆每台搅拌机至少抽检一次,做一组试块(一组 6 块);当砂浆强度等级或配合比变更时,还应制作试块。

3. 砖基础的构造形式

砖基础一般做成阶梯形,俗称大放脚,有等高式(两皮一收)和间隔式(两皮一收与一收相间)两种,每一种收退台宽度均为 1/4 砖(60 mm)。砖基础组砌形式见图 2-4。

1)砌筑方法

(1)组砌方法应正确,一般采用满丁满条。

(2)里外咬槎,上下层错缝,采用“三一”砌砖法(一铁锹灰、一块砖、一挤揉),严禁用水冲砂浆灌缝的方法。

2）质量关键要求

（1）原材料必须逐车过磅，计量准确，搅拌时间要达到规定要求，砂浆试块应有专人负责制作与养护。

（2）大放脚两侧边收边退要均匀，砌到基础墙身时，要拉线找正确的轴线和边线，砌筑时保持墙身垂直。

（3）一砖半墙及以上墙体必须双面挂线，一砖墙反手挂线，舌头灰随砌随刮平。

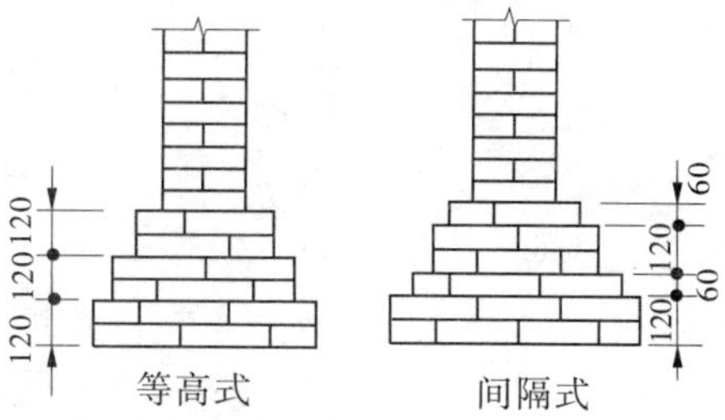

图 2-4　砖基础组砌形式　（单位：mm）

（4）盘角时灰缝要掌握均匀，每层砖都要与皮数杆对齐，准线要绷紧拉平。砌筑时要左右照顾，避免接槎处高低不平。

（5）抄平放线时，要细致认真；钉皮数杆的木桩要牢固，防止碰撞松动。皮数杆立完后，要复验，确保皮数杆高度一致。

（6）应随时注意正在砌的皮数，保证按皮数杆标明的位置埋置埋入件和拉结筋；拉结筋外露部分不得任意弯折，并保证其长度符合实际要求。

（7）砌体的转角和交接处应同时砌筑，否则应砌成斜槎。

（8）有高低台的基础应先砌低处，并由高处向低处搭接，如无设计要求，其搭接长度不应小于基础扩大部分的高度。

（9）砌筑时，高差不宜过大，一般不得超过一步架的高度。

（10）防潮层与基层黏结牢固，防水砂浆收水后要抹压平整、密实。

4. 砖基础施工工艺

1）工艺流程

砖基础施工工艺流程，如图 2-5 所示。

2）操作工艺

（1）砖基础砌筑前，基础垫层表面应清扫干净，洒水湿润。先盘墙角，每次盘角高度不应超过五层砖，随盘随靠平、吊直。

（2）砌基础墙应挂线，240 mm 墙反手挂线，370 mm 及其以上墙应双面挂线。

（3）基础标高不一致或有局部加深部位，应从最低处往上砌筑，应经常拉线检查，以保持砌体通顺、平直，防止砌成“螺丝”墙。

（4）基础大放脚砌至基础上部时，要拉线检查轴线及边线，保证基础墙身位置正确。同时还要对照皮数杆的皮数及标高，如有偏差，应在水平灰缝中逐渐调整，使砖墙的皮数与皮数杆一致。

（5）暖气沟挑檐砖及上一层压砖，均应用砖砌筑，灰缝要严实，挑檐砖标高必须正确。

（6）各种预留洞、预埋件、拉结筋按设计要求留置，避免后剔凿，影响砌体质量。

（7）变形缝的墙角应按直角要求砌筑，先砌的墙要把舌头灰刮尽；后砌的墙可采用缩口灰，掉入缝内的杂物应随时清理。

（8）安装管沟和洞口过梁，其型号、标高必须正确，底灰饱满；如坐灰超过 20 mm 厚，用细石混凝土铺垫，两端搭墙长度应一致。

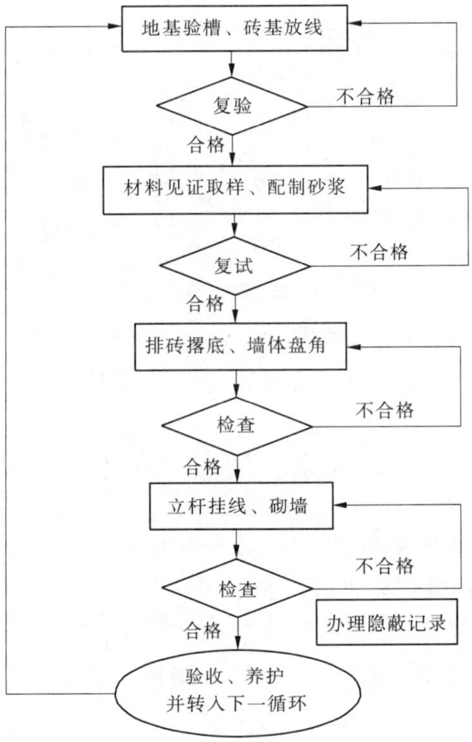

图 2-5　砖基础施工工艺流程

(9)防潮层施工,将墙顶活动砖重新砌好,清扫干净,浇水湿润,随即抹防水砂浆。当设计无规定时,一般厚度为 15～20 mm,防水粉掺量为水泥质量的 3%～5%。

(10)工完场清,作好成品保护,准备基础工程验收。

(11)工程验收后,应及时进行回填。

(二)砖墙砌体工程

1. 施工准备

1)技术准备

(1)根据设计施工图纸及标准规范编制砖墙砌体专项的施工方案,并经相关单位批准通过。

(2)根据现场条件,完成工程测量控制点的定位、移交、复核工作。

(3)编制工程材料、机具、劳动力的需求计划。

(4)完成进场材料的见证取样检验及砌筑砂浆的试配工作。

(5)组织施工人员进行技术、质量、安全、环境交底。

2)材料要求

(1)砂浆强度等级必须符合以下设计要求,砖墙砌筑宜用混合砂浆。

水泥:一般采用 32.5 级或 42.5 级普通硅酸盐水泥或矿渣硅酸盐水泥。

砂:一般宜用中砂并不得含有有害物质,勾缝宜用细砂。

水:使用自来水或天然洁净可供饮用的水。

塑化材料:有石灰膏、磨细石灰粉、电石膏和粉煤灰等,石灰膏的熟化时间不少于7 d,严禁使用冻结和脱水硬化的石灰膏。

(2)砖的品种、强度等级必须符合设计要求,并应规格一致,有出厂合格证及试验单,用于砖墙的常有烧结普通砖、烧结多孔砖、蒸压灰砂砖、蒸压粉煤灰砖等。

3)主要机具

砖墙砌体工程施工时使用的主要机具与砖基础砌体工程一样。

2. 墙体组砌方式

1)组砌形式

(1)一顺一丁。由一皮中全部顺砖与一皮中全部丁砖相互间隔砌成,上下皮间的竖缝相互错开1/4砖长,如图2-6(a)所示。

(2)三顺一丁。由三皮中全部顺砖与一皮中全部丁砖间隔砌成,上下皮顺砖与丁砖间竖缝错开1/4砖长,上下皮顺砖间竖缝错开1/2砖长,如图2-6(b)所示。

(3)梅花丁。由每皮中丁砖与顺砖相隔砌成,上皮丁砖坐中于下皮顺砖,上下皮间竖缝相互错开1/4砖长,如图2-6(c)所示。

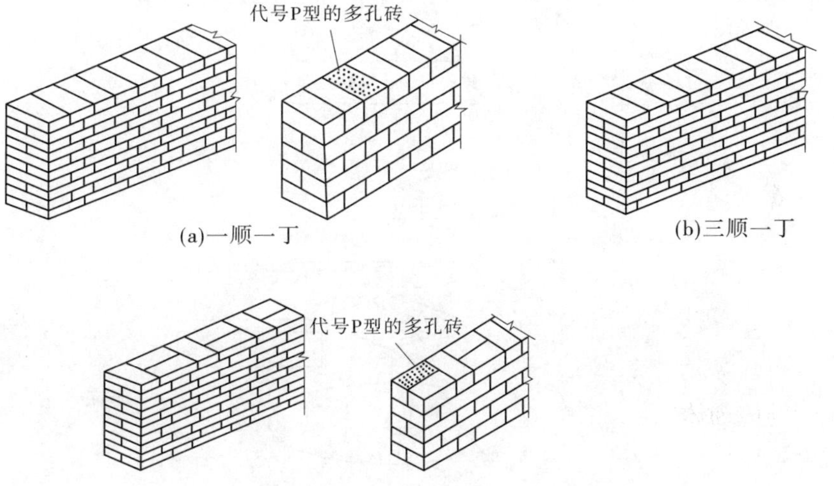

(a)一顺一丁　(b)三顺一丁

(c)梅花丁

图2-6　砖基础组砌形式

2)质量关键要求

(1)原材料必须逐车过磅,计量准确,搅拌时间要达到规定的要求,砂浆试块应有专人负责制作与养护。

(2)排砖时必须把立缝排匀,砌完一步架高度,每隔两皮砖在丁砖立棱处用托线板吊直弹线,二步架往上继续吊直弹粉线,由底往上所有七分头的长度应保持一致,上层窗口位置必须同下窗口保持垂直。

(3)立皮数杆时要保持标高一致,盘角时灰缝要掌握均匀,排砖时准线要拉紧,防止一层线松,一层线紧。

(4)排砖时,为了使窗间墙、垛排成好活,把破活排在中间或不明显位置,在砌过梁上第一行砖时，不得随意变活。

(5)舌头灰刮尽，保持墙面整洁；正确排砖，半头砖分开使用，避免造成通缝；准确标高及平直度，防止墙背面偏差过大，水平灰缝不平直、不均匀。

(6)构造柱砖墙应砌成大马牙槎，设置好拉结筋，从柱脚开始两侧都应先退后进，当凿深 120 mm 时，宜上口一皮进 60 mm，再上一皮进 120 mm，以保证混凝土浇筑时上角密实，构造柱内的落地灰、砖渣杂物必须清理干净，防止混凝土内夹渣。

3. 砖墙施工工艺流程。

砖墙施工工艺流程如图 2-7 所示。

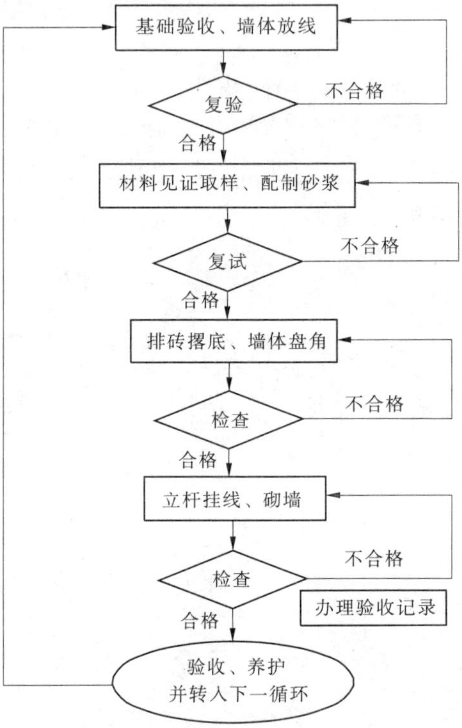

图 2-7　砖墙施工工艺流程

4. 操作工艺

(1)组砌方法：砌体一般采用一顺一丁(满丁、满条)、花丁或三顺一丁砌法。

(2)排砖撂底(干摆砖)：一般外墙第一层砖撂底时，两墙排丁砖，前后檐纵墙排条砖。

根据弹好的门窗洞口位置线，认真核对窗间墙、垛尺寸，其长度是否符合排砖模数；如不符合模数，可将门窗口的位置右移动。若有破活，七分头或丁砖应排在窗口中间，附在墙垛或其他不明显的部位。当移动门窗口位置时，应注意暖卫立管安装及门窗开启时不受影响。另外，在排砖时还要考虑在门窗口上边的砖墙合拢时也不出现破活。所以，排砖时必须做全盘考虑，前后檐墙排第一皮砖时，要考虑用窗口后砌条砖，窗角上必须是七分头才是好活。

(3)选砖：砌清水墙应选择棱角整齐，无弯曲、裂纹，颜色均匀，规格基本一致的砖。敲击时声音响亮，焙烧过火、变色、变形的砖可用在基础及不影响外观的内墙上。

(4)盘角:砌砖前应先盘角,每次盘角不要超过五层,新盘的大角,及时进行吊、靠。如有偏差要及时修整。盘角时要仔细对照皮数杆的砖层和标高,控制好灰缝大小,使水平灰缝均匀一致。大角盘好后再复查一次,平整和垂直完全符合要求后,再挂线砌墙。

(5)挂线:砌筑一砖半墙必须双面挂线,如果长墙几个人均使用一根通线,中间应设几个支线点,小线要拉紧,每层砖都要穿线看平,使水平缝均匀一致,平直通顺;砌一砖厚混水墙时宜采用外手挂线,可照顾砖墙两面平整,为下一道工序控制抹灰厚度奠定基础。

(6)砌砖:宜采用一铁锹灰、一块砖、一挤揉的"三一"砌砖法,即满铺、满挤操作法。砌砖时砖要放平。里手高,墙面就要张;里手低,墙面就要背。砌砖一定要跟线,"上跟线,下跟棱,左右相邻要对平"。水平灰缝厚度和竖向灰缝宽度一般为10 mm,但不应小于8 mm,也不应大于12 mm。为保证清水墙面主缝垂直,不游丁走缝,当砌完一步架高时,宜每隔2 m水平间距,在丁砖立棱位置弹两道垂直立线,可以分段控制游丁走缝。在操作过程中,要认真进行自检,如出现有偏差,应随时纠正,严禁事后砸墙。清水墙不允许有三分头,不得在上部任意变活、乱缝。砌筑砂浆应随搅拌随使用,一般水泥砂浆必须在3 h内用完,水泥混合砂浆必须在4 h内用完,不得使用过夜砂浆。砌清水墙应随砌、随划缝,划缝深度为8~10 mm,深浅一致,墙面清扫干净。混水墙应随砌随将舌头灰刮尽。

学习单元三　砌石工程施工

学习目标

(1)会进行砌石工程的施工指导。

(2)熟悉砌石体施工的过程控制与质量控制。

学习内容

(1)砌石工程的施工工艺流程与施工注意事项。

(2)砌石工程施工质量要求。

一、干砌石施工

所谓干砌,是指不用胶结材料而将砌体砌筑起来的一种砌筑方法。干砌石包括干砌块(片)石和干砌卵石。干砌石不宜用于砌筑墩、台、桥、涵或其他主要受力的部位,一般仅用于护坡(土坝的临水面护坡、渠系建筑物进出口护坡及渠道衬砌)、护底(水闸的上下游护坦等)以及河道防冲部分的护岸等工程。

(一)砌筑前的准备工作

1.备料

在砌石施工中为缩短场内运距,避免停工待料,砌筑前应尽量按照工程部位及需要数量分片备料,并提前将石块的水锈、淤泥洗刷干净。

2.地基清理

砌石前应将地基开挖至设计高程,淤泥、腐殖土以及混杂的建筑残渣应清除干净,必要时将坡面或底面夯实,然后才能进行铺砌。

3. 铺设反滤层

在干砌石砌筑前应铺设砂砾反滤层，其作用是将块石垫平，不致使砌体表面凹凸不平，减少其对水流的摩阻力，减少水流或降水对砌体地基土壤的冲刷，防止地下渗水逸出时带走地基土粒，避免砌筑面下陷变形。

反滤层的各层厚度、铺设位置、材料级配和粒径以及含泥量均应满足规范要求，铺设时应与砌石施工配合，自下而上，随铺随砌，接头处各层之间的连接要层次清楚，防止层间挪动或混淆。

（二）干砌石施工方法

常采用的干砌块石的施工方法有两种，即花缝砌筑法和平缝砌筑法。

1. 花缝砌筑法

花缝砌筑法多用于干砌片（毛）石。砌筑时，依石块原有形状，使尖对拐、拐对尖，相互联系砌成。砌石不分层，一般多将大面向上，如图 2-8 所示。这种砌法的缺点是底部空虚，容易被水流淘刷变形，稳定性较差，且不能避免重缝、叠缝、翅口等毛病。但此法的优点是表面比较平整，故可用于流速不大、不承受风浪淘刷的渠道护坡工程。

2. 平缝砌筑法

平缝砌筑法一般多适用于干砌块石的施工。砌筑时将石块宽面与坡面竖向垂直，与横向平行，如图 2-9 所示。砌筑前，安放每一块石块必须先进行试放，不合适处应用小锤修整，达到石缝紧密，最好不塞或少塞石子。这种砌法横向均有通缝，但竖直缝必须错开，如砌缝底部或块石拐角处有空隙，则应选用适当的片石塞满填紧，以防止底部砂砾垫层由缝隙淘出，造成坍塌。

（三）干砌石封边

干砌块石是依靠石块之间的摩擦力来维持其整体稳定的。若砌体发生局部移动或变形，将会导致整体破坏。边口部位是最易损坏的地方，所以封边工作十分重要。

一般工程中，对护坡水下部分的封边，常采用深度均为 0.8 m 左右的大块石单层或双层干砌封边，然后将边外部分用黏土回填夯实。有时，也可采用深宽均为 0.4 m 左右的浆砌石埂进行封边。对护坡水上部分的顶部封边，则常采用比较大的方正块石砌成 0.4 m 左右宽的平台，台后所留的空隙用黏土回填夯实，如图 2-10 所示。对于挡墙、闸翼墙等重力式墙身顶部，一般用混凝土封闭。

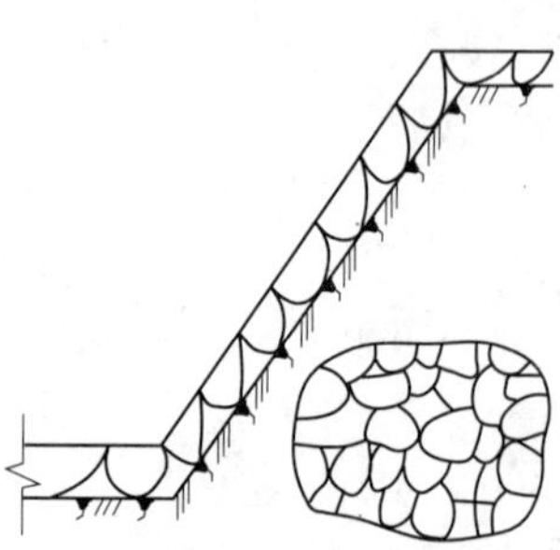

图 2-8　花缝砌筑

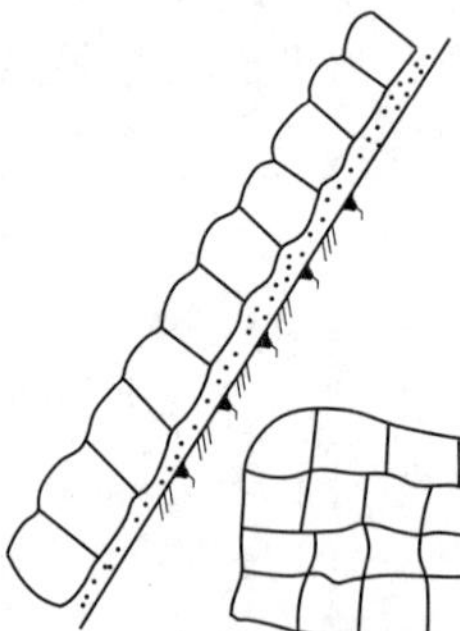

图 2-9　平缝砌筑

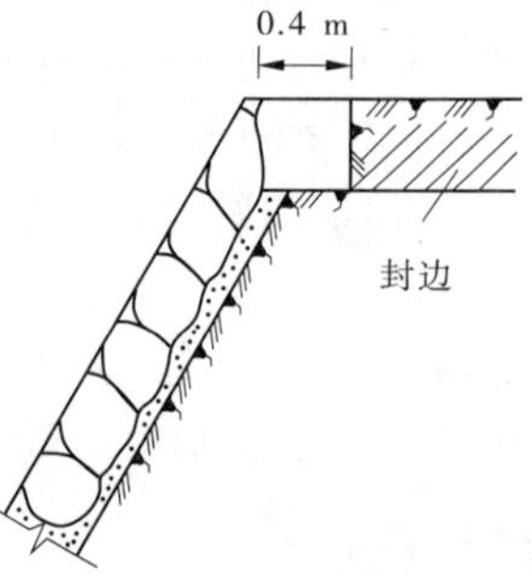

图 2-10　干砌石封边

（四）干砌石砌筑要点

造成干砌石工程缺陷的原因，主要是砌筑技术不良、工作马虎、施工管理不善以及测量放样错漏等。缺陷主要表现有缝口不紧、底部空虚、鼓心凹肚、重缝、飞口（石块很薄的边口未经砸掉便砌在坡上）、翘口（上下两块都是一边厚一边薄石料的薄口部分互相搭接）、悬石（两石相接不是面的接触，而是点的接触）、浮塞叠砌、严重蜂窝以及轮廓尺寸走样等，如图 2-11 所示。

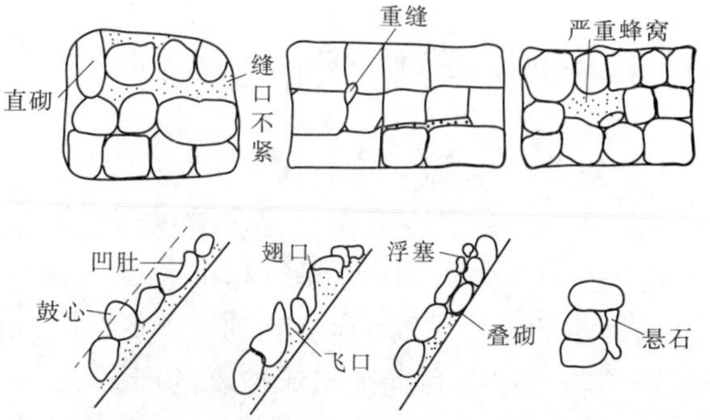

图 2-11　干砌石缺陷

无论是毛石还是河卵石铺砌的护坡或护底，其底下都应设置垫层。垫层的作用是：使石块能通过垫层均匀地压在土层上，使其表面保持平整和减少下沉；同时，有了垫层可减少水流对土层的冲刷力，保护了土层，不致使石块下的土被水流淘空。

干砌石施工必须注意以下几个方面：

（1）干砌石工程在施工前，应进行基础清理工作，其具体要求与浆砌石基础清基基本相同。

（2）凡受水流冲刷和浪击作用的干砌石工程，应采用竖立砌法（即石块的长边与水平面或斜面呈垂直方向）砌筑，以使空隙达到最小。

（3）重力式墙身或坝体施工，严禁采用先砌好里外砌石面，中间用乱石充填并留下空隙和蜂窝等的错误施工方法。

（4）干砌块石的墙体露出面必须设丁石（拉结石），丁石要均匀分布。同一层的丁石长度，如墙厚等于或小于 400 mm，丁石长度应等于墙厚；如墙厚大于 400 mm，则要求同一层内外的丁石相互交错搭接，搭接长度不小于 150 mm，其中一块的长度不小于墙厚的 2/3。

（5）如用料石砌墙，则 2 层顺砌后应有一层丁砌，同一层采用丁顺组砌时，丁石间距不宜大于 2 m。

（6）用干砌块石作基础，一般下大上小，呈阶梯状，底层应选择比较方整的大块石，上层阶梯至少压住下层阶梯块石宽度的 1/3。

（7）大体积的干砌块石挡墙或其他建筑物，在砌体每层转角和分段部位，应先采用大而平整的块石砌筑。

（8）回填在干砌块石基础前后和挡墙后部的土石料，应分层回填并夯实。用干砌块石砌筑的单层斜面护坡或护岸，在砌筑块石前要先按设计要求平整坡面。如块石砌筑在土质坡面上，要先夯实土层，并按设计规定铺放碎石或细砾石。

(9)护坡干砌工程，应自坡脚开始自下而上进行。

(10)砌体缝口要砌紧，空隙应用小石填塞紧密，防止砌体在受到水流的冲刷或外力撞击时滑脱沉陷，以保持砌体的坚固性。一般规定，干砌石砌体空隙率应不超过30% ~ 35%。

(11)干砌石护坡的每块石面一般不应低于设计位置50 mm，不高出设计位置150 mm。

(12)干砌石在砌筑时，要防止出现各种缺陷。

二、浆砌石

浆砌石是用胶结材料把单个的石块连接在一起，使石块依靠胶结材料的黏结力、摩擦力和块石本身重量结合成为新的整体，以保持建筑物的稳固。同时，充填着石块间的空隙，堵塞了一切可能产生的漏水通道。浆砌石具有良好的整体性、密实性和较高的强度，使用寿命更长，还具有较好的防止渗水和抵抗水流冲刷的能力。

浆砌石施工的砌筑要领可概括为“平、稳、满、错”四个字。平，同一层面大致砌平，相邻石块的高差宜小于20 ~ 30 mm；稳，单块石料的安砌务求自身稳定；满，灰缝饱满密实，严禁石块间直接接触；错，相邻石块应错缝砌筑，尤其不允许顺水流方向通缝。

(一)砌筑工艺

浆砌石工程砌筑的工艺流程如图2-12所示。

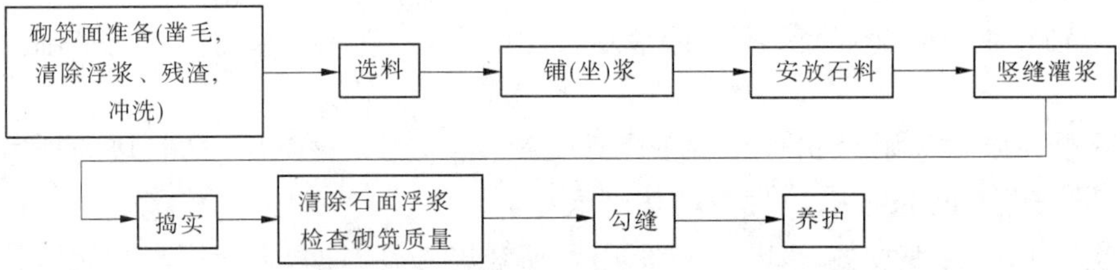

图2-12　浆砌石工程砌筑的工艺流程

1. 铺筑面准备

对开挖成形的岩基面，在砌石开始之前应将表面已松散的岩块剔除，具有光滑表面的岩石须人工凿毛，并清除所有岩屑、碎片、泥沙等杂物。土壤地基按设计要求处理。

对于水平施工缝，一般要求在新一层块石砌筑前凿去已凝固的浮浆，并进行清扫、冲洗，使新旧砌体紧密结合。对于临时施工缝，在恢复砌筑时，必须进行凿毛、冲洗处理。

2. 选料

砌筑所用石料，应是质地均匀、没有裂缝、没有明显风化迹象、不含杂质的坚硬石料。严寒地区使用的石料，还要求具有一定的抗冻性。

3. 铺(坐)浆

对于块石砌体，由于砌筑面参差不齐，必须逐块坐浆、逐块安砌，在操作时还须认真调整，务使坐浆密实，以免形成空洞。

坐浆一般只宜比砌石超前0.5 ~ 1 m，坐浆应与砌筑相配合。

4. 安放石料

把洗净的湿润石料安放在坐浆面上，用铁锤轻击石面，使坐浆开始溢出为度。石料之间的砌缝宽度应严格控制，采用水泥砂浆砌筑时，块石的灰缝厚度一般为 20 ~ 40 mm，料石的灰缝厚度为 5 ~ 20 mm，采用小石混凝土砌筑时，一般为所用骨料最大粒径的 2 ~ 2.5 倍。安放石料时应注意，不能产生细石架空现象。

5. 竖缝灌浆

安放石料后，应及时进行竖缝灌浆。一般灌浆与石面齐平，水泥砂浆用捣插棒捣实，小石混凝土用插入式振捣器振捣，振实后缝面下沉，待上层摊铺坐浆时一并填满。

6. 振捣

水泥砂浆常用捣棒人工插捣，小石混凝土一般采用插入式振动器振捣。应注意对角缝的振捣，防止重振或漏振。

每一层铺砌完 24 ~ 36 h 后（视气温及水泥种类、胶结材料强度等级而定），即可冲洗，准备上一层的铺砌。

（二）浆砌石拱圈施工

浆砌石拱圈一般适用于小跨度的单孔桥拱、涵拱施工，施工方法及步骤如下。

1. 拱圈石料的选择

拱圈的石料一般为经过加工的料石，石块厚度不应小于 150 mm。石块的宽度为其厚度的 1.5 ~ 2.5 倍，长度为厚度的 2 ~ 4 倍，拱圈所用的石料应凿成楔形（上宽下窄），如不用楔形石块，则应用砌缝宽度的变化来调整拱度，但砌缝厚薄相差最大不应超过 10 mm，每一石块面应与拱压力线垂直。因此，拱圈砌体的方向应对准拱的中心。

2. 拱圈的砌缝

浆砌拱圈的砌缝应力求均匀，相邻两行拱石的平缝应相互错开，其相错的距离不得小于 100 mm。砌缝的厚度取决于所选用的石料，选用细料石，其砌缝厚度不应大于 10 mm；选用粗料石，砌缝不应大于 20 mm。

3. 拱圈的砌筑程序与方法

拱圈砌筑之前，必须先做好拱座。为了使拱座与拱圈结合好，需用起拱石。起拱石与拱圈相接的面，应与拱的压力线垂直。

当跨度在 10 m 以下时，拱圈的砌筑一般应沿拱的全长和全厚，同时由两边起拱石对称地向拱顶砌筑；当跨度大于 10 m 时，则拱圈砌筑应采用分段法进行，如图 2-13 所示。分段法是把拱圈分为数段，每段长可根据全拱长来决定，一般每段长 3 ~ 6 m，各段依一定砌筑顺序进行，以达到使拱架承重均匀和拱架变形最小的目的。

拱圈各段的砌筑顺序是：先砌拱脚，再砌拱顶，然后砌 1/4 处，最后砌其余各段。砌筑时一定要对称于拱圈跨中央。各段之间应预留一定的空缝，防止在砌筑中拱架变形而产生裂缝，待全部拱圈砌筑完毕后，再将预留空缝填实。

（三）勾缝与分缝

1. 墙面勾缝

石砌体表面进行勾缝的目的，主要是加强砌体整体性，同时还可增加砌体的抗渗能力，另外也应美化外观。

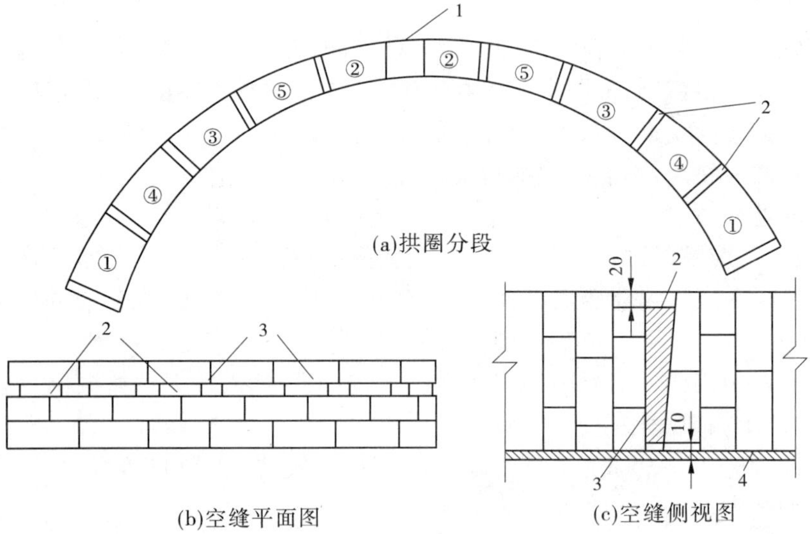

1—拱顶石;2—空缝;3—垫块;4—拱模板;①~⑤—砌筑顺序

图 2-13　拱圈分段及空缝结构图　(单位:mm)

勾缝按其形式可分为凹缝、平缝、凸缝等。凹缝又可分为半圆凹缝、平凹缝;凸缝可分为平凸缝、半圆凸缝、三角凸缝等。

勾缝的程序是在砌体砂浆未凝固以前,先沿砌缝将灰缝剔深 20~30 mm 形成缝槽,待砌体完成砂浆凝固以后再进行勾缝。勾缝前,应将缝槽冲洗干净,自上而下,不整齐处应修整。勾缝的砂浆宜用水泥砂浆,砂用细砂。砂浆稠度要掌握好,过稠勾出缝来表面粗糙不光滑,过稀容易坍落走样。最好不使用火山灰质水泥,因为这种水泥干缩性大,勾缝容易开裂。砂浆强度等级应符合设计规定,一般应高于原砌体的砂浆强度等级。

勾凹缝时,先用铁钎子将缝修凿整齐,再在墙面上浇水湿润,然后将浆勾入缝内,再用板条或绳子压成凹缝,用灰抿赶压光平。凹缝多用于石料方正、砌得整齐的墙面。勾平缝时,先在墙面洒水,使缝槽湿润后,将砂浆勾于缝中赶光压平,使砂浆压住石边,即成平缝。勾凸缝时,先浇水润湿缝槽,用砂浆打底与石面相平,而后用扫把扫出麻面,待砂浆初凝后抹第二层,其厚度约为 10 mm,然后用灰抿拉出凸缝形状。凸缝多用于不平整石料。砌缝不平时,把凸缝移动一点,可使表面美观。

砌体的隐蔽回填部分,可不专门做勾缝处理,但有时为了加强防渗,应事前在砌筑过程中,用原浆将砌缝填实抹平。

2. 伸缩缝

浆砌体常因地基不均匀沉陷或砌体热胀冷缩导致产生裂缝。为避免砌体发生裂缝,一般在设计中要在建筑物某些接头处设置伸缩缝(沉陷缝)。施工时,可按照设计规定的厚度、尺寸及不同材料做成缝板。缝板有油毛毡(一般常用三层油毛毡刷沥青制成)、沥青杉板(杉板两面刷沥青)等,其厚度为设计缝宽,一般均砌在缝中。如采用油毛毡,则需先立样架,将伸缩缝一边的砌体砌筑平整,然后贴上油毡,再砌另一边;如采用沥青杉板做缝板,最好是架好缝板,两面同时等高砌筑,不需再立样架。

(四)砌体养护

为使水泥得到充分的水化反应,提高胶结材料的早期强度,防止胶结材料干裂,应在砌体胶结材料终凝后(一般砌完6~8 h)及时洒水养护14~21 d,最低限度不得少于7 d。养护方法是配专人洒水,经常保持砌体湿润,也可在砌体上加盖湿草袋,以减少水分的蒸发。夏季的洒水养护还可起降温的作用。由于日照长、气温高、蒸发快,一般在砌体表面要覆盖草袋、草帘等,白天洒水7~10次,夜间蒸发少且有露水,只需洒水2~3次即可满足养护需要。

冬季当气温降至0 ℃以下时,要增加覆盖草袋、麻袋的厚度,加强保温效果。冰冻期间不得洒水养护。砌体在养护期内应保持正温。砌筑面的积水、积雪应及时清除,防止结冰。冬季水泥初凝时间较长,砌体一般不宜采用洒水养护。

养护期间不能在砌体上堆放材料、修凿石料、碰动块石,否则会引起胶结面的松动脱离。砌体后隐蔽工程的回填,在常温下一般要在砌后28 d方可进行,小型砌体可在砌后10~12 d进行回填。

学习项目三　爆破工程施工

学习单元一　爆破原理与分类

学习目标

掌握爆破的基本原理以及爆破的分类。

学习内容

(1)爆破的基本原理。

(2)爆破漏斗的几何参数分析。

(3)计算药包种类及其装药量。

(4)爆破的分类。

一、爆破原理

炸药爆炸属于化学反应。炸药被引爆后,在瞬间(约 1/100 000 s)内发生化学分解,使炸药本身具有的化学能很快转成热能、机械能和其他能,并产生高温(几千摄氏度)、高压(几百亿帕)的气体。对介质产生极大的冲击压力,以波的形式向四周传播。在空气中传播时叫冲击波,在岩土中传播时叫地震波。而爆破是利用炸药爆炸所释放的能量,使周围介质改变或破坏的过程。

(一)无限介质中的爆破原理

当爆破在无限均匀的理想介质中进行时,地震波将以药包为中心,呈同心球面向外传播,对一定区域内的岩体产生不同程度的破坏作用。这种破坏作用距药包中心越近,破坏程度越大。根据破坏程度大小,可将介质大致分成以下四个圈,如图 3-1 所示。

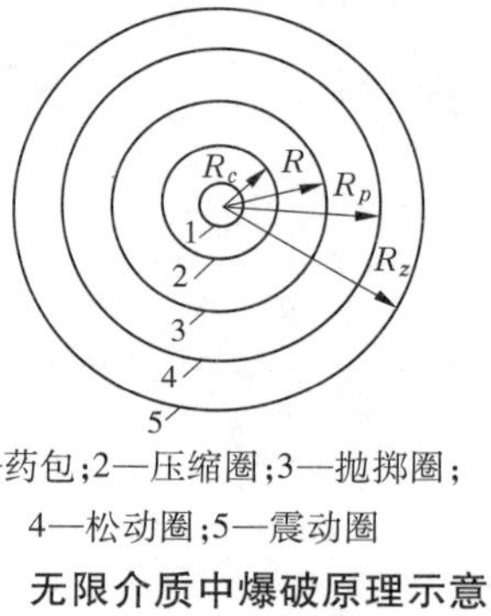

1—药包;2—压缩圈;3—抛掷圈;4—松动圈;5—震动圈

图 3-1　无限介质中爆破原理示意图

1. 压缩圈(粉碎圈)

介质紧邻药包,直接承受了药包爆炸而产生的极其巨大的作用力。介质若为塑性体,将受到压缩,形成一空腔;若为脆性体,将遭到粉碎,形成粉碎圈,相应半径为压缩半径或粉碎半径 R_c。

2. 抛掷圈

位于压缩圈以外,介质原有的结构遭到破坏,分裂成各种形状,还有余裕的抛掷势能。如果有临空面,这部分介质将发生抛掷现象,这个范围称为抛掷圈,相应的半径称为抛掷半径 R。

3. 松动圈(破坏圈)

抛掷圈外的一部分介质,爆破作用只能使其松动,没有足够的能量使松动的介质抛出去,因而称为松动圈,相应的半径称为松动半径 R_p。

4. 震动圈

松动圈以外的部分介质,随着冲击波作用的进一步衰减,介质不能遭到破坏,只能在应力波作用下发生震动,称为震动圈,相应的半径称为震动半径 R_z。震动圈以外爆破作用的能量就消失了。

以上各圈只是为说明爆破作用而划分的,并无明显界限,其作用半径的大小与炸药特性和用量、药包结构、爆炸方式以及介质特性等密切相关。

(二)有限介质中的爆破原理

有限介质中爆破是指药包的埋设深度不大,爆破作用受到临空面的影响。

1. 爆破漏斗的形成

当药包在均匀有限介质中爆破时,从药包中心发出的压力波一旦达到临空面,即反射成拉力波向药包方向返回,因此产生弧状裂缝,使临空面上剥离出一个弧形板状块,从而形成新的临空面。新的临空面又把后来的压力波反射成拉力波,再次产生新的裂缝。如此重复进行,这些拉力波好像发自虚拟中心,逐渐向下发展,结合由下向上的破坏作用,形成爆破漏斗,见图 3-2。

2. 临空面的聚能作用

假定在无限介质中有 A 和 B 两个空穴,在 A 空穴中放置球形药包,B 为空穴。药包 A 爆炸后,由于空穴 B 表面没有阻力,介质流将向 B 空穴集中,犹如空穴成了吸引介质流的中心。若将药包视为正极,空穴视为负极,两者相当于静电学中的电偶,故称爆炸偶极子,如图 3-3 所示。

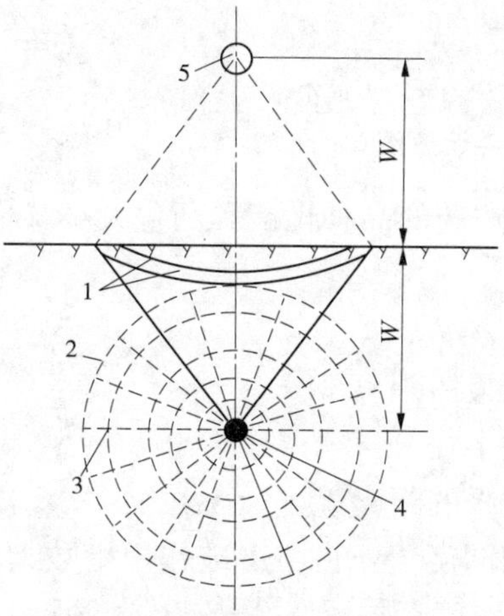

1—反射拉力波形成的弧状裂缝;2—环向裂缝;3—径向裂缝;4—药包;5—虚拟中心

图 3-2 有限介质中爆破原理示意图

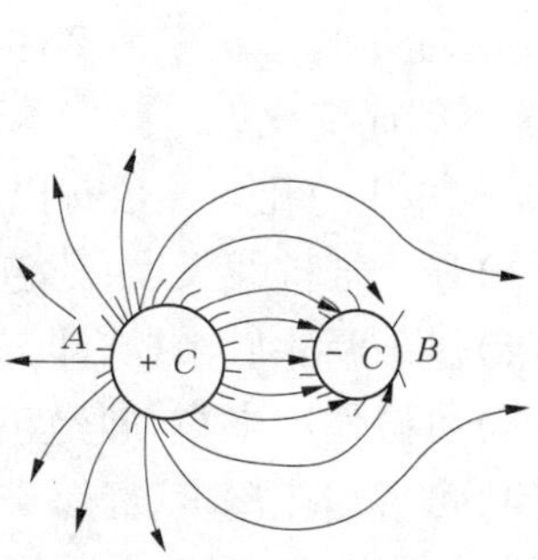

A—药包(+C 实际药包);B—空穴(-C 虚拟药包)

图 3-3 爆炸偶极子作用示意图

实际工程中,药包和临空面的关系,相当于爆炸偶极子。设临空面的曲率半径为 R_0,

药包中心到临空面的任意点的距离为 R,其最短距离为最小抵抗线长度 W。当进行抛掷爆破时,介质从爆破漏斗中抛出,其抛掷速度为 v,由爆破流体力学推求可得如下关系式:

$$v = C_1 \frac{W}{R^3}(1 + \frac{W}{2R_0}) \tag{3-1}$$

漏斗内介质获得的抛掷动能 E_K 可表达为:

$$E_K = \frac{mv^2}{2} = \frac{m}{2}C_1^2 \frac{W^2}{R^6}(1 + \frac{W}{2R_0})^2 \tag{3-2}$$

实践和理论均证明,抛掷速度与介质质点距药包中心 R 的三次方成反比,该质点获得的抛掷动能 E_K 与 R 的 6 次方成反比。同时还说明临空面对抛掷速度的影响,临空面越向内弯曲,即 R_0 越小,则 v 越大,E_K 更大,抛掷越集中,表现了临空面的聚能作用。介质流主要沿药包中心至临空面的最短距离,即沿最小抵抗线 W 方向抛掷是其必然结果。根据这一定向原理,可以利用天然地形布置药包,或利用辅助药包创造人工临空面,满足工程定向抛掷的要求。

二、爆破漏斗的几何参数

在有限介质中爆破,当药包埋设较浅,爆破后将形成以药包中心为顶点的倒圆锥形爆破坑,称为爆破漏斗,见图 3-4。

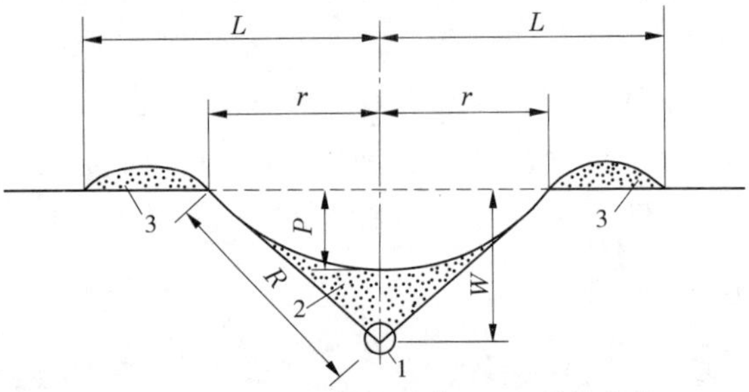

1—药包;2—飞渣回落充填体;3—坑外堆积体

图 3-4　爆破漏斗示意图

爆破漏斗的形状多种多样,随着岩土性质、炸药的品种性能和药包大小及药包埋置的深度等不同而变化。

爆破漏斗的几何参数有以下几个:

(1)最小抵抗线长度,药包中心至临空面的最短距离 W。

(2)爆破漏斗底半径,即漏斗在临空面上的半径 r。

(3)爆破作用半径,即药包中心到漏斗底边缘的距离 R。

(4)可见漏斗深度,经爆破后所形成的坑槽深度 P。它与爆破作用指数大小、炸药的性质、药包的排数、爆破介质的物理性质和地面坡度有关。

(5)爆破作用指数,指爆破漏斗底半径 r 与最小抵抗线长度 W 的比值,即

$$n = \frac{r}{W} \tag{3-3}$$

爆破作用指数的大小可判断爆破作用性质及岩石抛掷的远近程度,也是计算药包量、

决定漏斗大小和药包距离的重要参数。一般用 n 来区分不同爆破漏斗、划分不同爆破类型，见图 3-5。

（1）当 $n=1$，即 $r=W$ 时，称为标准抛掷爆破。

（2）当 $n>1$，即 $r>W$ 时，称为加强抛掷爆破。

（3）当 $0.75<n<1$，$r<W$ 时，称为减弱抛掷爆破。

（4）当 $0.33<n\leqslant 0.75$ 时，称为松动爆破。

（5）当 $n<0.33$ 时，称为隐藏式爆破，临空面不能被破坏，只是药包周围岩石被炸碎，如药壶爆破。

（6）当 $n\to 0$ 时，称为裸露式爆破。

（7）当 $n\to +\infty$ 时，称为隐藏式爆破。

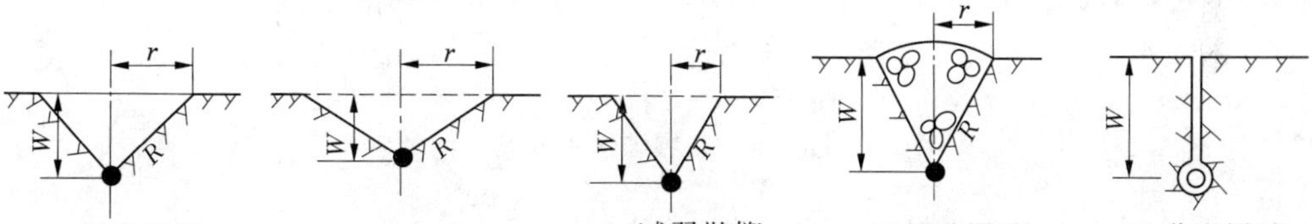

图 3-5　各种爆破漏斗示意图

三、药包种类及其装药量计算

（一）药包

为了爆破某一物体而在其中放置一定数量的炸药，称为药包。药包可按形状、爆破作用进行分类，见表 3-1、图 3-6。

表 3-1　按药包的形状分类

分类名称	药包形状	作用效果
集中药包	长边小于短边 4 倍	爆破效率高，节省炸药和减少钻孔工作量，但破碎岩石块度不够均匀。多用于抛掷爆破
延长药包	长边超过短边 4 倍。延长药包又有连续药包和间隔药包两种形式	可均匀分布炸药，破碎岩石块度较均匀。一般用于松动爆破

（二）集中药包装药量计算

实践证明，炸药的用量是与被破碎的介质体积成正比的。

对于标准抛掷爆破，由于 $V\approx W^3$，可近似地得出装药量，即

标准抛掷爆破
$$Q=KW^3 \tag{3-4}$$

加强抛掷爆破
$$Q=(0.4+0.6n^3)KW^3 \tag{3-5}$$

减弱抛掷爆破
$$Q=\left(\frac{4+3n}{7}\right)^3 KW^3 \tag{3-6}$$

松动爆破
$$Q=0.33KW^3 \tag{3-7}$$

式中　K——爆破单位体积岩石的耗药量，简称单位耗药量，kg/m³，单位耗药量值 K 可根

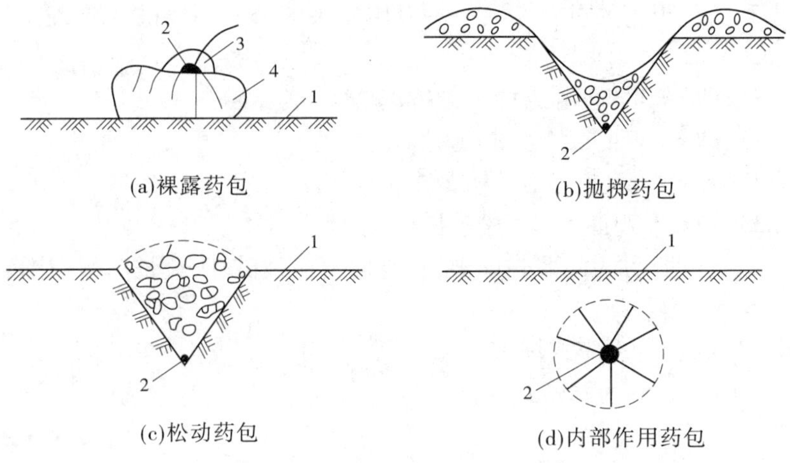

1—临空面;2—药包;3—覆盖物(砂或黏土);4—被爆破的物体

图 3-6　按爆破作用分类

据试验确定,常见岩土的标准单位耗药量见表 3-2;

V——标准抛掷爆破漏斗内的岩石体积,m^3;

Q——药包质量,kg;

W——最小抵抗线长度,m;

n——爆破作用指数。

表 3-2　常见岩土的标准单位耗药量　(单位:kg/m^3)

岩土种类	K	岩土种类	K
黏土	1.0～1.1	砾岩	1.4～1.8
坚实黏土、黄土	1.1～1.25	片麻岩	1.4～1.8
泥页岩	1.2～1.4	花岗岩	1.4～2.0
页岩、千枚岩、板岩、凝灰岩	1.2～1.5	石英砂岩	1.5～1.8
石灰岩	1.2～1.7	闪长岩	1.5～2.1
石英斑岩	1.3～1.4	辉长岩	1.6～1.9
砂岩	1.3～1.6	安山岩、玄武岩	1.6～2.1
流纹岩	1.4～1.6	辉绿岩	1.7～1.9
白云岩	1.4～1.7	石英岩	1.7～2.0

注:1. 表中数据是以 $2^{\#}$ 岩石铵梯炸药作为标准计算的,若采用其他炸药,应乘以炸药换算系数 e,见表 3-3。

2. 表中数据,是在炮眼堵塞良好的情况下确定出来的,如果堵塞不良,则应乘以 1～2 的堵塞系数。对于黄色炸药等烈性炸药,其堵塞系数不宜大于 1.7。

3. 表中 K 值是指一个自由面的情况。随着临空面的增多,单位耗药量随之减少:有两个临空面的为 0.83K,有三个临空面的为 0.67K。

表 3-3 炸药换算系数 e 值

炸药名称	型号	换算系数 e	炸药名称	型号	换算系数 e
岩石铵梯	1#	0.91	煤矿铵梯	1#	1.10
岩石铵梯	2#	1.00	煤矿铵梯	2#	1.28
岩石铵梯	2#抗水	1.00	煤矿铵梯	3#	1.33
露天铵梯	1#	1.04	煤矿铵梯	1#抗水	1.10
露天铵梯	2#	1.28	梯恩梯	三硝基甲苯	0.86
露天铵梯	3#	1.39	62%硝化甘油	—	0.75
露天铵梯	1#抗水	1.04	黑火药	—	1.70

(三)延长药包装药量的计算

(1)与临空面垂直的延长药包(见图 3-7),药包长度一般等于炮孔深度的 1/3,堵塞长度 $C=\frac{2}{3}h$,则

$$W = C + \frac{L}{2} = \frac{5}{6}h \tag{3-8}$$

其标准抛掷药包的重量为

$$Q = KW^3 = \frac{125}{216}Kh^3 \tag{3-9}$$

(2)与临空面平行的延长药包(见图 3-8),爆破后的延长漏斗体积为

$$V = \frac{2W \cdot W}{2}L = W^2L \tag{3-10}$$

其标准抛掷药包重量为

$$Q = KW^2L \tag{3-11}$$

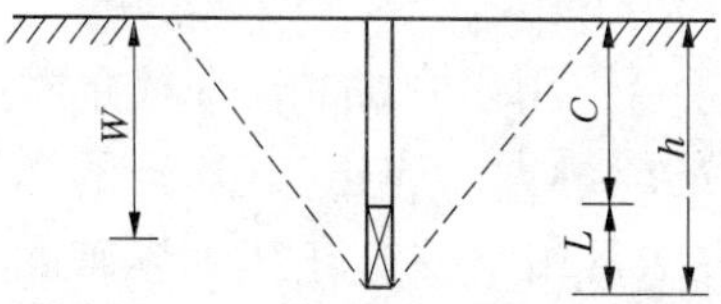

h—炮孔深度;L—药包长度;
C—药包堵塞长度;W—最小抵抗线

图 3-7 与临空面垂直的延长药包

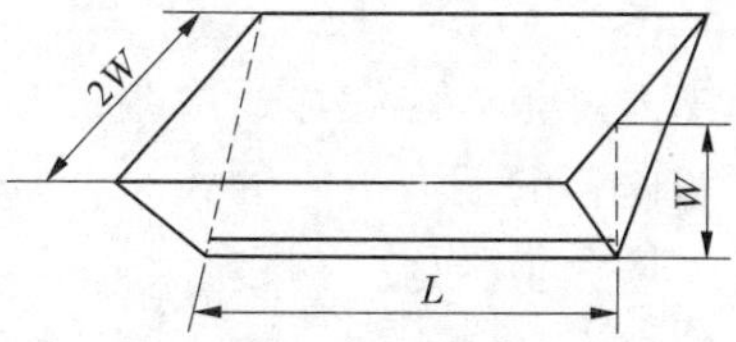

L—药包长度;W—最小抵抗线

图 3-8 与临空面平行的延长药包

四、爆破的分类

爆破可按爆破规模、凿岩情况、要求等的不同进行如下分类:

(1)按爆破规模,可分为小爆破、中爆破和大爆破。

(2)按凿岩情况,可分为浅孔爆破、深孔爆破、药壶爆破、洞室爆破和二次爆破。

(3)按爆破要求,可分为压缩爆破、松动爆破、标准抛掷爆破、加强抛掷爆破及定向爆

破、光面爆破、预裂爆破、特殊物爆破(冻土、冰块等)。

学习单元二　炸药和起爆器材

学习目标

(1)掌握炸药的基本性能、常见的工程炸药及其技术性能。

(2)能够根据工程情况选用炸药。

(3)熟悉常见的起爆器材雷管、导火索、导爆索和导爆管。

学习内容

(1)炸药的基本性能指标。

(2)常见的工程炸药的组成分类和用途分类。

(3)常见的工程炸药及其技术性能。

(4)常见的起爆器材雷管、导火索、导爆索和导爆管。

一、炸药

(一)炸药的基本性能

1. 爆速

爆速是指炸药爆炸时的分解速度。炸药的爆速一般为2 000～75 000 m/s。爆速的测定方法有导爆索法、电测法和高速摄影法。

2. 猛度

猛度是指炸药爆炸瞬间产生的爆轰波和爆炸气体产物直接对与其接触的固体介质局部产生破碎的能力。爆速的高低决定了猛度的大小,爆速愈高,猛度愈大,爆速直接破碎的作用愈强。测量炸药猛度的方法是铅柱压缩法。

3. 爆力

爆力是指炸药爆炸所产生的冲击波和爆轰气体,作用于介质内部,对介质产生压缩、破坏和抛移的能力。它的大小与炸药爆炸时释放的能量大小成正比,炸药的爆热愈高,生成气体量愈多,爆力也就愈大。测定炸药爆力的方法常用铅柱扩孔法和爆破漏斗法。

4. 安定性

炸药的安定性能指炸药在长期贮存中,保持其原有物理化学性能不变的能力。它包括物理安定性与化学安定性两个方面。物理安定性主要是指炸药的吸湿性、挥发性、可塑性、机械强度、结块、老化、冻结、收缩等。物理安定性的大小,取决于炸药的物理性质。炸药化学安定性的大小,取决于炸药的化学性质及常温下化学分解速度的大小,特别是取决于贮存温度的高低。

5. 敏感度

炸药在外界能量作用下起爆的难易程度称为该炸药的敏感度。不同的炸药起爆所需的外能是不一样的。炸药起爆所需的外能越小,炸药的敏感度越高;起爆所需的外能越大,该炸药的敏感度越低。外界能量主要指热能、光能、机械能、冲击能等。炸药对于不同形式的外能作用所表现的敏感度是不一样的,根据起爆能的不同,炸药的敏感度可分为热敏感度、机械敏感度、起爆敏感度。影响炸药敏感度的因素有温度、炸药颗粒度、炸药密度、炸药物理状态与晶体形态。

6. 殉爆

炸药爆炸时引起与它不相接触的邻近炸药爆炸的现象叫殉爆。两药包能互相引起爆炸的最大距离叫殉爆距离。殉爆距离的大小,取决于主发药包的重量、威力、装药密度、直径、爆轰传递方向和药卷放置方向等。

7. 氧平衡

氧平衡是指炸药在爆炸分解时的氧化情况。如果炸药中的氧恰好等于其中可燃物完全氧化所需的氧量,即产生 CO_2 和 H_2O,并释放大量的热,这种情况叫零氧平衡;若含氧量不足,可燃物不能完全氧化,且产生有毒的 CO 气体,此时称为负氧平衡;若含氧量过多,将炸药所放出的氮氧化成有害气体 NO_2,称为正氧平衡。无论是正氧平衡还是负氧平衡,都会带来两大害处:一是热量减少,炸药威力降低,影响爆破效果;二是生成有毒气体。

(二)常用的工程炸药

1. 炸药分类

1)按炸药组成分类

(1)单质炸药。是指由碳、氢、氧、氮等元素组成的自身能迅速发生氧化还原反应的化合物。这类炸药有 TNT(三硝基甲苯)、黑索金、泰安、硝化甘油、雷汞、二硝基重氮酚等。在民用爆破器材中,单质炸药大多用作混合炸药的主要成分或雷管、导爆索装药,很少单独直接用来进行爆破作业。

(2)混合炸药。是指两种或两种以上成分按比例所组成的机械混合物。组成混合炸药的成分既可以含单质炸药,也可以不含单质炸药,但应含氧化剂和可燃剂。混合炸药在受外界能量激发时,能发生爆炸反应,是目前水利水电工程开挖爆破中品种最多、应用最广的一类炸药。

2)按炸药的用途分类

(1)起爆药。主要用于制造雷管和导爆索来引爆其他工业炸药。它是一种对外界作用特别敏感的炸药,其特点是受较小外能作用,如机械、热、火焰等,均易激发爆轰。常用的起爆药有叠氮化铅、雷汞、二硝基重氮酚等。

(2)猛炸药。与起爆药不同,具有较大的稳定性,其机械敏感度较低,需要足够的能量才能将其引爆。工程爆破中多用雷管、导爆索等起爆器材将其引爆。常用的猛炸药有混合型工业炸药、梯恩梯、黑索金、奥克托金等。

(3)火药。在火花作用下,能引起燃烧或爆炸,产生高温、高压气体对外界做功。它可用作点火药和延期药。

2. 常用炸药的性能

常用的炸药主要有梯恩梯、硝铵类炸药、胶质炸药、黑火药等,其主要性能和用途见表 3-4。

表 3-4 常用炸药的主要性能及用途

名称	主要性能及特性	用途
梯恩梯（TNT）（三硝基甲苯）	有压榨的、鳞片的和熔铸的三种。淡黄色或黄褐色，味苦，有毒，爆烟也有毒。安定性好，对冲击和摩擦的敏感性不大。块状时不易受潮，威力大	作雷管副起爆药。适用于露天及水下爆破，不宜用于通风不良的隧洞爆破和地下爆破
硝铵类炸药	硝铵类炸药是以硝酸铵为主要成分的混合炸药，常用的有铵梯炸药（又分露天铵梯炸药、岩石铵梯炸药、煤矿安全铵梯炸药）、铵油炸药、铵松蜡炸药、浆状炸药、水胶炸药、乳化炸药等。浅黄或灰白色，粉末状。药质有毒，但爆烟毒气少，对热和机械作用敏感度不大，撞击摩擦不爆炸，不易点燃。易受潮，受潮后威力降低或不爆炸，长期存放易结块，能腐蚀铜、铅、铁等金属，起爆时，雷管插入药内不得超过一昼夜	应用较广。适用于一般岩石爆破，也可用于隧洞或地下爆破
黑色火药	一般由硝石（75%）、硫磺（15%）、木炭（10%）混合而成。带深蓝黑色，颗粒坚硬明亮，对摩擦、火花、撞击均较敏感，爆速低，威力小，易受潮，但制作简便，起爆容易，不用雷管	水中不能用。常用于小型水利工程中的小型岩石爆破，以及用作导火线芯药
胶质炸药（硝化甘油）	由硝化棉吸收硝化甘油而制成，为淡黄色半透明体的胶状物，不溶于水，可在水中爆炸，威力大。敏感度高，有毒性，粘于皮肤便可引起头痛中毒，冻结后更为敏感。受撞击、摩擦或折断药包均可引起爆炸，可点燃，当储藏时间过长时，可能产生老化现象，威力降低	主要用于水下爆破

3. 常用静态破碎剂型号及技术性能

静态破碎是一种新型的破碎材料，主要由氧化钙和无机化合物组成，其中氧化钙为主要膨胀源，它与水反应生成氢氧化钙固体，体积增大而对炮孔壁施加压力，从而达到破碎的作用。静态破碎剂使用方便，破碎介质没有响声、飞石、震动、空气冲击和毒气，而且破裂方向可以控制，块度能满足要求，能有效地保护保留部分不受破坏。常用静态破碎剂的型号及技术性能见表 3-5。

二、起爆器材

（一）雷管

1. 火雷管

火雷管，即普通雷管，由管壳、正副起爆药和加强帽三部分组成，如图 3-9 所示。管壳材料有铜、铝、纸、塑料等。端开口，中段设加强帽，中有小孔，副起爆药压于管底，正起爆药压在上部。在管沟开口一端插入导火索,引爆后,火焰使正起爆药爆炸,最后引起副起爆药爆炸。根据管内起爆药量的多少分 1 ~ 10 个号码,常用的为 6 号、8 号,其规格及主要性能见表 3-6。水利水电工程爆破常采用 8 号雷管,其装药量为 0.8 g。火雷管具有结构简单,生产效率高,使用方便、灵活,价格便宜,不受各种杂电、静电及感应电的干扰等优点。但由于导火索在传递火焰时,难以避免速燃、缓燃等致命弱点,在使用过程中爆破事故多,因此使用范围和使用量受到极大限制。

表 3-5　常用静态破碎剂的型号及技术性能

牌号	型号	使用季节	使用温度(℃)	膨胀压力(MPa)	开裂时间(s)	用途
无声破碎剂	SCA - Ⅰ	夏季	20 ~ 25	30 ~ 50	10 ~ 50	用于砖、石、混凝土和钢筋混凝土建筑物、构筑物的拆除,破碎各种岩石,切割花岗岩、大理石等
	SCA - Ⅱ	春秋	10 ~ 25			
	SCA - Ⅲ	冬季	5 ~ 15			
	SCA - Ⅳ	寒冬	- 5 ~ 8			
静态破碎剂	JC - 1 - Ⅰ	夏季	25	30 ~ 50	4 ~ 10	
	JC - 1 - Ⅱ	春秋	10 ~ 25			
	JC - 1 - Ⅲ	冬季	0 ~ 10			
	JC - 1 - Ⅳ	寒冬	0			
石灰静态破碎剂	YJ - Ⅰ	冬季	- 5 ~ 15	30 ~ 35	0.7 ~ 6	
	YJ - Ⅱ	春秋	15 ~ 20			
	YJ - Ⅲ	夏季	25 ~ 45			
静态破碎剂(南京型)	Ⅰ	春秋	10 ~ 25		3 ~ 8	
	Ⅱ	冬季	5 ~ 15			
	Ⅲ	寒冬	- 5 ~ 10			
	Ⅳ	夏季	25 ~ 35			

注:1. SCA 为塑料袋封装,每袋 5 kg,每箱 4 袋,要求初凝时间不早于 0.5 h,终凝时间不迟于 4 h。

2. 静态破碎剂有效使用期均为 6 个月。

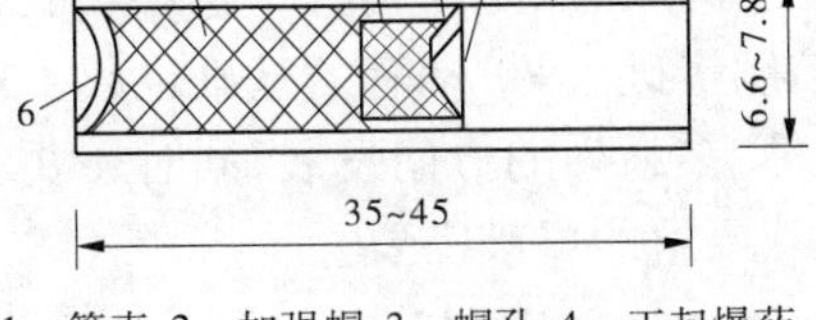

1—管壳;2—加强帽;3—帽孔;4—正起爆药;
5—副起爆药;6—聚能窝槽

图 3-9　火雷管结构图　(单位:mm)

表 3-6　火雷管的规格及主要性能

雷管号码	6 号	6 号	8 号
雷管壳材料	铜、铝、铁	铜、铝、铁	纸
管壳(外径×全长)(mm×mm)	6.6×35	6.6×40	7.8×45
加强帽(外径×全长)(mm×mm)	6.16×6.5	6.16×6.5	(6.25～6.32)×6
特性	受撞击、摩擦、搔扒、按压、火花、热等影响会发生爆炸,受潮容易失效		
点燃方法	利用导火索		
试验方法	外观检查:有裂口、锈点、砂眼、受潮、起爆药浮出等不能使用;振动试验:振动 5 min 不允许爆炸、洒药、加强帽移动;铅板炸孔:5 mm 厚的铅板(6 号用 4 mm 厚),炸穿孔径不小于雷管外径		
适用范围	用于一般爆破工程,但有沼气及矿尘较多的坑道工程不宜使用		
包装方式	内包装为纸盒,每盒 100 发;外包装为木箱,每箱 50 盒 5 000 发		
有效保证期	2 年		

2. 电雷管

通电发火引爆的雷管叫电雷管。电雷管分即发、延发和毫秒微差三种。

1)即发电雷管

即发电雷管是由火雷管和一个发火元件组成的,其结构如图 3-10 所示。当接通电源后,电流通过桥丝发热,使引火药头发火,导致整个雷管爆轰。

2)延发电雷管

普通延发电雷管是雷管通电后,间隔一定时间才起爆的电雷管。延期时间为半秒或秒,延期时间是用精制导火索段或延期药来达到的。延期时间由其长度、药量和延期药配比来调节。秒或半秒延发电雷管的结构如图 3-11 所示,该雷管主要用在基建和隧道掘进、采石、土方开挖等爆破作业中,在有瓦斯和煤尘爆炸危险的工作面不准使用延发电雷管。

3)毫秒微差电雷管

毫秒微差电雷管的结构有多种形式,以延期药的装配关系分为直填式和装配式,装配式又有管式、索式和多芯结构式。毫秒电雷管有等间隔和非等间隔之分,段与段之间间隔时间相等的称为等间隔,反之为非等间隔。

毫秒微差电雷管在爆破工作中作用越来越大。它对降低爆破地震、保护边坡、控制飞石等起了很好的作用;对于控制爆破、保护地基的基础也起了重要作用。毫秒微差电雷管正在向高精度、多段数、多品种、多系列的方向发展,同时还要求它能抗静电、抗杂静电、耐高温、抗深水,以满足各种特殊要求的爆破需要。

3. 无起爆药雷管

有起爆药雷管的起爆药在生产过程中须排出大量的有毒废水,处理困难,严重污染环境,危害人们身体健康,且在雷管生产、使用及运输过程中比较危险。无起爆药雷管是用专用的点火药及 PENT 药分别取代起爆药和过渡药,是目前最先进、最安全的雷管。

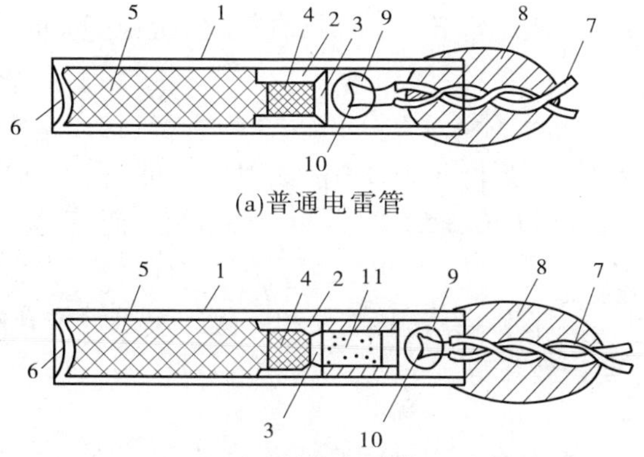

(a)普通电雷管

(b)迟发电雷管

1—管壳;2—加强帽;3—帽孔;4—正起爆药;
5—副起爆药;6—聚能窝槽;7—脚线;8—绝缘涂胶;
9—球形发火剂;10—电阻丝;11—缓燃剂

图 3-10 即发电雷管结构图

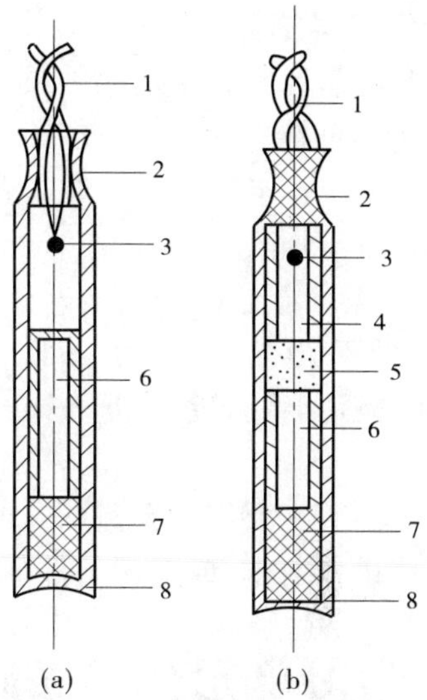

(a) (b)

1—脚线;2—塑料管;3—点火头;
4—延期管;5—延期药;6—起爆元件;
7—黑索金;8—管壳

图 3-11 延发电雷管结构图

无起爆药雷管的冲击敏感度低于普通电雷管,耐火性能比普通雷管要好。由于其结构简单,操作使用安全可与普通雷管同样对待。

4. 电子雷管

电子雷管只需一个段别的雷管,采用数值电路板进行延时,延时误差可控制在 ±1 ms。电子雷管在国外已开始使用,我国目前已完成了试验工作。

(二)导火索

导火索是用来起爆火雷管和黑火药的起爆材料。它用于一般爆破工程,不宜用于有瓦斯或矿尘爆炸危险的作业面。它是用黑火药做芯药,用麻、棉纱和纸作包皮,外面涂有沥青、油脂等防潮剂。导火线不得受潮、浸油、折段,燃烧过程中不得有断火、透火、外壳燃烧、速燃、缓燃、爆燃等现象发生。

导火索的燃烧速度有两种:正常燃烧速度为 100 ~ 120 s/m,缓燃速度为 180 ~ 210 s/m。喷火强度不低于 50 mm。

(三)导爆索(传爆线)

导爆索是用强度大、爆速高的单质猛炸药黑索金或泰安作为药芯,以棉线、纤维及防潮材料包缠成索状的起爆及传爆材料。经雷管引爆后,导爆索可直接引爆炸药、塑料导爆管及其他导爆索,也可单独作为爆破能源。水利水电工程中的预裂爆破及光面爆破均采用导爆索来传爆炸药。

导爆索的技术指标为:外径 4.8 ~ 6.2 mm;爆速不低于 6 500 m/s;抗拉强度不小于 3 kN;用火焰点燃时不爆燃、不起爆;2 m 长的导爆索能完全起爆一个 200 g 的压装 TNT 药块;用 8 号雷管起爆时能安全起爆。

(四)导爆管

导爆管是一种半透明的具有一定强度和韧性、耐温、不透水的塑料管起爆材料。在塑料软管内壁涂薄薄一层胶状高性能混合炸药(主要为黑索金或奥克托金),涂药量为(16±1.6) g/m。导爆管难以点燃,必须用雷管或起爆枪引爆,具有抗火、抗电、抗冲击、抗水以及导爆安全等特性。

导爆管的技术指标为:外径 3 mm,内径 1.4 mm;爆速 1 650~1 950 m/s。抗拉力:25 ℃时,不低于 70 N;50 ℃时,不低于 50 N;-40 ℃时,不低于 100 N。耐静电性能:在 30 kV、30 pF、极距 10 cm 条件下,1 min 不起爆。耐温性:(50±5) ℃、(-40±5) ℃时起爆,传爆可靠。

导爆管主要用于无瓦斯、矿尘的露天、井下、深水、杂散电流大和一次起爆多数炮孔的微差爆破作业中,或上述条件下的即发爆破或延发爆破。

学习单元三　爆破的基本方法

学习目标

(1)熟悉并能选用合适的爆破方法。
(2)能够进行爆破施工工艺控制。
(3)能采取措施改善爆破效果。

学习内容

(1)裸露爆破法。
(2)孔眼爆破法施工及其技术参数。
(3)药壶法爆破法施工。
(4)洞室爆破法施工。
(5)改善和提高爆破效果的措施。

一、裸露爆破法

裸露爆破法又称表面爆破法,是将药包直接放置于岩石的表面进行爆破。

药包放在块石或孤石的中部凹槽或裂隙部位,体积大于 1 m^3 的块石,药包可分数处放置,或在块石上打浅孔或浅孔破碎。为提高爆破效果,表面药包底部可作成集中爆破穴,药包上护以草皮或是泥土、沙子,其厚度应大于药包高度或以粉状炸药敷 30 cm 厚。用电雷管或导爆索起爆。

该法不需钻孔设备,操作简单迅速,但炸药消耗量大(比炮孔法多 3~5 倍),破碎岩石飞散较远。适于地面上大块岩石、大孤石的二次破碎及树根、水下岩石与改建工程的爆破。

二、孔眼爆破法

根据孔径的大小和孔眼的深度可分为浅孔爆破法和深孔爆破法。前者炮孔深度小于5 m，孔径小于75 mm；后者炮孔深度大于5 m，孔径大于75 mm。炮孔下部装药，上部堵塞，装延长药包进行爆破。前者适用于各种地形条件和工作面的情况，有利于控制开挖面的形状和规格，使用的钻机机具较简单，操作方便，但生产效率低，孔耗大，不适合大规模的爆破工程。而后者恰好弥补了前者的缺点，适用于料场和基坑的规模大、强度高的采挖工作。

（一）炮孔的布孔原则

（1）炮孔方向不要与最小抵抗线方向重合，以免产生冲天炮，降低爆破效果。

（2）充分利用地形，尽量利用和创造临空面，提高爆破效果。

（3）炮孔应尽量垂直于岩石的层面、节理与裂隙，且不要穿过较宽的裂缝以免漏气。

（4）采用阶梯开挖法，有利于提高爆破效果，降低成本，也便于组织钻孔、装药、爆破和出渣的平行流水作业，避免干扰，加快进度。阶梯爆破布孔示意图见图3-12。

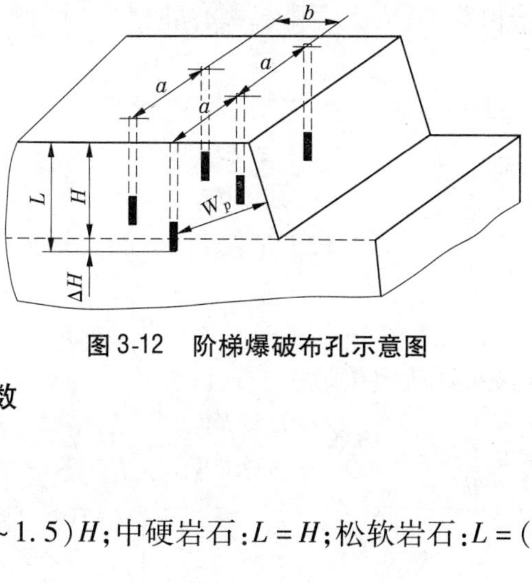

图3-12　阶梯爆破布孔示意图

（二）布孔的技术参数

1. 炮孔深度L

1）浅孔（竖直钻孔）

坚硬岩石：$L=(1.1\sim1.5)H$；中硬岩石：$L=H$；松软岩石：$L=(0.85\sim0.95)H$。其中，H为阶梯的高度。

2）深孔（竖直钻孔）

$$L = H + \Delta H \tag{3-12}$$

$$\Delta H = (0.12 \sim 0.3)W_p$$

式中　H——阶梯高度，一般取10～12 m；

ΔH——超钻长度，m。

2. 计算抵抗线长度W_p

浅孔　$$W_p=(0.6\sim0.8)H \tag{3-13}$$

深孔　$$W_p=HD\eta d/150 \tag{3-14}$$

式中　D——岩石硬度系数，一般为0.46～0.56；

η——阶梯高度影响系数，参见表3-7；

d——炮孔直径，mm。

表 3-7　阶梯高度影响系数

高度 H(m)	7	10	12	15	17	20	22	25	27	30
η	1.2	1.0	0.87	0.74	0.67	0.60	0.56	0.52	0.47	0.42

3. 炮孔间距 a

浅孔　$a=(1.0\sim1.5)W_p$(火雷管起爆时)　(3-15)

或　$a=(1.2\sim2.0)W_p$(电力起爆时)　(3-16)

深孔　$a=mW_p$　(3-17)

式中　m——系数,一般取 0.65 ~ 0.80。

4. 炮孔排距 b

浅孔　$b=(0.8\sim1.2)W_p$　(3-18)

深孔　$b=a\sin60°=0.87a$　(3-19)

炮孔布置一般为交错梅花形,依次逐排起爆,同时起爆多个炮孔应采用电力起爆或导爆索起爆。

5. 炮孔的最小堵塞长度 L_{min}(m)

浅孔　$L_{min}\geqslant L/2$　(3-20)

深孔　$L_{min}\geqslant W_p$　(3-21)

无论是浅孔还是深孔,只有保证了最小堵塞长度,防止爆破气体逸出,才有利于提高爆破效果。

6. 药包重量

浅孔一般用于松动爆破,其药包重量按下式计算:

$$Q=0.33KW_p^3 \quad (3\text{-}22)$$

深孔　$Q=0.33KHW_pa$　(3-23)

三、药壶爆破法

药壶爆破法又称葫芦炮、坛子炮,是在普通浅孔或深孔炮孔底先放入少量的炸药,经过一次至数次爆破,扩大成近似圆球形的药壶(如图 3-13 所示),然后装入一定数量的炸药进行爆破。

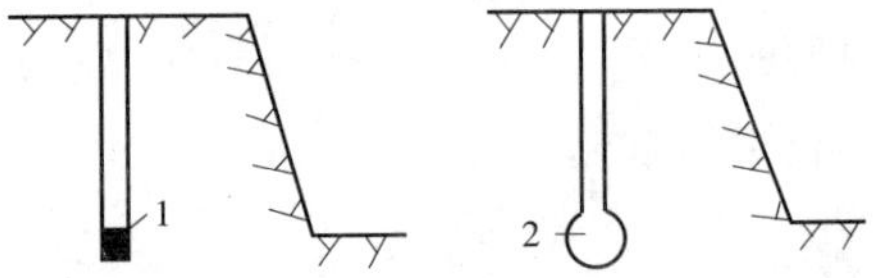

(a)装少量炸药的炸药壶　(b)构成的药壶

1—药包;2—药壶

图 3-13　药壶爆破法

药壶法容纳炸药较多且集中,爆破的方量较大,所爆破岩石块度不均,需要进行二次爆破。它适用于缺乏大直径钻孔机械,造孔力量薄弱,爆破量大的中等坚硬岩石。

四、洞室爆破法

洞室爆破法,通常也称为大爆破,见图 3-14。它是先开挖导洞和药室,在药室中装入大量炸药组成的集中药包,一次可以爆破大量石方。洞室爆破法可以进行松动爆破或定向爆破。导洞有平洞及竖井两种形式,平洞的断面一般为 1 m×1.5 m,竖井为 1 m×1.2

m 或直径 1.2 m 为宜。平洞施工方便，利于通风、排水，应优先选用。药室的容积按装药量计算，一个导洞往往有两个或三个药室，药室与药室间的距离为最小抵抗线的 0.8～1.2 倍。

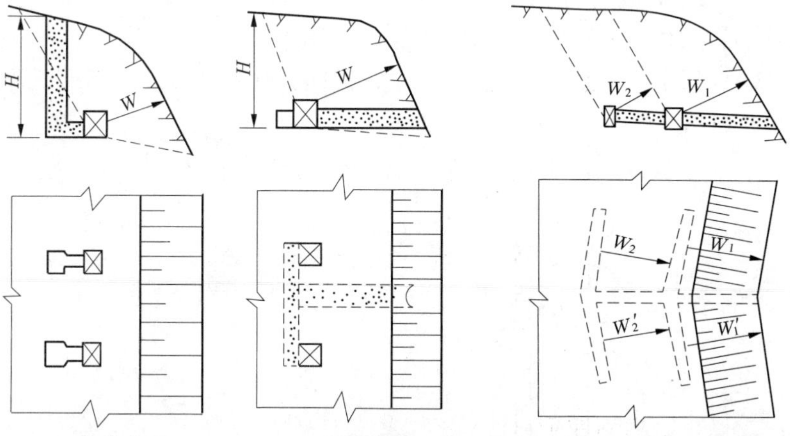

(a)竖井布置　(b)平洞布置　(c)条形药包布置

图 3-14　洞室爆破布置形式

洞室爆破的起爆一般采用混合连接（并串联或串并联）电力起爆，并另配以传爆线路，以保证起爆。起爆体是在方形木箱内装优质炸药 10～25 kg，炸药内设置雷管束，雷管束为若干电雷管用布带捆扎在一起。起爆体装在炸药中间，装好后立即用黄土和细石渣将导洞堵塞。

洞室爆破法操作简单，爆破效果比炮孔法高，节约劳力，出渣容易（对横洞而言），凿孔工作量少，技术要求不高，同时不受炸药品种限制，可用黑火药，但开洞工作量大，较费时，排水堵洞较困难，速度慢，比药壶法费工稍多，工效稍低。

它适于六类以上的较大量的坚硬石方爆破；竖井适用于场地整平、基坑开挖松动爆破；平洞适用于阶梯高不超过 6 m 的软质岩石或有夹层的岩石松爆。

五、改善爆破效果的方法和措施

（一）合理利用或创造人工临空面

实践证明，充分利用多面临空的地形，或人工创造多面临空的自由面，有利于降低爆破的单位耗药量。当采用深孔爆破时，增加梯段高度或用斜孔爆破，均有利于提高爆效。平行坡面的斜孔爆破，由于爆破时沿坡面的阻抗力大体相等，且反射拉力波的作用范围增大，通常可较竖孔的能量利用率提高 50%。斜孔爆破后边坡稳定，块度均匀，有利于提高装车效率。

（二）采用毫秒微差挤压爆破

毫秒微差挤压爆破是利用孔间微差迟发不断创造临空面，使岩石内的应力波与先期产生残留在岩体内的应力相叠加，从而提高爆破的能量利用率。在深孔爆破中可降低单位耗药量 15%～25%，且使超径大块料降低到 1% 以下。

（三）分段装药爆破

常规孔眼爆破，药包位于孔底，爆能集中，爆后块度不匀。为改善爆效，沿孔长分段装药，使爆能均匀分布，且延长爆压作用时间。图 3-15 为分段装药药包构造图，图 3-15(a)俗称竹节炮，图 3-15(b)将分段药室扩大，俗称竹节坛子炮。分段装药的药包（或药壶）宜设在坚硬完整的岩层内，空穴设于软弱岩层内，且用木架支垫或砾石充填。在孔深 20 m 以内，一般分 2～3 段装药，底部药包通常占总药量的 60%～70%。堵塞长度应大于或等于 0.7 倍计算抵抗线。

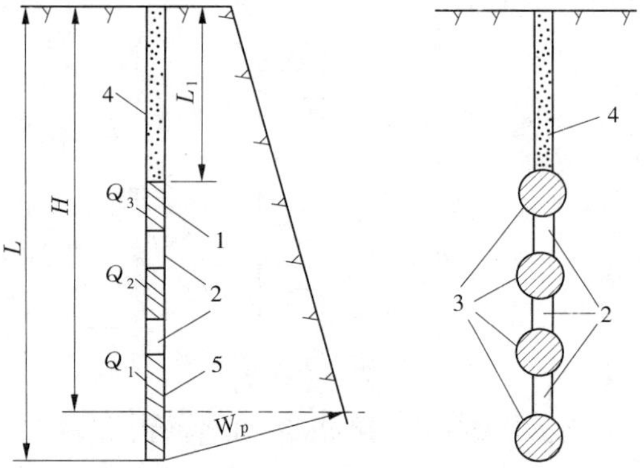

(a)竹节炮　　(b)竹节坛子炮

1—药包；2—空穴；3—药壶；4—堵塞段；5—底部药包

图 3-15　分段装药药包构造图

（四）采用不耦合装药

药包和孔壁（洞壁）间留一定空气间隙，形成不耦合装药结构。由于药包四周存在空隙，降低了爆炸的峰压，从而降低或避免了过度粉碎岩石，同时使爆压作用时间增长，增大了爆破冲量，提高了爆破能量利用率。炮孔直径与药包直径的比值称为不耦合系数。对应于最大爆破冲量即爆破效果最佳的不耦合系数称为最佳不耦合系数。其值的大小随介质特性和炸药特性而异。

（五）保证堵塞长度和堵塞质量

实践证明，当其他条件相同时，堵塞良好的爆破效果及能量利用率较堵塞不良的可以成倍提高。

学习单元四　爆破施工

学习目标

（1）能够对钻孔、药包加工、装药和堵塞进行操作和质量控制。

（2）能够正确、安全地实施爆破工作。

学习内容

（1）钻孔的方法、钻机的种类和特点。

(2)药包的现场加工工艺流程。

(3)装药和炮孔堵塞方法。

(4)各种起爆方法的操作步骤和安全措施。

一、钻孔

钻孔有人工钻孔打眼和机械钻孔之分，工程上多用机械钻孔。钻爆作业中，钻孔消耗的时间占爆破工程各工序时间总和的一半以上，而其费用则占爆破工程总费用的70%以上。钻孔的效率和质量很大程度上取决于钻孔机具。

浅孔作业多用轻型手提式风钻，多用于向下钻垂直孔；向上及倾斜钻孔，则多采用支架式重型风钻，所用风压一般为 $4\times10^5\sim6\times10^5$ Pa，耗风量一般为 2～4 m^3/min。国内常用 YT－23 型、YT－25 型和 YT－30 型以及带腿的 YTP－26 型风钻。YT－23 型自重轻，结构简单，操作方便，钻孔效率高，采石、削坡和基础开挖作业多用大型钻机进行深孔作业，常用的钻机有以下三种。

(一)回转式钻机

回转式钻机可钻斜孔，钻进速度快。常以钻孔最大深度表示钻机的型号。例如，国产 XJ－100 型和 X－300 型回转式钻机，其中 100 和 300 则表示最大钻孔深度，单位为 m，钻孔孔径一般为 90 mm、100 mm。由于钻杆回转钻进，当采用岩芯管时，可取出整段岩芯，故又称岩芯钻孔。钻杆端部可根据钻孔孔径要求装大小不同的钻头，当钻一般硬度的岩石时，可用普通工具钢钻头，钻头与孔底间投放钢砂；当钻中等硬度岩石时，可用嵌有合金刀片的各型钻头，见图 3-16；当钻坚硬岩石时，则宜用钻石钻头。钻进过程中为了排除岩粉，冷却钻头，由钻杆顶部通过空心钻杆向孔内注水。钻进松软岩石时，可向孔内注入泥浆，使岩屑浮至表面溢出孔外，泥浆还起到固护孔壁的作用。

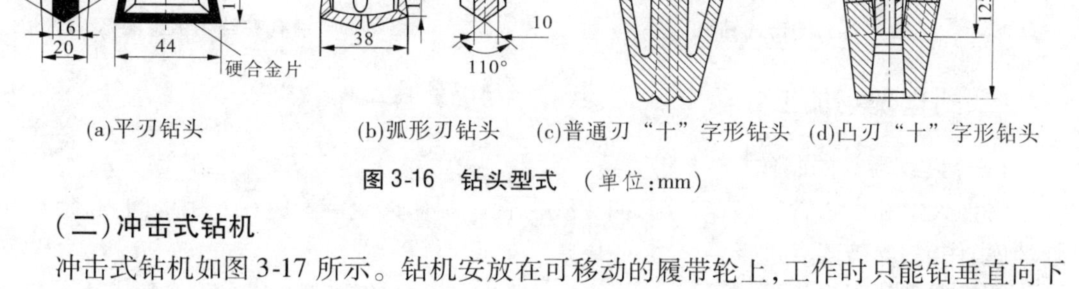

(a)平刃钻头　(b)弧形刃钻头　(c)普通刃“十”字形钻头　(d)凸刃“十”字形钻头

图 3-16　钻头型式　(单位：mm)

(二)冲击式钻机

冲击式钻机如图 3-17 所示。钻机安放在可移动的履带轮上，工作时只能钻垂直向下的孔，而不能像回转式钻机一样钻斜孔。钻具的自重和落高是机械类型的控制参数。国产

CZ－20 型钻机钻具重 1 000 kg，用于钻松软岩石。CZ－2 型钻机钻具重 550～1 300 kg，用于钻坚硬岩石。钻孔直径，前者为 150～500 mm，后者为 150～300 mm。

冲击式钻机钻孔，每冲击一次，钻具提离孔底，钢索旋转带动钻具旋转一个角度，以保证钻具均匀破碎岩石，形成圆形钻孔。孔内岩渣用清渣筒清除，为了冷却钻头，钻进时应不断向孔内加水。

(三)潜孔钻

潜孔钻钻孔作用既有回转也有冲击，其结构(见图 3-18)较以上两种钻机有进一步改进，钻孔效率很高。钻进牢固系数 $f=6\sim10$ 的岩石，平均台班进尺达 35～45 m。通常一根钻杆的有效钻孔深度为 8 m，因此当孔深不超过 8 m 时，可不接钻杆，钻进效率更高。国内常用的 YQ－150A 型钻机，钻孔直径 170 mm，钻孔方向有 45°、60°、75°、90°四种。在钻进过程中，将粉尘吹出孔口，由设在孔口的捕尘罩借助抽风机将粉尘吸入集尘箱处理。潜孔钻结构简单，运行可靠，维修方便，钻孔效率高，是一种通用、功能良好的深孔作业的钻孔机械。

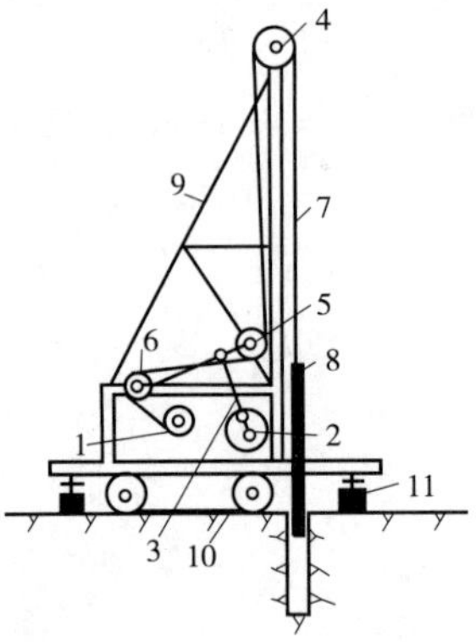

1—绞车；2—偏心轮；3—连杆；
4、5、6—滑轮；7—钢索；8—钻具；9—钻架；
10—履带；11—支撑千斤顶

图 3-17　冲击式钻机

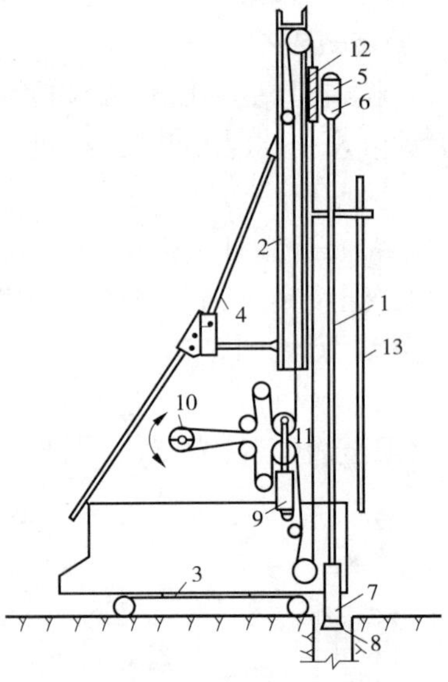

1—钻杆；2—滑架；3—履带行走机构；4—拉杆；
5—电动机；6—减速箱；7—冲击器；8—钻头；9—推压汽缸；
10—卷扬机；11—托架；12—滑板；13—副钻杆

图 3-18　潜孔钻结构示意图

二、药包现场加工

(一)火线雷管的制作

将导火索和火雷管连接在一起，叫火线雷管。制作火线雷管应在专用房间内，禁止在炸药库、住宅、爆破工点进行。

火线雷管的制作步骤如下：

(1)检查雷管和导火索。

(2)按照需要长度,用锋利小刀切齐导火索,最短导火索不应少于 60 cm。

(3)把导火索插入雷管,直到接触火帽为止。不要猛插和转动。

(4)用铰钳夹夹紧雷管口(距管口 5 mm 以内),如图 3-19 所示。固定时,应使该钳夹的侧面与雷管口相平。如无铰钳夹,可用胶布包裹,严禁用嘴咬。

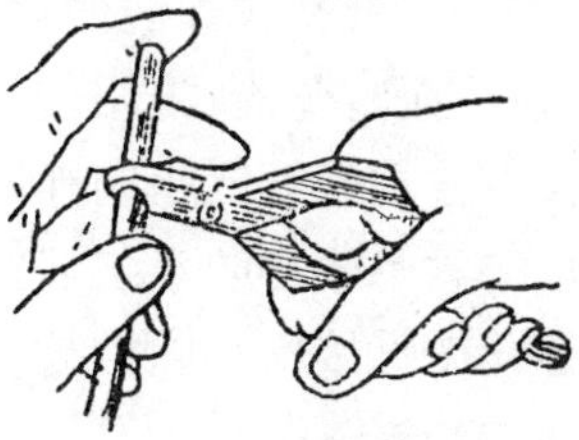

图 3-19 火线雷管制作

(5)在接合部包上胶布防潮。当火线雷管不马上使用时,导火索点火的一端也应包上胶布。

(二)电雷管检查

对于电雷管,应先作外观检查,把有擦痕、生锈、铜绿、裂隙或其他损坏的雷管剔除,再用爆破电桥或小型欧姆计进行电阻及稳定性检查。为了保证安全,测定电雷管的仪表输出电流不得超过 50 mA。如发现有不导电的情况,应作为不良的电雷管处理,然后把电阻相同或电阻差不超过 0.25 Ω 的电雷管放置在一起,以备装药时串联在一条起爆网络上。

(三)制作起爆药包

起爆药包只许在爆破工点于装药前制作该次所需的数量。不得先做成成品备用。制作好的起爆药包应小心妥善保管,不得震动,亦不得抽出雷管。

制作时分如下几个步骤:

(1)解开药筒一端。

(2)用木棍(直径 5 mm,长 10 ~ 12 cm)轻轻地插入药筒中央然后抽出,并将雷管插入孔内,见图 3-20(a)。

(3)雷管插入深度:易燃的硝化甘油炸药将雷管全部插入即可;其他不易燃炸药,雷管应埋在接近药筒的中部,见图 3-20(b)。

(4)收拢包皮纸,用绳子扎起来,如用于潮湿处则加以防潮处置,防潮时防水剂的温度不超过 60 ℃,见图 3-20(c)。

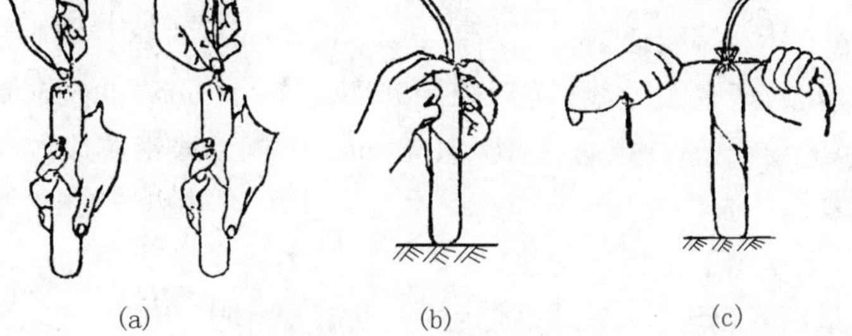

(a) (b) (c)

图 3-20 起爆药包制作

三、装药、堵塞

(一)装药

在装药前首先了解炮孔的深度、间距、排距等,由此确定装药量。根据孔中是否有水确定药包的种类或炸药的种类,同时还要清除炮孔内的岩粉和水分。在干孔内可装散药和药卷。在装药前,先用硬纸或铁皮在炮孔底部架空,形成聚能药包。炸药要分层用木棍压实,雷管的聚能穴指向孔底,雷管装在炸药全长的中部偏上处。在有水炮孔中装吸湿炸药时,注意不要将防水包装捣破,以免炸药受潮而拒爆。当孔深较大时,药包要用绳子吊下,不允许直接向孔内抛投,以免发生爆炸危险。

(二)堵塞

装药后即进行堵塞。对堵塞材料的要求是:与炮孔壁摩擦作用大,材料本身能结成一个整体,充填时易于密实,不漏气。可用1:2的黏土粗砂堵塞,堵塞物要分层用木棍压实。在堵塞过程中,要注意不要将导火线折断或破坏导火线的绝缘层。

四、起爆

按雷管的起爆方法不同,常用的起爆方法有电力起爆法、非电力起爆法两种。

(一)电力起爆法

电力起爆法就是利用电能引爆电雷管进而起爆炸药的起爆方法。本法可以同时起爆多个药包,可间隔延期起爆,安全可靠。但是操作较复杂,准备工作量大,需较多电线,需一定检查仪表和电源设备。它适用于大中型重要的爆破工程。

电力起爆网路主要由电源、导线、电雷管等组成。

1. 电源

电力起爆的电源,可用普通照明电源或动力电源,最好使用专线。当缺乏电源而爆破规模又较小和起爆的雷管数量不多时,也可将干电池或蓄电池组合使用。另外,还可以使用电容式起爆电源,即发爆器起爆。国产的发爆器有10发、30发、50发和100发几种型号,最多一次可起爆100个以内串联的电雷管,十分方便。但因其电流很小,故不能起爆并联雷管。常用的发爆器型号有DF-100型、FR81-25型、FR81-50型。

2. 导线

电爆网路中的导线一般采用绝缘良好的铜线和铝线。在大型电爆网络中的常用导线按其位置和作用划分为端线、连接线、区域线和主线。端线用来加长电雷管脚线,使之能引至孔口或洞室之外。端线通常采用断面0.2~0.4 mm^2 的铜芯塑料皮软线。连接线是用来连接相邻炮孔或药室的导线,通常采用断面为1~4 mm^2 的铜芯或铝芯线。主线是连接区域与电源的导线,常用断面为16~150 mm^2 的铜芯或铝芯线。

3. 电雷管

电雷管在电流作用下使桥丝灼热,灼热的桥丝引燃了引火头,从而导致起爆药爆炸。其主要参数有:最高安全电流、最低准爆电流、电雷管电阻。

1)最高安全电流

给电雷管通以恒定的直流电,在较长时间(5 min)内不致使发电雷管引火头发火的最大电流,称为电雷管最高安全电流。按规定,国内电雷管通50 mA的电流,持续5 min不爆的为合格产品。

安全规程规定,测量电雷管电爆网路的爆破仪表,其输出工作电流不得大于30 mA。

2)最低准爆电流

给电雷管通一恒定的直流电,保证在 1 min 内必定使任何一发电雷管都能起爆的最小电流,称为最低准爆电流。国产电雷管的准爆电流不大于 0.7 A。

3)电雷管电阻

电雷管电阻是指桥丝电阻与脚线电阻之和,又称电雷管安全电阻。电雷管在使用前应测定每个电雷管的电阻值(只准使用规定的专用仪表),在同一爆破网路中使用的电雷管应为同厂、同型号产品。康铜桥丝雷管的电阻值差不得超过 0.3 Ω;镍铬桥丝雷管的电阻值差不得超过 0.8 Ω。电雷管的电阻值是进行电爆网络计算不可缺少的参数。

4. 电爆网络的连接方式

当有多个药包联合起爆时,电爆网路的连接可以采用串联、并联、串并联、并串联等方式,如图 3-21、图 3-22 所示。

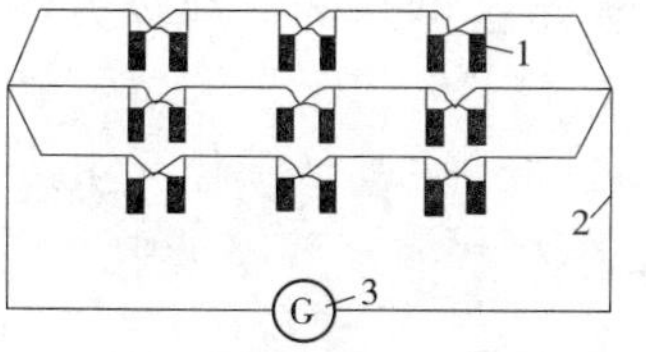

1—雷管;2—主线;3—电源

图 3-21 串并联电爆网路

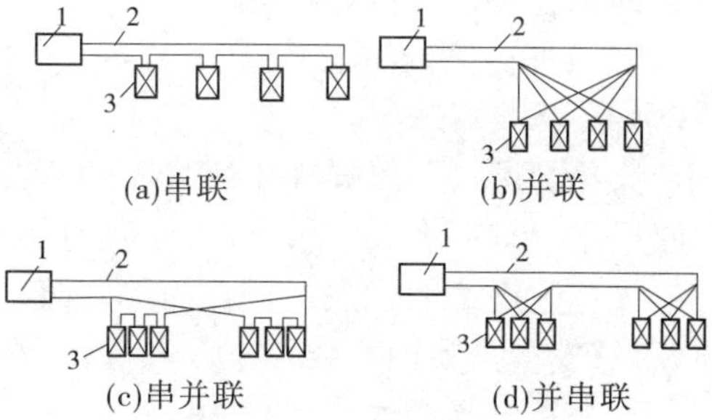

1—电源;2—输电线;3—药包

图 3-22 电爆网路连接法

1)串联法

串联法是将电雷管的脚线一个接一个地连在一起,并将两端的两根脚线接至主线,并通向电源。

该法线路简单,计算和检查线路较易,导线消耗较小,需准爆电流小,可用放炮器、干电池、蓄电池作起爆电源。但整个起爆电路可靠性差,当一个雷管发生故障,或敏感度有差别时,易发生拒爆现象。

它适用于爆破数量不多、炮孔分散、电源电流不大的小规模爆破。

2)并联法

并联法是将所有电雷管的两根脚线分别接在两根主线上,或将所有雷管的其中一根脚线集合在一起,然后接在一根主线上,把另一根脚线也集合在一起,接在另一根主线上。

并联法的特点是:各个雷管的电流互不干扰,不易发生拒爆现象,当一个电雷管有故障时,不影响整个起爆。但导线电流消耗大,需较大截面主线;连接较复杂,检查不便;若分支电阻相差较大,可能产生不同时爆炸或拒爆。

它适合于炮孔集中、电源容量较大及起爆少量雷管时使用。

3)串并联法

串并联法是将所有雷管分成几组,同一组的电雷管串联在一起,然后组与组之间再并联在一起。

它的特点是需要的电流容量比并联小，同组中的电流互不干扰；药室中使用成对的电雷管，可增加起爆的可靠性。但线路计算和敷设复杂，导线消耗量大。

该法适合于每次爆破的炮孔、药包组很多，且距离较远或全部并联电流不足时，或采取分层叠法布置药室时使用。

4）并串联法

并串联法是将所有雷管分成几组，同一组的电雷管并联在一起，然后组与组之间再串联。

它的特点是：可采用较小的电容量和较低的电压，可靠性比串联强。但线路计算和敷设较复杂，有一个雷管拒爆时，将切断一个分组的线路。该法各分支线路电阻应注意平衡或基本接近。

这种方法适合于一次起爆多个药包，且药室距离很长时，或每个药室设两个以上的电雷管，而又要求进行迟发起爆时，或在无充足的电源电压时使用。

（二）非电力起爆法

1. 火花起爆法

火花起爆法是以导火索燃烧时的火花引爆雷管，进而起爆炸药的起爆方法。火花起爆法所用的材料有火雷管、导火索及点燃导火索的燃火材料等。

火花起爆法的优点是操作简单，准备工作少，成本较低；缺点是操作人员处于爆破地点，不够安全。目前主要用于浅孔和裸露药包的爆破，在有水或水下爆破中不能使用。

2. 导爆索起爆法

导爆索起爆法是用导爆索爆炸产生的能量直接引爆药包的起爆方法。这种起爆方法所用的起爆器材有雷管、导爆索、继爆管等。

导爆索起爆法的优点是导爆速度高，可同时起爆多个药包，准爆性好；连接形式简单，无复杂的操作技术；在药包中不需要放雷管，故装药、堵塞时比较安全。缺点是成本高，不能用仪表来检查爆破线路的好坏。它适用于瞬时起爆多个药包的炮孔、深孔或洞室爆破。

导爆索起爆网路的连接方式有并簇联和分段并联两种。

（1）并簇联。是将所有炮孔中引出的支导爆索的末端捆扎成一束或几束，然后再与一根主导爆索相连接，如图3-23所示。这种方法同爆性好，但导爆索的消耗量较大，一般用于炮孔数不多又较集中的爆破中。

（2）分段并联。是在炮孔或药室外敷设一条主导爆索，将各炮孔或药室中引出的支导爆索分别与主导爆索相连，如图3-24所示。分段并联法网路，导爆索消耗量小，适应性强，在网路的适当位置装上继爆管，可以实现毫秒微差爆破。

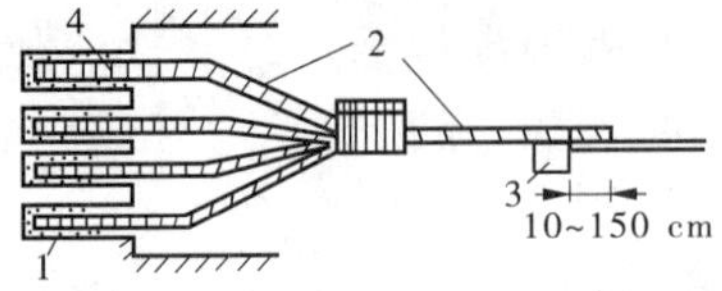

1—炮孔；2—导爆索；3—雷管；4—药包

图3-23　导爆索起爆并簇联

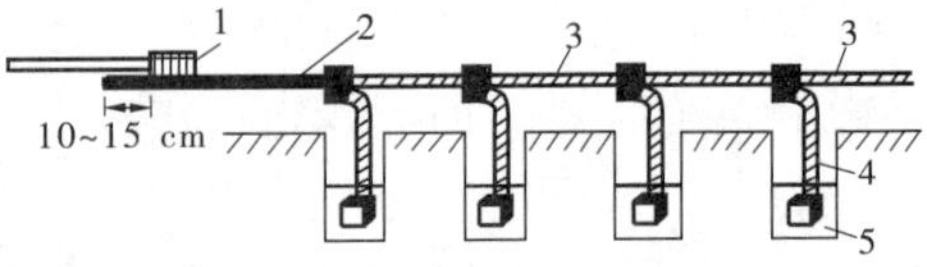

1—雷管；2—导爆索；3—主线；4—支线；5—药室

图3-24　导爆索起爆分段并联

3. 导爆管起爆法

导爆管起爆法是利用塑料导爆管来传递冲击波引爆雷管，然后使药包爆炸的一种新式起爆方法。导爆管起爆网路通常由激发元件、传爆元件、起爆元件和连接元件组成。

这种方法的特点:导爆速度高,可同时起爆多个药包;作业简单、安全;抗杂散电流,起爆可靠。但导爆管连接系统和网路设计较为复杂。它适用于露天、井下、深水、杂散电流大和一次起爆多个药包的微差爆破作业中进行即发爆破或秒延发爆破。

学习单元五 控制爆破

学习目标

(1)掌握不同类型控制爆破的特点和工程应用。

(2)能根据不同的条件、目标选择相应的爆破方式。

学习内容

(1)定向爆破的概念、方法及其特点。

(2)预裂爆破的特点及主要技术措施。

(3)光面爆破的特点及主要技术措施。

(4)岩塞爆破、微差控制爆破和拆除爆破技术的概念和特点。

控制爆破是为达到一定预期目的的爆破,如定向爆破、预裂爆破、光面爆破、岩塞爆破、毫秒微差控制爆破、拆除爆破、静态爆破、燃烧剂爆破等。下面仅介绍水利工程常用的几种。

一、定向爆破

定向爆破是一种加强抛掷爆破,即在一定的条件下,使爆破的介质朝着预定的方向集中抛掷,达到堆筑成堆石坝或开挖成一定断面的渠道的目的。

定向爆破主要是使抛掷爆破最小抵抗线方向符合预定的抛掷方向,并且在最小抵抗线方向事先造成定向坑,利用空穴聚能效应,集中抛掷,这是保证定向的主要手段。造成定向坑的方法,在大多数情况下,都是利用辅助药包,让它在主药包起爆前先爆,形成一个起定向坑作用的爆破漏斗。如果地形有天然的凹面可以利用,也可不用辅助药包。

图3-25(a)是用定向爆破堆筑堆石坝。药包设在坝顶高程以上的岸坡上。根据地形情况,可从一岸爆破或两岸爆破。图3-25(b)为定向爆破开挖渠道。在渠底埋设边行药包和主药包。边行药包先起爆,主药包的最小抵抗线就指向两边,在两边岩石尚未下落时,起爆主药包,中间岩体就连同原两边爆起的岩石一起抛向两岸。

使用定向爆破筑坝和挖渠可以大量节约劳动力,缩短工期,减少投资。

二、预裂爆破

预裂爆破是一种常用于大劈坡和开挖深槽、控制设计边线的爆破,如图3-26所示。沿设计的开挖边线,钻一排预裂炮孔,在开挖区未爆之前先行爆破,从而获得一条预裂缝。

预裂爆破孔的角度应与开挖坡度一致。为了防止爆破冲击波由预裂缝两端绕射至保

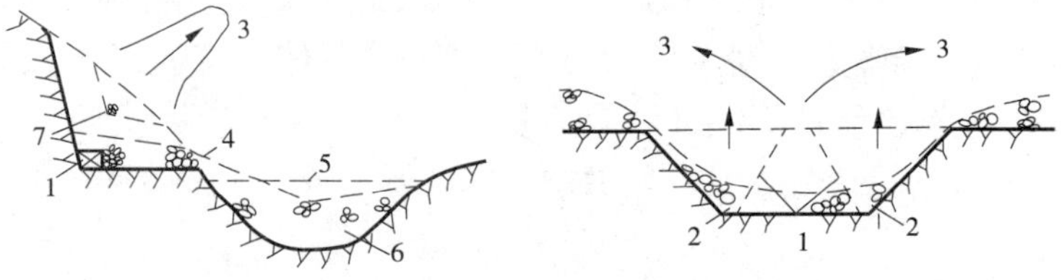

(a)筑坝　　(b)挖渠

1—主药包;2—边行药包;3—抛掷方向;4—堆积体;5—坝顶;6—河床;7—辅助药包

图 3-25　定向爆破示意图

留区,预裂缝还应向爆破区两端各伸出一定长度 b。

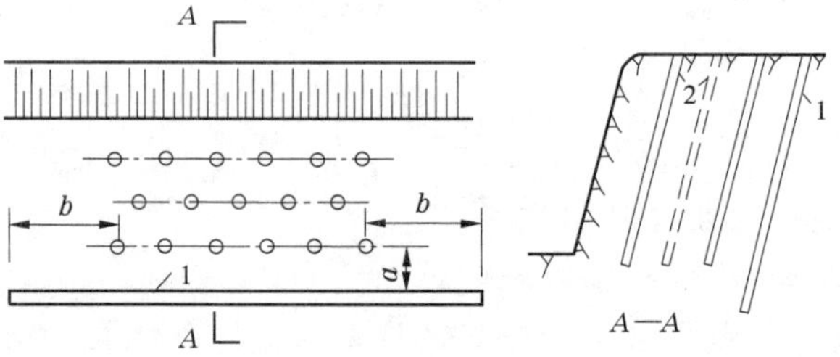

(a)平面图　　(b)剖面图

1—预裂缝;2—爆破孔

图 3-26　预裂爆破布置图

在水利水电工程施工中,预裂爆破不仅在垂直、倾斜开挖壁面上得到广泛应用,同时在规则的曲面、扭曲面,以及水平建基面中也取得了一定效果。它对避免超挖、降低工程造价和缩短工期都有好处,应积极采用。

(一)预裂爆破的特点

(1)预裂缝能起到反射应力波的作用,因而可以大幅度地削减应力波作用于保留区岩体上的能量。预裂缝还可以截断开挖区的爆破裂隙和层面破坏,使它们不能延伸到保留区。

(2)预裂爆破后,边坡稳定性好,有利于施工期间的安全。

(3)开挖坡面平整,减少岩石超挖量,节省混凝土工程量。

(4)简化施工程序,扩大大口径深度爆破的施工范围,有利于加快工程进度和降低工程造价。

(二)预裂爆破的主要技术措施

(1)炮孔直径一般为 50 ~ 200 mm,对深孔宜采用较大的孔径。

(2)炮孔间距宜为孔径的 8 ~ 12 倍,坚硬岩石取小值。

(3)不耦合系数(炮孔直径 d 与药卷直径 d_0 的比值)建议取 2 ~ 4,坚硬岩石取小值。

(4)线装药密度一般取 250 ~ 400 g/m。

(5)药包结构形式,目前较多的是将药卷分散绑扎在传爆线上,见图 3-27。分散药卷的相邻间距不宜大于 50 cm 和不大于药卷的殉爆距离。考虑到孔底的夹制作用较大,底部药包应加强,为线装药密度的 2 ~ 5 倍。

(6)装药时距孔口 1 m 左右的深度内不要装药,可用粗砂填塞,不必捣实。填塞段过短,容易形成漏斗,过长则不能出现裂缝。

三、光面爆破

光面爆破是一种用于洞挖作业的控制爆破(如图 3-28 所示),即能使爆裂面光滑平顺,超、欠挖均很少,能近似形成设计轮廓要求的爆破。它与预裂爆破的不同之处在于光面爆孔的爆破在开挖主爆孔的药包爆破之后进行。光面爆破的特点是孔径小、孔距密、装药少、同时起爆。由于孔距很密而且同时起爆,相邻孔互相起聚能作用,开挖面即沿炮孔间连线出现。因孔径小、装药少,故能获得较平顺的开挖面。

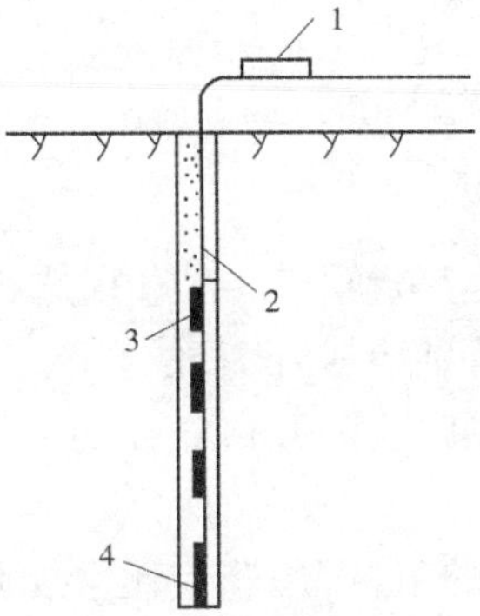

1—雷管;2—导爆索;
3—药包;4—底部加强药包

图 3-27　预裂爆破装药结构图

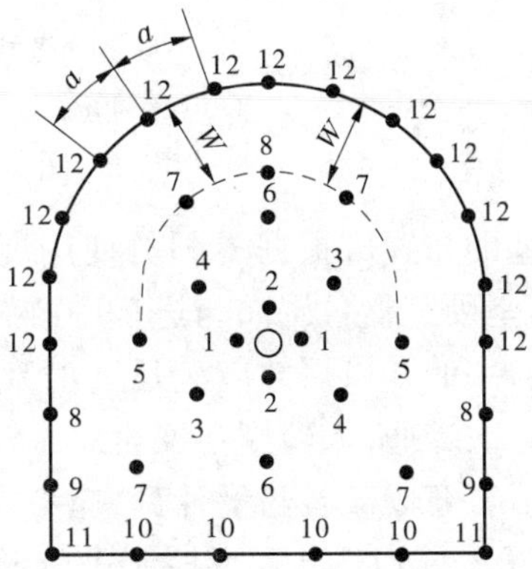

1～12—炮孔孔段编号

图 3-28　光面爆破开挖布孔图

光面爆破主要技术措施如下:

(1)炮孔直径宜在 50 mm 以下。

(2)炮孔间距约等于 16 倍炮孔直径。

(3)孔距与最小抵抗线 W 之比宜为 0.75～0.95(W 是指由边孔至周边保护岩层面的最小距离),W 值应控制在 0.8 内。

(4)边孔装药量与装药密度应加以限制,比一般爆破用药量少 1/2 以上。实现其限制,有以下方法:①用小直径(25 mm)药卷;②采用空穴药包,即先在底部装一节 0.25 kg 药卷,然后每隔 10～20 cm 装 0.1 kg 小药卷,药卷可以分段绑在竹片上;③使用低威力炸药(可在 2 号岩石铵梯炸药内掺 15% 锯木屑)。

(5)边孔是在正常装药的松动药包爆破以后才起爆的,边孔应该使用传爆线或即发雷管,保证同时起爆。

与普通爆破方法相比较,光面爆破的钻孔长度和炸药用量都有所增加,但由于开挖面平顺,裂缝小,故临时支撑、灌浆和衬砌工程量将相应减少,并可省掉对超、欠挖部分进行回填和二次爆破。总的来说,工程质量、工期和造价都是有利的。

四、岩塞爆破

岩塞爆破是一种水下控制爆破。在已成水库或天然湖泊内取水发电、灌溉、供水或泄洪时，为修建隧洞的取水工程，避免在深水中建造围堰，采用岩塞爆破是一种经济而有效的方法。它的施工特点是先从引水隧洞出口开挖，直到掌子面到达库底或湖底邻近，然后预留一定厚度的岩塞，待隧洞和进口控制闸门井全部建完后，一次将岩塞炸除，使隧洞和水库连通。岩塞爆破布置如图 3-29 所示。

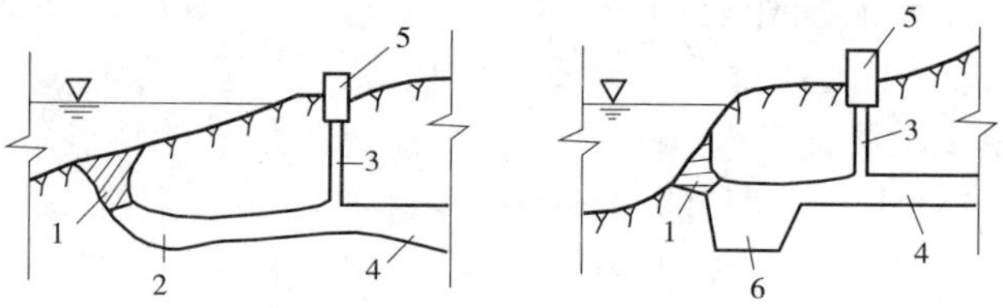

(a)设缓冲坑　　(b)设集渣坑

1—岩塞;2—缓冲坑;3—闸门井;4—引水隧洞;5—操纵室;6—集渣坑

图 3-29　岩塞爆破布置图

岩塞的布置应根据隧洞的使用要求、地形、地质因素来确定。岩塞宜选择在覆盖层薄、岩石坚硬完整且层面与进口中心线夹角大的部位，特别应避开节理、裂隙、构造发育的部位。岩塞的开口尺寸应满足进水流量的要求。岩塞厚度应为开口直径的 1 ~ 1. 5 倍，太厚难以一次爆通，太薄则不安全。

水下岩塞爆破装药量计算，应考虑岩塞上静水压力的阻抗，用药应比常规抛掷爆破药量增大 20% ~30% 。为了控制进口形状，岩塞周边采用预裂爆破以减震防裂。

五、毫秒微差控制爆破

毫秒微差控制爆破是一种应用特制的毫秒延期雷管，以毫秒级时差顺序起爆各个(组)药包的爆破技术。它的原理是把普通齐发爆破的总炸药能量分割为多数较小的能量，采取合理的装药结构、最佳的微差间隔时间和起爆顺序，为每个药包创造多面临空条件，将齐发大量药包产生的地震波变成一长串小幅值的地震波，同时各药包产生的地震波相互干涉，从而降低地震效应，把爆破震动控制在给定水平之下。

它适用于开挖岩石地基、挖掘沟渠、拆除建筑物和基础，以及用于工程量与爆破面积较大，对截面形状、规格、减震、飞石、边坡后面有严格要求的控制爆破工程。

六、拆除爆破

在工程建设中，为了拆除混凝土或钢筋混凝土建筑物、构筑物，采用的一种特殊控制爆破技术称为拆除爆破。由于拆除环境的复杂性，常要求爆破过程实现定向、定距、定量及减震、减冲、减飞石和减声(音)等控制。

拆除爆破时，不用炸药，而用一种新型的材料，无声破碎剂(Soundless Cracking Agent，简称 SCA)。SCA 是一种具有高膨胀性能的粉末状物质，用水调成浆体浇灌到岩石或混凝土钻孔中，它与水作用，经过 10 ~ 24 h，能生成新的膨胀物质，可使固相体积增加到原来的 3 倍，并能产生 2.94×10^4 kPa 以上的膨胀压力，可将岩石或混凝土在无振动、无噪声、无飞石和无毒气体的情况下安全破碎。破碎的特点为低压加载。SCA 的膨胀压受温度和龄期影响很大,同时还受水灰比、凝结时间和流动度等因素影响。

SCA 不易燃、不易爆,不属于危险用品,因此在制造、运输、保管和使用方面均安全可靠。

SCA 的缺点是膨胀速度慢,开挖强度低,难以满足水利工程中的大规模开挖要求;膨胀压力低,拆除钢筋混凝土有困难;破碎剂价格昂贵。因此,应在不允许采用爆破开挖及开采条石时使用。

学习单元六 爆破安全控制

学习目标

(1)会控制爆破、起爆材料的安全。

(2)能有效地安置爆破、起爆材料。

(3)能够正确、安全地实施起爆工作。

学习内容

(1)爆破材料的贮存与保管。

(2)爆破材料的装卸、运输与管理过程中的安全措施。

(3)爆破操作安全要求以及爆破安全距离。

(4)瞎炮及其处理。

爆破工作的安全极为重要,从爆破材料的运输、贮存、加工,到施工中的装填、起爆和销毁均应严格遵守各项爆破安全技术规程。

一、爆破、起爆材料的贮存与保管

(1)爆破材料应贮存在干燥、通风良好、相对湿度不大于 65% 的仓库内,库内温度应保持在 18 ~ 30 ℃;周围 5 m 内的范围须清除一切树木和草皮。库房应有避雷装置,接地电阻不大于 10 Ω。库内应有消防设施。

(2)爆破材料仓库与民房、工厂、铁路、公路等应有一定的安全距离。炸药与雷管(导爆索)须分开贮存,两库房的安全距离不应小于有关规定。同一库房内不同性质、批号的炸药应分开存放。严防虫鼠等啃咬。

(3)炸药与雷管成箱(盒)堆放要平稳、整齐。成箱炸药宜放在木板上,堆摆高度不得超过 1.7 m,宽不超过 2 m,堆与堆之间应有不小于 1.3 m 的通道,药堆与墙壁间的距离不应小于 0.3 m。

(4)施工现场临时仓库内爆破材料严格控制贮存数量,炸药不得超过 3 t,雷管不得超过 10 000 个和相应数量的导火索。雷管应放在专用的木箱内,离炸药不少于 2 m 距离。

二、爆破材料的装卸、运输与管理

(1)爆破材料的装卸均应轻拿轻放,不得受到摩擦、震动、撞击、抛掷或转倒影响。堆放时要摆放平稳,不得散装、改装或倒放。

(2)爆破材料应使用专车运输,炸药与起爆材料、硝铵炸药与黑火药均不得在同一车辆、车厢装运。用汽车运输时,装载不得超过允许载重量的2/3,行驶速度不应超过20 km/h,车顶部需遮盖。

三、爆破操作安全要求

(1)装填炸药应按照设计规定的炸药品种、数量、位置进行。装药要分次装入,用竹棍轻轻压实,不得用铁棒或用力压入炮孔内,不得用铁棒在药包上钻孔安设雷管或导爆索,必须用木棒或竹棒进行。

(2)起爆药卷(雷管)应设置在装药全长的1/3~1/2位置上(从炮孔口算起),雷管应置于装药中心,聚能穴应指向孔底,导爆索只许用锋利刀一次切割好。

(3)遇有暴风雨或闪电打雷时,应禁止装药、安设电雷管和连接电线等操作。

(4)在潮湿条件下进行爆破,药包及导火索表面应涂防潮剂加以保护,以防受潮失效。

(5)爆破孔洞的堵塞应保证要求的堵塞长度,充填密实不漏气。填充直孔可用干细砂、砂子、黏土或水泥等惰性材料。

(6)导火索长度应根据爆破员在完成全部炮眼和进入安全地点所需的时间来确定,其最短长度不得少于1 m。

四、爆破安全距离

爆破时,应画出警戒范围,立好标志,现场人员应撤到安全区域,并有专人警戒,以防爆破飞石、爆破地震、冲击波以及爆破毒气对人身造成伤害。

爆破飞石、空气冲击波、爆破毒气对人身以及爆破震动对建筑物影响的安全距离计算如下。

(一)爆破地震安全距离

目前,国内外爆破工程多以建筑物所在地表的最大质点振动速度,作为判别爆破振动对建筑物的破坏标准。通常采用的经验公式为

$$v = K\left(\frac{Q^{1/3}}{R}\right)^{a} \tag{3-24}$$

式中 v——爆破地震对建筑物(或构筑物)及地基产生的质点垂直振动速度,cm/s;

K——与岩土性质、地形和爆破条件有关的系数,在土中爆破时 $K=150\sim200$,在岩石中爆破时 $K=100\sim150$;

Q——同时起爆的总装药量,kg;

R——药包中心到某一建筑物的距离,m;

a——爆破地震随距离衰减系数,可按1.5~2.0考虑。

观测成果表明:当 $v=10\sim12$ cm/s时,一般砖木结构的建筑物便可能破坏。

(二)爆破空气冲击波安全距离

$$R_K = K_K\sqrt{Q} \tag{3-25}$$

式中 R_K——爆破冲击波的危害半径,m;

K_K——系数,对于人 $K_K = 5 \sim 10$,当建筑物要求安全无损时,裸露药包 $K_K = 50 \sim 150$,埋入药包 $K_K = 10 \sim 50$,

Q——同时起爆的最大的一次总装药量,kg。

(三)个别飞石安全距离 R_f

$$R_f = 20n^2 W \tag{3-26}$$

式中 R_f——个别飞石安全距离,m;

n——最大药包的爆破作用指数;

W——最小抵抗线,m。

实际采用的飞石安全距离不得小于下列数值:裸露药包 300 m,浅孔爆破或深孔爆破 200 m,洞室爆破 400 m。

(四)爆破毒气的危害范围

在工程实践中,常采用下述经验公式来估算有毒气体扩散安全距离

$$R_g = K_g \sqrt[3]{Q}(1 + 0.5V_B) \tag{3-27}$$

式中 R_g——有毒气体扩散安全距离,m;

K_g——系数,根据有关资料,K_g 的平均值为 160;

Q——爆破总装药量,t;

V_B——爆破时的可能最大风速,m/s。

对于顺风向的安全距离应增大一倍。

五、瞎炮及其处理

通过引爆而未能爆炸的药包叫瞎炮。在处理前必须查明拒爆原因,然后根据具体情况慎重处理。瞎炮处理方法一般有以下几种:

(1)重爆法:通过爆破线路的电桥测定,证明药包内的电雷管的电阻正常,或通过观察发现导火线确系燃烧中断,可以重新接线进行引爆。或将炮泥掏出,另装入起爆药包重新引爆。

(2)诱爆法:对于裸露药包或埋藏较浅的药包,可以用另设的裸露药包进行诱爆。

(3)掏炮法:将炮泥掏出,再用细管子接低压水将散装炸药冲出。对于深孔和洞室的瞎炮处理,尽可能采用重爆法。当有未爆药包与坍下石渣混合时,应将未爆药包浸泡后再清除,确保安全处理瞎炮。

学习项目四　钢筋工程施工

学习单元一　钢筋的验收与配料

学习目标

(1)掌握钢筋进场验收的要求,理解钢筋存储的工作内容。

(2)能进行钢筋的现场验收。

(3)掌握钢筋下料长度的计算方法,能根据现场实际需要计算下料长度。

(4)能够进行钢筋代换。

学习内容

(1)钢筋下料长度计算。

(2)钢筋进场验收。

(3)钢筋的储存。

(4)钢筋配料与代换。

一、钢筋进场验收

(1)检验进场钢筋是否有出厂合格证明书及试验报告单,每捆(盘)钢筋均应有标牌。

(2)钢筋运至加工或施工现场时,应根据原附质量证明书或试验报告单按不同等级、牌号、规格及生产厂家分批验收每批钢筋的外观质量。

(3)钢筋的外观质量,主要查看锈蚀程度及有无裂纹、结疤、麻坑、气泡、砸碰伤痕等。钢筋外形尺寸应符合国家标准的规定。钢筋外观检查每捆(盘)均应进行。外观检查合格后,方可按规定抽取试样做机械性能试验。

(4)热轧钢筋机械性能试验。在每批钢筋(以 60 t 同一炉号、同一规格尺寸的钢筋为一批,质量不足 60 t 时仍按一批计)中任意抽出两根钢筋,各截取一根试件。一根试件做力学试验(测定屈服点、抗拉强度、伸长率),另一根试件做冷弯试验。四个指标中如有一个试验项目结果不符合该钢筋的机械性能规定的数值时,则另取双倍数量的试件对不合格的项目做第二次试验,如仍有一根试件不合格,则该批钢筋为不合格产品。

(5)热处理钢筋机械性能试验。钢筋进场时应分批验收,从每批钢筋中选取 10% 的盘数(不少于 25 盘)进行力学试验。试验结果如有一项不合格,则该不合格盘报废。再从未试验过的钢筋中取双倍数量的试件进行复验,如仍有一项不合格,则该批钢筋不合格。

(6)如对钢筋质量有疑问时,除做机械性能检验外,还应进行化学成分分析。

(7)钢筋在加工使用过程中,如发生脆断、焊接性能不良或机械性能异常时,应进行化学成分检验或其他专项检验。

(8)对国外进口钢筋,应特别注意机械性能和化学成分的分析。

二、钢筋的储存

钢筋运到施工现场后,必须妥善保管;否则会影响施工或工程质量,造成浪费。因此,在钢筋储存工作中,一般应做好以下工作:

(1)应有专人认真验收入库钢筋,不但要注意数量的验收,而且对进库的钢筋规格、等级、牌号也要认真地进行验收。

(2)入库钢筋应尽量堆放在料棚或仓库内,并应按库内指定的堆放区分品种、牌号、规格、等级、生产厂家,分批、分别堆放。

(3)每垛钢筋应立标签,每捆(盘)钢筋上应有标牌。标签和标牌应写有钢筋的品种、等级、直径、技术证书编号及数量等。钢筋保管要做到账、物、牌(单)三相符,凡库存钢筋均应附有出厂证明书或试验报告单。

(4)如条件不具备,可选择地势较高、土质坚实、较为平坦的露天场地堆放,并应在钢筋垛下面用木方垫起或将钢筋堆放在堆放架上。

(5)堆放场地应注意防水和通风,钢筋不应和酸、盐、油等一类物品一起存放,以防腐蚀或污染钢筋。

(6)钢筋的库存量应和钢筋加工能力相适应,周转期应尽量缩短,避免存放期过长,使钢筋发生锈蚀。

三、钢筋配料与代换

(一)钢筋的配料

钢筋加工前应根据图纸按不同构件先编制配料单,然后进行备料加工。为了使工作方便和不漏配钢筋,配料应该有序地进行。

下料长度计算是配料计算中的关键。钢筋弯曲时,其外壁伸长,内壁缩短,而中心线长度并不改变。但是设计图中注明的尺寸是根据外包尺寸计算,且不包括端头弯钩长度。显然外包尺寸大于中心线长度,它们之间存在一个差值,称为“量度差值”。因此,钢筋的下料长度应为:

直钢筋下料长度 = 构件长度 - 保护层厚度 + 弯钩增加长度

弯起钢筋下料长度 = 直段长度 + 斜段长度 - 弯曲调整值 + 弯钩增加长度

箍筋下料长度 = 直段长度 + 弯钩增加长度 - 弯曲调整值 = 箍筋周长 + 箍筋调整值

1. 弯钩增加长度

钢筋的弯钩形式有三种:半圆弯钩、直弯钩及斜弯钩。半圆弯钩是最常用的一种弯钩。直弯钩只用在柱钢筋的下部、箍筋和附加钢筋中。斜弯钩只用在直径较小的钢筋中。

光圆钢筋的弯钩增加长度,按图4-1所示的简图(弯心直径 $D = 2.5d$,平直部分为 $3d$)计算。首先计算半圆弯钩的增加长度,如图4-1(a)所示。

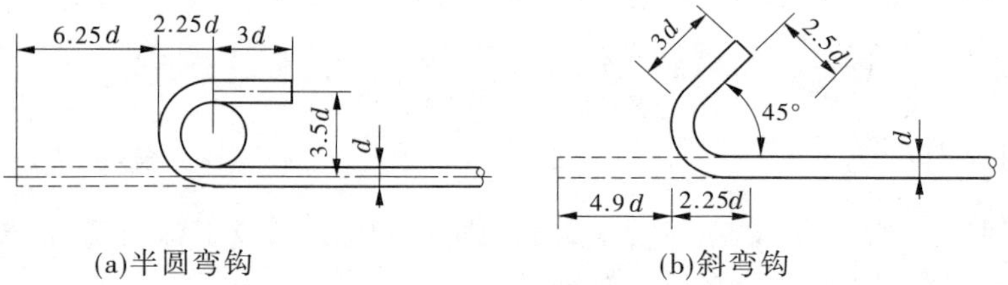

图 4-1 钢筋弯钩计算简图

弯钩全长

$$3d+\frac{3.5d\pi}{2}=8.5d$$

弯钩增加长度(包括量度差值)

$$8.5d-2.25d=6.25d$$

同理可得,弯钩增加长度对直弯钩为 $3.5d$,对斜弯钩为 $4.9d$。

在生产实践中,由于实际弯心直径与理论弯心直径有时不一致,钢筋粗细和机具条件不同等而影响平直部分的长短(手工弯钩时平直部分可适当加长,机械弯钩时可适当缩短),因此在实际配料计算时,对弯钩增加长度常根据具体条件,采用经验数据,见表 4-1。

表 4-1 半圆弯钩增加长度参考表(用机械弯) (单位:mm)

钢筋直径	≤6	8 ~ 10	12 ~ 18	20 ~ 28	32 ~ 36
一个弯钩长度	40	$6d$	$5.5d$	$5d$	$4.5d$

2. 弯曲调整值

钢筋弯起 90°时,按《水工混凝土钢筋施工规范》(DL/T 5169—2002)规定有两种情况:Ⅰ级钢筋弯心直径 $D=2.5d$,Ⅱ级钢筋弯心直径 $D=5d\sim7d$,以Ⅰ级钢筋弯起 90°为例,见图 4-2(a)。

外包尺寸 $2.25d+2.25d=4.5d$

中心线长度 $\frac{3.5d\pi}{4}=2.75d$

量度差值 $4.5d-2.75d=1.75d$

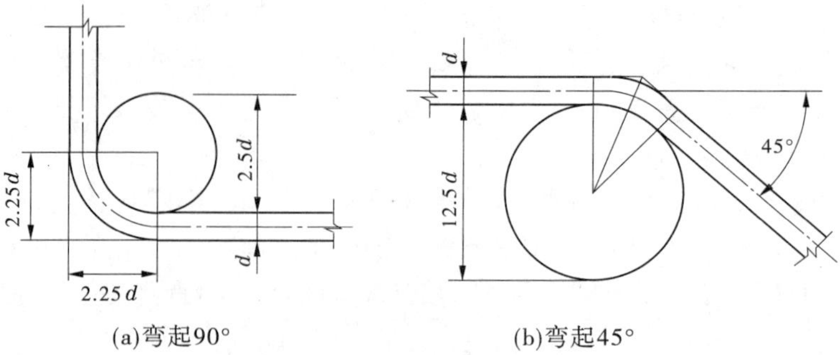

图 4-2 钢筋弯起

当为Ⅱ级钢筋时，量度差值为2.07d，实际工作中为计算简便，两者常取为2d。同理，可得其他常用的弯曲调整值，见表4-2。

表4-2 钢筋弯曲调整值

钢筋弯起角度	30°	45°	60°	90°	135°
量度差值	0.35d	0.5d	0.85d	2d	2.5d

3. 箍筋调整值

为了箍筋计算方便，一般将箍筋的弯钩增加长度与弯曲度量差值两项之和称为箍筋调整值，见表4-3。计算时将箍筋外包尺寸或内包尺寸加上相应箍筋调整值即为箍筋下料长度。

表4-3 箍筋调整值 （单位：mm）

箍筋量度方法	箍筋直径			
	4~5	6	8	10~12
量外包尺寸	40	50	60	70
量内包尺寸	80	100	120	150~170

4. 钢筋配料

合理地配料能使钢筋得到最大限度的利用，并使钢筋的安装和绑扎工作简单化。根据钢筋下料长度计算结果汇总编制钢筋配料单。钢筋配料单中必须反映出工程部位、构件名称、钢筋编号、钢筋简图及尺寸、钢筋直径、钢号、数量、下料长度、钢筋质量等。

（二）钢筋的代换

施工中如供应的钢筋品种和规格与设计图纸要求不符，可以进行代换，但应尽量避免施工中的钢筋代换。代换时，必须充分了解设计意图和代换钢材的性能，严格遵守规范的各项规定，还必须征得设计单位和监理单位的同意。

1. 钢筋代换的方法

（1）等强度代换。当构件受强度控制时，钢筋可按强度相等原则进行代换。

$$A_{s1}f_{y1} \leqslant A_{s2}f_{y2}$$

即

$$\frac{n_1 \pi d_1^2 f_{y1}}{4} \leqslant \frac{n_2 \pi d_2^2 f_{y2}}{4}$$

$$n_2 \geqslant \frac{n_1 d_1^2 f_{y1}}{d_2^2 f_{y2}} \tag{4-1}$$

式中 n_2——代换钢筋根数；

n_1——原设计钢筋根数；

d_2——代换钢筋直径；

d_1——原设计钢筋直径；

f_{y2}——代换钢筋抗拉强度设计值；

f_{y1}——原设计钢筋抗拉强度设计值。

(2)等面积代换。当构件按最小配筋率配筋时,钢筋可按面积相等原则进行代换。

$$A_{s1} \leqslant A_{s2}$$

则

$$n_2 \geqslant \frac{n_1 d_1^2}{d_2^2} \tag{4-2}$$

(3)当构件受裂缝宽度或挠度控制时,代换后应进行裂缝宽度或挠度验算。

2. 钢筋代换注意事项

(1)以一种钢号钢筋代替施工图中规定钢号的钢筋时,应按设计所用钢筋计算强度和实际使用的钢筋计算强度经计算后,对截面面积作相应的改变。

(2)某种直径的钢筋以钢号相同的另一种钢筋代替时,其直径变更范围不宜超过 4 mm,变更后钢筋总截面面积与设计规定的总截面面积之比不得小于98%或大于103%。

(3)用高一级钢筋代换低一级钢筋时,宜采用改变钢筋直径的方法而不宜采用改变钢筋根数的方法来减少钢筋截面面积。

(4)以较粗钢筋代替较细钢筋时,部分构件(如预制构件、受挠构件等)应校核钢筋握裹力。以较细钢筋代替较粗钢筋时,要考虑钢筋间距是否满足混凝土浇筑条件。

(5)要遵守钢筋代换的基本原则:①当构件受强度控制时,钢筋可按等强度代换;②当构件按最小配筋率配筋时,钢筋可按等面积代换;③当构件受裂缝宽度或挠度控制时,代换后应进行裂缝宽度或挠度验算。

(6)对一些重要构件,凡不宜用光面钢筋代替其他钢筋的,不得轻易代用,以免受拉部位的裂缝开展过大。

(7)在钢筋代换中不允许改变构件的有效高度,否则就会降低构件的承载能力。

(8)对于在施工图中明确不能以其他钢筋进行代换的构件和结构的某些部位,均不得擅自进行代换。

(9)钢筋代换后,应满足钢筋构造要求,如钢筋的根数、间距、直径、锚固长度。

学习单元二　钢筋加工

学习目标

(1)掌握钢筋调直、除锈、切断、弯曲成型等加工工艺及质量控制措施。

(2)熟悉钢筋加工机械及工作原理,会根据需要选用钢筋加工机械。

(3)了解相关机具、设备工作原理。

(4)掌握钢筋冷拉、冷拔等冷加工工艺及质量要求,熟悉有关工艺设备。

学习内容

(1)钢筋加工、冷加工、连接等施工方法、工艺。

(2)钢筋加工质量要求。

一、调直除锈

(一)钢筋调直

1. 冷拔低碳钢丝的调直

在工程量小、设备不易解决的地方可采用蛇形管调直,如图 4-3 所示。将需要调直的钢丝穿过蛇形管,用人力向前牵引,即可将钢丝基本调直,局部慢弯处可用小锤敲直。

冷拔低碳钢丝还可通过夹轮牵引调直,如图 4-4 所示。

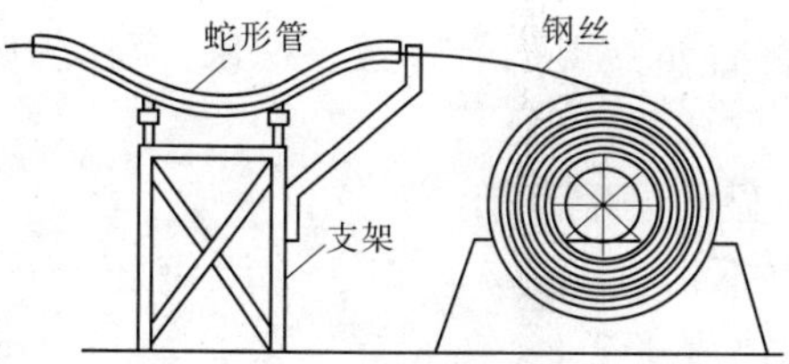

图 4-3 蛇形管调直

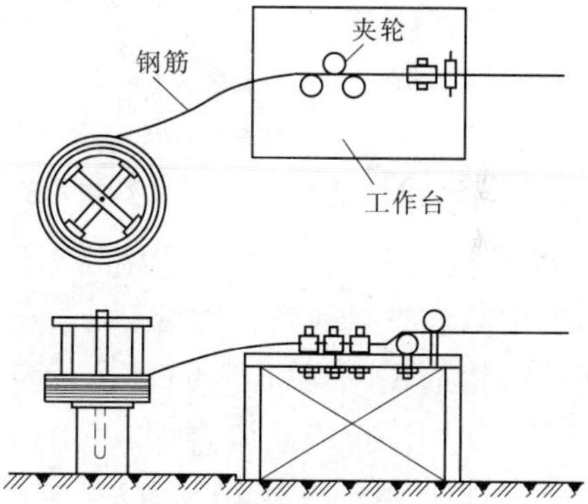

图 4-4 夹轮牵引调直

2. 钢筋的调直

直径在 12 mm 以下的盘圆钢筋,一般用绞磨、卷扬机或调直机进行调直。用绞磨拉直钢筋的基本操作方法是:首先将盘圆钢筋搁在放圈架上,用人工将钢筋拉到一定长度切断,分别将钢筋两端夹在地锚和绞磨端的夹具上,转动绞磨,即可将钢筋基本拉直,如图 4-5 所示。但有时为减轻劳动强度,提高工效,可用卷扬机代替绞磨作动力。

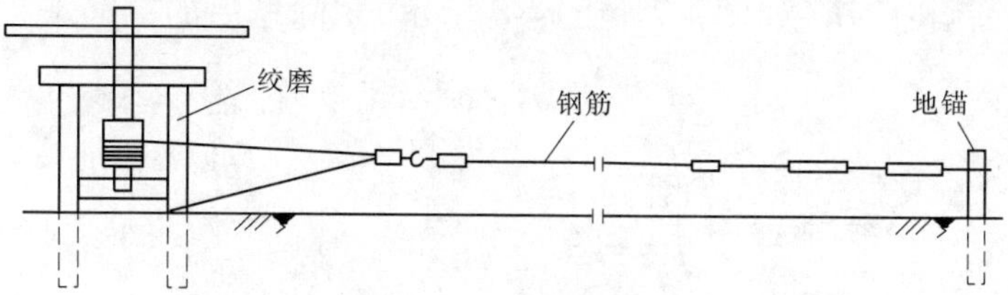

图 4-5 绞磨拉直钢筋

直径在 12 mm 以上的直条状钢筋,可采用锤子敲直、横口扳子扳直和调直机进行调直。钢筋调直机是一种同时具有调直、除锈和切断三项功能的钢筋加工机械,其中工地上最常用的是 GT－3/8、GJ－6/12 和 GTJ－10/16(型号标志中斜线两侧的数字表示所能调直切断的钢筋直径大小上下限)。钢筋调直机的工作原理如图 4-6 所示,钢筋经导向筒进入调直筒,调直模高速旋转,穿过调直筒的慢弯钢筋经反复弯曲变形而被调直,同时也清除了钢筋表面的铁锈。当钢筋调直到预定长度时,便将钢筋切断,切断的钢筋落入承料架内。钢筋调直、除锈、切断工作就这样连续进行。

3. 钢筋调直的质量要求

(1)应平直,无局部弯折,钢筋中心线同直线的偏差不应超过其全长的 1%。所调直

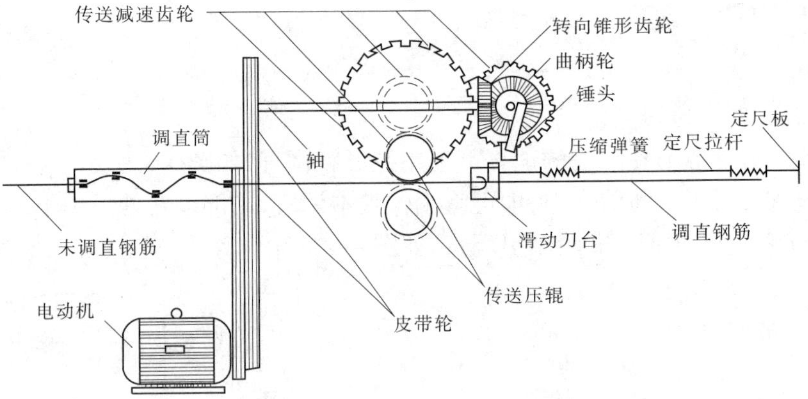

图 4-6　钢筋调直机工作原理

的钢筋不得出现死弯,否则应剔除不用。钢筋调直后如发现钢筋有劈裂现象,应作为废品处理,并鉴定该批钢筋的质量。

(2)钢筋在调直机上调直后,其表面不得有明显的伤痕。

(3)如用冷拉方法调直钢筋,则其调直冷拉率不得大于 1%。对于Ⅰ级钢筋,为了能在冷拉调直的同时去除锈皮,冷拉率可加大,但不得大于 2%。

(4)钢筋的调直宜采用机械调直和冷拉方法调直。

(二)钢筋除锈

钢筋的表面应洁净。油渍、漆污和用锤敲击时能剥落的浮皮、铁锈、鳞锈等应在使用前清除干净。在焊接前,焊点处的水锈应清除干净。

凡经过冷拉的钢筋,一般不必再进行除锈。对表面的水锈和色锈可不做专门处理;如钢筋锈蚀较严重,可采用钢丝刷、砂盘除锈。除锈要求较严格时,还可采用风砂枪除锈、酸洗除锈或电动除锈机除锈(如图 4-7 和图 4-8 所示)。除锈后的钢筋不宜长期存放,应尽快使用。

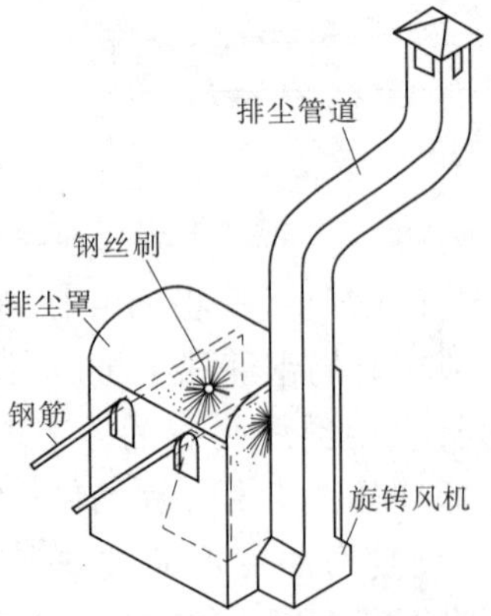

图 4-7　固定式钢筋除锈机

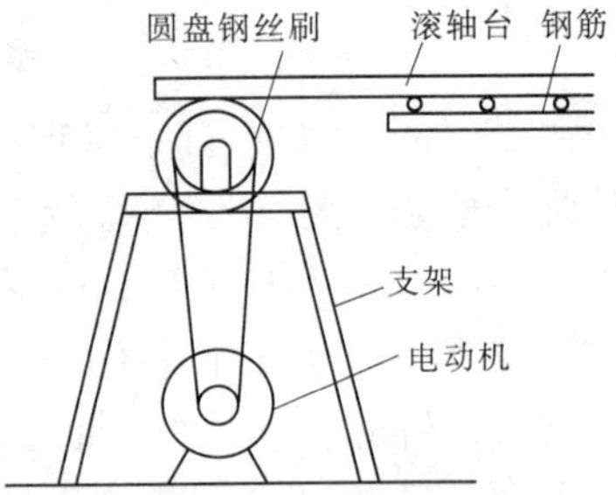

图 4-8　电动除锈机

酸洗除锈的方法是:先将经过机械除锈的钢筋浸入浓度为 3% ~10% 的稀盐酸池中。浸入时间视钢筋锈蚀程度而定,一般为 10 ~20 min,以除去表面的锈斑为止。然后取出用清水冲洗，再浸入石灰肥皂水中，使残留在钢筋表面的酸液得到中和，最后经自然干燥或用炉火烘干，再进行冷拔。酸洗后的钢筋一般不得用作受拉钢筋。

二、划线剪切

钢筋切断可采用切断机切断，也可采用手工切断和氧气切割。

（一）准备工作

（1）汇集当班所要切断的钢筋料牌，将同规格的钢筋分别统计，按不同长度进行长短搭配，一般情况下考虑先断长料，后断短料，以尽量减少短头，减少损耗。

（2）检查测量长度所用工具或标志（在切断机一端工作辊道台上有长度标尺）的准确性；根据配料单上要求的式样和尺寸，用石笔将钢筋的各段长度尺寸画在钢筋上。如果是利用工作辊道台上的长度标尺，应事先检查定尺挡板的牢固和可靠性。

（3）对根数较多的批量切断任务，在正式操作前应试切两三根，以检验长度准确度。

（二）钢筋切断

1. 切断机切断

常用的钢筋切断机可切断钢筋的最大公称直径为 40 mm，有电动和液压传动两种类型，工地上常用的是电动钢筋切断机，如图 4-9 所示。

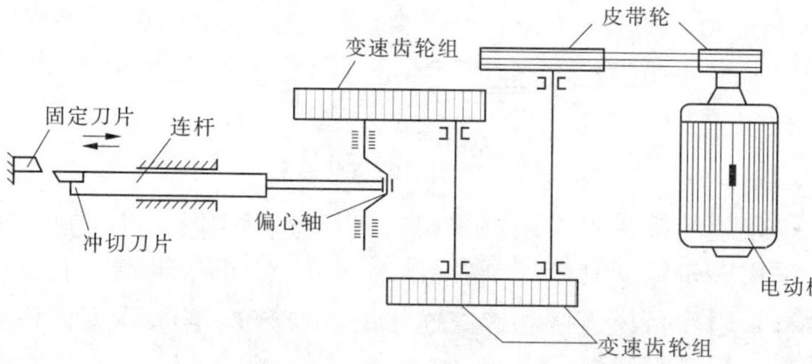

图 4-9 电动钢筋切断机构造示意图

2. 手工切断

手工切断钢筋是一种劳动强度大、工效低的方法，只是在切断量小或缺少动力设备的情况下采用。但如在长线台座上放松预应力钢丝时，仍采用手工切断法。

断线钳：用于切断 5 mm 以下的钢丝，如图 4-10 所示。

手压切断器：可切断直径 16 mm 以下的 Ⅰ 级钢筋，如图 4-11 所示。

GJ5Y－16 型手动液压切断机，可切断直径 16 mm 以下的钢筋和直径 25 mm 以下的钢绞线，如图 4-12 所示。

3. 氧气切割

直径大于 40 mm 的钢筋一般用氧气切割。氧气切割就是利用氧炔焰加热时，使用过量的氧气吹掉熔化的金属和氧化物，在工作物上形成一条割缝，从而把金属割断。过量的氧气是从附加的另外一根氧气导管里吹出的。用来切割金属的氧炔吹管的结构如图 4-13 所示。氧气切割钢筋工效高、操作简便，但成本较高。

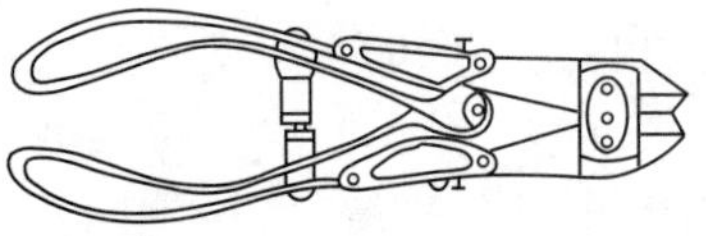

图 4-10　断线钳

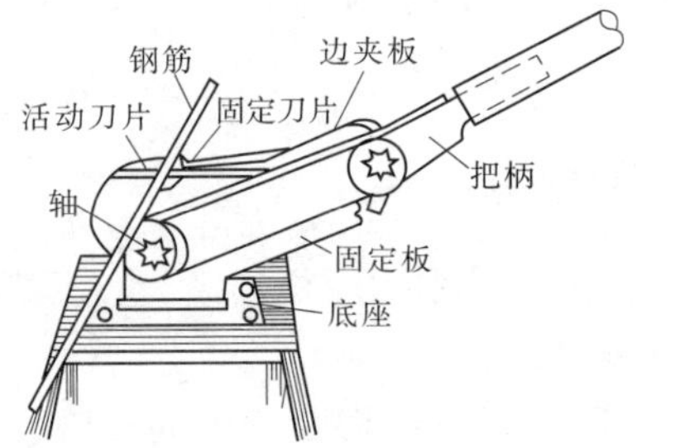

图 4-11　手压切断器

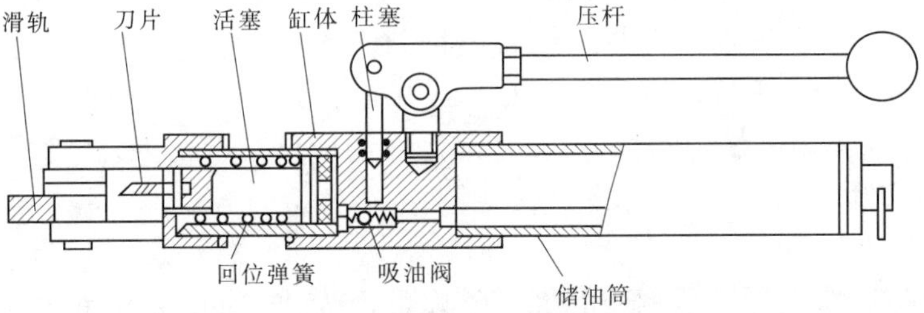

图 4-12　GJ5Y－16 型手动液压切断机

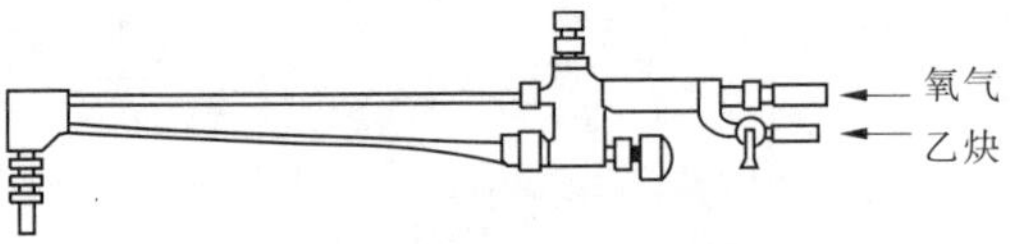

图 4-13　切割用的氧炔吹管

采用帮条焊、搭接焊的接头宜采用机械切断机切割；采用电渣压力焊的接头，不宜采用切断机切割，应采用砂轮锯或气焊切割；采用熔槽焊、窄间隙焊、气压焊连接的钢筋端头宜选用砂轮锯切割；采用冷挤压连接和螺纹连接的机械连接钢筋端头宜采用砂轮锯或钢锯片切割，不得采用气焊切割。

三、弯曲成型

钢筋弯曲成型是一道技术性较强的工作，它要求将钢筋加工成规定的形状和尺寸，且平面上无翘曲不平的现象，以便绑扎安装。弯曲成型的方法有手工弯曲成型和机械弯曲成型两种。

（一）准备工作

1. 熟悉待加工钢筋的规格、形状和各部分的尺寸

这是最基本的操作依据，它由配料人员提供，包括配料单和料牌。配料单内容包括钢筋规格、式样、根数和下料长度等。料牌是从钢筋下料切断之后传过来的钢筋加工式样牌，上面注明工程名称、图号、钢筋编号、根数、规格、式样以及下料长度等，分别写于料牌的两面，加工过程中用于随时对照，直至成型结束，最后系在加工好的钢筋上作为标志。料牌的格式见图 4-14。

2. 画线

钢筋弯曲前，根据钢筋料牌上标明的尺寸用石笔将各弯曲点位置画出。画线时应注意：

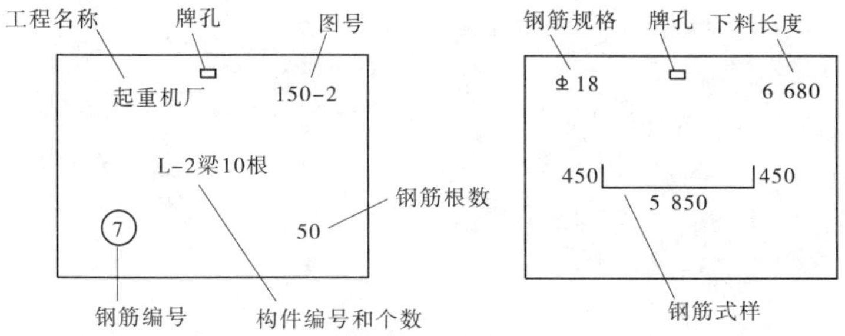

图 4-14　料牌格式

(1)根据不同的弯曲角度扣除弯曲调整值,其扣法是从相邻两段长度中各扣一半。

(2)钢筋端部带半圆弯钩时,该段长度画线时增加 0.5d(d 为钢筋直径)。

(3)画线工作宜从钢筋中线开始向两边进行,两边不对称的钢筋,也可从钢筋一端开始画线,如画到另一端有出入时,则应重新调整。

(二)弯曲成型

钢筋弯曲成型有手工弯曲成型和机械弯曲成型两种方法。

1. 手工弯曲成型

手工弯曲成型是在工作台上固定挡板、扳柱,采用扳手或扳子实施人工弯曲。主要工具如图 4-15 所示。

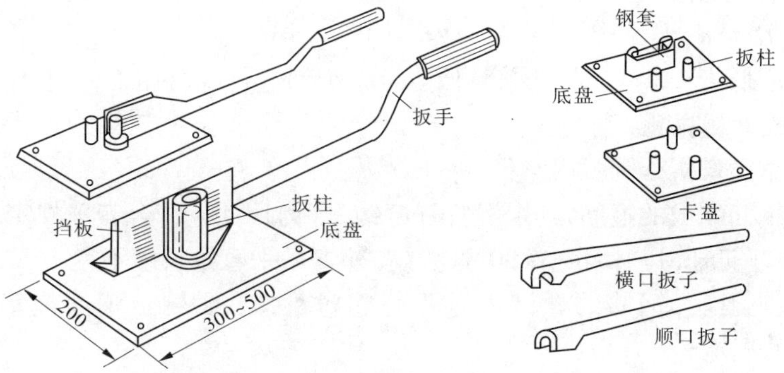

图 4-15　手工弯曲钢筋的工具　(单位:mm)

2. 机械弯曲成型

使用钢筋弯曲机成型,具有劳动强度低、工效高、质量好等优点。弯曲机可弯直径 40 mm 以下的钢筋,弯曲角度可在 180°范围内任意调节,GJ7－40 型钢筋弯曲机如图 4-16 所示。它主要依靠工作盘进行操作,工作盘上有 9 个轴孔,中心孔用来插心轴或轴套,周围的 8 个孔用来插成型轴或轴套。操作时,先将钢筋放在心轴与成型轴之间;然后开动弯曲机使工作盘转动,此时,心轴的位置不变,而成型轴围绕心轴作圆弧转动,并通过调整成型轴的位置将钢筋弯曲成需要的角度。用倒顺开关使工作盘反转,成型轴回到起始位置,将钢筋取出,弯制工作即告结束。

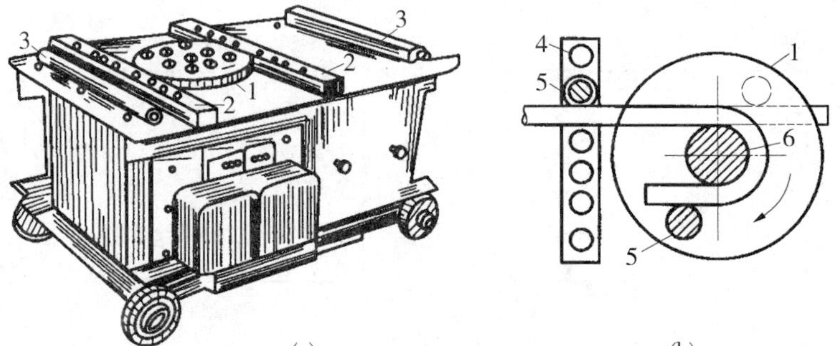

(a) (b)

1—弯曲工作盘；2—板条；3—滚筒轴；4—插孔；5—成型轴；6—心轴

图 4-16 GJ7－40 型钢筋弯曲机

(三)弯曲成型的质量检查与管理

钢筋的切断和弯曲，最好形成流水作业，弯曲成型的质量应符合如下规定：

(1)钢筋形状正确，平面上没有翘曲不平现象。

(2)钢筋弯曲处不得有裂缝，因此对Ⅱ级及Ⅱ级以上的钢筋不得弯过头再弯回来。

(3)Ⅰ级钢筋末端需作180°弯钩，其弯转内直径 D 不应小于钢筋直径 d 的2.5倍，平直部分长度不宜小于钢筋直径 d 的3倍。用于轻骨料混凝土结构时，其弯转内直径 D 不应小于钢筋直径 d 的3.5倍。

(4)当Ⅱ级钢筋按设计要求弯转90°时，其最小弯转内直径 D 应符合下列要求：当 $d \leqslant 16$ mm 时，$D=5d$；当 $d>16$ mm 时，$D=7d$。

(5)当温度低于 －20 ℃时，严禁对低合金钢钢筋进行冷弯加工，以避免在钢筋起弯点发生强化，造成钢筋脆断。

(6)弯曲钢筋弯折处圆弧内半径 $R>12.5d$。

(7)用圆钢筋制成的箍筋，其末端应有弯钩，弯钩长度应符合有关规定。采用小直径Ⅱ级钢筋制作箍筋时，其末端应有90°弯头，箍筋弯后平直段长度不宜小于 $3d$。

(8)弯曲加工后，钢筋的允许偏差不得超过《水工混凝土钢筋施工规范》(DL/T 5169—2013)的规定。

四、钢筋的连接

钢筋连接常用的连接方法有焊接、机械连接和绑扎三类。钢筋接头宜采用焊接接头或机械连接接头。当采用绑扎接头时，应满足以下要求：受拉钢筋直径小于等于 22 mm，或受压钢筋直径小于等于 32 mm，其他钢筋直径小于等于 25 mm；当钢筋直径大于 25 mm，在现场施工中采用焊接和机械连接确实有困难时，也可采用绑扎连接，但要从严控制。

(一)钢筋焊接

钢筋焊接是钢筋连接的重要方式之一。它不仅连接强度高，而且节省钢材。钢筋的焊接方法有闪光对焊、电弧焊、电渣压力焊、电阻点焊和气压焊等。其中，闪光对焊主要用于加工厂内接长钢筋，电弧焊则适用于大多数情况下的钢筋连接，电渣压力焊主要用于现场竖向钢筋的接长，点焊多用于焊接钢筋网，气压焊适用于不同直径钢筋及各种方向布置的钢筋的现场焊接。

1. 闪光对焊

钢筋的闪光对焊是将两根钢筋安放成对接形式，利用对焊机，通以低电压的强电流，使两钢筋的接触点产生电阻热，熔化金属，并产生强烈飞溅，形成闪光，当钢筋加热到接近熔点时，迅速施加顶锻压力，使两根钢筋焊接在一起，形成对焊接头，如图 4-17 所示。

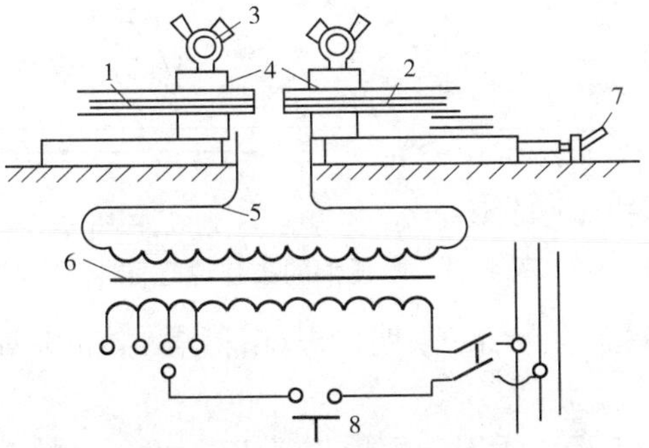

1、2—钢筋；3—夹紧装置；4—夹具；5—线路；6—变压器；7—加压杆；8—开关

图 4-17　对焊机工作原理

闪光对焊一般用于水平钢筋非施工现场连接，适用于直径 10 ~ 40 mm 的Ⅰ ~ Ⅲ级热轧钢筋、直径 10 ~ 25 mm 的Ⅳ级热轧钢筋以及直径 10 ~ 25 mm 的余热处理Ⅲ级钢筋的焊接。

根据所用对焊机功率大小及钢筋品种、直径不同，闪光对焊又分连续闪光焊、预热闪光焊、闪光 - 预热 - 闪光焊等不同工艺。

(1)连续闪光焊。先将钢筋夹入对焊机的两极中，闭合电源，然后使钢筋端面轻微接触，此时钢筋间隙中产生闪光，接着继续将钢筋端面逐渐移近，新的触点不断生成，即形成连续闪光过程。当钢筋烧化完规定留量后，以适当压力进行顶锻挤压即形成焊接接头，至此完成整个连续闪光焊接过程。连续闪光对焊一般适用于焊接直径较小的钢筋。

(2)预热闪光焊。是在连续闪光焊前，增加一个钢筋预热过程，即使两根钢筋端面交替地轻微接触和断开，发出断续闪光使钢筋预热，然后进行闪光和顶锻。预热闪光焊适用于焊接直径较大并且端面比较平整的钢筋。

(3)闪光 - 预热 - 闪光焊。是在预热闪光焊之前再增加一次闪光过程，使不平整的钢筋端面先闪成较平整的端面，然后进行预热闪光焊完成焊接过程。这个过程可以概括为："一次闪光，闪去压伤；频率中低，预热适当；二次闪光，稳定强烈；快速顶锻，压力要强"。闪光 - 预热 - 闪光焊适宜焊接直径较大并且端面不够平整的钢筋。

Ⅳ级钢筋焊接必须采用预热闪光焊或闪光 - 预热 - 闪光焊。

采用不同直径的钢筋进行闪光对焊时，直径相差以一级为宜，且不得大于 4 mm。采用闪光对焊时，钢筋端头如有弯曲，应予矫直或切除。

2. 电弧焊

电弧焊是利用弧焊机使焊条与焊件之间产生高温电弧，使焊条和电弧燃烧范围内的焊件金属熔化,熔化的金属凝固后,便形成焊缝或焊接接头。电弧焊的工作原理如图 4-18 所示。电弧焊应用范围广,如钢筋的接长、钢筋骨架的焊接、钢筋与钢板的焊接、装配式结构接头的焊接及其他各种钢结构的焊接等。

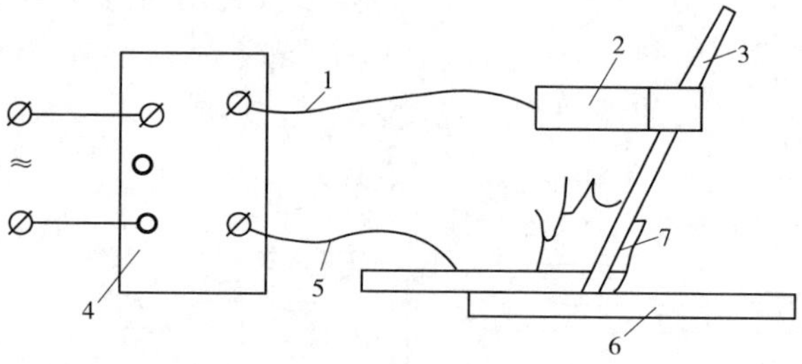

1—电缆;2—焊钳;3—焊条;4—焊机;5—地线;6—钢筋;7—电弧

图 4-18　电弧焊的工作原理图

钢筋电弧焊可分为搭接焊、帮条焊、坡口焊、熔槽焊、窄间隙焊五种接头形式。

1)搭接焊接头

搭接焊接头如图 4-19 所示,适用于焊接直径 10 ~ 40 mm 的 Ⅰ ~ Ⅲ级钢筋。钢筋搭接焊宜采用双面焊。不能进行双面焊时,可采用单面焊。焊接前,钢筋宜预弯,以保证两钢筋的轴线在同一直线上,使接头受力性能良好。

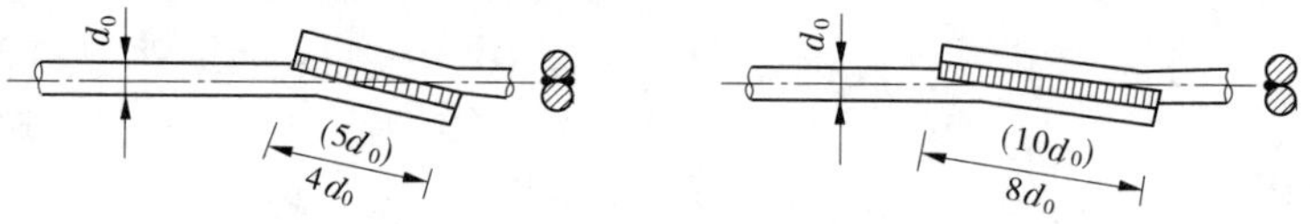

(a)双面焊缝　　(b)单面焊缝

(图中括号内数值用于Ⅱ、Ⅲ级钢筋)

图 4-19　搭接焊接头

2)帮条焊接头

帮条焊接头如图 4-20 所示,适用于焊接直径 10 ~ 40 mm 的 Ⅰ ~ Ⅲ级钢筋。钢筋帮条焊宜采用双面焊;不能进行双面焊时,也可采用单面焊。帮条宜采用与主筋同级别、同直径的钢筋制作。当帮条牌号与主筋相同时,帮条直径可与主筋相同或小一个规格;当帮条直径与主筋相同时,帮条牌号可与主筋相同或低一个规格。

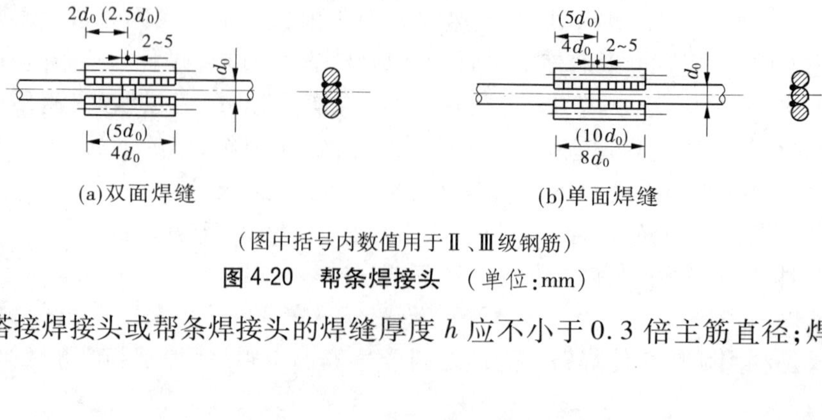

(a)双面焊缝　　(b)单面焊缝

(图中括号内数值用于Ⅱ、Ⅲ级钢筋)

图 4-20　帮条焊接头　(单位:mm)

钢筋搭接焊接头或帮条焊接头的焊缝厚度 h 应不小于 0.3 倍主筋直径;焊缝宽度 b

不应小于 0.8 倍主筋直径，如图 4-21 所示。

对于Ⅰ级钢筋的搭接焊或帮条焊的焊缝总长度应不小于 $8d$；对于Ⅱ、Ⅲ级钢筋，其搭接焊或帮条焊的焊缝总长度应不小于 $10d$，帮条焊时接头两边的焊缝长度应相等。

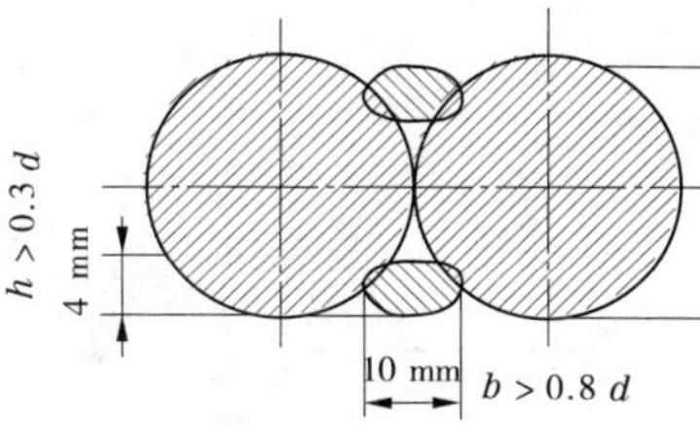

b—焊缝宽度；h—焊缝厚度

图 4-21　焊缝尺寸示意图

3）坡口焊接头

坡口焊接头比上两种接头节约钢材，多用于装配式框架结构安装中的柱间节点或梁与柱的节点焊接。它适用于直径 18 ~ 40 mm 的Ⅰ ~ Ⅲ级钢筋。按焊接位置不同可分为平焊与立焊两种方式，如图 4-22 所示。

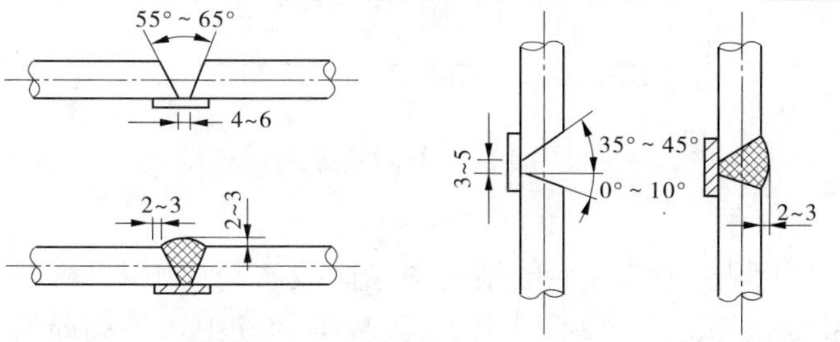

(a)平焊　(b)立焊

图 4-22　坡口焊接头　（单位：mm）

4）熔槽帮条焊

熔槽帮条焊宜用于直径大于 25 mm 的Ⅰ ~ Ⅲ级钢筋现场连接，焊接时应加角钢做垫板模，接头型式如图 4-23 所示。

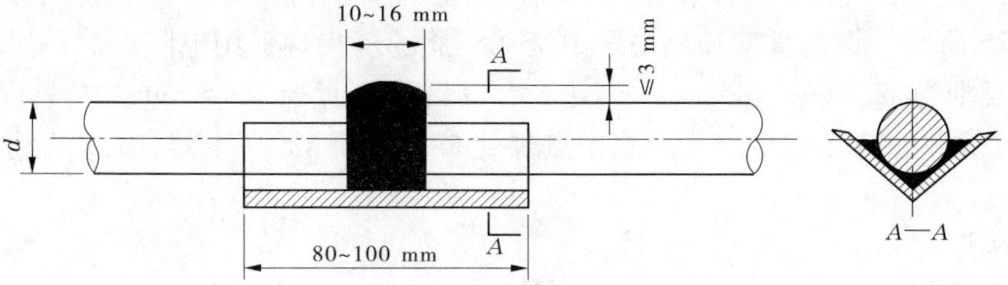

图 4-23　熔槽焊

5）窄间隙焊

窄间隙焊适用于直径 16 mm 及以上Ⅰ ~ Ⅲ级钢筋的现场水平连接。焊接时，钢筋端部应置于铜模中，并留出一定间隙，用焊条连续焊接，熔化钢筋端面使熔敷金属填充间隙，形成接头，如图 4-24 所示。

3. 电渣压力焊

电渣压力焊是将两根钢筋安放成竖向对接形式，利用焊接电流通过两钢筋端面间隙，在焊剂层下形成电弧过程和电渣过程，产生电弧热和电阻热，熔化钢筋，加压后完成连接的方法。操作前应将钢筋待焊端部约 100 mm 范围内的铁锈、杂物以及油污清除干净。

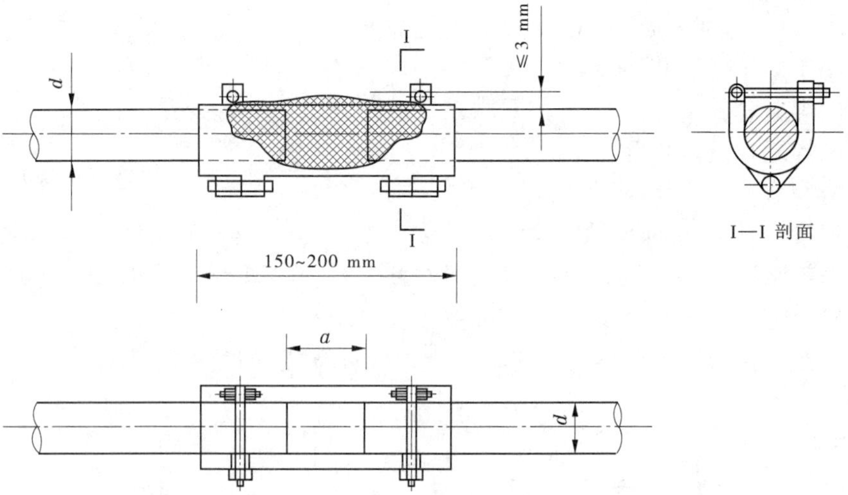

图 4-24　窄间隙焊

其焊接原理如图 4-25 所示。

电渣压力焊适用于现浇钢筋混凝土结构中竖向或斜向(倾斜度在 4∶1范围内),直径 14 ~ 40 mm 的Ⅰ、Ⅱ级钢筋的连接,不得用于梁、板等构件中水平钢筋的连接。它比电弧焊操作方便、工效高,而且接头成本低,容易保证质量,并可节约大量钢筋。

4. 电阻点焊

电阻点焊,是将已除锈污的钢筋交叉放入点焊机的两电极间,利用电流通过焊件时产生的电阻热作为热源,并施加一定的压力,使钢筋交叉处形成一个牢固的焊点,将钢筋焊合起来的方法。电阻点焊的工艺过程包括预压、通电、锻压三个阶段。

点焊机主要由点焊变压器、时间调节器、电压和加压机构等部分组成,点焊机工作原理如图 4-26 所示。钢筋骨架和钢筋网中交叉钢筋的焊接宜采用电阻点焊,其所适用的钢筋直径和级别为:直径 6 ~ 14 mm 的热轧Ⅰ、Ⅱ级钢筋,直径 3 ~ 5 mm 的冷拔低碳钢丝和直径 4 ~ 12 mm 的冷轧带肋钢筋。采用点焊代替绑扎,可提高工效,节约劳动力,成品刚性好,便于运输。

5. 气压焊

气压焊是利用氧气、乙炔火焰加热钢筋接头,使其达到塑性状态时施加适当压力,使钢筋接头压接在一起的工艺。钢筋气压焊适用于现场焊接直径 16 ~ 40 mm 的热轧Ⅰ ~ Ⅲ级钢筋,不同直径的钢筋也可焊接,但直径差不大于 7 mm。钢筋端面应切平,并应垂直于钢筋轴线,钢筋端部若有弯折或扭曲,应矫直或切除。钢筋端部 $2d$ 范围内应清除干净,并经打磨,露出金属光泽,不得有氧化现象。

钢筋气压焊接机由供气装置、加压器、加热器等组成,加热器如图 4-27 所示。焊接设备轻便,可进行水平、垂直、倾斜等全方位焊接,具有节省钢材、施工费用低廉等优点。

(二)钢筋机械连接

钢筋机械连接是通过连接件的机械咬合作用或钢筋端面的承压作用,将一根钢筋中的力传递至另一根钢筋的连接方法。对于确保钢筋接头质量,改善施工环境,提高工作效

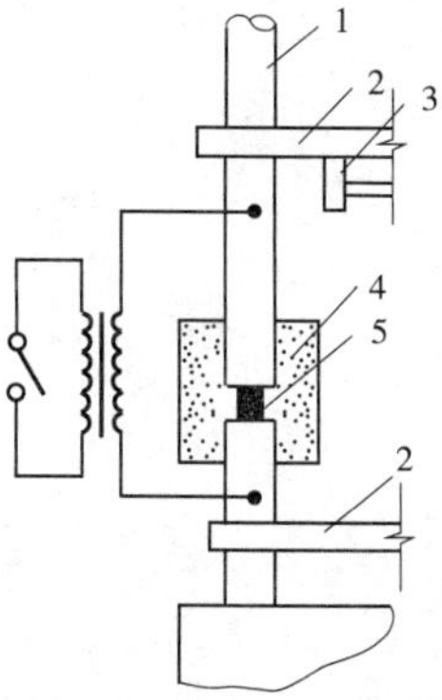

1—钢筋;2—夹钳;3—凸轮;
4—焊剂;5—铁丝团环球或导电焊剂

图4-25　电渣压力焊焊接示意图

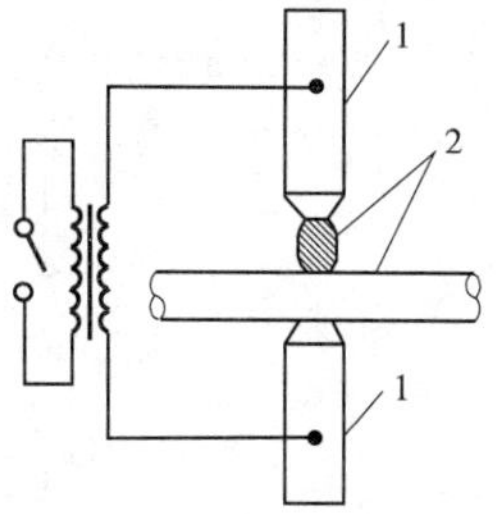

1—电极;2—钢丝

图4-26　点焊机工作原理示意图

率,保证工程进度具有明显优势。常用的钢筋机械连接类型有:钢筋套筒挤压连接、锥螺纹套筒连接、钢筋镦粗直螺纹套筒连接、滚压直螺纹套筒连接等。

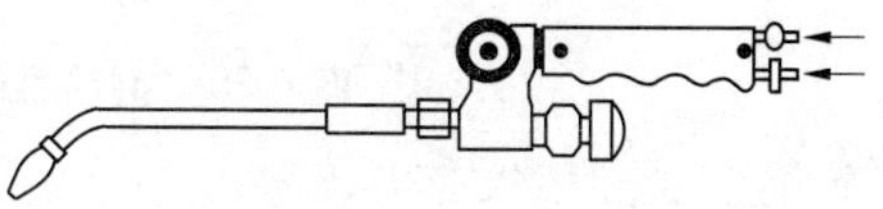

图4-27　钢筋气压焊加热器

1. 带肋钢筋套筒挤压连接

带肋钢筋套筒挤压连接是将需要连接的带肋钢筋,插于特制的钢套筒内,利用挤压机压缩套筒,使之产生塑性变形,靠变形后的钢套筒与带肋钢筋之间的紧密咬合来实现钢筋的连接。它适用于钢筋直径为16～40 mm的Ⅱ、Ⅲ级带肋钢筋连接。

钢筋挤压连接有径向挤压连接和轴向挤压连接两种方式。

1)带肋钢筋套筒径向挤压连接

带肋钢筋套筒径向挤压连接,是采用压接钳沿径向(与套筒轴线垂直)将钢筋筒挤压产生塑性变形,使之紧密地咬住带肋钢筋的横肋,实现两根钢筋的连接,如图4-28所示。当不同直径的带肋钢筋采用挤压接头连接时,若套筒两端外径和壁厚相同,被连接钢筋的直径相差不应大于5 mm。

2)带肋钢筋套筒轴向挤压连接

带肋钢筋套筒轴向挤压连接,是采用压模对钢套筒及插入的两根对接钢筋,沿其轴向方向进行挤压,使套筒咬合到带肋钢筋的肋间,使其结合成一体,如图4-29所示。

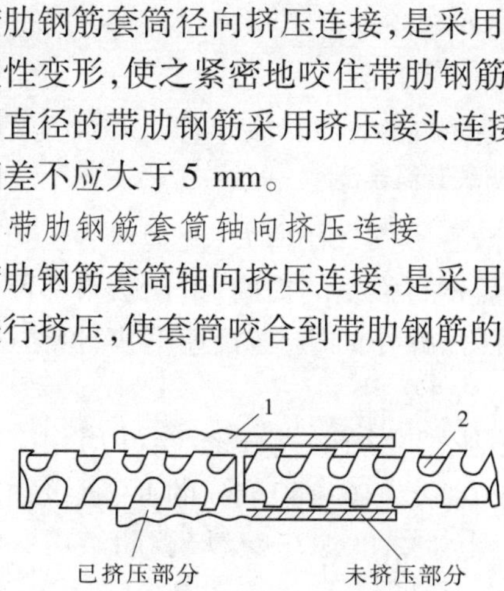

1—钢套筒;2—带肋钢筋

图4-28　钢筋径向挤压连接

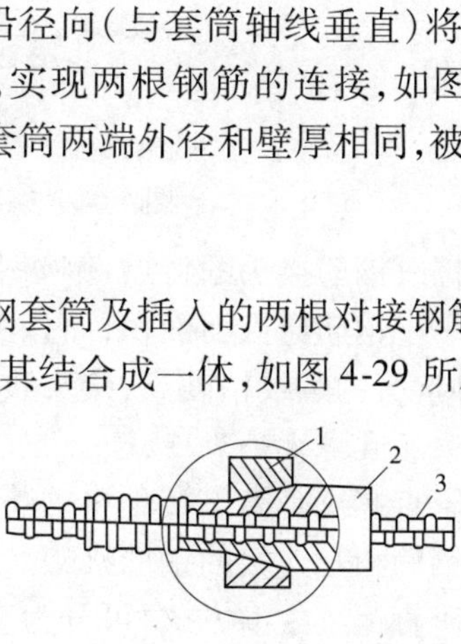

1—压模;2—钢套筒;3—钢筋

图4-29　钢筋轴向挤压连接

2. 钢筋锥螺纹套筒连接

钢筋锥螺纹套筒连接是将两根待接钢筋端头用套丝机做出锥形外丝,然后用带锥形内丝的套筒将钢筋两端拧紧的钢筋连接方法，如图 4-30 所示。它适用于直径为 16 ~ 40 mm 的Ⅱ、Ⅲ级钢筋同径或异径的竖向、水平或任何倾角的连接。接头质量稳定性一般，施工速度快，综合成本较低。

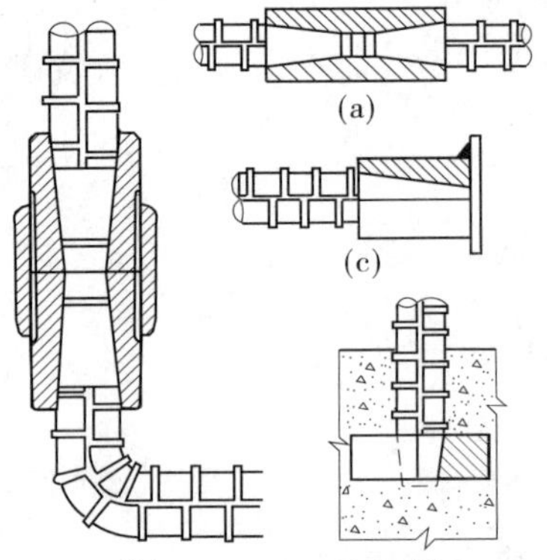

图 4-30　钢筋锥螺纹套筒连接示意图

3. 钢筋镦粗直螺纹套筒连接

钢筋镦粗直螺纹套筒连接是先将钢筋端头镦粗，再切削成直螺纹，然后用带有直螺纹的套筒将钢筋两端拧紧的连接方法，如图 4-31 所示。它适用于直径为 16 ~ 40 mm 的Ⅱ、Ⅲ级钢筋的连接。

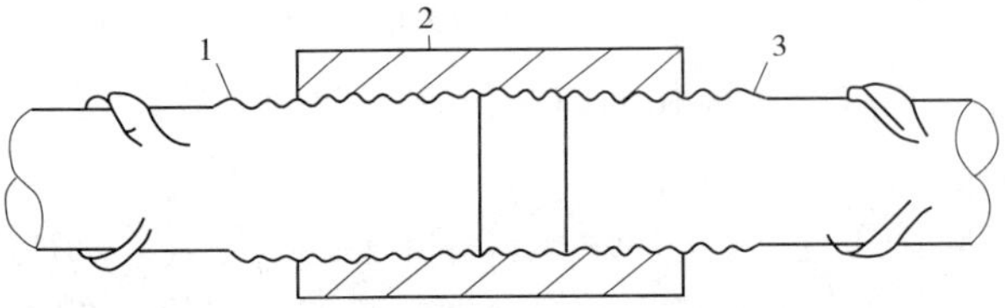

1—已连接的钢筋；2—直螺纹套筒；3—正在拧入的钢筋

图 4-31　钢筋镦粗直螺纹套筒连接

镦粗直螺纹钢筋接头的特点：钢筋端部经冷镦后不仅直径增大，使套丝后丝扣底部横截面面积不小于钢筋原截面面积，而且由于冷镦后钢材强度的提高，致使接头部位有很高的强度，这种接头的螺纹精度高，接头质量稳定性好，操作简便，连接速度快，价格适中。

4. 钢筋滚压直螺纹套筒连接

钢筋滚压直螺纹套筒连接是将钢筋端部用滚压工艺加工成直螺纹，并用相应的连接套筒将两根钢筋相互连接的钢筋接头。它适用于直径为 16 ~ 40 mm 的Ⅱ、Ⅲ级钢筋的连接。根据滚压直螺纹成型方式，可分为直接滚压螺纹、挤肋滚压螺纹、剥肋滚压螺纹三种类型。

1) 直接滚压螺纹

采用钢筋滚丝机（型号：GZL－32、GYZL－40、GSJ－40、HGS40 等）直接滚压螺纹。此法螺纹加工简单，设备投入少；但螺纹精度差，由于钢筋粗细不均导致螺纹直径差异，施工受影响。

2)挤肋滚压螺纹

采用专用挤压设备滚轮先将钢筋的横肋和纵肋进行预压平处理,然后滚压螺纹。其目的是减少钢筋肋对成型螺纹的影响。此法对螺纹精度有一定提高,但仍不能从根本上解决钢筋直径差异对螺纹精度的影响,螺纹加工需要两套设备。

3)剥肋滚压螺纹

采用钢筋剥肋滚丝机(型号:GHG32、GHG40、GHG50),先将钢筋的横肋和纵肋进行剥切处理后,使钢筋滚丝前的柱体直径达到同一尺寸,然后进行螺纹滚压成型。此法螺纹精度高,接头质量稳定,施工速度快,价格适中,具有较大的发展前景。

滚压直螺纹接头用连接套筒,采用优质碳素结构钢制成。连接套筒的类型有标准型、正反丝扣型、异径型、可调型等,根据待接钢筋所在部位及转动难易情况,选用不同的套筒类型,采取不同的安装方法,如图 4-32 ~ 图 4-35 所示。

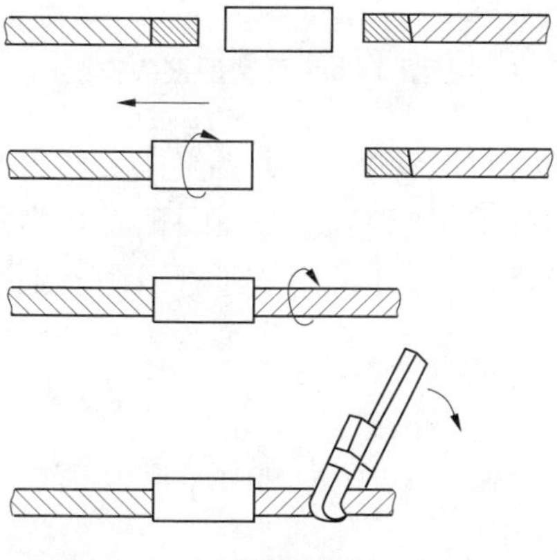

图 4-32 标准型接头安装

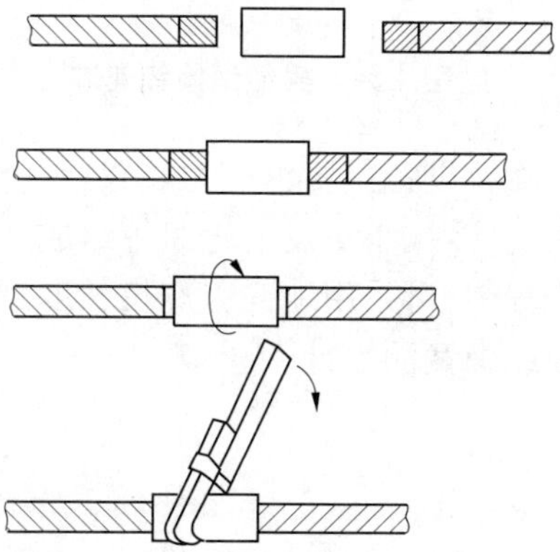

图 4-33 正反丝扣型接头安装

五、钢筋冷加工

常用的冷加工方法有冷拉、冷拔、冷轧等。

(一)钢筋冷拉

钢筋冷拉是指在常温下,以超过钢筋屈服强度的拉应力拉伸钢筋,使其产生塑性变形,以达到调直钢筋、提高强度、节约钢材的目的,对焊接接长的钢筋亦检验了焊接接头的质量。

冷拉工艺适用于Ⅰ~Ⅳ级钢筋。钢筋经过冷拉后,长度一般增加 4% ~6%,屈服强度可提高 20% ~25%,可节约钢材 10% ~20%。但冷拉后的钢筋,塑性降低,材质变脆。冷拉钢筋一般不用作受压钢筋;在承受冲击荷载的动力设备基础及负温条件下不应采用冷拉钢筋;根据 DL/T 5169—2002 规定,在水工结构的非预应力钢筋混凝土中,不宜采用冷拉Ⅱ级及其以上的钢筋。

1. 冷拉工艺主要设备

钢筋冷拉设备主要包括卷扬机、千斤顶、测力装置、标尺、夹具、回程设施等,如图 4-36

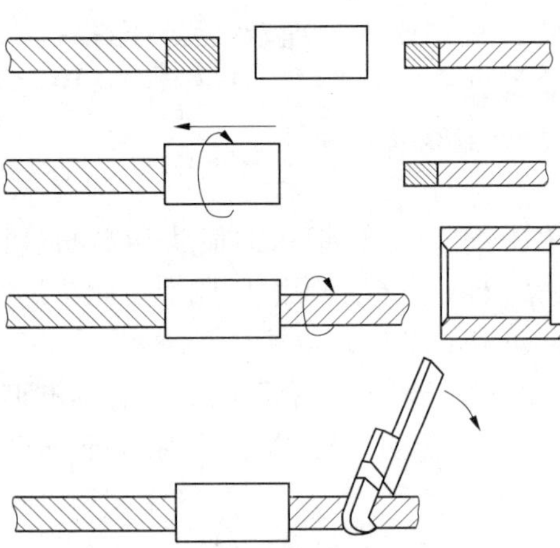

图 4-34　异径型接头安装

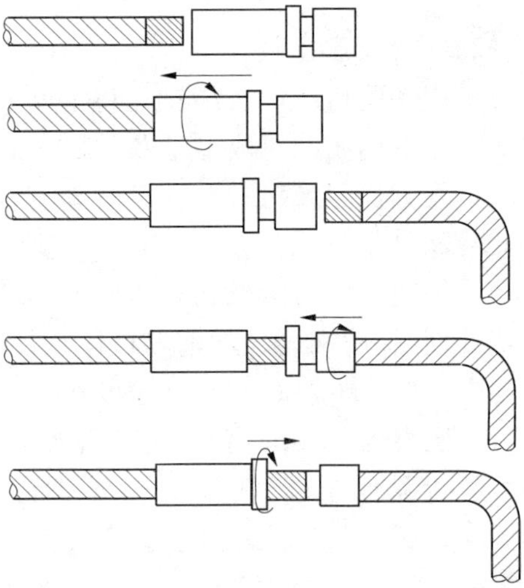

图 4-35　可调型接头安装

所示。冷拉设备主要由拉力装置、承力结构、钢筋夹具及测量装置等组成。拉力装置一般由卷扬机、冷拉小车及滑轮组等组成。承力结构可采用钢筋混凝土压杆，在拉力较小或临时性工程中，可采用地锚。冷拉长度测量可用标尺，测力计可用电子秤或附有油表的液压千斤顶或弹簧测力计。

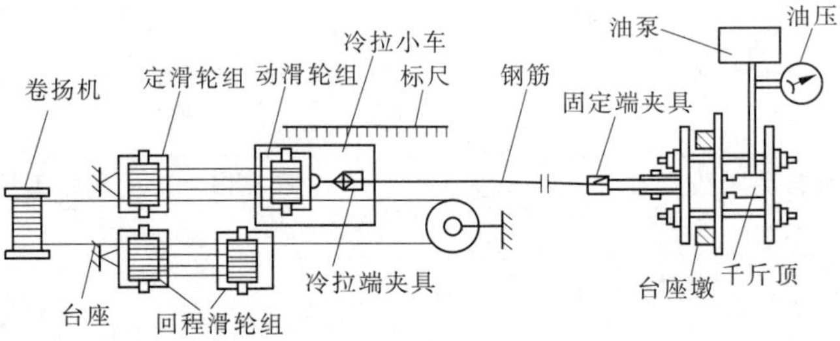

图 4-36　钢筋冷拉设备示意图

2. 冷拉控制方法

(1)单控法。就是只控制钢筋的冷拉率，即将钢筋拉伸到一定长度后，将拉力保持 2 ~ 3 min，然后放松夹具，取出钢筋，避免钢筋弹性回缩过大。

(2)双控法。就是以控制钢筋冷拉应力为主，同时还控制钢筋的冷拉率。

冷拉控制的目的是为了钢筋经冷拉后仍有一定的塑性和强度储备。

3. 冷拉钢筋的质量要求

冷拉钢筋的质量及验收应符合下列规定：

(1)应分批验收，每批由不大于 20 t 的同级别、同直径冷拉钢筋组成。

(2)冷拉后钢筋表面不得有裂纹及局部颈缩，作预应力钢筋的应逐根检查。

(3)冷拉钢筋的力学性能指标应符合表 4-4 的规定。

(4)冷拉钢筋进行冷弯试验后，不得有裂纹、剥落或断裂现象。

(5)预应力钢筋应先对焊后冷拉,以免因焊接高温的影响而降低钢筋冷拉获得的强度,同时冷拉也可检验对焊接头的质量。

(6)钢筋经过冷拉后,表面容易发生锈蚀,因此要注意冷拉后钢筋的防锈工作。

表 4-4　冷拉钢筋的力学性能

钢筋级别	钢筋直径(mm)	屈服强度(MPa)	抗拉强度(MPa)	伸长率(%)	冷弯	
		不小于			弯曲角度	弯心直径
Ⅰ级	≤12	280	370	11	180°	3*d*
Ⅱ级	≤25	450	510	10	90°	3*d*
	28~40	430	490	10	90°	4*d*
Ⅲ级	8~40	500	570	8	90°	5*d*
Ⅳ级	10~28	700	835	6	90°	5*d*

(二)钢筋冷拔

钢筋冷拔是将直径6~8 mm的Ⅰ级光面盘圆钢筋在常温下通过钨合金钢制成的拔丝模(见图4-37),强力冷拔而成强度高、直径比原来钢筋小的钢丝。如果将钢筋进行多次冷拔,则可加工成直径更小的钢丝。经冷拔后的钢筋称为冷拔低碳钢丝,冷拔低碳钢丝没有明显的屈服阶段,它分甲、乙两级,甲级钢丝适用于作预应力筋,乙级钢丝适用于作焊接网,焊接骨架、箍筋和构造钢筋。

钢筋经冷拔后强度有大幅度提高(一般可提高40%~90%),但其塑性明显降低,伸长率变小。

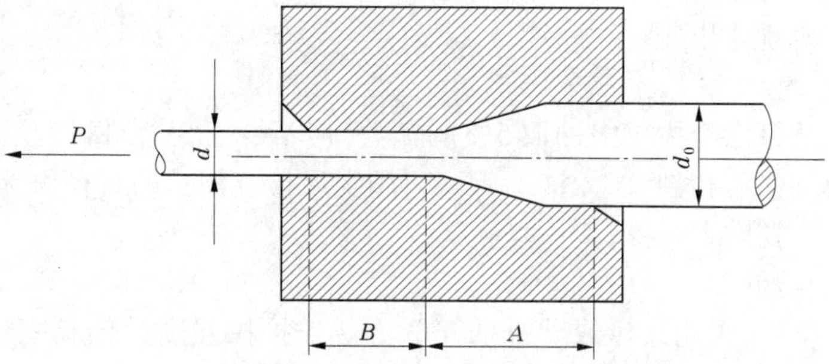

A—工作区段;*B*—定径区段

图4-37　拔丝模示意图

1.冷拔钢丝的加工方法

钢筋冷拔的工序是:除锈→轧头→拔丝。

1)除锈

钢筋表面常有一层氧化铁锈,其硬度很高,易磨损拔丝模孔,因而会使拔丝表面产生沟纹或其他缺陷,甚至造成断丝。另外,铁锈会增大摩阻,消耗更多的能量,造成拉拔困难。因此,盘圆钢筋在冷拔前应进行除锈处理。

2）轧头

由于拔丝模孔内径小于钢筋直径，为方便钢筋能顺利穿过拔丝模，钢筋前面一段要用轧头机轧细。轧压长度约 200 mm，轧压后的直径要比拔丝模孔小 0.5～0.8 mm。

3）拔丝

钢筋冷拔用的拔丝机按构造分立式和卧式两种，每一种又有单卷筒和多卷筒之分。立式单卷筒拔丝机多用于拔细丝，它占地小，机械卸丝，宜用于专业拔丝厂拔丝，如图 4-38 所示。卧式双卷筒拔丝机适用于拔粗丝或长度较大的盘条，其构造简单，人工卸丝方便，适宜在建筑工地上使用，如图 4-39 所示。

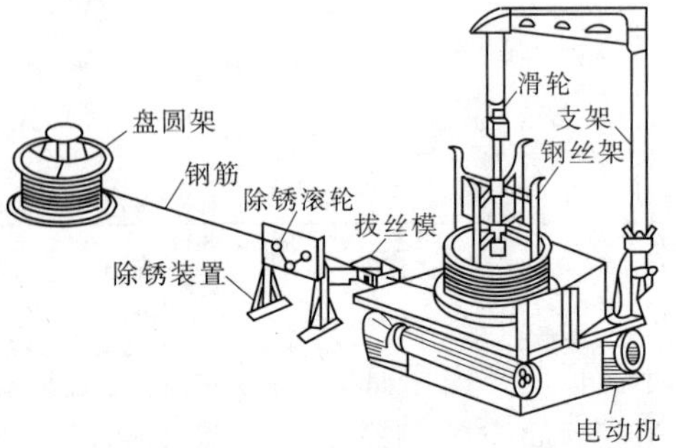

图 4-38　立式单卷筒拔丝机

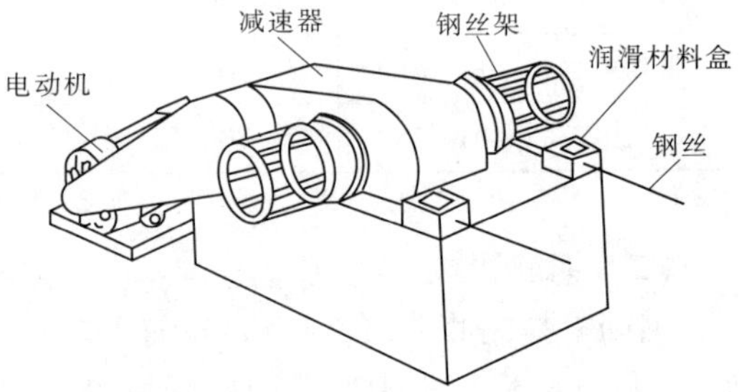

图 4-39　卧式双卷筒拔丝机

拔丝时先将拔丝模装在润滑材料盒内，安装在拔丝机机架上，将已轧头的钢丝一端穿过拔丝模孔，嵌入链条夹具中，并用楔块夹紧。链条另一头的挂销塞在拔丝机卷筒的缺口里，然后开动机器进行拔丝。冷拔次数过少，每次压缩过大，易产生断丝和安全事故；冷拔次数过多，易使钢丝变脆，且降低冷拔机的生产率。因此，冷拔次数应适宜。根据实践经验，每次拉拔的前后直径比以 1.15 左右为宜。

2. 冷拔钢筋的质量检验

1）外观检验

外观检验是从每批冷拔丝中抽取 5% 的盘数（但不少于 5 盘）做检验，其要求是：钢丝表面光滑，无砂孔、伤痕和裂纹，无油污等。再用卡尺检查钢丝的直径偏差是否满足要求，直径允许偏差为直径的 2%。

2）机械性能试验

外观检验合格后，采用逐盘或分批抽样的方法作抗拉强度及伸长率试验。力学性能指标应符合表 4-5 的规定。

表 4-5　冷拔低碳钢丝的力学性能

钢筋级别	直径（mm）	抗拉强度（MPa）		伸长率（标距 100 mm）（%）	反复弯曲 180°次数
		Ⅰ组	Ⅱ组		
甲级	5	640	590	3	4
	4	685	640	2.5	4
乙级	3～5	540		2	4

（三）钢筋冷轧

冷轧钢筋是将圆钢在轧钢机上轧成断面形状规则的钢筋，可提高其强度及与混凝土的黏结力。通常有冷轧带肋和冷轧扭钢筋。

学习单元三 钢筋绑扎安装及其质量控制

学习目标

（1）掌握钢筋绑扎与安装方法、质量要求。

（2）了解钢筋绑扎与安装施工安全技术。

学习目标

（1）钢筋安装质量及控制。

（2）钢筋绑扎与安装。

钢筋的绑扎与安装是将制作好的单根钢筋按设计要求组成钢筋网或钢筋骨架的过程，是钢筋施工的最后一道工序。钢筋的安装方法有整装法和散装法两种。在水利工程中，钢筋的绑扎与安装多使用散装法。

一、钢筋安装前准备

（一）熟悉施工图纸

看施工图时，首先看图纸右下角的标题栏，从中可看到图纸所示的名称、部位、图号、材料、日期、设计单位，以及设计、校核、审批、制图者等基本情况。其次看建筑物结构的轮廓尺寸，对建筑物的长、宽、高及其所在部位，做到心中有数。再次是分析视图，仔细阅读，弄清结构中钢筋施工与有关的模板、结构安装、管道配置等多方面的联系。尤其要注意安装顺序的可能性和长钢筋接头分段配置是否合乎规范要求和施工方便等。

（二）施工场地的准备

施工场地准备工作包括两个方面：一是安装场地的准备；二是现场钢筋堆放地点的准备。

准备钢筋安装场地时，要查看绑扎钢筋区域内有无影响钢筋定位的建筑物或其他附属物，如沥青井、键槽、止水片、预埋件或钢筋穿过模板等。对于混凝土浇筑仓位要弄清扎筋部位中心线、高程、轮廓点的位置。

堆放场地应靠近安装地点，尽量选在比较平坦的地点，使钢筋进仓方便。堆放地点狭窄时，应仔细规划安装顺序和材料堆放顺序，重叠堆放时，先用的钢筋放在上面，后用的放在下面，中间以木料隔开。为了防止锈蚀，堆放场周围应注意排水，钢筋料堆要下垫木料防水、上盖芦席或塑料布防雨。

（三）材料准备和机具准备

首先按加工配料单和料牌清点场内加工好的钢筋成品，看钢号、直径、形状、尺寸及数量是否相符，清查无误后将加工好的钢筋成品，运至现场堆放。还要准备扎丝，一般采用18～22号铁丝或镀锌铁丝。

绑扎钢筋的主要机具包括扳子、绑扎钩、撬棍和临时加固的支撑(支架)、拉筋、挂钩等。

为了控制保护层厚度,要作预制砂浆垫块。砂浆垫块中埋有 V 形铁丝,在安装时铁丝绑在钢筋上,防止垫块滑动、脱落。按照保护层厚度的要求,垫块可做成各种尺寸的长方体。

(四)确定安装顺序

钢筋绑扎与安装的主要工作内容包括:放样画线、排筋绑扎、垫撑铁和保护层垫块、检查校正及固定预埋件等。为了保证工作顺利进行,施工前要考虑钢筋绑扎安装顺序。板类构件排筋顺序一般先排受力钢筋后排分布钢筋;梁类构件一般先摆纵筋,再排箍筋,最后固定。绑扎形式复杂的结构部位时,应先研究逐根钢筋穿插就位的顺序,并与模板工联系讨论支模和绑扎钢筋的先后次序,以减少绑扎难度。

(五)放线

放线要从中心点开始向两边量距放点、定出纵向钢筋的位置。水平筋的放线可放在纵向钢筋或模板上。

二、钢筋绑扎与安装

(一)钢筋绑扎接头

直径在 25 mm 以下的钢筋接头,可采用绑扎接头。但对轴心受拉、小偏心受拉构件和承受震动荷载的构件中,钢筋接头不得采用绑扎接头。绑扎钢筋的手工工具绑扎钩,如图 4-40 所示。

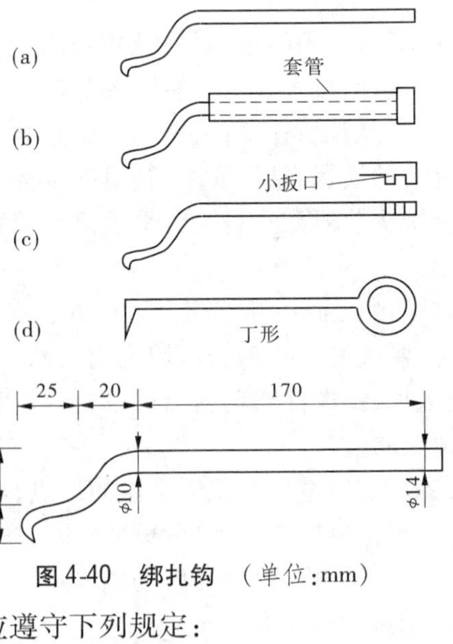

图 4-40　绑扎钩　(单位:mm)

钢筋采用绑扎接头时,应遵守下列规定:

(1)搭接长度不得小于表 4-6 规定的数值。

(2)受拉区域内的光圆钢筋绑扎接头的末端,应做弯钩。螺纹钢筋可不做弯钩。

(3)梁、柱钢筋的接头,如采用绑扎接头,则在绑扎接头的搭接长度范围内应加密箍筋。当搭接钢筋为受拉钢筋时,箍筋间距不应大于 $5d$(d 为两搭接钢筋中较小的直径);

当搭接钢筋为受压钢筋时,其箍筋间距不应大于 10d。

(4)钢筋接头应分散布置。配置在“同一截面内”的下述受力钢筋,其接头的截面面积占受力钢筋总截面面积的百分率,应符合下列规定:

闪光对焊、熔槽焊、接触电渣焊接头在受弯构件的受拉区,不超过 50%,在受压区不受限制。

绑扎接头,在构件的受拉区中不宜超过 25%,在受压区中不宜超过 50%。

焊接与绑扎接头距钢筋弯起点不小于 10 倍钢筋直径,也不应位于最大弯矩处。

两相邻钢筋接头中距在 50 cm 以内或两绑扎接头的中距在绑扎搭接长度以内,均作为同一截面。

直径不超过 12 mm 的受压Ⅰ级钢筋的末端,以及轴心受压构件中任意直径的受力钢筋的末端,可不做弯钩;但搭接长度不应小于钢筋直径的 30 倍。按疲劳验算的构件不得采用绑扎接头。

表 4-6 绑扎接头最小搭接长度

项次	钢筋类型		混凝土强度等级									
			C15		C20		C25		C30、C35		≥C40	
			受拉	受压	受拉	受压	受拉	受压	受拉	受压	受拉	受压
1	Ⅰ级钢筋		50d	35d	40d	25d	30d	20d	25d	20d	25d	20d
2	月牙纹	Ⅱ级钢筋	60d	45d	50d	35d	40d	30d	40d	25d	30d	20d
		Ⅲ级钢筋	—	—	55d	40d	50d	35d	40d	30d	35d	25d
3	冷轧带肋钢筋		—	—	50d	35d	40d	30d	35d	25d	30d	20d

注:1. 月牙纹钢筋直径 $d>25$ mm 时,最小搭接长度应按表中数值增加 5d。

2. 表中Ⅰ级光圆钢筋的最小锚固长度值不包括端部弯钩长度,当受压钢筋为Ⅰ级钢筋,末端又无弯钩时,其搭接长度不应小于 30d。

3. 如在施工中分不清受压区或受拉区,搭接长度按受拉区处理。

(二)钢筋绑扎的操作方法

1. 一面顺扣法

它的主要特点是操作简单方便,绑扎效率高,通用性强。可适用于钢筋网、架各个部位的绑扎,并且绑扎点也比较牢靠。其余绑扎法与一面顺扣法相比较,绑扎速度慢、效率低,但绑扎点更牢固,在一定间隔处可以使用。此方法施工中使用最多,如图 4-41 所示。

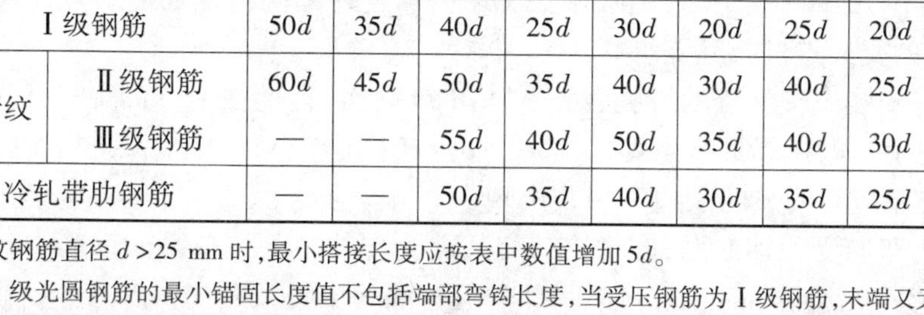

图 4-41 一面顺扣法

2. 十字花扣法

十字花扣法主要用于要求比较牢固处,如平面钢筋网和箍筋处的绑扎。

3. 反十字花扣法

反十字花扣法用于梁骨架的箍筋和主筋的绑扎。

4. 兜扣法

兜扣法适用于梁的箍筋转角处与纵向钢筋的连接及平板钢筋网的绑扎。

5. 缠扣法

缠扣法可防止钢筋下滑，主要用于墙钢筋网和柱箍，一般绑扎墙钢筋网片每隔 1 m 左右应加一个缠扣，缠绕方向可根据钢筋可能移动情况来确定。

6. 套扣法

套扣法用于梁的架立筋与箍筋的绑扎处，绑扎时往钢筋交叉点插套即可。

（三）绑扎与安装的质量要求

水工钢筋混凝土工程中的钢筋安装，其质量应符合以下规定：

(1)钢筋的安装位置、间距、保护层厚度及各部分钢筋的大小尺寸，均应符合设计要求，其偏差不得超过表 4-7 的规定。检查时先进行宏观检查，没发现有明显不合格处，即可进行抽样检查，对梁、板、柱等小型构件，总检测点数不得少于 30 个，其余总检测点数一般不少于 50 个。

(2)现场焊接或绑扎的钢筋网，其钢筋交叉的连接应按设计规定进行。如设计未作规定，且直径在 25 mm 以下时，则除楼板和墙内靠近外围两行钢筋之交点应逐根扎牢外，其余按 50% 的交叉点进行间隔绑扎。

(3)钢筋安装中交叉点的绑扎，对于Ⅰ、Ⅱ级钢筋，直径在 16 mm 以上且不损伤钢筋截面时，可用手工电弧焊进行点焊来代替，但必须采用细焊条、小电流进行焊接，并严加外观检查，钢筋不应有明显的咬边和裂纹出现。

(4)板内双向受力钢筋网，应将钢筋交叉点全部扎牢。柱与梁的钢筋中，主筋与箍筋的交叉点在拐角处应全部扎牢，其中间部分可每隔一个交叉点扎一点。

(5)安装后的钢筋应有足够的刚度和稳定性。整装的钢筋网和钢筋骨架，在运输和安装过程中应采取措施，以免变形、开焊及松脱。安装后的钢筋应避免错动和变形。

(6)在混凝土浇筑施工中，严禁为方便浇筑擅自移动或割除钢筋。

表 4-7 钢筋安装的允许偏差

项次	项目			允许偏差
1	点焊及电弧焊	帮条对焊接头中心的纵向偏移		$0.5d$
2		接头处钢筋轴线的曲折		4°
3		焊缝	长度	$-0.5d$
			高度	$-0.05d$
			宽度	$-0.1d$
			咬边深度	$0.05d$，并不大于 1 mm
			表面气孔和夹渣 (1)在 $2d$ 长度上 (2)气孔、夹渣直径	 不多于 2 个 不大于 3 mm

续表 4-7

项次	项目		允许偏差
4	对焊及熔槽焊	焊接接头根部未焊透深度 (1)25 ~ 40 mm 钢筋 (2)40 ~ 70 mm 钢筋	 0.15d 0.10d
5		接头处钢筋中心线的位移	0.1d,不大于 2 mm
6		焊缝表面(长为 2d)和焊缝截面上蜂窝、气孔排、金属杂质	不大于 1.5 mm,直径 3 个
7	钢筋长度方向的偏差		±1/2 净保护层厚度
8	同一排受力钢筋间距的局部偏差 (1)柱及梁中 (2)板、墙中		 ±0.5d ±0.1 倍间距
9	同一排中分布钢筋间距的偏差		±0.1 倍间距
10	双排钢筋,其排与排间距的局部偏差		±0.1 倍排距
11	梁与柱中钢箍间距的偏差		0.1 倍箍筋间距
12	保护层厚度的局部偏差		±1/4 净保护层厚度

(四)钢筋施工安全技术

钢筋绑扎安装,尤其是在高空进行钢筋绑扎作业时,应特别注意安全,除遵守高空作业的安全规程外,还要注意以下几点:

(1)应配带好安全护具,注意力集中,站稳后再操作,上下、左右应随时关照,减少相互之间的干扰。

(2)在高空作业时,传递钢筋应防止钢筋掉下伤人。

(3)在绑扎和安装梁、柱等部位钢筋时,应待绑扎或焊接牢固后,方可上人操作。

(4)在高空绑扎和安装钢筋时,不要把钢筋集中堆放在模板或脚手架的某一部位,以保安全,特别是在悬臂结构上,更应随时检查支撑是否稳固可靠,安全设施是否牢靠,并要防止工具、短钢筋坠落伤人。

(5)不要在脚手架上随便放置工具、箍筋或短钢筋,避免放置不稳坠落伤人。

(6)应尽量避免在高空修整、弯曲粗钢筋,在必须操作时,要系好安全带,选好位置,人要站稳,防止脱手伤人。

(7)安装钢筋时不要碰撞电线,避免发生触电事故。

(8)在雷雨时,必须停止露天作业,预防雷击钢筋伤人。

学习项目五　模板工程施工

学习单元一　概　述

学习目标

(1)了解模板在现代建筑工程中的重要性、作用及发展趋势。
(2)熟悉模板的组成及分类。

学习内容

(1)模板的组成与分类。
(2)模板工程的发展及现状。
(3)模板的作用与重要性。
(4)模板的组成及基本类型。
(5)选择模板的原则。

一、模板工程的发展及现状

模板工程是伴随着混凝土工程的产生而产生的。随着技术的发展和社会分工的细化,模板逐渐成为一个单独的工种。我国早期的模板大都采用木模板,由于木模板自重大,强度、刚度低,耗用木材多,周转性差,逐渐为钢模板所代替。此后20多年,普通钢模板的发展基本上是停滞不前,大劳动量的模板工程大大延缓了工程进度,加大了施工成本,20世纪末,随着建筑行业的技术创新,新型建筑、新型结构的涌现,对模板技术提出了更高的要求,新型模板也就应运而生。新型模板不仅在模板材料上有创新,而且在模板类型、施工技术和工艺上也大有创新,从而大大降低了模板工程的劳动量,提高了周转率。本项目将对新型模板详加阐述。

二、模板的作用与重要性

模板在建筑工程中属于周转性材料,是混凝土的成型模具,是混凝土结构工程的重要组成部分。在现代建筑混凝土结构工程中,模板费用所占比例相当大,据估计,模板费用占混凝土结构工程造价的比例,国外为28%~33%,国内平均为25%~30%。同时,模板工程的劳动量占混凝土结构工程的30%~35%,工期占50%~60%。另外,模板又是保证混凝土结构表面质量的关键,因此模板在混凝土结构工程中乃至整个建筑工程中的重要性不言而喻。了解模板的特点及应用,掌握模板的安装与拆除,对提高模板的周转率,加快施工进度,降低工程造价是至关重要的。

模板在混凝土结构中的作用及对模板的要求主要有以下几点：

(1)成型作用。现浇混凝土具有流动性和可塑性，这就要求模板围成的模型形状、尺寸、相对位置和绝对位置必须符合设计图纸要求，并且需要在混凝土浇筑和养护期间保持稳定。

(2)支撑作用。由于混凝土及模板的自重较大，且在浇筑和养护期间还有部分活荷载，故要求模板及其支撑系统有足够的强度、刚度和稳定性，以保证施工和构件安全。

(3)保护和改善混凝土表面质量。为保证混凝土表面不出现蜂窝和麻面等质量问题，要求模板之间的接缝严密，不漏浆，模板与混凝土接触面应涂隔离脱模剂。

(4)保温保湿作用。木模板和胶合模板，对混凝土还有一定的保温保湿作用。当保温要求高时，应选用保温效果较好的材料或在模板上敷设保温材料。

(5)模板作为周转性材料，为提高周转效率，要求材料坚固耐用，构造简单，装拆方便，能多次使用。尽量做到标准化、系列化，尽量少用木模板。

三、模板的组成及基本类型

模板主要由面板系统、连接系统和支撑系统三部分组成。根据面板和架立特点，可从以下几方面分类：

按制作材料，模板可分为木模板、钢模板、钢胶合板模板、竹胶合板模板、塑料模壳模板、钢框橡胶模板、铝合金胶合板模板、混凝土和钢筋混凝土预制模板等。

按模板形状，模板可分为平面模板和曲面模板。

按受力条件可分为承重模板和侧面模板。侧面模板按其支承受力方式，又分为简支模板、悬臂模板和半悬臂模板。

按架立和工作特征，模板可分为固定式、拆移式、移动式和滑动式。固定式模板多用于起伏的基础部位或特殊的异形结构(如蜗壳或扭曲面)，因大小不等，形状各异，难以重复使用。拆移式模板、移动式模板、滑动式模板可重复或连续在形状一致或变化不大的结构上使用，有利于实现标准化和系列化生产。

按施工工艺和应用特征，模板可分为传统模板和新型模板、通用模板和专用模板。

按构件和建筑物特征，模板可分为基础模板、墙体模板、楼梯模板、梁模板、门窗模板、电梯井模板、隧道模板等。

四、选择模板的原则

(1)适应工程的结构特点。选择模板品种时，首先要根据工程的规模、面积、高度、平面形状及结构类型等综合考虑，且不同的部位可选用不同的模板。例如：当工程为全剪力墙结构的高层建筑时，可选用全钢大模板或钢框胶合板大模板；当工程为多层框架结构，柱子可选用可调截面柱模板；而地下室外墙可采用木(竹)胶合板模板。

(2)确保工程质量。根据工程对混凝土表面质量等级的要求不同，选择合理的模板类型。

(3)满足施工进度要求。不同的模板品种和模板工艺，其施工进度相差较大。例如，高层剪力墙工程工期要求紧迫，可选择滑模，反之可选用大模板或其他模板。

(4)根据施工现场条件确定。在城市和环境比较复杂的山区,施工场地往往受到很多限制,当施工现场非常狭窄,不能采用大模板装拆吊运时,可以选择爬模施工。

(5)技术先进性。采用新型模板技术往往成本较高,但由于技术先进,安全可靠,在大中型工程施工中可加快施工进度,从而缩短了工期,降低整个工程的成本,因此选择模板要综合考虑整个工程需求。

(6)满足周转使用次数需要,力求摊销费用低。

学习单元二 模板基本类型

学习目标

(1)掌握几种常用模板的应用环境及适用条件。

(2)掌握建筑工程新模板的特点、种类及应用。

学习内容

(1)拆移式模板。

(2)大模板。

(3)滑模。

(4)爬模。

(5)混凝土和钢筋混凝土模板。

(6)各种模板的水工特点。

一、拆移式模板

拆移式模板适用于浇筑块表面为平面的情况,目前在中小型工程和民间市场上应用较为广泛。它主要由面板系统和支撑连接系统两部分组成。面板按材料不同又有木模板和钢模板两种,均可做成定型的标准模板,其标准尺寸,大型的为 100 cm×(325～525) cm,小型的为(75～100) cm×150 cm。前者适用于 3～5 m 高的浇筑块,需小型机具吊装;后者用于薄层浇筑,可人力搬运,如图 5-1 所示。

平面木模板由面板、加劲肋和支架三个基本部分组成。加劲肋(板样肋)把面板连接起来,并由支架安装在混凝土浇筑块上。

架立模板的支架,常用围囹和桁架梁,如图 5-2 所示。桁架梁多用方木和钢筋制作。立模时,将桁架梁下端插入预埋在下层混凝土块内 U 形埋件中。当浇筑块薄时,上端用钢拉条对拉;当浇筑块大时,则采用斜拉条固定,以防模板变形。钢筋拉条直径大于 8 mm,间距为 1～2 m,斜拉角度为 30°～45°。

钢模板由面板、边框和加劲肋焊接而成,边框和加劲肋上有钻孔,以利于拼装和连接,见图 5-3。连接件有多种螺栓和卡扣件,如 U 形卡、山形卡、紧固螺栓、钩头螺栓、蝶形扣件等。

悬臂钢模板由面板、支承柱和预埋连接件组成。面板采用定型组合钢模板拼装或直

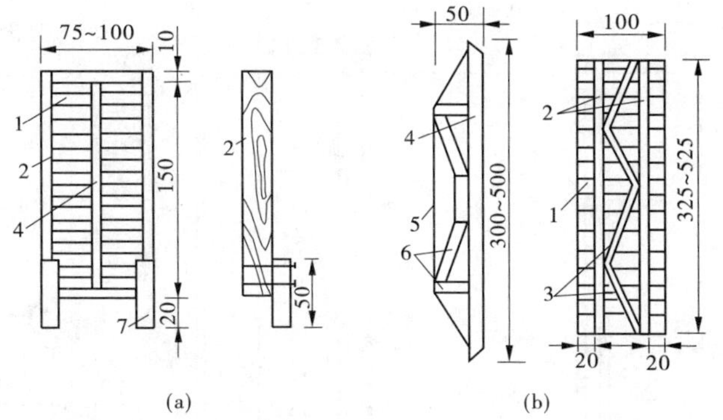

1—面板;2—肋木;3—加劲肋;4—方木;5—拉条;6—桁架木;7—支撑木

图 5-1　平面标准模板　(单位:cm)

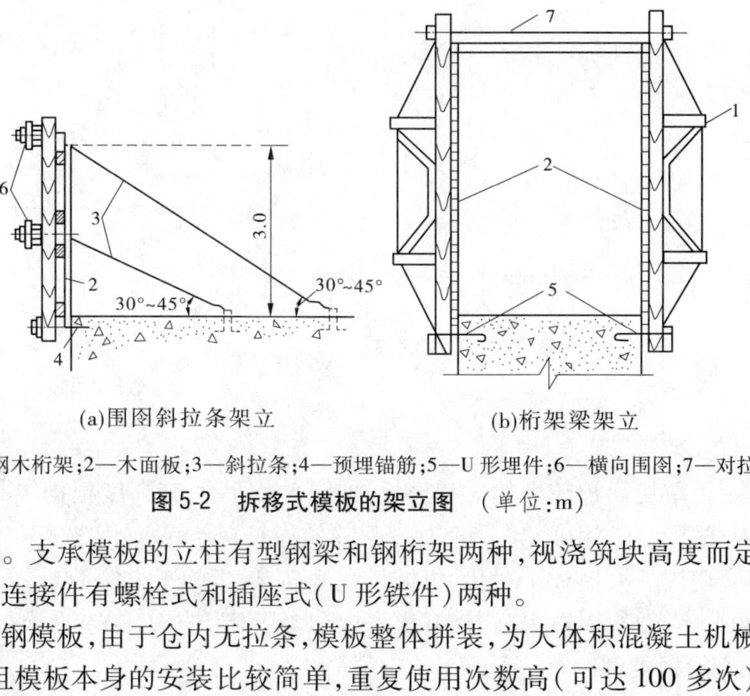

1—钢木桁架;2—木面板;3—斜拉条;4—预埋锚筋;5—U 形埋件;6—横向围囹;7—对拉条

图 5-2　拆移式模板的架立图　(单位:m)

接用钢板焊制。支承模板的立柱有型钢梁和钢桁架两种,视浇筑块高度而定。预埋在下层混凝土内的连接件有螺栓式和插座式(U 形铁件)两种。

采用悬臂钢模板,由于仓内无拉条,模板整体拼装,为大体积混凝土机械化施工创造了有利条件,且模板本身的安装比较简单,重复使用次数高(可达 100 多次)。但模板质量大(每块模板重 0.5 ~2 t),需要起重机配合吊装。由于模板顶部容易变位,故适用浇筑高度受到限制,一般为 1.5 ~2 m。用钢桁架作支撑柱时,高度也不宜超过 3 m。

此外,还有一种半悬臂模板,常用高度有 3.2 m 和 2.2 m 两种。半悬臂模板结构简单,装拆方便,但支撑柱下端固结程度不如悬臂模板,故仓内需要设置短拉条,对仓内作业有影响。

一般标准大模板的重复利用次数即周转率为 5 ~10 次,而钢木混合模板的周转率为 30 ~50 次,木材消耗减少 90% 以上,由于是大块组装和拆卸,故劳力、材料、费用大为降低。

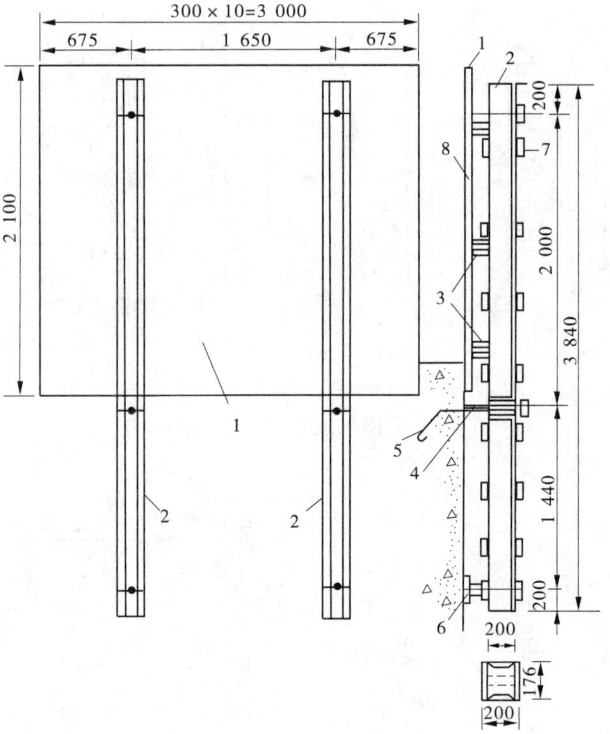

1—提升柱；2—提升机械；3—预定锚栓；4—模板锚固件；
5—提升柱锚固件；6—柱模板连接螺栓；7—调节丝杆；8—模板

图 5-3　悬臂钢模板　（单位：mm）

二、大模板

大模板是一种单块面积较大的大型模板，如图 5-4 所示，其高度根据层高和内外墙位置选用，宽度根据开间、进深确定，一般为一面墙的净长（除角模外）选配一块，墙较长时可选择多块组合使用。大模板工业化、机械化程度高，模板施工方法简单、方便，施工速度快，混凝土表面平整光滑，周转率高，是城市高层和多层建筑施工首选的新型模板。

（一）常见大模板类型

1. 专用整体大模板

专用整体大模板是根据具体工程的层高、开间、进深尺寸专门设计、制作的。模板整体无拼缝，刚度大，工程质量外观好，但通用性差，周转率较低。

2. 组拼式大模板

组拼式大模板是用水平背棱和连接螺栓将数块模板组拼成所需宽度的大模板。组拼灵活，通用性强，周转次数多，但拼缝多，模板平整度较整体大模板差。

3. 定型整体大模板

定型整体大模板是定型的、模数化的，以 300 mm 为模数确定模板的高度和宽度。定型整体大模板拼缝少、刚度大，板面平整，通用性和整体性均较好，但由于标准模板规格较

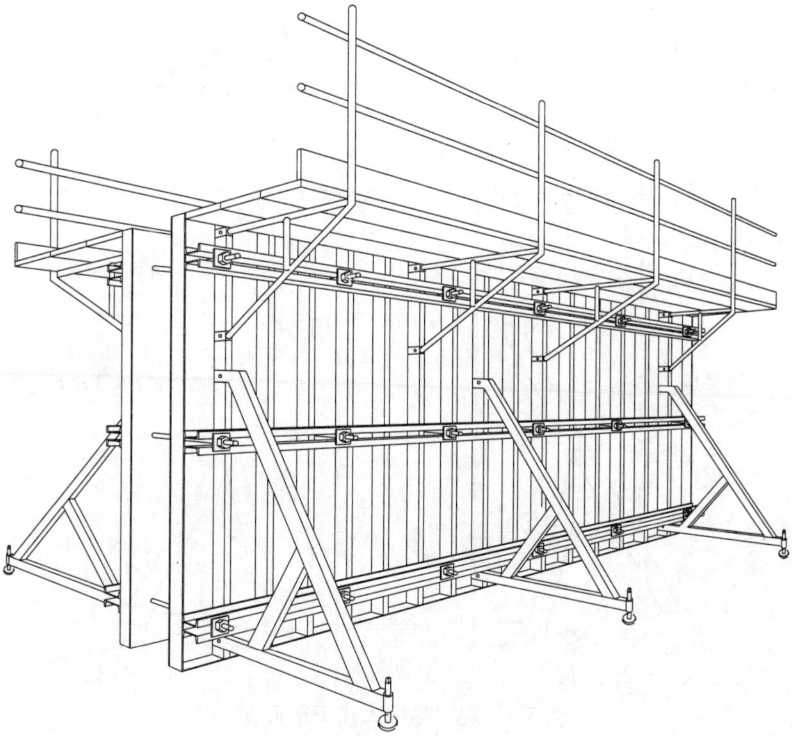

图 5-4　大模板透视图

多而制约着其发展。

（二）大模板构造

1. 大模板系统组成

定型整体大模板，由标准大模板、调节模板、角模板、上接模、下包模、斜撑、条架、爬梯、工具箱、外挂架、挂钩螺栓、穿墙螺栓、芯带、钢楔、吊钩等组成，如图 5-5 所示。

2. 定型整体大模板的基本尺寸

（1）定型整体大模板的高度为标准层层高减 100 mm，可以根据具体工程上接或下包，也可将外墙模板直接做成与标准层等高或超高 50 mm，超高部分留做剔凿余地。

（2）定型整体大模板的标准宽度为：600 ~ 6 000 mm，常用规格有 6 000 mm、5 400 mm、4 800 mm、4 200 mm、3 600 mm、3 000 mm、2 700 mm、2 400 mm、2 100 mm、1 800 mm、1 500 mm、1 200 mm、900 mm、600 mm，其中 900 mm、600 mm 宽模板主要用于丁字墙。每道墙面净尺寸减去相应的两个角模宽度后，优先排列标准大模板，余下部分即以调节模板补充或以角模边长调节。

三、滑模

滑模是现浇混凝土工程中机械化程度较高的工艺，主要用于烟囱、水塔、筒仓、桥墩、电视塔机及高层等高耸建筑物。

滑模施工可以节约模板和支撑材料，不需要搭设脚手架，施工速度快，改善施工条件，

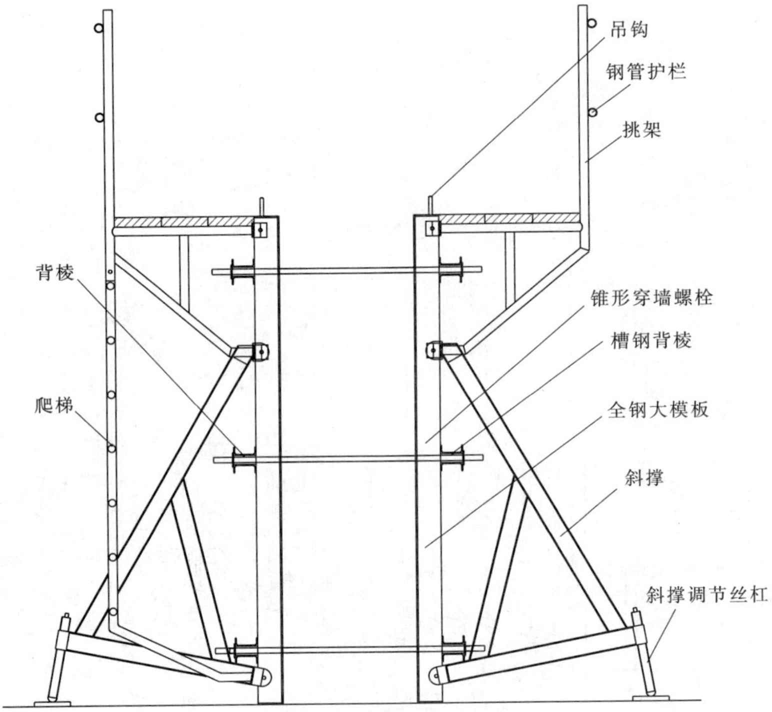

图 5-5　定型整体大模板剖面图

保证结构的整体性，提高混凝土表面质量，降低工程造价。缺点是滑模系统一次性投资大，耗钢量大，且保温条件差，不宜于低温季节使用。

滑模是先在地面上按照建筑物的平面轮廓组装一套 1.0～1.2 m 高的模板，随着浇筑层的不断上升而逐渐滑升，直至完成整个建筑物计划高度内的浇筑。

滑模装置剖面图如图 5-6 所示，由模板系统、操作平台系统、液压支撑系统、施工精度控制系统和水电系统等五部分组成。

(一)模板系统

模板系统包括模板、围圈、提升架、模板截面及倾斜度调节装置等。模板多用钢模、钢木混合模板及定型组合大钢模板，其高度取决于滑升速度和混凝土达到出模强度(0.05～0.25 MPa)所需的时间，一般高为 1.0～1.2 m。为减少滑升时与混凝土间的摩擦力，应将模板自下向上稍向内倾斜，做成单面为 0.2%～0.3% 模板高度的正锥度。围圈用于支承和固定模板，上下各布置一道，它承受由模板传来的水平侧压力和由滑升摩阻力、模板与圈梁自重、操作平台自重及其上的施工荷载产生的竖向力，多用角钢或槽钢制成。如果围圈所受的水平力和竖向力很大，也可做成平面桁架或空间桁架，使其具有大的承载力和刚度，防止模板和操作平台出现超标准的变形。提升架由立柱和横梁组成，其作用是固定围圈，把模板系统和操作平台系统连成整体，承受整个模板和操作平台系统的全部荷载，并将竖向荷载传递给液压千斤顶。提升架立柱和横梁一般用槽钢做成由双柱和双梁组成的“开”形架，立柱有时也采用方木制作。

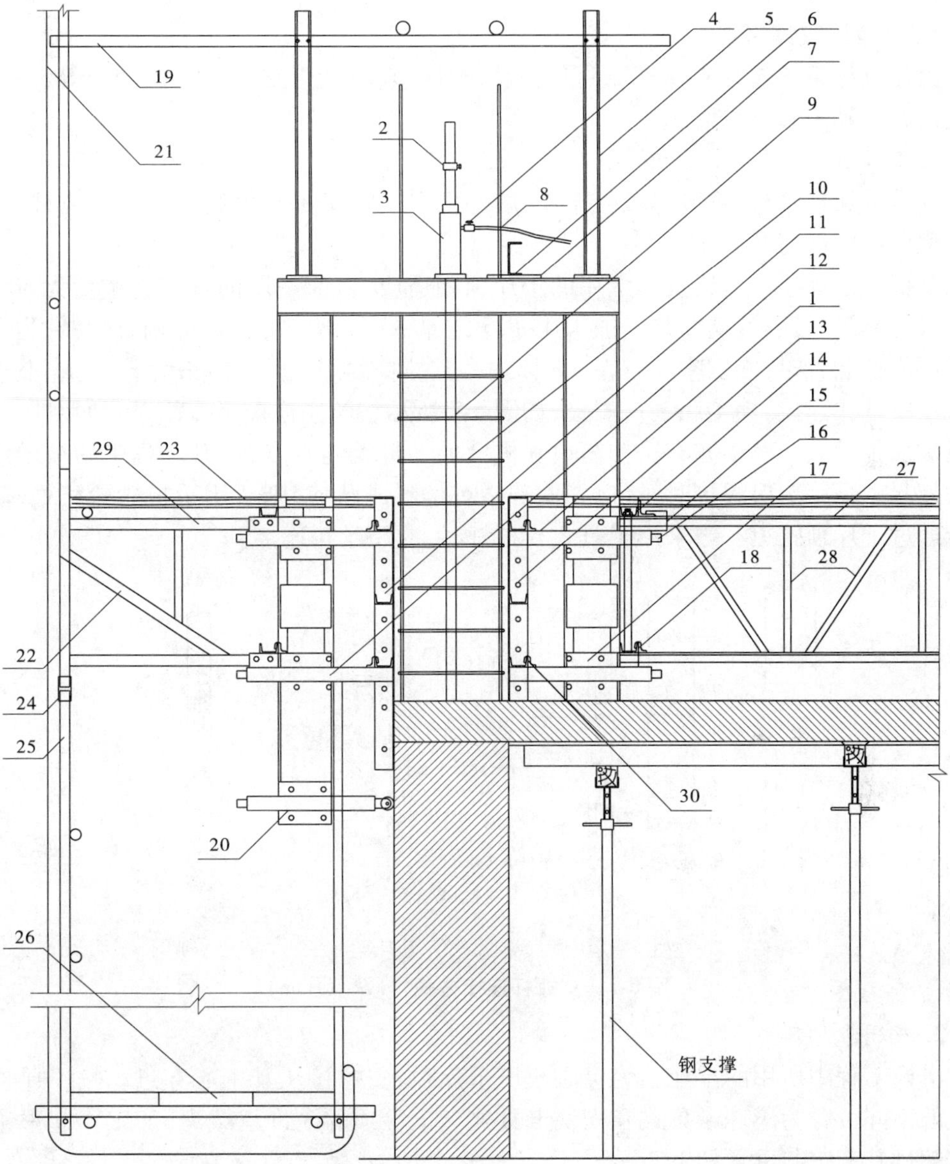

1—提升架；2—限位卡；3—千斤顶；4—针形阀；5—支架；6—环梁；7—环梁连接板；8—油管；9—工具式支撑杆；10—插板；11—外模板；12—支腿；13—内模板；14—围图桁架上弦；15—边框卡铁；16—伸缩调节丝杠；17—滑道槽钢；18—围图桁架下弦；19—支架连接管；20—纠偏装置；21—安全网；22—外挑架；23—外挑平台；24—吊杆连接管；25—吊杆；26—吊平台；27—活动平台边框；28—桁架斜杆、立杆、对拉螺栓；29—钢管水平桁架；30—围圈卡铁

图5-6　滑模装置剖面图

(二)操作平台系统

操作平台系统包括固定平台、活动平台、挑平台、内外吊脚手架等，是盛放液压控制台、临时堆存钢筋、混凝土及修饰刚刚出模的混凝土面的施工操作场所，一般为钢结构或

钢木混合结构。

(三)液压支撑系统

液压支撑系统包括支撑杆、穿心式液压千斤顶、输油管路和液压控制台等，是使模板向上滑升的动力和支撑装置。

1. 支撑杆

支撑杆又称爬杆，它既是液压千斤顶爬升的轨道，又是滑模装置的承重支柱，承受施工过程中的全部荷载。

支撑杆的规格与直径要与选用的千斤顶相适应，目前使用的额定起重量为 30 kN 的滚珠式卡具千斤顶，其支撑杆一般采用 $\phi25$ 的 Q235 圆钢。支撑杆应调直除锈，当 I 级圆钢采用冷拉调直时，冷拉率控制在 3% 以内。支撑杆的加工长度一般为 3 ~ 5 m，其连接方法可使用丝扣连接、榫接和剖口焊接，如图 5-7 所示。丝扣连接操作简单，使用安全可靠，但机械加工量大。榫接亦有操作简单和机械加工量大的特点，滑升过程中易被千斤顶的卡头带起。采用剖口焊接时，接口处倘若略有偏斜或凸疤，则要用手提砂轮机处理平整，使能通过千斤顶孔道。当采用工具式支撑杆时，应用丝扣连接。

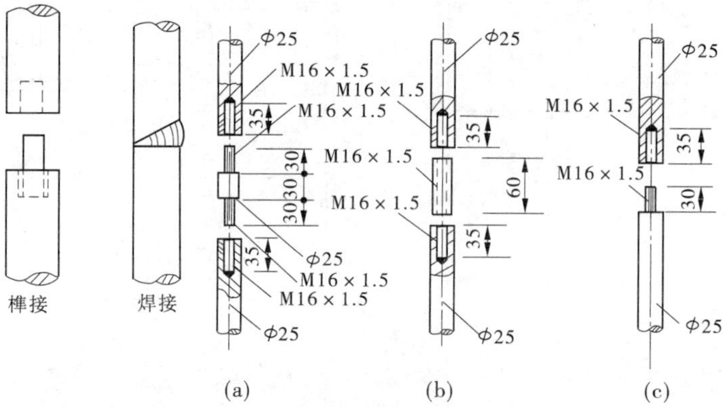

图 5-7 支撑杆连接方式 (单位:mm)

2. 液压千斤顶

滑模工程中所用的千斤顶为穿心液压千斤顶，支撑杆从其中心穿过。按千斤顶卡具形式的不同可分为滚珠卡具式和楔块卡具式。千斤顶的允许承载力，即工作起重量一般不应超过其额定起重量的 1/2。

液压千斤顶的工作原理如下：工作时，先将支撑杆由上向下插入千斤顶中心孔，然后开动油泵由油嘴 P 进油，如图 5-8(a)所示。由于上卡头与支撑杆锁紧，活塞不能下行，在高压油液的作用下整个缸体被举起，当上升至上、下卡头相互顶紧时，即完成一个提升过程，见图 5-8(b)。排油时上卡头放松，下卡头锁紧，上卡头及活塞被排油弹簧向上推动复位，见图 5-8(c)。一次循环的行程一般为 20 ~ 30 mm。如此往复动作，千斤顶即带动滑模装置沿着支撑杆不断爬升。

3. 液压控制台

液压控制台是液压传动系统的控制中心，主要由电动机、齿轮油泵、溢流阀、换向阀、分油器和油箱等组成。

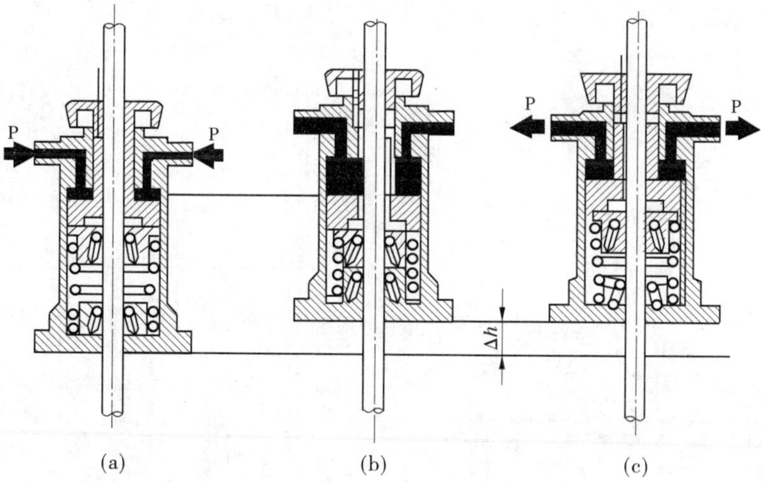

图 5-8　液压千斤顶工作过程

液压控制台按操作方式的不同,可分为手动控制和自动控制形式。

4. 油路系统

油路系统是连接控制台到千斤顶的液压通路,主要由油管、管接头、分油器和截止阀等组成。

油管一般采用高压无缝钢管或高压耐油橡胶管,与千斤顶连接的支油管最好使用高压胶管,油管耐压力应大于油泵压力的 1.5 倍。

截止阀又称针形阀,用于调节管路及千斤顶的液体流量,以控制千斤顶的升差,一般设置于分油器上或千斤顶与油管连接处。

5. 施工精度控制系统

施工精度控制系统主要包括千斤顶同步、建筑物轴线和垂直度等的观测和控制设施,具体有激光经纬仪、铅直仪、滑轮、调节丝杠、激光靶等仪器。

6. 水电系统

水电系统主要给滑模施工提供动力、照明、指示信号及施工用水。它包括电缆线、配电箱、照明灯具、信号按钮、摄像及监控仪器、水泵、水管、阀门的器具。

四、爬模

爬升模板(简称爬模)是依附在建筑结构上,随着结构施工而逐层上升的一种模板,适用于高层建筑物或高耸构筑物现浇混凝土竖直或倾斜结构施工的先进模板工艺。与滑模工艺的主要区别在于:滑模是在模板与混凝土保持接触、相互摩擦的情况下逐步整体上升的,刚脱模的混凝土强度仅为 0.2 ~0.4 MPa;爬模上升时,模板不与混凝土摩擦,此时混凝土强度已大于 1.2 MPa。

液压爬升模板是滑模与支模相结合的一种新工艺,它吸收了支模工艺按常规方法浇筑混凝土,劳动组织和施工管理简便,混凝土表面质量易于保证等优点,又避免了滑模施工常见的缺陷,施工偏差可逐层消除。在爬升方法上同滑模工艺一样,提升架、模板、操作平台及吊脚手架等以液压千斤顶为动力依次向上爬升,如图 5-9 所示。

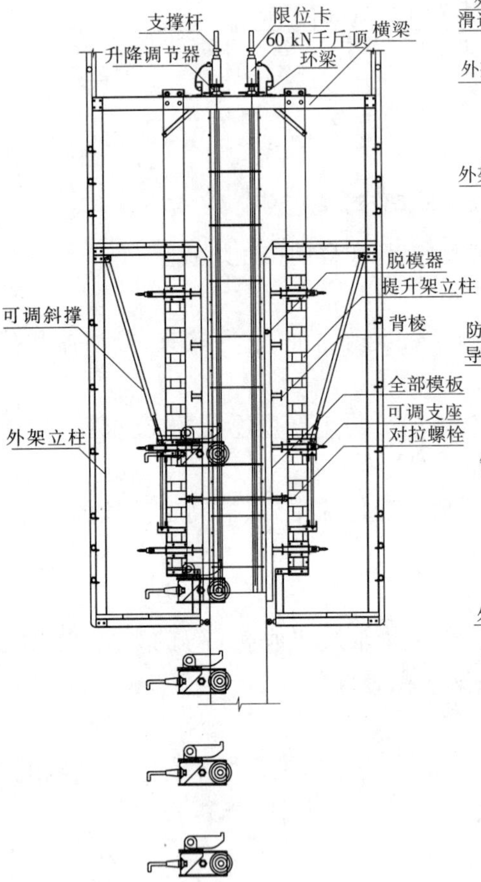

(a)采用60 kN千斤顶，支撑杆设在结构体内或体外

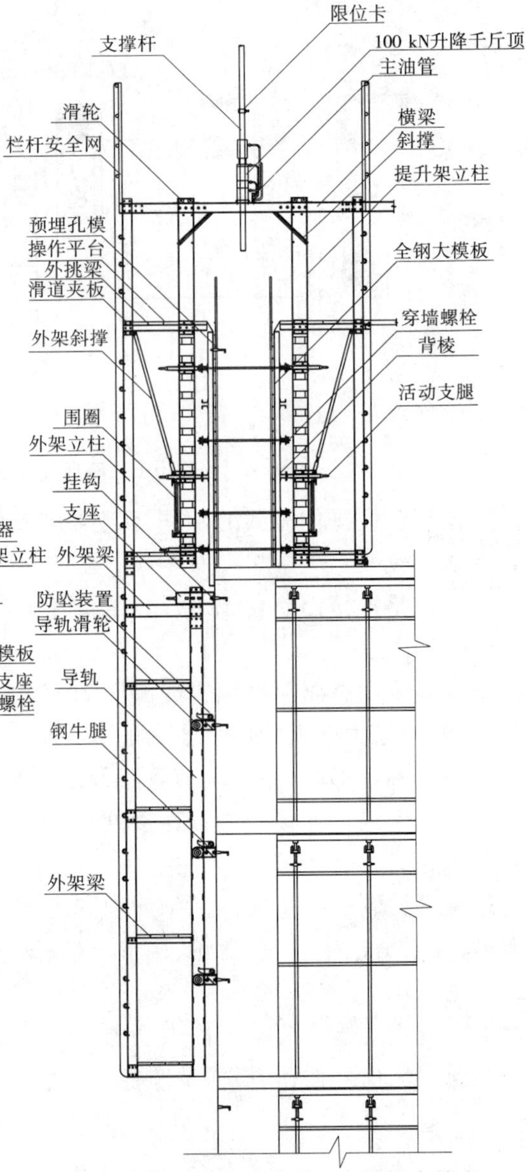

(b)采用100 kN千斤顶，支撑杆支撑在结构顶部或结构预埋件上

图 5-9　液压爬升模板示意图

(一)液压爬模的构造

(1)模板系统,由定型组合大钢模板、调节缝板、角模、钢背棱及对拉螺栓、铸钢螺母、铸钢垫片等组成。

(2)液压提升系统,由提升架立柱、横梁、斜撑、活动支腿、滑道夹板、围圈、千斤顶、支撑杆、液压控制台、各种孔径的油管及阀门、接头等组成。

(3)操作平台系统,由上下操作平台、吊平台、中间平台、外挑架、外架立柱、斜撑、栏杆、安全网等组成。

(二)液压爬模施工的基本程序

(1)根据工程具体情况,爬模可以从地下室开始,也可从标准层开始。当地下室底板完成或标准层起始楼面结构完成,并绑扎完第一层钢筋后,即可进行爬升模板安装。

(2)当墙体混凝土浇筑完成达到一定强度时,即进行脱模,模板爬升,钢筋绑扎随模板爬升进行。

(3)当模板爬升到上层楼面后,楼板钢筋混凝土随后逐层跟进施工,其间上层爬模紧固,待楼板混凝土浇筑完,上层墙体即又开始浇筑。

(4)爬升模板按标准层层高配置,在非标准层施工时,爬模可进行2次,也可在爬模上部支模接高或混凝土打底。

(三)爬模施工方法

(1)绑扎第一层墙体钢筋,安装门洞口边框模板,边框模板之间加支撑稳固,防止变形。

(2)安装模板及爬模装置。第一层为非标准层时,爬升模板多爬一次或在模板上口支模接高。

(3)按常规操作方法浇筑墙体混凝土,每个浇筑层高度1 m左右,即标准层模板高度范围内分3个浇筑层,分层浇筑,分层振捣。混凝土浇筑采用布料机。

(4)当混凝土强度能保证其表面机棱角不因拆除模板而受损坏后,方开始脱模,一般在强度达到1.2 MPa后进行。

(四)爬模安装程序及方法

(1)爬升模板采用定型组合大钢模板,模板厚度60~86 mm,面板厚度4~6 mm,允许承受混凝土侧压力40~60 kN/m^2。爬模按标准层层高配模,模板全部竖向排列,在外墙及电梯井筒部位的,模板另加300 mm下包长度。

(2)支模前,按模板平面布置图排列模板。定型组合大钢模板的主要宽度有1 200 mm、900 mm、600 mm、450 mm、300 mm,200 mm以下为非标准调节钢模板。穿墙螺栓孔设在模板中部,且模板上设有脱模器,有利于脱开混凝土。支模时,先在地面将平模板分段进行拼装,整体吊装,支一段即用穿墙螺栓紧固一段,穿墙螺栓外套PVC管,先立模板后穿进去。平模支完后,支阴阳角模,阴角模与平模之间设调节缝板或将角模做成斜角连接。

(3)提升架先在地面组装,待模板支完后,用塔吊吊起提升架,插入已支的模板上。提升架与横梁采用钢销连接,提升架立柱上端的滑轮,供清理模板时移动立柱用,提升架上滑道夹板供立柱与外挑架相对运动及支腿伸缩调节用。

(4)围圈由上下弦槽钢、斜撑、立管及对拉螺栓组成装配式桁架,将提升架连成整体。

(5)安装外挑梁和外架立柱。外架立柱及上下各2根外挑架安装在提升架立柱外侧,形成挑平台和吊平台,外挑梁在滑道夹板中有间距。在电梯井筒底部所有的外挑架,在靠墙一端安装滑轮,作为纠偏措施用。

(6)安装外架斜撑及连系钢梁。外架斜撑上端与外架立柱相连,下端与提升架立柱的槽钢夹板连接。模板与提升架之间的尺寸调整完毕后,即可在提升架横梁上安装2道通长槽钢作为连系梁,使提升架连成一个整体,并供连系梁控制钢筋位置。

（7）安装平台铺板、栏杆及安全网。在外架立柱外侧，设吊平台水平钢管栏杆，在外架立柱上端，安装上操作平台栏杆立柱，高 2 m，平台及吊平台栏杆下部均设踢脚板，厚 25 mm，高 250 mm，从平台栏杆上端到吊平台栏杆下端，折转包住吊平台，满挂安全网，以确保施工安全。

（8）千斤顶采用 6 t 滚珠式，每榀提升架安装 1 ~ 2 台。千斤顶底部与提升架横梁之间安装升降调节器，千斤顶上设限位器，并在支撑杆上设限位卡。每个千斤顶上安装一只针形阀。

（9）主油管ϕ 19 安装在连系槽钢内，每个环行油路设有若干分油管ϕ 16 和分油器，从分油器到千斤顶的油管为ϕ 8，每个分油器接通 5 ~ 8 个千斤顶。

（10）液压控制台安装在中部电梯井筒内。

（11）在进行液压系统排油、排气和加压试验后，最后插入ϕ 48 × 3.5 钢管支撑杆，埋入式支撑杆用短钢筋同墙立筋加固焊接，每隔 600 mm 一道（首层不需加固）。工具式支撑杆采用脚手架钢管和构件连接加固。

（12）安装激光接收靶，进行平台偏差控制观测。采用激光安平仪控制施工平台水平度。

五、混凝土和钢筋混凝土模板

它们既是模板，也是建筑物的护面结构，浇筑后作为建筑物的外壳，不予拆除。素混凝土模板靠自重稳定，可作直壁模板，见图 5-10（a），也可作倒悬模板，见图 5-10（b）。直壁模板除面板外，还靠两肢等厚的肋墙维持其稳定。若将此模板反向安装，让肋墙置于仓外，在面板上涂以隔离剂，待新浇混凝土达到一定强度后，可拆除重复使用，这时，相邻仓位高程大体一致。例如，可在浇筑廊道的侧壁或把坝的下游面浇筑成阶梯时使用。倒悬式混凝土预制模板可取代传统的倒悬木模板，一次埋入现浇混凝土内不再拆除，既省工，又省木材。

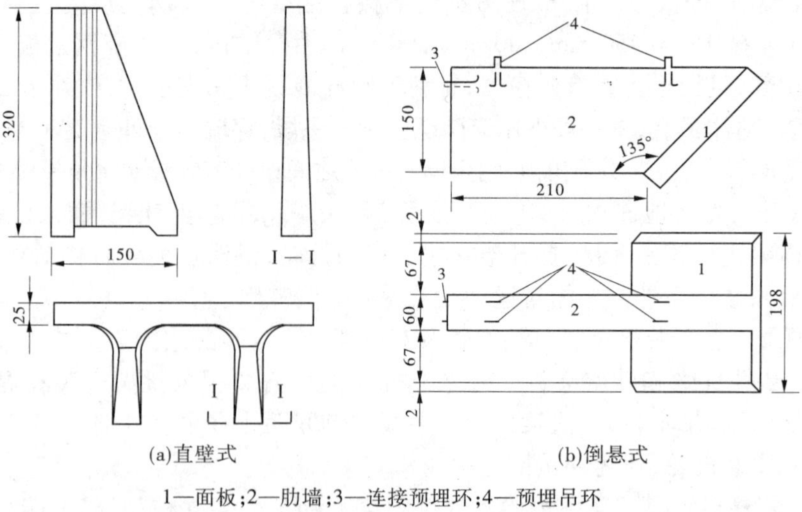

(a)直壁式　　(b)倒悬式

1—面板；2—肋墙；3—连接预埋环；4—预埋吊环

图 5-10　混凝土预制模板　（单位：cm）

钢筋混凝土模板既可作建筑物表面的镶面板，也可作厂房、空腹坝空腹和廊道顶拱的承重模板，如图 5-11 所示。这样避免了高架立模，既有利于施工安全，又有利于加快施工进度，节约材料，降低成本。

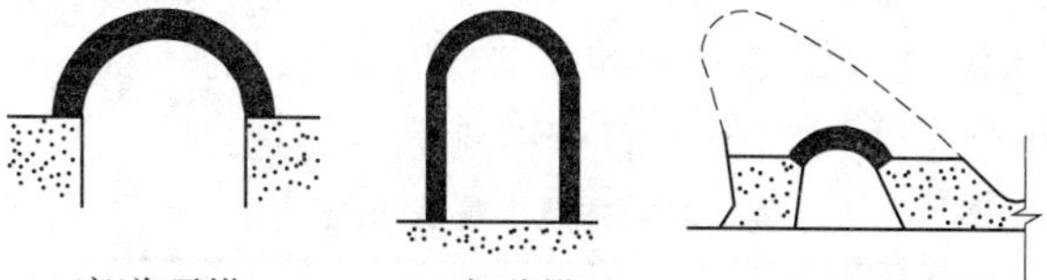

图 5-11　钢筋混凝土承重模板

预制混凝土和钢筋混凝土模板质量较大，常需起重设备起吊，所以在模板预制时都应预埋吊环供起吊用。对于不拆除的预制模板，模板与新浇混凝土的接合面需进行凿毛处理。

学习单元三　模板的设计荷载、安装与拆除

学习目标

(1)掌握各种模板的安装与拆除要点、注意事项。

(2)能够现场指导模板的安装与拆除。

(3)掌握模板的荷载计算方法。

学习内容

(1)模板的设计荷载。

(2)模板的制作与安装。

(3)模板拆除。

(4)模板制作安装质量要求。

一、模板的设计荷载

模板及其支撑结构应具有足够的强度、刚度和稳定性，必须能承受施工中可能出现的各种荷载的最不利组合，其结构变形应在允许范围以内。模板及其支架承受的荷载分基本荷载和特殊荷载两类。

(一)基本荷载

(1)模板及其支架的自重，根据设计图确定。木材的容重，针叶类按 6 kN/m^3，阔叶类按 8 kN/m^3 计算。

(2)新浇混凝土重量，通常可按 24 ~ 25 kN/m^3 计算。

(3)钢筋重量，对一般钢筋混凝土，可按 1 kN/m^3 计算。

(4)工作人员及浇筑设备、工具等荷载，计算模板及直接支撑模板的楞木时，可按均布活荷载 2.5 kN/m^2 及集中荷载 2.5 kN 验算。计算支撑楞木的构件时，可按 1.5 kN/m^2 计，计算支架立柱时，按 1 kN/m^2 计。

(5)振捣混凝土产生的荷载，可按 1 kN/m^2 计。

(6)新浇混凝土的侧压力与混凝土初凝前的浇筑速度、捣实方法、凝固速度、坍落度及浇筑块的平面尺寸等因素有关,其中以前三个因素关系最密切。在振动影响范围内,混凝土因振动而液化,可按静水压力计算其侧压力,所不同者,只是用流态混凝土的容重取代水的容重。当计入温度和浇筑速度的影响,混凝土不加缓凝剂,且坍落度在 11 cm 以内时,新浇大体积混凝土的最大侧压力值可参考表 5-1 选用。

表 5-1 混凝土最大侧压力 P_m 值 (单位:kPa)

温度(℃)	平均浇筑速度(m/h)						混凝土侧压力分布图
	0.1	0.2	0.3	0.4	0.5	0.6	
5	22.55	25.50	27.46	29.42	31.38	32.36	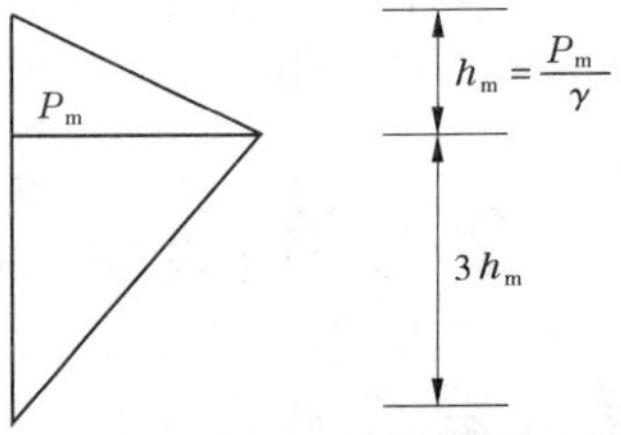
10	19.61	22.55	24.52	26.48	28.44	29.42	
15	17.65	20.59	22.55	24.52	26.48	27.46	
20	14.71	17.65	19.61	21.57	23.54	24.52	
25	12.75	15.69	17.65	19.61	21.57	22.55	

(二)特殊荷载

(1)风荷载,根据施工地区和立模部位离地面的高度,按《建筑结构荷载规范》(GB 50009—2012)确定。

(2)上列 7 项荷载以外的其他荷载。

在计算模板及支架的强度和刚度时,应根据模板的种类,选择表 5-2 的基本荷载组合。特殊荷载可按实际情况计算,如平仓机、非模板工程的脚手架、工作平台、混凝土浇筑过程不对称的水平推力及重心偏移、超过规定堆放的材料等。

表 5-2 各种模板结构的基本荷载组合

项次	模板种类	基本荷载组合	
		计算强度用	计算刚度用
1	承重模板:		
	(1)板、薄壳底模板及支架	1+2+3+4	1+2+3
	(2)梁、其他混凝土结构(厚度大于 0.4 m)的底模板及支架	1+2+3+5	1+2+3
2	竖向模板	6 或 5+6	6

承重模板及支架的抗倾稳定性应按下列要求核算:

(1)倾覆力矩。应计算下列三项倾覆力矩,并采用其中的最大值。①水荷载,按现行 GB 50009—2012 确定。②实际可能发生的最大水平作用力。③作用于承重模板边缘 1 471 N/m 的水平力。

(2)稳定力矩。模板及支架的自重,折减系数为 0.8,如同时安装钢筋,应包括钢筋的重量。

(3)抗倾稳定系数。抗倾稳定系数大于 1.4,模板的跨度大于 4 m 时,其设计起拱值通常取跨度的0.3%左右。

二、模板的制作与安装

(一)模板制作

大中型工程模板通常由专门的加工厂制作,采用机械化流水作业,以利于提高模板的生产率和加工质量。加工制作有以下要点。

1. 钢材选择

模板加工的首要关键是材料,必须采用符合国家标准的合格钢材。面板宜选用6 mm厚Q235热轧原平钢板,厚度公差控制在±0.2 mm。边框宜采用80 mm×80 mm钢板或带凹线的特制边框料,同面板垂直焊接,误差控制在−0.3~−0.5 mm。竖肋8号槽钢和10号水平槽钢应采用腹宽准确、两翼垂直的合格产品。

2. 面板下料拼接

面板下料拼接主要包括槽钢下料、模板组对和焊接、检查校对、面板钻孔、喷漆等作业内容,具体要求可参照相关质量要求及规范。

(二)模板安装程序

模板安装必须按设计图纸测量放样,对重要结构应多设控制点,以利检查校正。模板安装好后,要进行质量检查;检查合格后,才能进行下一道工序。应经常保持足够的固定设施,以防模板倾覆。不同类型模板其安装程序也各不相同,基础模板安装程序见图5-12,柱模板安装程序见图5-13。

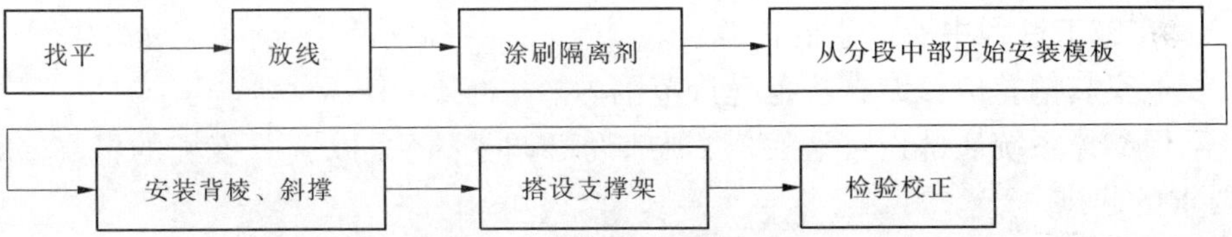

图5-12 基础模板安装程序

三、模板制作安装质量要求

(一)模板安装质量要求

1. 基础模板安装质量要求

(1)模板轴线定位、外形尺寸、水平标高要准确无误。

(2)板面应平整洁净,拼缝严密,不漏浆。

(3)安装应牢固稳定,保证在施工过程中不移位、不胀模。

(4)模板安装偏差应控制在规范容许范围内。

2. 柱模板安装质量要求

(1)模板轴线定位、外形尺寸、水平标高要准确无误。

(2)板面应平整洁净,拼缝严密,不漏浆。

(3)模板安装后应具有足够的承载能力、刚度和稳定性,能承受新浇混凝土的自重和侧压力以及在施工过程中所产生的荷载。

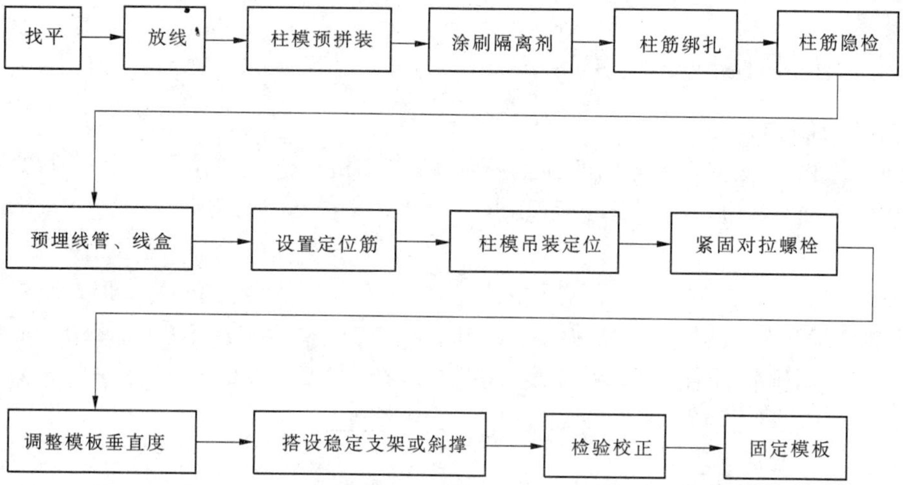

图 5-13　柱模板安装程序

(4)模板安装偏差应控制在规范允许范围内。

3. 水平模板安装质量要求

(1)次梁轴线位置、截面尺寸及水平标高应准确无误。

(2)板面应平整洁净,拼缝严密,不漏浆。

(3)模板安装后应具有足够的承载能力、刚度和稳定性,能承受新浇混凝土的自重和侧压力以及在施工过程中所产生的荷载。

(4)模板安装偏差应控制在规范允许范围内。

(5)梁板支撑系统底部设可调底座,顶部设可调支撑头,以调节模板的标高、水平及按规定要求的起拱。

(二)质量标准

(1)支模模板制作允许偏差见表 5-3。

表 5-3　支模模板制作允许偏差

序号	检查项目	允许偏差(mm)
1	外形尺寸	±2
2	对角线	3
3	相邻表面高低差	1
4	表面平整度(用 2 m 直尺)	2

(2)支模模板安装允许偏差见表 5-4。按 GB 50204—2002 的要求,提高标准进行检查。

表 5-4　支模模板安装允许偏差

项目		规范允许偏差(mm)
轴线位置		5
底模上表面标高		±5
截面内部尺寸	基础	±10
	柱、墙、梁	+4 -5
层高垂直度	≤5 m	6
	>5 m	8
相邻两板表面高低差		2

(3)按《液压滑动模板施工安全技术规程》(JGJ 65—2013),滑模装置安装允许偏差见表 5-5。

表 5-5　滑模装置安装允许偏差

内容		允许偏差(mm)
模板结构轴线与相应结构轴线位置		3
围圈位置偏差	水平方向	3
	垂直方向	3
提升架的垂直偏差	平面内	3
	平面外	2
安放千斤顶的提升架横梁相对标高偏差		5
考虑倾斜度后模板尺寸的偏差	上口	-1
	下口	+2
千斤顶安装位置偏差	提升架平面内	5
	提升架平面外	5
圆模直径、方模边长的偏差		5
相邻两块模板平面平整偏差		2

(4)滑模、爬模构件制作允许偏差见表 5-6。

(三)质量保证措施

1. 支模质量保证措施

(1)保证模板有足够的刚度、承载能力和稳定性。所选用的各模板系列应是已经使用成熟的模板工程系列,能够保证施工成品质量符合现行钢筋混凝土质量标准。对于个别部位使用的非系列模板工程,需经技术人员设计计算方可使用。

(2)严格控制模板加工质量,要求模板制作质量比 GB 50204—2002 的规定有所提高,并派专人负责检验模板产品,凡质量不达标的产品不得进入施工现场。

表 5-6　滑模、爬模构件制作允许偏差

<table>
<tr><th>名称</th><th colspan="2">内容</th><th>允许偏差(mm)</th></tr>
<tr><td rowspan="5">钢模板</td><td colspan="2">表面平整度</td><td>1</td></tr>
<tr><td colspan="2">长度</td><td>2</td></tr>
<tr><td colspan="2">宽度</td><td>-2</td></tr>
<tr><td colspan="2">侧面平直度</td><td>2</td></tr>
<tr><td colspan="2">连接孔位置</td><td>0. 5</td></tr>
<tr><td rowspan="4">围圈</td><td colspan="2">长度</td><td>-5</td></tr>
<tr><td rowspan="2">弯曲长度</td><td>长度≤3 m</td><td>2</td></tr>
<tr><td>长度>3 m</td><td>4</td></tr>
<tr><td colspan="2">连接孔位置</td><td>0. 5</td></tr>
<tr><td rowspan="4">提升架</td><td colspan="2">高度</td><td>3</td></tr>
<tr><td colspan="2">宽度</td><td>3</td></tr>
<tr><td colspan="2">围圈支托位置</td><td>2</td></tr>
<tr><td colspan="2">连接孔位置</td><td>0. 5</td></tr>
<tr><td rowspan="3">支撑杆</td><td colspan="2">弯曲(L 为支撑杆加工长度)</td><td>小于(2/1 000)L</td></tr>
<tr><td colspan="2">直径</td><td>-0. 5</td></tr>
<tr><td colspan="2">丝扣接头中心</td><td>0. 25</td></tr>
</table>

(3)拼装和安装过程要选用合格的原材料和合格的配件，保证模板本身的使用可靠性。

(4)完成拼装和安装模板后，首先工人要进行自检，自检合格后，报经相应的责任工程师和监理工程师检查认可后方可进行下一道工序施工。

(5)模板拆除时间要达到 GB 50204—2002 要求的混凝土强度。

(6)隔离剂的选用：为了模板施工的正常有序进行和模板的正常使用寿命，确保混凝土的表面质量，要求采用低腐蚀的油性隔离剂。

2. 滑模施工质量保证措施

(1)建立一套强有力的指挥管理系统，采取金字塔形的统一指挥、统一管理。从上到下、一包到顶。把各项管理工作落实到每个具体的人，明确职责范围，建立名副其实的质量保证体系。

(2)混凝土浇筑采取均匀布料，分层浇筑、分层振捣的方法，严格控制浇筑层高，每层 300 mm。由于均匀分层浇筑，混凝土的均匀性、整体性比其他模板工艺要好。

(3)严格控制混凝土的材质、配合比和坍落度,根据气温变化情况,通常备有4~5个配合比,以适应温差变化需要,坍落度既要考虑泵送混凝土的经时损失,又要保证混凝土分层浇筑的交圈时间要求和上、下层混凝土之间的连接要求。因此,控制混凝土坍落度是确保混凝土不拉裂的重要措施之一。

(4)GBJ 113—87要求的出模强度为0.2~0.4 MPa,为了有效控制出模强度,除实验室测定初凝时间和强度外,工地上采取首罐混凝土做试块,进行手压目测的方法,由施工指挥人员及时掌握强度的变化,采取相应的滑升速度。比较理想的手压结果是:混凝土已开始硬化,但表面能压出0.5~1 mm深的手指压痕。

(5)内筒外墙角、内墙角、电梯井、门窗洞等垂直度必须层层吊线检查,并由测量工用经纬仪上返控制线,以保证抹灰从上到下一次成功。

(6)强调"防偏为主、纠偏为辅",按照施工组织设计采取的各项防偏措施组织施工。测量观测采取激光控制,垂直度采取激光经纬仪观测,水平采取激光安平仪扫描。

3.爬模施工质量保证措施

(1)液压爬模是技术性强、组织严密的先进施工工艺。为了确保工艺实施过程有条不紊地正常进行,必须建立一套强有力的指挥管理系统。首先强调统一指挥,一切服从指挥的决策和口令,一切向指挥反馈各方信息。把各项管理工作落实到每个具体的人,明确职责范围,建立名副其实的质量保证体系。

(2)对于爬模面积较大的工程,为了便于管理,将爬模分为几个区段。每个区段设一名区长,分管本区段的混凝土、钢筋和木作的具体操作。此外,还需另设液压、混凝土、钢筋及木作等各专业工长,配合总指挥进行各专业的管理。

(3)混凝土严格分层浇筑,分层振捣,并注意变换浇筑方向,即从中间向两端、从两端向中间交错进行。

(4)模板清理采取划分区段、定员定岗,从上到下、一包到顶。做到层层涂刷隔离剂,并由专业工长进行检查。每隔5~8层进行一次大清理,即将模板后退500 mm左右,彻底清理一次。

(5)高度重视支撑杆的垂直度,确保支撑杆的清洁,保证千斤顶的正常工作。每层按5%~10%的比例对千斤顶进行强制更换保养。

(6)加强测量观测,每层提供两次垂直偏差观测结果,即混凝土浇筑前和混凝土浇筑后。如有偏差,可在上层模板紧固前按纠偏措施进行校正。

(7)做到千斤顶同步爬升,每500 mm限位找平一次,保持爬模结构不变形。整体范围允许升差25 mm,相邻两片模板高差小于5 mm。

四、模板拆除

(一)支模模板的拆除

(1)模板拆除应遵循"先安后拆、后安先拆"的总原则。

(2)水平模板拆除时应按模板设计要求留设必要的养护支撑,不得随意拆除。

(3)水平模板拆除时先降低可调支撑头高度,再拆除主、次木棱及模板,最后拆除脚手架,严禁颠倒工序、损坏面板材料。

(4)拆除后的各类模板,应及时清除面板混凝土残留物,涂刷隔离剂。

(5)拆除后的模板及支撑材料应按照一定位置和顺序堆放,尽量保证上下对应使用。

(6)大钢模板的堆放必须面对面、背对背,并按设计计算的自稳角要求调整堆放期间模板的倾斜角度。

(7)严格按《混凝土结构工程施工质量验收规范》(GB 50204—2002)规定的要求拆模,严禁为抢工期、节约材料而提前拆模。

(8)底模板在混凝土强度符合《混凝土结构工程施工质量验收规范》(GB 50204—2002)表4.3.1规定(见表5-7)后,方可拆除。

表5-7　底模板拆除时的混凝土强度要求

次序	构件类型	构件跨度(m)	达到设计的混凝土立方体抗压强度标准值的百分率(%)
1	板	≤2	≥50
		>2,≤8	≥75
		>8	≥100
2	梁、拱、壳	≤8	≥75
		>8	≥100
3	悬臂构件	—	≥100

(9)侧模板在混凝土强度能保证其表面及棱角不因拆除模板而受损时,方可拆除,一般要求墙柱混凝土强度达到1.2 MPa时方可拆除。

(二)滑模装置的拆除

(1)拆除前由技术负责人及有关工长对参加拆除的人员进行技术、安全交底,按顺序拆除。

(2)拆除内外纠偏用的钢丝绳、接长支腿及纠偏装置、测量系统装置。

(3)拆除固定平台及外平台、上操作平台的平台铺板,拆除的材料堆放在平台上吊运。

(4)拆除高压油管、针形阀、液压控制台。

(5)拆除电气系统配电箱、电线及照明灯具。

(6)拆除活动平台及边框。

(7)拆除连接模板的阴阳角模。

(8)拆除墙(梁)模板及墙(梁)提升架。

(9)墙模板和提升架采用分段整体拆除方法,以轴线之间一道墙为一段,将钢丝绳先拴好在提升架上,用气焊割断支撑杆,拆除模板段与段的连接螺栓,整体运吊到地面,高空不作拆除。

(10)进行拆除后的清理。

学习项目六　混凝土工程施工

学习单元一　混凝土的制备与运输

学习目标

(1)会选择砂石料加工方法。

(2)会进行砂石料加工质量控制。

(3)掌握混凝土的拌制制度,会进行混凝土的质量控制。

(4)能根据混凝土的运输要求选择常用运输机械、运输方式,会进行混凝土运输方案的选择。

学习内容

(1)砂石料加工设备的基本原理和适用性。

(2)料场组成与骨料的生产工艺。

(3)混凝土的配制拌和和运输。

(4)能根据施工强度选择拌和设备。

一、骨料加工与储存

水工混凝土工程,对骨料需要量及质量的要求都比较高,施工单位往往自行制备砂石骨料。对于中小型水利工程,当条件允许时,可就近购买砂石骨料。根据骨料的来源不同,可将骨料生产分为天然骨料、人工骨料、组合骨料三种;按粒径不同,可将骨料分为:细骨料、粗骨料。对于细骨料,应使用质地坚硬、清洁、级配良好、含水量稳定的中砂;对于粗骨料,应满足质地坚硬、清洁、级配良好,最大粒径不应超过钢筋净间距的2/3、构件断面最小边长的1/4、素混凝土板厚的1/2,对少筋或无筋混凝土结构,应选用较大的粗骨料粒径等要求。总之,使用骨料应根据优质、经济、就地取材的原则进行选择。

(一)骨料加工

从料场开采的砂石料不能直接用于制备混凝土,需要通过破碎、筛分、冲洗等加工过程,制成符合级配要求、质量合格的各级粗、细骨料。

1.破碎

为了将开采的石料破碎到规定的粒径,往往需要经过几次破碎才能完成。因此,通常将骨料破碎过程分为粗碎(将原石料破碎到300~70 mm)、中碎(破碎到70~20 mm)和细碎(破碎到20~1 mm)三种。骨料破碎用碎石机进行,常用的有颚式破碎机、旋回破碎机、反击式破碎机、圆锥式破碎机,此外还有辊式破碎机和锤式破碎机、棒磨制砂机、旋盘破碎机、立轴冲击式破碎机等制砂设备。

1）颚式破碎机

颚式破碎机构造，如图 6-1 所示。它的主要工作部分由两块颚板构成，颚板上装有可以更换的齿状钢板。工作时，由传动装置带动偏心轮作用，使活动颚板相对于固定颚板作左右摆动作用。将进入的石料轧碎，从下端出料口漏出。

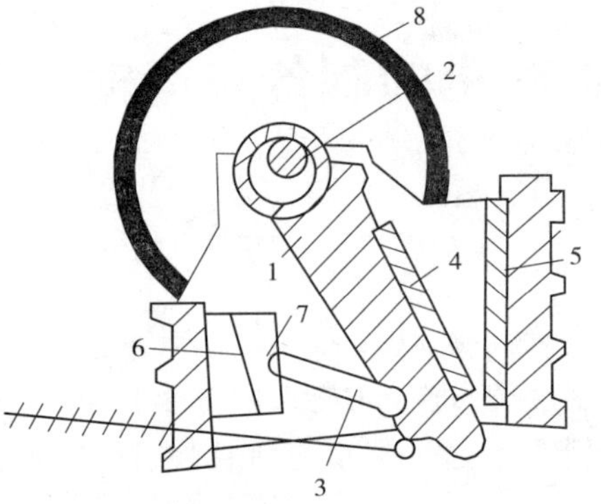

1—活动颚板；2—偏心轴；3—撑板；5—固定颚板；
6、7—调节用楔形机构；8—偏心轮

图 6-1　复杂摆动颚式破碎机

按照活动颚板的摆动方式，颚式破碎机可分为简单摆动式和复杂摆动式两种，其工作简图如图 6-2 所示。其中，复杂摆动式破碎效果较好，产品粒径较均匀，生产率较高，但衬板的磨损快。

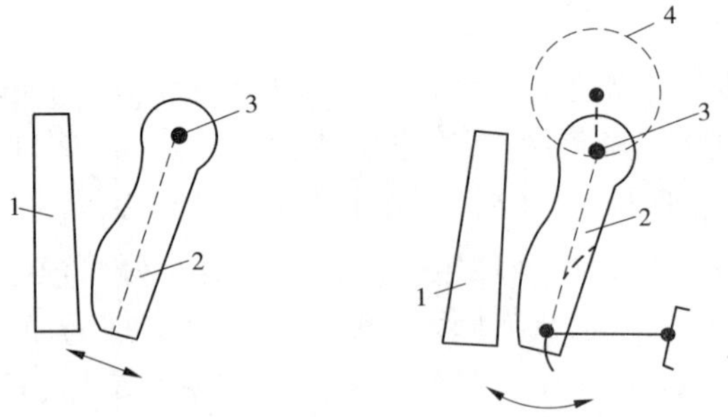

(a)简单摆动式　(b)复杂摆动式

1—固定颚板；2—活动颚板；3—悬挂点；4—悬挂点轨迹

图 6-2　颚式破碎机工作简图

颚式破碎机结构简单可靠，外形尺寸较小，安装、操作、维修方便，适用于对石料进行粗碎或中碎。但产品料中扁长粒径较多，一般需配置给料设备，活动颚板需经常更换。

2）旋回破碎机

旋回破碎机是利用破碎锥在壳体内锥腔中的旋回运动，对石料产生挤压、劈裂和弯曲作用。装有破碎锥的主轴的上端支承在横梁中部的衬套内，其下端则置于轴套的偏心孔中。轴套转动时，破碎锥绕机器中心线作偏心旋回运动的破碎动作是连续进行的，故工作效率高于颚式破碎机。旋回破碎机可分为重型和轻型两类,按动锥的支撑方式又可分为普通型和液压型两种。旋回破碎机适用于对各种硬度的岩石进行粗碎,破碎料粒径分布均匀、粒形好、无须配置给料设备、设备运行可靠,但是旋回破碎机土建工程量大、机体高大、重量大、设备结构复杂、检修复杂、总体投资大。

3)反击式破碎机

反击式破碎机是利用板锤的高速冲击和反击板的回弹作用,使石料受到反复冲击而破碎的机械。板锤固定在高速旋转的转子上,并沿着破碎腔按不同角度布置若干块反击板。石料进入板锤的作用区时先受到板锤的第一次冲击而初次破碎,并同时获得动能,高速冲向反击板。石料与反击板碰撞再次破碎后,被弹回到板锤的作用区,重新受到板锤的冲击。如此反复进行,直到被破碎成所需的粒度而排出机外。反击式破碎机结构简单,重量小,设备投资较少,破碎比大,产品粒形好,但锤头、衬板易磨损。它适用于对中硬石料进行中、细碎。

4)圆锥式破碎机

圆锥式破碎机的工作原理同旋回破碎机,圆锥式破碎机的破碎腔由内、外锥体之间的空隙构成。活动的内锥体装在偏心主轴上,外锥体固定在机架上,如图6-3所示。工作时,由传动装置带动主轴旋转,使内锥体作偏心转动,将石料碾压破碎,并从破碎腔下端出料槽滑出。圆锥式破碎机按腔型分标准、中型、短头三种,有弹簧和液压两种支撑方式。

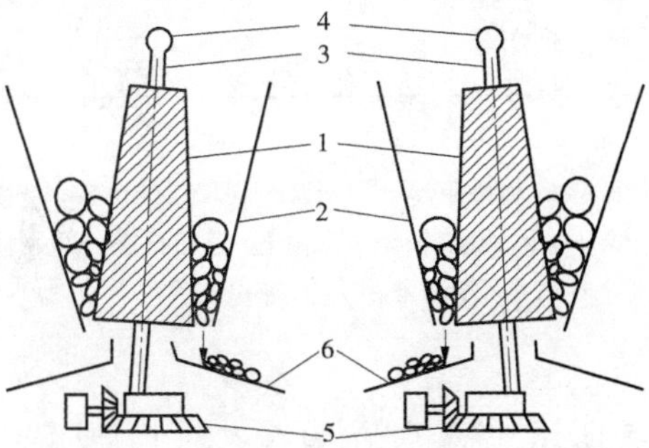

1—内锥体;2—破碎室机壳;3—偏心主轴;
4—球形铰;5—伞齿及转动装置;6—出料滑板

图6-3　圆锥式破碎机工作原理图

圆锥式破碎机是一种大型碎石机械,碎石效果好,产品料较方正,生产效率高,功耗少,适用于对石料进行中碎或细碎。但其结构复杂,体形和重量都较大,安装维修不方便,设备价格高。

5)制砂设备

辊式和锤式破碎机、棒磨制砂机、旋盘破碎机、立轴冲击式破碎机、超细碎圆锥破碎机是国内常用的制砂设备。辊式和锤式破碎机制砂,构造简单,但设备易磨损,产品的级配不够稳定,适用于小型人工砂生产系统。棒磨制砂机是目前最常用的制砂设备,其结构简单、施工方便,性能可靠,产品粒形好,粒度分布均匀,但体形和重量较大。旋盘破碎机能耗低,产品粒形比棒磨机稍差。立轴冲击式破碎机有双料流和单料流冲击式两种,其中双料流冲击式设备高度大,产品粒径较粗;单料流冲击式结构轻巧,安装简便,产品粒形稳定,针片状含量低,运行成本低,处理量大,但设备易磨损。超细碎圆锥破碎机能耗低,产量高,但产品粗粒较多。

2. 筛分

筛分是将天然或人工的混合砂石料,按粒径大小进行分级。筛分作业分人工筛分和机械筛分两种。

1)人工筛分

一般采用倾斜设置的平筛,也可采用重叠放置的几层筛网,利用摇杆机构使筛网摆动。如图 6-4 所示为一种人工筛分装置。筛孔尺寸不同的三层筛网用悬杆和悬链挂在筛架上,筛网的倾角可用悬链调整。混合骨料由架顶带有筛条的装料斗倒入,超径石即剔出,其余骨料跌落在筛网上。用脚踏摇杆机构,可使筛网往返摆动,将骨料筛分。

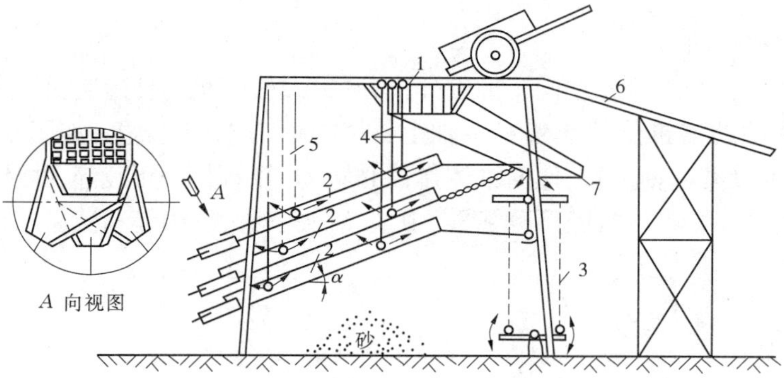

1—带筛条的装料斗;2—筛网;3—脚踏摇杆机构;4—悬杆;
5—调节筛网的悬链;6—车道;7—超径石;α—筛网倾角

图 6-4　人工筛分装置

2)机械筛分

偏心轴振动筛如图 6-5 所示,筛架装在偏心主轴上,当偏心轴旋转时,偏心轴带动筛架作环形运动而产生振动,对筛网上的石料进行筛分。偏心轴振动筛又称为偏心筛。偏心筛的特点是刚性振动,振幅固定(3 ~ 6 mm),不因来料多少而变化,也不易因来料过多而堵塞筛孔。但当平衡块不能完全平衡偏心轴的惯性力时,可能引起固定机架的强烈振动。偏心筛适于筛分粗、中颗粒,常担任第一道筛分任务。

惯性轴振动筛如图 6-6 所示,是利用旋转主轴上的偏心重产生惯性离心力而引起筛网振动的。惯性筛属弹性振动,其振幅随来料的多少而变化。进料过多容易堵塞筛孔,使用中应喂料均匀。惯性筛适于筛分中、细颗粒。惯性筛的皮带轮中心和偏心轴轴承中心一致,皮带轮随偏心轴一起振动,皮带时紧时松,容易打滑和损坏。

超、逊径含量是筛分作业质量的控制标准。超径是指骨料筛分中,筛下某一级骨料中夹带的大于该级骨料规定粒径范围上限的粒径。逊径是指骨料筛分中,筛下某一级骨料中夹带的小于该级骨料规定粒径范围下限的粒径。产生超径的原因有筛网孔径偏大,筛网磨损、破裂。产生逊径的原因有喂料过多,筛孔堵塞,筛网孔径偏小,筛网倾角过大等。

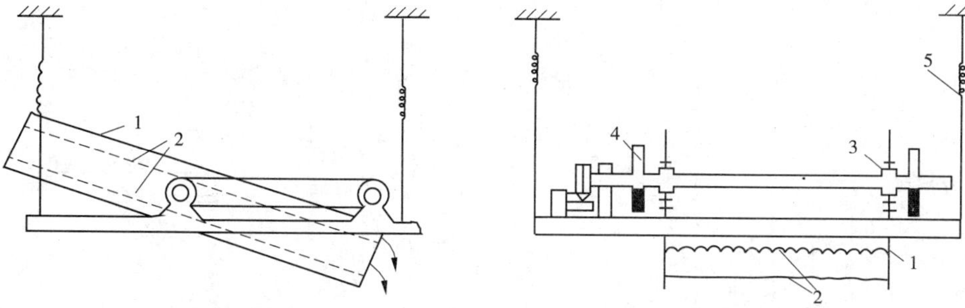

(a)侧视图　　(b)横剖面图

1—筛架;2—筛网;3—偏心部位;4—消振平衡重;5—消振弹簧

图 6-5　偏心轴振动筛

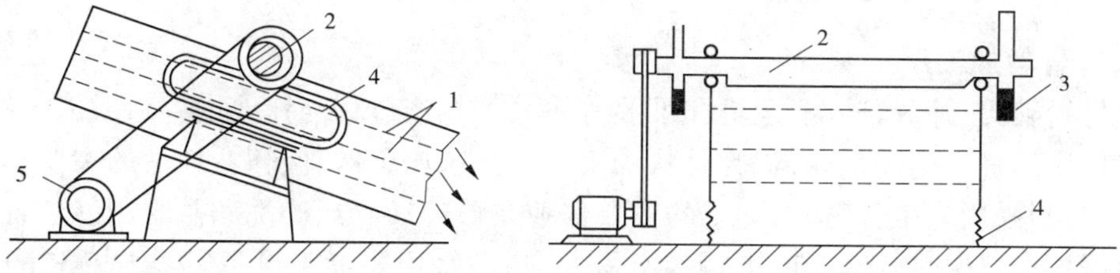

(a)侧视图　　(b)横剖面图

1—筛网;2—单轴起振器;3—配重盘;4—消振板簧;5—马达

图 6-6　惯性轴振动筛

一般规定,以原孔筛检验,超径小于 5%,逊径小于 10%;以超、逊径筛检验时,超径为零,逊径小于 2%。

3. 冲洗

冲洗是为了清除骨料中的泥质杂质。机械筛分的同时,常在筛网上安装几排带喷水孔的压力水管,不断对骨料进行冲洗,冲洗水压应大于 0.2 MPa。若经筛分冲洗仍达不到质量要求,应增设专用的洗石设备。骨料加工厂常用的洗石设备有槽式洗石机和圆筒洗石机。

常用的洗砂设备有螺旋洗砂机和沉砂箱。其中,螺旋洗砂机兼有洗砂、分级、脱水的作用,其构造简单,工作可靠,应用较广,结构如图 6-7 所示。螺旋洗砂机在半圆形的洗砂槽内装一个或一对相对旋转的螺旋。洗砂槽以 18° ~20°的倾斜角安放,低端进砂,高端进水。螺旋叶片的旋转,使被洗的砂受到搅拌,并移向高端出料口,卸到皮带机上。污水则从低端的溢水口排出。沉砂箱(见图 6-8)的工作原理是:由于不同粒径的砂粒在水中的沉降速度不同,控制沉砂箱中水的上溢速度,使 0.15 mm 以下的废砂和泥土等随水悬浮溢出,而 0.15 mm 以上的合格的砂在箱中沉降下来。

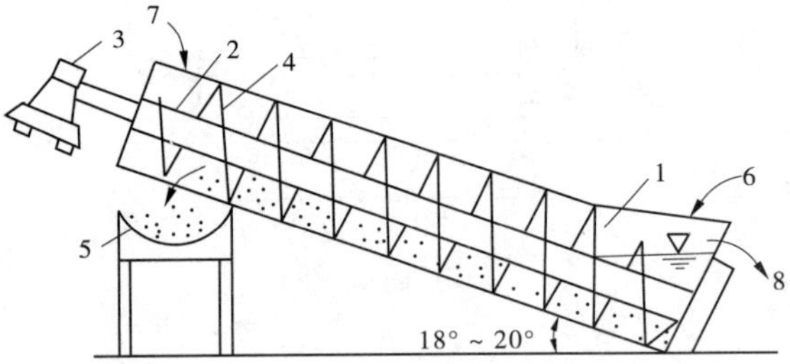

1—洗砂槽;2—螺旋轴;3—电动机;4—叶片;
5—皮带机;6—进料;7—清水;8—浑水

图 6-7 螺旋洗砂机

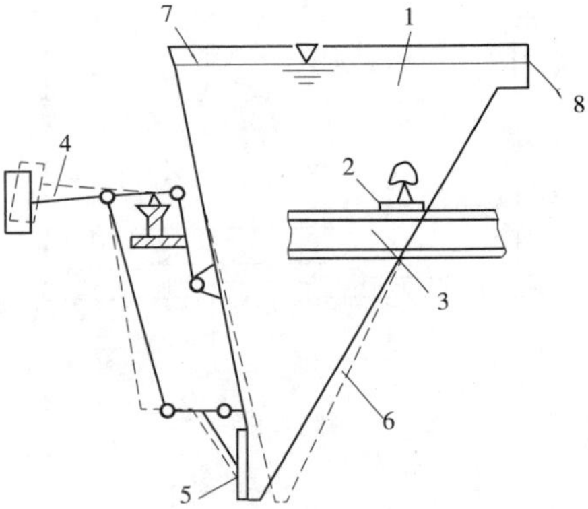

1—料箱;2—刀形支撑;3—支架;4—平衡杆;
5—出料门;6—出料位置;7—进料;8—溢水

图 6-8 沉砂箱

(二)骨料加工厂

把骨料破碎、筛分、冲洗、运输和堆放等一系列生产过程与作业内容组成流水线,并形成一定规模的骨料生产企业,称为骨料加工厂。当采用天然骨料时,加工的主要作业是筛分和冲洗;当采用人工骨料时,加工的主要作业是破碎、筛分、冲洗和棒磨制砂。骨料加工厂要根据地形情况、施工条件、来料和出料方向,做好主要加工设备、运输线路、净料和弃料堆的布置。骨料加工应做到开采和使用相平衡,尽量减少弃料;骨料的开采和加工过程中,还应注意做好环境保护工作,应采取措施避免水土流失,减少废水及废渣排放。

大中型工程常设置筛分楼,某筛分楼的布置示意图见图 6-9。进入筛分楼的砂石混合料,应先经过预筛分,剔除粒径大于 150 mm 的超径石。经过预筛分的砂石混合料,由皮带机运送上筛分楼,经过两台筛分机筛分和冲洗,筛分出 5 种粒径不同的骨料:特大石(80 ~ 150 mm)、大石(40 ~ 80 mm)、中石(20 ~ 40 mm)、小石(5 ~ 20 mm)、砂子(<5 mm)。其中,特大石在最上一层筛网上不能过筛,首先被筛分。砂料经沉砂箱和洗砂机清洗得到洁净的砂。经过筛分的各级骨料,分别由皮带机运送到净料堆贮存,以供混凝土制备需要。

(三)骨料储存

成品骨料在堆存和运输时应注意以下要求:

(1)堆存场地应有良好的排水设施,必要时应设遮阳防雨棚。

(2)各级骨料仓应设置隔墙等有效措施,严禁混料,并应避免泥土和其他杂物混入骨料中。

(3)应尽量减少转运次数。卸料时,若粒径大于 40 mm 骨料的自由落差大于 3 m,应设置缓降设施。

(4)储料仓除有足够的容积外,还应维持不小于 6 m 的堆料厚度。细骨料仓的数量和容积应满足细骨料脱水的要求。

(5)在粗骨料成品堆场取料时,同一级料在料堆不同部位同时取料。

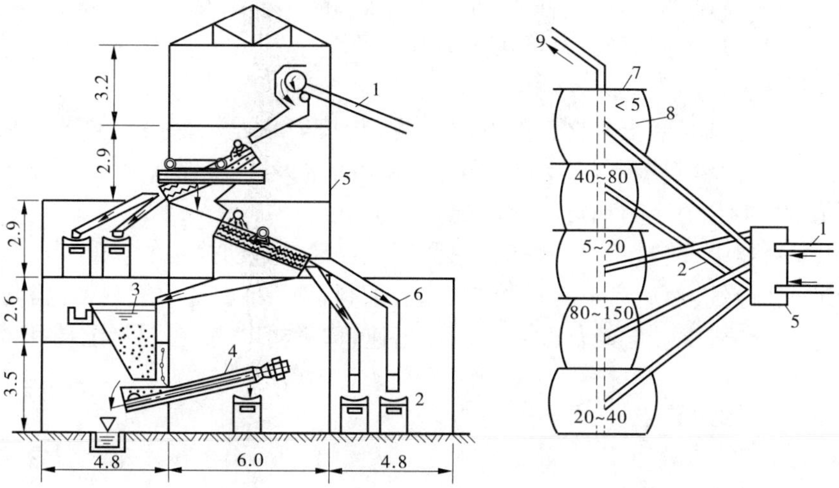

(a)筛分楼分层布置　(单位：m)　　(b)进出料平面布置　(单位：mm)

1—进料皮带机；2—出料皮带机；3—沉砂箱；4—洗砂机；5—筛分楼；
6—溜槽；7—隔墙；8—成品料堆；9—成品运出

图 6-9　某筛分楼布置示意图

二、混凝土制备

混凝土制备是按照混凝土配合比设计要求，将其各组成材料拌和成均匀的混凝土料，以满足浇筑的需要。混凝土的制备主要包括配料和拌和两个生产环节。混凝土的制备除满足混凝土浇筑强度要求外，还应确保混凝土强度等级无误、配料准确、拌和充分、出机温度适当。

(一)配料

配料是按设计要求，称量每次拌和混凝土的材料用量。配料有体积配料法和质量配料法两种。因体积配料法难以满足配料精度的要求，所以水利工程广泛采用质量配料法。质量配料法，混凝土组成材料的配料量均以质量计。称量的允许偏差为(按质量百分比)：水泥、掺合料、水、外加剂溶液为 ±1%，骨料为 ±2%。

1. 混凝土的施工配合比换算

设计配合比中的加水量根据水灰比计算确定，并以饱和面干状态的砂子为标准。在配料时采用的加水量，应扣除砂子表面含水量及外加剂溶液中的水量。所以，施工时应及时测定现场砂、石骨料的含水量，并将混凝土的实验室配合比换算成在实际含水量情况下的施工配合比。

2. 常用称量设备

混凝土配料称量的设备，有台秤、地磅、专门的配料器。

1) 台秤和地磅

当混凝土制备量不大时，多采用台秤或地磅进行称量。其中，地磅称量法，方法最简便，但称量速度较慢。台秤称量，需配置称料斗、贮料斗等辅助设备。称料斗安装在台秤上,骨料能由贮料斗迅速落入,故称量时间较快,但贮料斗承受骨料的质量大,结构较复杂。贮料斗的进料可采用皮带机、卷扬机等提升设备。

2)配料器

配料器是用于称量混凝土原材料的专门设备,其基本原理是悬挂式的重量秤。按所称物料的不同,可分为骨料配料器、水泥配料器和量水器等。按配料称量的操作方式不同,可分为手动的、半自动化的和自动化的配料器。

在自动化配料器中,装料、称量和卸料的全部过程都是自动控制的。配料时仅需定出所需材料的质量和份量,然后启动自动控制系统,配料器便开始自动配料,并将每次配好的材料分批卸入拌和机中。自动化配料器动作迅速,称量精度高,在混凝土拌和楼中应用很广泛。

(二)拌和

1.人工拌和

缺乏搅拌机械的小型工程或数量较少的混凝土制备,才采用人工拌和混凝土。人工拌和是在一块钢板上进行,先倒入砂子,后倒入水泥,用铁铲干拌三遍。然后倒入石子,加水拌和至少三遍,直至拌和均匀为止。人工拌和劳动强度大、混凝土质量不易保证,拌和时不得任意加水。

2.机械拌和

采用机械拌和混凝土可提高拌和质量和生产率。按照拌和机械的工作原理,可分为强制式和自落式两种。

1)强制式混凝土拌和机

强制式混凝土拌和机(见图6-10)拌和时,一般筒身固定,叶片旋转,从而带动混凝土材料进行强制拌和。强制式混凝土拌和机的搅拌作用比自落式强烈,拌和时间短,拌和效果好,但能耗大,衬板及叶片易磨损。它适用于拌和干硬性混凝土和轻骨料混凝土。

强制式混凝土拌和机按构造不同可分为立轴式和卧轴式。立轴式可分为涡桨式和行星式,卧轴式可分为单卧轴式和双卧轴式。

2)自落式混凝土拌和机

自落式混凝土拌和机的叶片固定在拌和筒内壁上,叶片和筒一起旋转,从而将物料带至筒顶,再靠自重跌落而与筒底的物料掺混,如此反复直至拌和均匀。自落式拌和机按其外形分为鼓形和双锥形两种,构造如图6-11所示。双锥形拌和机又有反转出料和倾翻出料两种型式。鼓形拌和机构造简单,装拆方便,使用灵活,但容量较小,生产率不高,多用于中小型工程或大型工程施工初期。双锥形拌和机容量较大,拌和效果好,生产率高,多用于大中型工程。

混凝土拌和机的选用直接影响工程造价、进度和质量,因此需根据施工强度要求、施工方式、施工布置及所拌制混凝土的品种、流动性、骨料的最大粒径等因素合理选用。

混凝土的拌和时间与混凝土的品种类别、拌和温度、拌和机的机型、骨料的品种和粒径及拌和料的流动性有关。轻骨料混凝土的拌和时间比普通混凝土要长,低温季节时混凝土的拌和时间比常温季节要长,流动性小的混凝土比流动性大的混凝土拌和时间要长。

混凝土的拌和时间应通过试验确定,也可参考表6-1确定混凝土的最少拌和时间。

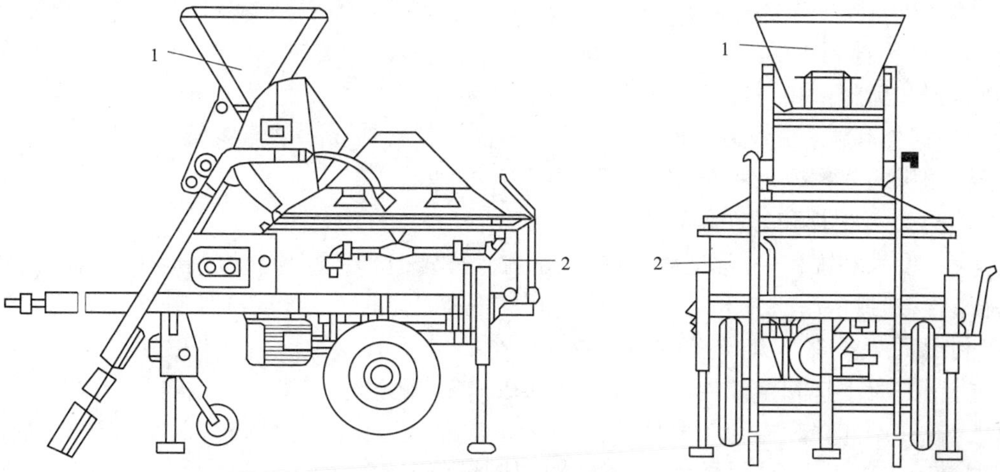

1—进料斗;2—搅拌筒

图 6-10　强制式混凝土拌和机

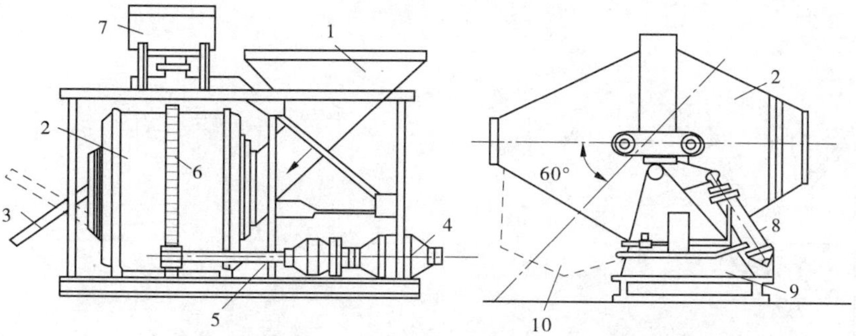

(a)鼓形拌和机　　(b)双锥形拌和机

1—装料斗;2—拌和筒;3—卸料槽;4—电动机;5—传动轴;6—齿圈;
7—量水器;8—气顶;9—机座;10—卸料位置

图 6-11　自落式混凝土拌和机

表 6-1　混凝土最少拌和时间

拌和机容量 Q(m^3)	最大骨料粒径(mm)	最少拌和时间(s)	
		自落式拌和机	强制式拌和机
$0.8\leqslant Q\leqslant 1$	80	90	60
$1<Q\leqslant 3$	150	120	75
$Q>3$	150	150	90

注:1. 入机拌和量应在拌和机额定容量的 110% 以内。

2. 加冰混凝土的拌和时间应延长 30 s(强制式 15 s),出机的混凝土拌和物中不应有冰块。

3. 当掺有外加剂时,搅拌时间应适当延长。

拌和机每一个工作循环拌制出的新鲜混凝土的实方体积（L 或 m^3），称为混凝土的出料体积（又称拌和机的工作容量）。每拌和一次，装入拌和筒内各种松散体积之和，称为装料体积。出料体积与装料体积之比，称为拌和机的出料系数，为 0.65 ~ 0.7。拌和过程中，应根据拌和机容量大小，确定允许拌和的最大骨料粒径。单台拌和机的生产率主要取决于拌和机的工作容量和循环工作一次所需的时间。

（三）混凝土拌和站和拌和楼

大中型水利工程中，常把骨料堆场、水泥仓库、配料装置、拌和机及运输设备等比较集中地布置，组成混凝土拌和站，或采用成套的混凝土工厂（拌和楼）来制备混凝土。这样既有利于生产管理，又能充分利用设备的生产能力。

进行混凝土拌和站或拌和楼的布置时，应与砂石来料、混凝土的运输和浇筑地点相互协调。拌和站和拌和楼的布置应尽量减少运输距离，尽量减少占地，尽量减少土建工程量，尽量减少施工干扰，尽量减轻、避免对周围环境产生污染。

混凝土拌和站或拌和楼的容量应满足混凝土浇筑强度的需要。混凝土拌和楼按照物料提升次数和制备机械垂直布置的方式，拌和楼可分为双阶式和单阶式两种，见图 6-12。双阶式拌和楼建筑高度小，运输设备简单，易于装拆，投产快，投资少，但效率和自动化程度较低，占地面积大，多用于中小型工程。

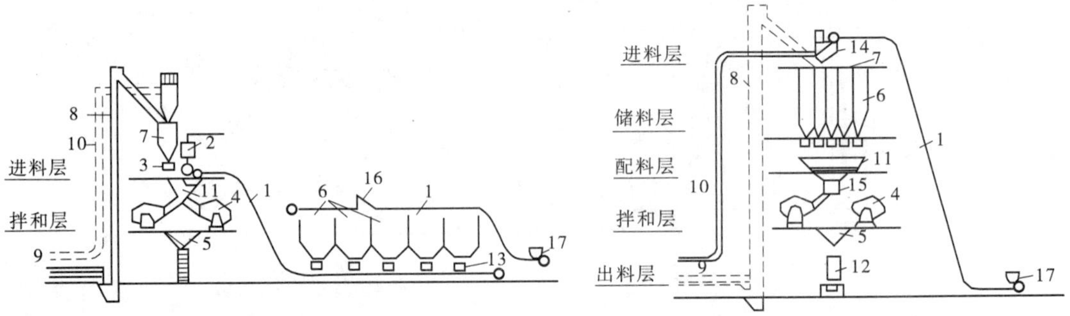

(a)双阶式　　(b)单阶式

1—皮带机；2—水箱及量水器；3—水泥料斗及磅秤；4—搅拌机；5—出料斗；6—骨料仓；7—水泥仓；8—斗式提升机输送水泥；9—螺旋输送机输送水泥；10—风送水泥管道；11—集料斗；12—混凝土吊罐；13—配料器；14—回转漏斗；15—回转喂料器；16—卸料小车；17—进料斗

图 6-12　混凝土拌和楼布置方式

单阶式拌和楼生产效率高，布置紧凑，占地少，自动化程度高。但单阶式结构复杂，投产慢，投资大，因此不宜用于零星的混凝土工程。

我国自 20 世纪 50 年代开始研制混凝土拌和楼，70 年代中期开始生产小型混凝土拌和站，80 年代后我国混凝土拌和站（楼）技术发展很快。三峡工程中使用的 HL240 - 4F3000LB 预冷（热）型微机控制大型混凝土拌和楼是我国自行设计制造的新型温控混凝土拌和楼，适用于大中型混凝土工程。HL240 - 4F3000LB 拌和楼装有 4 台 3 m^3 双锥形自落式搅拌机，生产率为 240 m^3/h。HL240 - 4F3000LB 拌和楼采用计算机全自动控制，可在骨料仓安装冷、热风和片冰等温控设施，采用双线出料，可以同时生产两种不同强度等级的混凝土。

(四)混凝土搅拌制度

为了获得质量优良的混凝土拌和物,除正确选择搅拌机外,还必须正确确定搅拌制度,即确定一次投料数量、搅拌时间和投料顺序等参数。

1. 一次投料数量

不同类型的搅拌机都有一定的进料容量,一般情况下,一次投料数量 V_J 与搅拌机搅拌筒的几何容量 V_g 的比值 $V_J/V_g=0.22\sim0.40$,鼓筒搅拌机可用较小值。

混凝土组成材料的配量均以质量计,水及外加剂溶液可按质量折算成体积。称量的允许误差,应符合表6-2的规定。

表6-2 混凝土材料称量的允许误差

材料名称	称量允许误差(%)	材料名称	称量允许误差(%)
水泥、掺合料、水、冰、外加剂溶液	±1	骨料	±2

注:1. 各种衡器应定期校验,每次使用前应进行零点校核,保持计量准确。

2. 当遇雨天或含水量有显著变化时,应增加含水量检测次数,并及时调整水和骨料的用量。

2. 搅拌时间

搅拌时间是指从原材料全部投入搅拌筒时起,至开始卸料时为止所经历的时间。它随搅拌机的类型、搅拌机的回转速度和混凝土的坍落度等因素而变化。在一定范围内搅拌时间的延长有利于混凝土强度的提高。但搅拌时间过长会使不坚硬的粗骨料脱角、破碎,使加气混凝土含气量下降。混凝土最少拌和时间可按表6-1采用。

3. 投料顺序

1)一次投料法

一次投料法是在上料斗中先装石子,再加水泥和砂子,然后一次加入搅拌筒内进行搅拌的方法。

对于自落式搅拌机要在搅拌筒内先加部分水,投料时砂子压住倒水泥,水泥不致飞扬,且水泥和砂先进入搅拌筒形成砂浆,缩短了包裹石子的时间,减少了水泥粘罐现象。对立轴强制式搅拌机,因出料口在下部,不能先加水,应在投入原料的同时,缓慢均匀地分散加水。

2)二次投料法

二次投料法分为预拌水泥砂浆法和预拌水泥净浆法两种。

(1)预拌水泥砂浆法。是先将水泥、砂和水加入搅拌筒内进行充分搅拌,成为均匀的水泥砂浆后,再加入石子搅拌成均匀的混凝土。

国内一般采用强制式搅拌机先拌制水泥砂浆1~1.5 min,然后加入石子搅拌1~1.5 min。

(2)预拌水泥净浆法。是先将水泥和水充分搅拌成均匀的水泥净浆后,再加入砂子和石子搅拌成混凝土。

二次投料法搅拌的混凝土比一次投料法搅拌的混凝土强度可提高约15%。当混凝土强度相同时,二次投料法比一次投料法搅拌的混凝土可节约水泥 15% ~20% 。

3)裹砂石法

裹砂石法,先将全部石子、砂和 70% 的拌和水倒入搅拌机,拌和 15 s,再倒入全部水泥进行造壳搅拌 30 s 左右,然后加入 30% 的拌和水,再进行糊化搅拌 60 s 左右即完成。

采用水泥裹砂法制成的混凝土比一次投料法混凝土强度可提高 20% ~30% ,且混凝土不易产生离析现象、泌水少、工作性好。

三、混凝土运输

(一)混凝土运输的基本要求

混凝土运输是整个混凝土施工中的一个重要环节,它运输量大、涉及面广,对于工程质量和施工进度影响大。混凝土运输包括两个运输过程:一是水平运输,二是垂直运输。

混凝土运输应满足以下基本要求:

(1)混凝土运输设备及运输能力的选择,应与拌和、浇筑能力、仓面具体情况相适应,以便充分发挥整个系统施工机械的设备效率。

(2)所用的运输设备,应使混凝土在运输过程中不致发生分离、漏浆、严重泌水、过多温度回升和坍落度损失,在运输混凝土期间运输工具必须专用,运输道路必须平整,装载的混凝土的厚度不应小于 40 cm,如发生离析,在浇筑之前应进行二次搅拌。

(3)同时运输两种以上强度等级、级配或其他特性不同的混凝土时,应设置明显的区分标志。

(4)混凝土在运输过程中,应尽量缩短运输时间及减少转运次数。掺普通减水剂的混凝土运输时间不宜超过表 6-3 的规定。严禁在运输途中和卸料时加水。

表 6-3　混凝土运输时间

运输时段的平均气温(℃)	混凝土运输时间(min)
20 ~30	45
10 ~20	60
5 ~10	90

(5)在高温或低温条件下,混凝土运输工具应设置遮盖或保温设施,以避免天气、气温等因素影响混凝土质量。

(6)不能使混凝土料从 1.5 m 以上的高度自由跌落。超过时,应采取缓降或其他措施,以防止骨料分离。

(二)混凝土输送机械

混凝土输送机械用来把拌制好的新鲜混凝土及时、保质地输送到浇灌现场。对于集中搅拌的或商品混凝土,由于输送距离较长且输送量较大,为了保证被输送的混凝土不产生初凝和离析等降质情况,常应用混凝土搅拌输送车、混凝土泵或混凝土泵车等专用输送机械,而对于采用分散搅拌或自设混凝土搅拌点的工地,一般可采用手推车、机动翻斗车、皮带运输机或起重机等机械输送。

1. 水平运输设备

1）手推车

一般常用的双轮手推车的容积为0.07～0.1 m^3，载重约200 kg，主要用于工地内的水平运输。

2）机动翻斗车

机动翻斗车主要用于工地内的短距离下的水平运输，容量约0.45 m^3，载重量约1 000 kg。

3）混凝土搅拌运输车

混凝土搅拌运输车是一种用于长距离输送混凝土的高效能机械。在运输途中，混凝土搅拌筒始终在不停地作慢速转动，从而使筒内混凝土拌和物可连续得到搅动，以保证混凝土在长途运输后，不致产生离析现象。在运输距离很长时，也可将混凝土干料装入筒内，在运输途中加水搅拌以减少由于长途运输而引起的混凝土坍落度损失。

4）皮带运输机

皮带机（包括塔带机、胎带机等）运输混凝土可将混凝土直接运送入仓，也可作为转料设备。直接入仓浇筑混凝土主要有固定式和移动式两种。固定式即用钢排架支撑多条胶带通过仓面，每条胶带控制浇筑宽度5～6 m，每隔几米设置刮板，混凝土经过溜筒垂直下卸。移动式为仓面上的移动梭式胶带布料机与供应混凝土的固定胶带正交布置，混凝土经过梭式胶带布料机分料入仓。皮带机运输混凝土有关参数见表6-4。

皮带机设备简单，操作方便，成本低，生产率高，但运输流态混凝土时容易分层离析，砂浆损失较为严重，骨料分离严重；薄层运输与大气接触面大，容易改变料的温度和含水量，影响混凝土质量。

表6-4　皮带机运输混凝土有关参数

皮带机类型	骨料最大粒径（mm）	皮带机速度（m/s）	最大向上倾角（°）	最大向下倾角（°）
塔带机（或顶带机）	150	3.15～4	26	12
胎带机	150	2.8～4	22	10
常规皮带输送机	80	1.2以内	15	7
深槽皮带机	150	3.4		

用各类皮带机运输混凝土时，应遵守下列规定：

（1）混凝土运输中应避免砂浆损失，必要时适当增加配合比的砂率。

（2）当输送混凝土的最大骨料粒径大于80 mm时，应进行适应性试验，满足混凝土质量要求。

（3）皮带机卸料处应设置挡板、卸料导管和刮板。

（4）皮带机布料应均匀，堆料高度应小于1 m。

（5）应有冲洗设施及时清洗皮带上黏附的水泥砂浆，并应防止冲洗水流入仓内。

(6)露天皮带机上宜搭设盖棚,以免混凝土受日照、风、雨等影响;低温季节施工时,应有适当的保温措施。

皮带运输机是一种混凝土连续运输机械,生产率高,适用于地形高差大的工程部位,动力消耗小,操作管理人员少。但是,平仓振捣一定要跟上,且一旦发生故障,全线停运,停留在胶带上的大量混凝土难以处理,运送预冷混凝土温度回升大,混凝土很难满足设计要求。

2. 垂直运输设备

混凝土的垂直运输又称为入仓运输,主要由起重机械来完成。常用的有以下几种。

1)履带式起重机和轮胎式起重机

履带式起重机可由挖掘机改装而成,也有专用系列,起重量为 10 ~ 50 t, 工作半径为 10 ~ 30 m。轮胎式起重机型号品种齐全,起重量为 8 ~ 300 t,工作半径一般为 10 ~ 15 m。履带式起重机和轮胎式起重机提升高度不大,控制范围小,但转移灵活,适应狭窄地形,在开工初期能及早使用,适用于浇筑高程较低的部位和零星分散小型建筑物的混凝土。

2)门式起重机

门式起重机是一种大型移动式起重设备。它的下部为钢结构门架,门架下有足够的净空(7 ~ 10 m),能并列通行 2 列运输混凝土的平台列车。门架底部装有车轮,可沿轨道移动。门架上面是机身,包括起重臂、回转工作台、钢索滑轮组(或臂架连杆)、支架及平衡重等。整个机身通过转盘的齿轮作用,可水平回转 360°。我国水利工程施工,常用的门机有:10 t 丰满门机(见图 6-13)、10/20 t 四连杆臂架门机、10/30 t 高架门机(见图 6-14)和 20/60 t 高架门机,其中高架门机起重高度可达 70 m,常配合栈桥用于浇筑高坝和大型厂房。

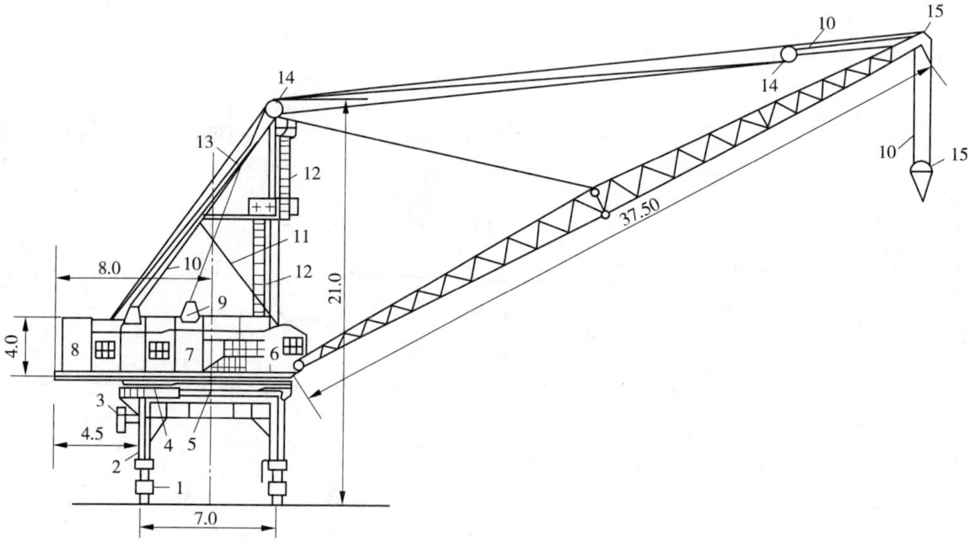

1—车轮;2—门架;3—电缆卷筒;4—回转机构;5—转盘;6—操纵室;7—机器间;
8—平衡重;9、14、15—滑轮;10—起重索;11—支架;12—梯;13—臂架升降索

图 6-13 10 t 丰满门机 (单位:m)

门机运行灵活、起重量大、控制范围大,在大中型水利工程中应用广泛。

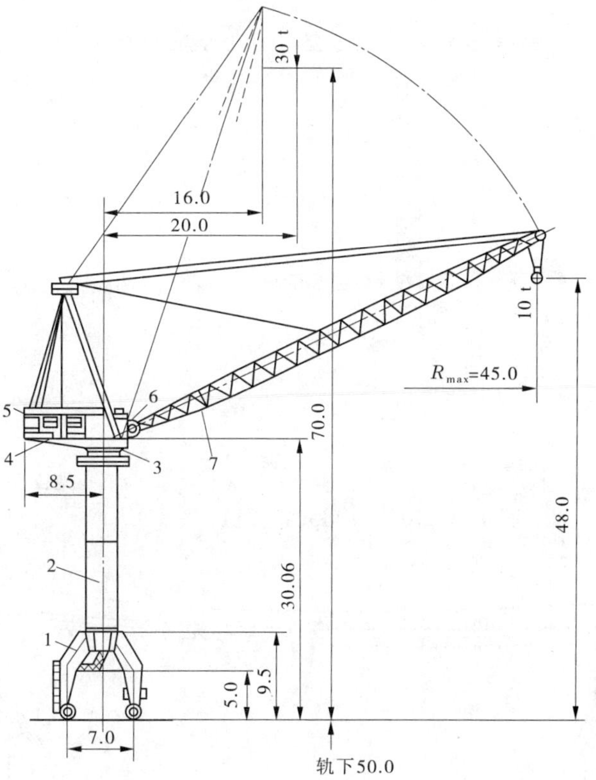

1—门架;2—圆筒形高架塔身;3—回转盘;4—机房;5—平衡重;6—操纵台;7—起重臂

图 6-14 10/30 t 高架门机 (单位:m)

3)塔式起重机

塔式起重机是在门架上装置高达数 10 m 的钢塔,用于增加起重高度。起重臂一般水平布设,起重小车(带有吊钩)可沿起重臂水平移动,用以改变起重幅度,如图 6-15 所示。塔机可靠近建筑物布置,沿着轨道移动,利用起重小车变幅,其控制范围是一个长方形的空间。但塔机的起重臂较长,相邻塔机运行时的安全距离要求大,相邻中心距不小于 34 ~ 85 m。塔式起重机适用于浇筑高坝,并可将多台塔机安装在不同的高程上。

4)缆式起重机

缆式起重机主要由缆索系统、起重小车、主塔架、副塔架等组成,如图 6-16 所示。主塔内设有机房和操纵室。缆索系统是缆机的主要组成部分,包括承重索、起重索、牵引索等。缆机的类型,一般按主、副塔的移动情况划分,有固定式、平移式、辐射式和摆塔式四种。缆机适用于狭窄河床的混凝土坝浇筑。它不仅具有控制范围大、起重量大、生产率高的特点,而且能提前安装和使用,使用期长,不受河流水文条件和坝体升高的影响,对加快主体工程施工具有明显的作用。

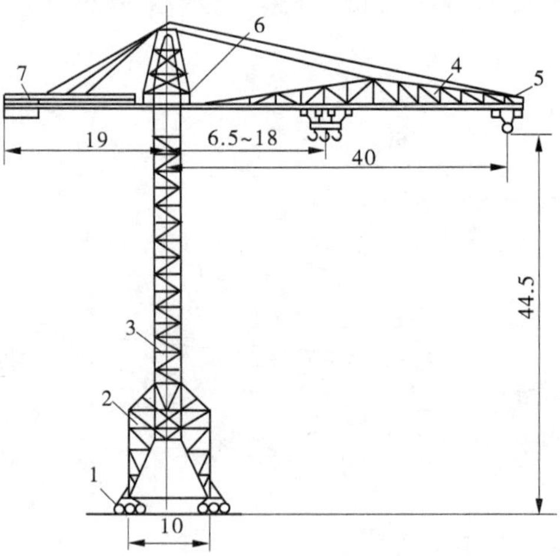

1—车轮;2—门架;3—塔身;4—起重臂;5—起重小车;6—回转塔架;7—平衡重

图 6-15　10/25 t 塔式起重机　(单位:m)

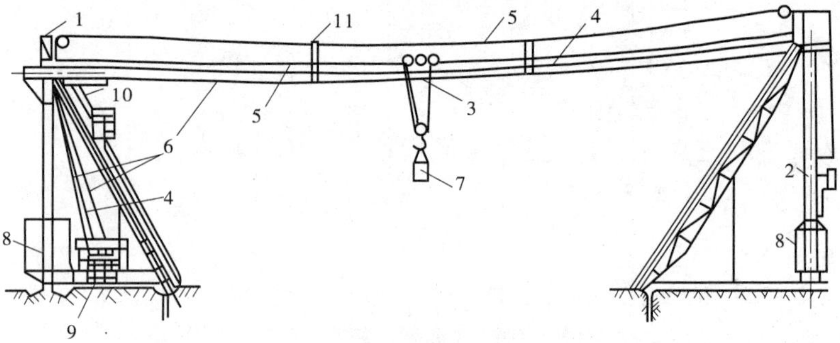

1—主塔;2—副塔;3—起重小车;4—承重索;5—牵引索;6—起重索;

7—重物;8—平衡重;9—机房;10—操纵室;11—索夹

图 6-16　缆式起重机结构图

混凝土的垂直运输,除上述几种大型机械设备外,还有升高塔(金属井架)、桅杆式起重机及起重量较小的塔机等。小型垂直运输机械在大中型水利工程施工中,通常仅作为辅助运输手段。

5)泵送混凝土运输

混凝土泵是一种连续运输机械,可同时完成混凝土的水平运输和垂直运输任务。混凝土泵有多种形式,常用的是活塞式混凝土泵。活塞式混凝土泵按照驱动方式的不同,可分为机械驱动和液压驱动两种;按缸体数目分为单缸、双缸两种,常用双缸液压式活塞泵;按移动方式,常用活塞泵有拖移式混凝土泵机和自行式混凝土泵车两种。

混凝土泵适用于断面小、配筋密的混凝土结构以及施工场地狭窄、浇筑仓面小,其他设备不易达到的部位的混凝土浇筑。水利工程施工中,常用于隧洞或地下厂房混凝土衬砌施工。

使用混凝土泵运输混凝土时对于泵送混凝土的原材料及配合比的要求有：细骨料宜用中砂且应尽可能采用河砂；粗骨料的最大粒径一般不得超过管径的1/3；泵送混凝土宜掺适量粉煤灰；所用的外加剂应有利于提高混凝土的可泵性，而不致影响混凝土的强度；泵送混凝土的配合比除应满足设计要求的强度、耐久性外，还应具有可泵性；泵送混凝土坍落度以10～20 cm为宜，砂率宜为38%～45%，水灰比宜为0.40～0.6；最小水泥用量宜为300 kg/m^3。

泵送混凝土系统主要由混凝土泵、输送管道和布料装置组成。泵送混凝土施工过程中，要注意防止导管堵塞，泵送应连续进行。泵送完毕，应将混凝土泵和输送管清洗干净。泵送混凝土施工因水泥用量较多，故成本相对较高；泵送混凝土坍落度大，混凝土硬化时干缩量大；在输送距离、浇筑面积上也受到一定限制。

6)塔带机运输

塔带机由塔式起重机和带式浇筑机系统组成，是可以连续进行混凝土输送的大型专用设备，实现了水平运输与垂直运输的有机结合，见图6-17。

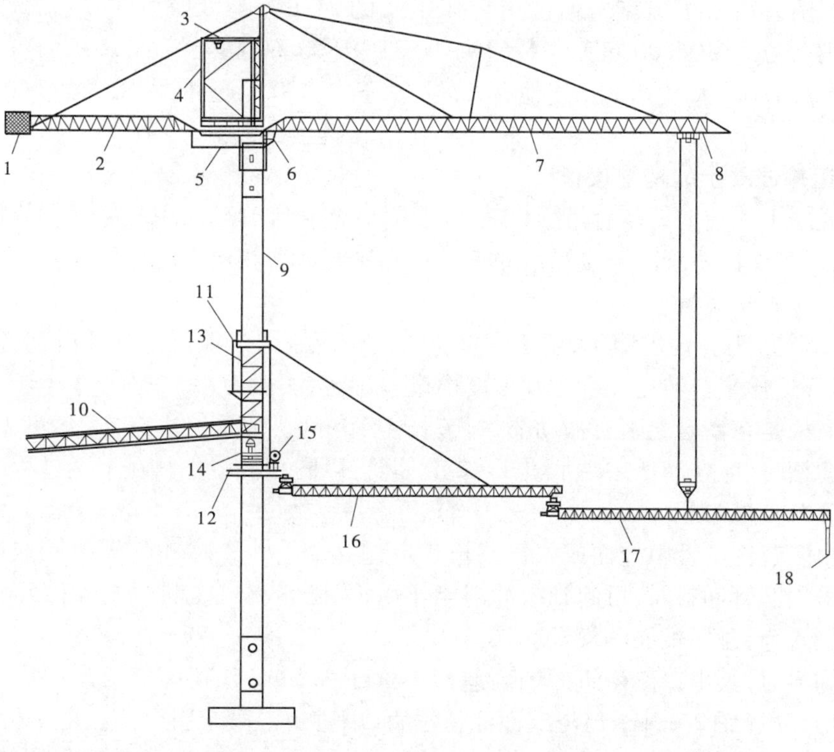

1—配重；2—平衡臂；3—辅助吊钩；4—A形架；5—动力房；6—操作室；7—工作臂；
8—牵引小车；9—塔身；10—给料皮带机；11—爬升平台；12—转料平台；13—平台连接桁架；
14—转料皮带机；15—卷扬机；16—内布料皮带机；17—外布料皮带机；18—象鼻管

图6-17　塔带机总体结构示意图

塔式起重机一般包括起升机构、回转机构、变幅机构、自顶升机构、行走机构和结构部分。安装时先装成低架状态，再根据需要通过液压自顶升装置顶至不同的高架状态，拆除时，先通过液压自顶升装置将塔机降为低架状态。塔身有钢制圆筒结构和桁架结构两种型式。

塔带机兼有塔式起重机工况和带式输送机工况，生产效率高，控制范围大。主要用于混凝土工程量大、浇筑强度高、施工周期长、施工地点集中的大型水利工程。塔带机为非定型产品，通常根据施工需要加工制作。

三峡工程大坝混凝土施工采取了以塔带机为主、缆机和大型门塔机为辅的方案。塔带机共6台，其中4台为美国罗泰克（ROTEC）公司生产的TC2400型塔带机，2台为法国波坦（POTAIN）公司为主生产的MD2200型顶带机。三峡工程二期工程中使用的TC2400型固定式塔带机主塔直径3.5 m，分13个塔节（标准节每节长9.3 m），能借助液压千斤顶自动爬升。可运输骨料最大粒径为150 mm的四级配混凝土，最大浇筑半径可达100 m，输送带宽760 mm，带速3.15～4.0 m/s，布料皮带机上下俯仰时，能适应最大约80 m的高差。每台塔机均配有一条供料线，其中最长的一条供料线长800 m，供料线支撑柱的最大高度为110 m，混凝土理论运输能力最高可达420 m^3/h。缆机为中国水电建设集团夹江水工机械有限公司与德国克虏伯公司合作生产的25 t大跨度摆塔式缆机，大型门机有MQ2000高架门机、MQ6000重型安装门机和STDQ1800/60高架门机，塔机为丹麦KROLL公司生产的K1800大型塔机，其他运输设备还有300 t履带吊、CC200－24型胎带机等。

（三）运输混凝土的辅助设备

运输混凝土的辅助设备有吊罐、集料斗、溜槽、溜管、溜筒等，用于混凝土装料、卸料和转运入仓，对于保证混凝土质量和运输工作顺利进行起着相当大的作用。

1. 溜槽与振动溜槽

溜槽（泻槽）为一铁皮槽子，用于高度不大的情况下滑送混凝土，可以将皮带机、自斜汽车、吊罐等运输来料转运入仓。其坡度由试验确定，一般为45°左右。

振动溜槽是在溜槽上附有振动器，每节长4～6 m，拼装总长达30 m，坡度15°～20°。

采用溜槽时，应在溜槽末端加设1～2节溜管，以防止混凝土料在下滑过程中分离。

2. 溜管与振动溜管

溜管由多节铁皮管串挂而成。每节长0.8～1 m，上大下小，相邻管节铰挂在一起，可以拖动。采用溜管卸料时，可起到缓冲消能作用，以防止混凝土料分离和破碎；还可以避免吊罐直接入仓，碰坏钢筋和模板。

溜管卸料时，其出口离浇筑面的高差应不大于1.5 m，并利用拉索拖动均匀卸料，但应使溜管出口段（约2 m长）与浇筑面保持垂直，以避免混凝土料分离。随着混凝土浇筑面的上升，可逐节拆卸溜管下端的管节。溜管卸料多用于断面小、钢筋密的浇筑部位。其卸料半径为1～1.5 m，卸料高度不大于10 m。

振动溜管与普通溜管相似，但每隔4～8 m的距离装有一个振动器，以防止混凝土料中途堵塞。其卸料高度可达10～20 m。

使用溜管、溜槽运输混凝土时，还应遵守下列规定：

（1）溜管、溜槽内壁应光滑，开始浇筑前应用砂浆润滑溜管、溜槽内壁；当用水润滑时应将水引出仓外，仓面必须有排水措施。

(2)使用溜管、溜槽,应经过试验论证,确定出口高度与合适的混凝土坍落度。

(3)溜管、溜槽宜平顺,每节之间应连接牢固,应有防脱落保护措施。

(4)运输和卸料过程中,应避免混凝土分离,严禁向溜管、溜槽内加水。

(5)当运输结束或溜管、溜槽堵塞经处理后,应及时清洗,且应防止清洗水进入新浇混凝土仓内。

学习单元二　混凝土的浇筑与养护

学习目标

(1)能指导混凝土浇筑。

(2)会进行混凝土浇筑施工的质量控制。

(3)能够根据施工要求和质量要求采取合理的施工方案与措施。

学习内容

(1)混凝土的浇筑施工过程。

(2)混凝土的浇前准备工作。

(3)浇筑施工工艺与技术要求。

(4)混凝土的浇筑质量检查与振实判断。

(5)常用混凝土的养护方法。

混凝土浇筑的施工过程包括:浇筑仓面准备工作、入仓铺料、平仓振捣和浇筑后的养护。

一、浇筑仓面准备工作

建筑物地基应在基础开挖到设计要求的标高和轮廓线后,经验收合格后,才可进行混凝土浇筑仓面准备工作。混凝土浇筑仓面准备工作包括:基础面处理,施工缝处理,模板、钢筋及预埋件检查,混凝土浇筑的准备工作。

(一)基础面处理

对于土基,应先挖除保护层,并清除杂物。然后用碎石垫底,盖上湿砂,再进行压实。处理过程中,应避免破坏和扰动原状土壤。如有扰动,必须处理。

对于砂砾地基,应清除杂物,平整基础面,并浇筑低强度等级素混凝土垫层。处理过程中,如湿度不够,应至少浸湿 15 cm 深,使其湿度与最优强度时的湿度相符。

对于岩基,岩基面上的松动岩块及杂物、泥土均应清除。岩基面应冲洗干净并排净积水,如有承压水,必须采取可靠的处理措施。清洗后的岩基在浇筑混凝土前应保持洁净和湿润。

软基或容易风化的岩基,在混凝土覆盖前,应做好基础保护。可经审批后在处理合格的基础面上先浇一层 15 ~ 20 cm 厚与结构物相同强度等级的混凝土垫层。

(二)施工缝处理

施工缝是指浇筑块之间的水平和垂直结合缝,即为新老混凝土之间的结合面。为了保证建筑物的整体性,在新混凝土浇筑前,必须将老混凝土表面的水泥膜(又称乳皮)清除干净,形成石子半露而不松动的清洁麻面,以利于新老混凝土的紧密结合。

施工缝毛面处理宜采用 25 ~ 50 MPa 高压水冲毛机,也可采用低压水、风砂枪、刷毛机、人工凿毛、涂刷混凝土界面处理剂等方法。毛面处理的开始时间由试验确定。采取喷洒专用处理剂时,应通过试验再实施。

刷毛和冲毛是指在混凝土凝结后但尚未完全硬化以前,用钢丝刷或高压水对混凝土表面进行冲刷,以形成麻面。高压水冲毛是一种高效、经济而又能保证质量的缝面处理技术,其关键是掌握开始冲毛的时间。在三峡工程施工中,试验表明高压水冲毛时间以收仓后 24 ~ 36 h 为最佳,冲毛时间以 0.75 ~ 1.25 min/m^2 为最佳。

凿毛是指当混凝土已经硬化,用石工工具或风镐等机械将混凝土表面凿成麻面。这种方法处理的缝面质量好,处理开始时间易确定,但效率低,劳动强度大,损失混凝土多。

风砂枪冲毛是指将经过筛选的粗砂和水装入密封的砂箱,再通入压缩空气。压缩空气与水、砂混合后,经喷枪喷出,将混凝土表面冲成麻面。采用风砂枪冲毛,质量较好,工效较高,但清理仓面石渣和砂子的工作量较大。

(三)模板、钢筋及预埋件检查

开仓浇筑前,应按照设计图纸和施工规范的要求,对模板、钢筋、预埋件的规格、数量、尺寸、位置与牢固稳定程度等进行全面检查验收,验收合格后才能开仓浇筑混凝土。

(四)混凝土浇筑的准备工作

混凝土浇筑的准备工作是指对浇筑仓面的机具设备、劳动组合、风水电供应、施工质量、技术要求等进行布置安排和检查落实。

二、混凝土浇筑

(一)入仓铺料

基岩面和新老混凝土施工缝面在浇筑第一层混凝土前,可铺一层 1 ~ 3 cm 厚的水泥砂浆、20 ~ 40 cm 厚的小级配混凝土或同强度等级的富砂浆混凝土,保证新混凝土与基岩或新老混凝土施工缝面良好结合。

混凝土入仓后,可采用平层浇筑法、斜层浇筑法或阶梯浇筑法施工(见图 6-18),同时应创造条件优先采用平层浇筑法。施工时应根据混凝土温控要求、混凝土允许间隔时间、混凝土入仓设备及生产能力、混凝土强度等级种类、级配种类和仓面结构特征等因素合理选择混凝土入仓铺料方法。平层浇筑法是沿仓面长边逐条逐层水平铺筑。入仓铺料应按一定厚度、次序、方向,分层进行,且浇筑层面平整。在压力钢管、竖井、孔道、廊道等周边及顶板浇筑混凝土时,混凝土应对称均匀上升。

混凝土浇筑坯层厚度指每一铺料层振捣完成后的厚度,应根据拌和能力、运输能力、浇筑速度、气温及振捣能力等因素确定,一般为 30 ~ 50 cm。根据振捣设备类型确定浇筑坯层的允许最大厚度,可参照表 6-5 规定。如采用低塑性混凝土及大型强力振捣设备,其浇筑坯层厚度应根据试验确定。

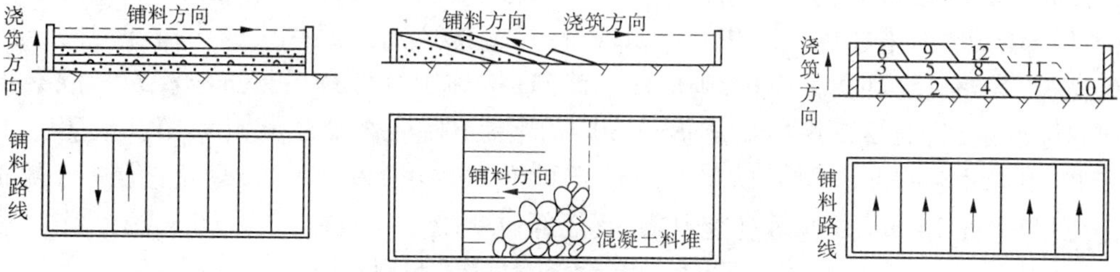

(a)平层浇筑法　　(b)斜层浇筑法　　(c)阶梯浇筑法

图 6-18　混凝土浇筑法

表 6-5　混凝土浇筑坯层的允许最大厚度

振捣设备类别		浇筑坯层允许最大厚度
插入式	振捣机	振捣棒(头)长度的 1.0 倍
	电动或风动振捣器	振捣棒(头)长度的 0.8 倍
	软轴式振捣器	振捣棒(头)长度的 1.25 倍
平板式	无筋或单层钢筋结构中	250 mm
	双层钢筋结构中	200 mm

为保证浇筑块内的各浇筑层能够形成一个整体,要求下层混凝土未初凝之前,覆盖上层混凝土,否则,已初凝的混凝土表面将产生乳皮,在振捣中无法消失,上、下层混凝土间形成薄弱结合面,称冷缝。冷缝可以破坏结构物的整体性、耐久性等,且不易处理好。对于平层浇筑法,当混凝土浇筑允许间歇时间 t(h)已定后,为了不出现冷缝,应满足以下条件:

$$KP(t - t_1) \geqslant BLh \tag{6-1}$$

或

$$P \geqslant \frac{BLh}{K(t - t_1)} \tag{6-2}$$

式中　K——混凝土运输浇筑时间延误系数,一般取 0.8 ~ 0.85;

P——浇筑仓位要求的混凝土运浇能力,m^3/h;

t_1——混凝土从出机到入仓的时间,h;

B、L——浇筑块的宽度和长度,m;

h——铺料层的厚度,m。

由式(6-2)可知,若混凝土浇筑分块尺寸和铺料层厚度已定,为了避免出现冷缝,应采取措施增大运浇能力。若运浇能力难以增加,则应考虑改变浇筑方法,改平层浇筑为斜层浇筑或阶梯浇筑,如图 6-18(b)、(c)所示。采用斜层浇筑法,倾斜角不宜大于 10°,浇筑块高度不宜超过 1.5 m;阶梯浇筑法的层数不宜超过 3 ~ 5,台阶宽度宜大于 2.0 m,浇筑块高度不宜超过 1.5 m。

无论采用何种浇筑方法,混凝土浇筑应保持连续性,若层间间歇时间超过混凝土初凝时间,则会出现冷缝。混凝土浇筑允许间歇时间应通过试验确定。掺普通减水剂混凝土的允许间歇时间可参见表6-6。若因故超过允许间歇时间，但混凝土能重塑者，可继续浇筑；如局部初凝，但未超过允许初凝面积，则在初凝部位铺水泥砂浆或小级配混凝土后可继续浇筑；若超过允许初凝面积，则应停止浇筑，按施工缝处理后再继续浇筑。混凝土能重塑的标准是，将混凝土用振捣器振捣 30 s，周围 10 cm 内能泛浆且不留孔洞者。根据《水利水电基本建设工程单元质量等级评定标准》(SDJ 249—1988)规定：允许初凝面积指，上游迎水面 15 cm 以内无初凝现象，其他部位初凝累计面积不超过1%。

表6-6　混凝土的允许间歇时间

混凝土浇筑时的气温(℃)	允许间歇时间(min)	
	中热硅酸盐水泥、硅酸盐水泥、普通硅酸盐水泥	低热矿渣硅酸盐水泥、矿渣硅酸盐水泥、火山灰质硅酸盐水泥
20～30	90	120
10～20	135	180
5～10	195	—

(二)平仓与振捣

入仓的混凝土应及时平仓振捣，不得堆积。混凝土的浇筑应先平仓后振捣，严禁以振捣代替平仓。

1. 平仓

平仓就是把卸入仓内成堆的混凝土均匀铺平到要求的厚度。一般常用插入式振捣器斜插入料堆下部，然后一次一次地插向料堆上部，使混凝土在振动作用下自行摊平。使用振捣器平仓，不能替代振捣密实工序。对于边角部位或狭小空间，也可采用人工平仓。仓面较大，仓内无拉条可用平仓振捣机(类似于小型履带式推土机)平仓，如图6-19所示。

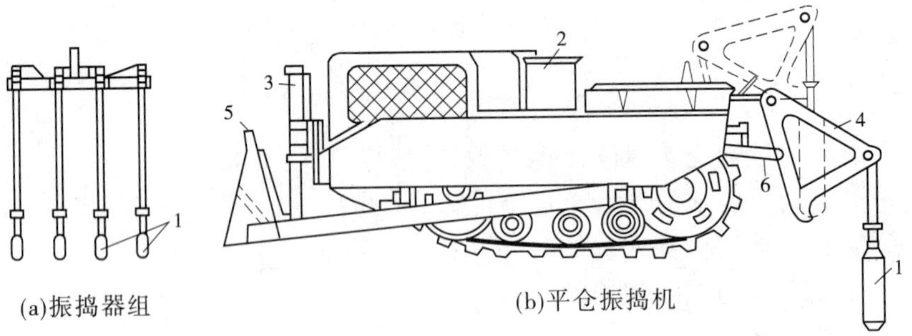

(a)振捣器组　(b)平仓振捣机

1—振捣器；2—司机台；3—液压缸；4—起吊架；5—推土刀片；6—悬吊悬杆

图6-19　混凝土平仓振捣机

2. 振捣

振捣是混凝土施工中的关键作业。振捣时产生小振幅高频率振动作用，克服了混凝土拌和物颗粒间的摩阻力和黏结力，使混凝土液化、骨料相互滑动并挤密、砂浆充满空隙，排出空气和多余的水分，使混凝土密实并与模板、钢筋、预埋件紧密结合。

振捣设备的振捣能力应与浇筑机械和仓位的客观条件相适应。混凝土振捣常用振捣器进行，对于少数零星工程或振捣器施工不便时也可采用人工振捣，对于大型机械（如塔带机）浇筑的大仓位宜采用振捣机振捣。

混凝土振捣器按振捣方式的不同，可分为插入式、外部式、表面式三种，如图6-20所示。插入式电动振捣器分为硬轴振捣器和软轴振捣器。硬轴振捣器的振捣棒直径80～130 mm，一般用于大体积混凝土；软轴振捣器的振捣棒直径50～60 mm，操作轻便，可用于钢筋密集的薄壁结构和空间狭小的金属结构埋件二期混凝土中。外部式只适用于柱、墙等结构尺寸小且钢筋较密的构件。表面式只适用于薄层混凝土的振捣。

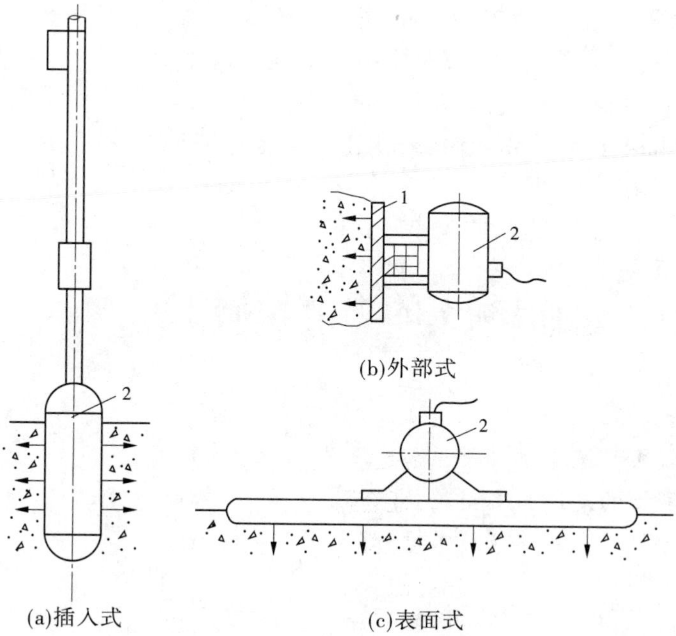

1—模板；2—振捣器

图6-20 混凝土振捣器

当使用手持式振捣器时应遵守下列规定：

（1）振捣器插入混凝土的间距，应根据试验确定并不超过振捣器有效半径的1.5倍。

（2）振捣器宜垂直按顺序插入混凝土。如略有倾斜，则倾斜方向应保持一致，以免漏振。

（3）振捣时，应将振捣器插入下层混凝土5 cm左右。

（4）严禁振捣器直接碰撞模板、钢筋及预埋件。

（5）在预埋件，特别是止水片、止浆片周围，应细心振捣，必要时辅以人工捣固密实。

（6）浇筑块第一层、卸料接触带和台阶边坡的混凝土应加强振捣。

当使用振捣机等其他振捣设备时，同样应注意插点间距、距离模板等的距离、插入下层混凝土的深度等有关施工规定。

振捣时间以混凝土粗骨料不再显著下沉、无气泡产生，并开始泛浆为准，应避免欠振或过振。

三、混凝土养护

混凝土浇筑完毕后，在一定的时间内保持适宜的温度和湿度，以利于混凝土强度的增长，减少或避免混凝土表面形成干缩裂缝，即为混凝土的养护工作。

常温下，水平面混凝土的养护，可蓄水覆盖，也可用聚合物材料、湿麻袋、草袋、锯末、湿砂等覆盖；垂直方向的养护可以进行人工洒水，或用带孔的水管进行定时洒水。三峡工程使用了旋喷机具进行洒水养护。

养护时间的长短取决于气温、水泥品种及工程的重要性。混凝土浇筑完毕后，应及时洒水养护，保持混凝土表面湿润。塑性混凝土应在浇筑完毕后 6 ~ 18 h 内开始洒水养护，低塑性混凝土宜在浇筑完毕后立即喷雾养护，并及早开始洒水养护。混凝土应连续养护，养护期内始终使混凝土表面保持湿润。水工混凝土养护时间，不宜少于 28 d，有特殊要求的部位宜适当延长养护时间。

混凝土养护应有专人负责，并应作好养护记录。

学习单元三　混凝土的季节性施工

学习目标

(1)掌握混凝土的冬季施工措施。

(2)掌握混凝土的夏季施工措施。

(3)能够指导混凝土的季节施工过程。

学习内容

(1)混凝土浇筑低温季节的界定。

(2)季节性施工的注意事项。

(2)混凝土的冬夏季施工措施。

一、低温季节混凝土施工

(一)低温季节混凝土施工的基本概念

日平均气温连续 5 d 稳定在 5 ℃以下或最低气温连续 5 d 稳定在 -3 ℃以下时，按低温季节施工。

当气温低于 0 ℃时，水泥的水化作用基本停止，气温降至 -2 ~ -4 ℃时，混凝土内的水开始结成冰，其体积增大约 9%，在混凝土内部产生冰胀应力，使强度还不高的混凝土内部产生微裂缝和孔隙，同时损害了混凝土和钢筋的黏结力，导致结构强度降低。

试验证明，混凝土受冻前养护时间越长，所达到的强度越高，强度损失就越少。为此，混凝土受冻以前应具有一定的强度，使混凝土结构在受冻时不致破坏，后期强度能继续增长。一般把受冻后，其最终强度能达到 R28 的 95% 以上，这种受冻前所具有的强度，称为允许受冻临界强度。根据《水工混凝土施工规范》(DL/T 5144—2001)规定，混凝土早期允许受冻临界强度应满足下列要求:大体积混凝土不应低于 7.0 MPa(或成熟度不低于 1 800 ℃·h),非大体积混凝土和钢筋混凝土不应低于设计强度的85%。

(二)低温季节混凝土施工的措施

为了使混凝土温度在降至冰点前达到允许受冻临界强度或者承受荷载所需的强度,常用的措施有蓄热法、综合蓄热法、外加剂和早强水泥法、外部加热法。对各种低温季节施工方法,可依据当年气温资料或预计 10～15 d 平均气温来选定。

1. 蓄热法

蓄热法就是利用对混凝土组成的材料(水、砂、石)预加的热量和水泥的水化热,再加以适当的覆盖保温,从而保证混凝土能够在正温条件下达到规范要求的临界强度。蓄热法使用的保温材料应该以传热系数小、价格低廉和易于获得的地方材料为宜,如草帘、草袋、锯末、炉渣等。保温材料必须干燥,以免降低保温性能。采用蓄热法施工时,最好使用水化热大的普通硅酸盐水泥或硅酸盐水泥。

温和地区宜采用蓄热法,风沙大的地区应采取防风措施。严寒和寒冷地区预计日平均气温 -10 ℃以上时,宜采用蓄热法。

2. 综合蓄热法

综合蓄热法是在蓄热保温的基础上,充分利用水泥的水化热和掺加相应的外加剂或者进行短时加热等综合措施,创造加速混凝土硬化的条件,使混凝土温度降低到冰点温度之前尽快达到允许受冻临界强度。

综合蓄热法一般分为低蓄热养护和高蓄热养护两种。低蓄热养护过程主要以使用早强水泥或掺防冻外加剂等冷法为主,使混凝土在一定的负温条件下不被冻坏,仍可继续硬化;高蓄热养护过程,则主要以短时加热为主,使混凝土在养护期间达到要求的受荷强度。这两种方法的选择取决于施工和气温条件。

在严寒和寒冷地区,预计日平均气温 -15～-10 ℃时可采用综合蓄热法或暖棚法;对风沙大、不宜搭设暖棚的仓面,可采用覆盖保温被下面布设暖气排管的办法;对特别严寒地区(最热月与最冷月平均温度差大于 42 ℃),在进入低温季节施工时要制订周密的施工方案。

3. 采用外加剂和早强水泥法

掺外加剂是指在冬期施工的混凝土中加入一定剂量的外加剂,以降低混凝土中的液相冰点,保证水泥在负温条件下能继续水化,从而使混凝土在负温下能达到允许受冻临界强度。掺外加剂法常与蓄热法一起应用,以充分利用混凝土的初始热量及水泥在水化过程中所释放出来的热量,加快混凝土强度的增长。

目前,混凝土冬期施工中常用的外加剂有减水剂、引气剂、早强剂、阻锈剂等。由于两种和两种以上复合外加剂可以获得多种效能——降低冰点、快速硬化、提高抗冻性及改善和易性,故复合剂的使用较多。在我国常用的复合剂有:亚硝酸钠和硫酸钠复合剂,Nc 早强剂及 MS-F 早强型减水剂。

4. 外部加热法

当上述方法不能满足要求时,常采用外部加热法,以提高混凝土强度。常用的外部加热法有蒸汽加热法、电热法和暖棚法等。工程实践证明,低温季节施工中,多种方法结合使用往往能取得较好的效果。

(三)低温季节混凝土施工的要求

混凝土低温季节施工过程中,还应注意以下要求:

(1)除工程特殊需要外,日平均气温 -20 ℃以下不宜施工。

(2)混凝土的浇筑温度应符合设计要求,但温和地区不宜低于 3 ℃,严寒和寒冷地区采用蓄热法不应低于 5 ℃,采用暖棚法不应低于 3 ℃。

(3)当采用蒸汽加热或电热法施工时,应进行专门设计。

(4)在施工过程中,应控制并及时调节混凝土的机口温度,尽量减少波动,保持浇筑温度均匀。控制方法以调节拌和水温为宜。提高混凝土拌和物温度的方法:首先应考虑加热拌和用水;当加热拌和用水尚不能满足浇筑温度要求时,应加热骨料。水泥不得直接加热。拌和用水加热超过 60 ℃时,应改变加料顺序,将骨料与水先拌和,再加入水泥,以免假凝。

(5)混凝土拌和时间应比常温季节适当延长,具体通过试验确定。已加热的骨料和混凝土,宜缩短运距,减少转运次数。

(6)混凝土浇筑完毕后,外露表面应及时保温。新老混凝土结合处和边角处应做好保温,保温层厚度应是其他面保温层厚度的 2 倍,保温层搭接长度不应小于 30 cm。

在低温季节浇筑的混凝土,拆除模板应遵守下列规定:非承重模板拆除时,混凝土强度必须大于允许受冻的临界强度或成熟度值。承重模板拆除应经计算确定。拆模时间及拆模后的保护,应满足温控防裂要求,并遵守内外温差不大于 20 ℃或 2 ~3 d 内混凝土表面温降不超过 6 ℃。

二、高温季节混凝土施工

一般当气温超过 30 ℃以后,混凝土容易产生假凝,和易性降低,初凝加快,内部水化热难以散发,外界气温降低过快和水分蒸发过快易引起温度裂缝及表面伸缩裂缝。大体积混凝土夏季施工时必须从结构设计、原材料选择、配合比设计、施工安排、施工工艺、混凝土温度控制、加强混凝土养护和表面保护等方面采取综合措施,保证混凝土高温季节施工质量。高温季节施工时应严格控制混凝土浇筑温度,混凝土允许浇筑温度应符合设计规定,混凝土浇筑温度不宜超过 28 ℃。

为了降低夏季混凝土施工时的浇筑温度,可以采取以下一些措施:

(1)选择水化热低的水泥品种。

(2)通过使用掺合料和减水剂,减少水泥用量。

(3)采用冷水或加冰拌和混凝土。加冰拌和时,宜用片冰或冰屑,并适当延长拌和时间,要保证片冰或冰屑在拌和过程中完全融化。

(4)用冷水浸泡、喷淋、通冷风等措施冷却混凝土的粗骨料,成品料仓的堆料高度不宜低于 6 m,通过地弄取料。

(5)通过冷却水管,对大体积混凝土进行人工冷却。

(6)在拌和机、运输路线和浇筑仓面上搭凉棚,用以遮阳防晒。

(7)浇筑块尺寸较大时,可采用阶梯浇筑法,浇筑块厚度小于 1.5 m。

(8)加快施工进度,减少混凝土的暴露时间;宜利用早晚、夜间或阴天等气温相对较低的时段浇筑混凝土。

(9)加强洒水养护,可采用表面流水养护混凝土。

三峡工程低温混凝土生产系统首次采用了二次风冷骨料新工艺,使得夏季混凝土拌和楼出机口温度小于7 ℃,具体工艺流程为:利用拌和系统中的地面二次筛分所设骨料调节仓作为冷却仓,对骨料进行一次风冷;利用拌和楼粗骨料仓进行二次风冷;加片冰代水拌和混凝土。

三、雨季混凝土施工

雨季施工具有突然性,为此要做好雨季施工的准备工作。同时,雨水的破坏作用,使得雨季施工具有突击性。雨季施工持续时间往往较长,不合理安排,则会拖延工期,影响施工质量。

雨季施工应做好下列工作:

(1)砂石料仓应排水畅通。

(2)运输工具应有防雨及防滑措施。

(3)浇筑仓面应有防雨措施并备有不透水覆盖材料。

(4)增加骨料含水量测定次数,及时调整拌和用水量。

小雨天气进行浇筑时,应采取下列措施:

(1)适当减少混凝土拌和用水量和出机口混凝土的坍落度,必要时应适当减小混凝土的水灰比。

(2)加强仓内排水和防止周围雨水流入仓内。

(3)做好新浇筑混凝土面尤其是接头部位的保护工作。

混凝土雨季施工的一些要求:中雨以上的雨天不得新开混凝土浇筑仓面,有抗冲耐磨和有抹面要求的混凝土不得在雨天施工。

在浇筑过程中,遇大雨、暴雨,应立即停止进料,已入仓混凝土应振捣密实后遮盖,降雨等级见表6-7。雨后必须先排除仓内积水,对受雨水冲刷的部位应立即处理,如混凝土还能重塑,应加铺接缝混凝土后继续浇筑,否则应按施工缝处理。

表6-7 降雨等级表

降雨等级	现象描述	降雨量(mm)		
		一天内总量	半天内总量	小时总量
小雨	雨能使地面潮湿,但不泥泞	1~10	1~5	1~3
中雨	雨降到屋顶有淅淅声,凹地积水	10.1~25	5.1~15	3~10
大雨	降雨如倾盆,落地四溅,平地积水	25.1~50	15.1~30	10~20
暴雨	降雨比大雨还猛,能造成山洪暴发	50.1~100	30.1~70	>20
大暴雨	降雨比暴雨还大,或时间长,造成洪涝灾害	100.1~200	70.1~140	
特大暴雨	降雨比大暴雨还大,能造成洪涝灾害	>200	>140	

混凝土雨季施工,应及时了解天气预报,合理安排施工。

学习单元四　混凝土的缺陷与修补

学习目标

(1)能够对混凝土的施工质量进行检测,明确缺陷类型与形成机理。

(2)能够对出现的各种缺陷进行修补。

(3)掌握防止混凝土缺陷产生的措施。

学习内容

(1)混凝土缺陷及其产生的原因。

(2)不同类型缺陷的修补方法。

一、常见混凝土的缺陷与成因

混凝土拆模后,常见外观质量缺陷主要有麻面、蜂窝、露筋、空洞、裂缝等,应及时检查和处理。对混凝土强度或内部质量有怀疑时,可采取无损检测法(如回弹法、超声回弹综合法等)或钻孔取芯、压水试验等进行检查,一经发现,应加以处理。现重点介绍几种常见的混凝土外观质量缺陷与成因。

(一)麻面

混凝土表面局部出现缺浆和许多小凹坑、麻点,形成粗糙面,但无钢筋外露现象。

麻面产生的原因有:模板干燥,吸收了混凝土中的水分;模板表面粗糙或黏附灰浆等杂物未清理干净;模板拼缝不严,局部漏浆;脱模剂涂刷不匀,局部漏刷或过厚;混凝土振捣不实,气泡未完全排出,有部分停留在模板表面形成麻面。

(二)蜂窝

混凝土表面缺少水泥砂浆而形成石子外露称为蜂窝。

蜂窝产生的原因有:配合比设计不当或配料不准确,导致砂浆少,石子多;混凝土搅拌时间不足,新拌混凝土未拌匀;混凝土运输过程中发生了分层离析或漏浆;断面尺寸小,钢筋较密部位使用的石子粒径过大或混凝土坍落度过小;混凝土浇筑过程中发生漏振或欠振,混凝土未振捣密实;模板接缝漏浆。

(三)露筋

钢筋未被混凝土包裹而外露的缺陷称为露筋。

露筋产生的原因有:钢筋保护层垫块移位或垫块太少或漏放,致使钢筋紧贴模板外露;结构构件截面小,钢筋过密,石子卡在钢筋上,使水泥砂浆不能充满钢筋周围,造成露筋;混凝土浇筑过程中产生离析导致模板部位缺浆;模板漏浆;混凝土保护层厚度太小或保护层处混凝土漏振或振捣不实;施工中造成钢筋移位,产生露筋;拆模过早,拆模时产生缺棱、掉角,导致露筋。

(四)空洞

混凝土表面尺寸比较大,其深度和长度均超过保护层厚度,内没有混凝土的缺陷,称为空洞。

空洞产生的原因有:在钢筋较密的部位或预留孔洞和埋件处,混凝土下料被卡住,未经振实就继续浇筑上层混凝土;混凝土一次下料过多、过厚,混凝土无法振捣密实,形成空洞;混凝土内掉入木块等杂物,混凝土被卡住。

(五)裂缝

从混凝土表面一直延伸到混凝土内部的缝隙称为裂缝。

混凝土裂缝产生的原因主要有:结构设计不当;混凝土配合比设计不当;原材料质量不合格;混凝土施工及养护不当;混凝土温度和湿度的变化;模板变形、基础不均匀沉降;混凝土内部钢筋锈蚀;混凝土受到环境中有害物质的侵蚀。

二、混凝土缺陷修补处理的方法

混凝土施工过程中,应根据混凝土缺陷的成因做好相应的预防措施。混凝土常见外观质量缺陷的修补处理方法如下。

(一)麻面

混凝土表面作粉刷或抹面的,可不处理。表面无粉刷或抹面的,修补前用钢丝刷和压力水将麻面洗干净,并加工成粗糙面,然后在洁净和湿润的条件下,用与混凝土同等级的水泥砂浆将麻面抹平,并适当进行养护。

(二)蜂窝

小蜂窝用钢丝刷和压力水洗刷干净后,用1:2或1:2.5水泥砂浆抹平压实;较大蜂窝,凿去蜂窝处薄弱松散颗粒,再用钢丝刷和压力水清洗干净,刷去黏附在钢筋表面的水泥浆,然后用强度等级较高的细骨料混凝土填塞,并仔细捣实,认真养护。

(三)露筋

表面露筋,用钢丝刷和压力水刷洗干净后,在表面抹1:2或1:2.5水泥砂浆抹平压实;露筋较深的凿去薄弱混凝土和突出颗粒,用钢丝刷和压力水洗刷干净后,用强度等级较高的细石混凝土填塞,并仔细捣实,认真养护。

(四)空洞

将空洞周围的松散混凝土和软弱浆膜凿除,用钢丝刷和压力水冲洗干净,湿润后用高强度等级细石混凝土填塞并捣实,认真养护。补填新混凝土时,可根据空洞不同部位或形状,加设模板。

(五)裂缝

裂缝修补处理之前,需对裂缝进行检测与研究,分析裂缝的成因、危害及发展趋势,确定相应的修补时机及方法。常用压力注浆法、开槽填补法及涂膜封闭法单独或联合使用修补裂缝。水泥、环氧树脂、甲凝等是混凝土裂缝常用的修补材料。

学习单元五　特种混凝土施工

学习目标

(1)能指导预应力混凝土施工。

(2)能够解决泵送混凝土在输送过程中的堵管问题。

(3)会运用碾压混凝土施工技术解决施工过程中的技术问题。

学习内容

(1)预应力混凝土的施工工艺。

(2)碾压混凝土的施工工艺与质量控制。

(3)泵送混凝土的工程应用优势和施工工艺。

一、预应力混凝土施工

预应力混凝土是近几十年发展起来的一门新兴科学技术,我国自 1956 年开始采用预应力混凝土结构以来,至今已有 50 多年历史。预应力混凝土结构是指在结构或构件承受荷载以前,在受拉区域通过对高强度钢筋进行张拉后将钢筋的回弹力施加给混凝土,使混凝土受到一个预压应力。当该构件在荷载作用下产生拉应力时,受拉区混凝土的拉伸变形首先与压缩变形抵消,随着荷载的不断增加,受拉区混凝土才逐渐被拉伸,从而推迟裂缝的出现,限制裂缝的展开,提高结构的刚度。

预应力混凝土结构与普通钢筋混凝土结构(非预应力混凝土结构)相比具有截面小、自重轻、节约钢材(节约钢材 20% ~40%)、刚度大、抗裂性高和耐久性好等优点,可有效地利用高强度钢筋和高强度等级的混凝土。但预应力混凝土施工工序多,需要专门的机械设备,施工工艺比较复杂,操作要求较高。

预应力混凝土的施工方法有先张法和后张法两种。

(一)先张法

先张法是在浇筑混凝土前张拉预应力筋,并将张拉的预应力筋临时固定在台座或钢模上,然后浇筑混凝土,待混凝土达到一定强度,预应力筋与混凝土之间具有足够的黏结力之后,即可放松预应力筋,使混凝土产生预压应力,如图 6-21 所示。先张法适用于中小型预应力混凝土构件的生产。

先张法的生产方式有台座法和机组流水法两种。台座法是构件在专门设计的固定台座上生产,预应力筋的张拉力由台座承受。预应力筋的张拉、锚固与混凝土的浇筑、养护和预应力筋的放张等均在台座上进行。台座法不需要复杂的机械设备,能适宜多种产品生产,可露天生产、自然养护,也可采用湿热养护,故应用较广。机组流水法构件是利用钢模作为固定预应力筋的承力架,构件连同钢模按流水方式,通过固定机组完成张拉、浇筑、养护等每一生产过程。机组流水法需大量钢模和较高的机械化程度,且需蒸汽养护,因此只用于生产定型预制构件。

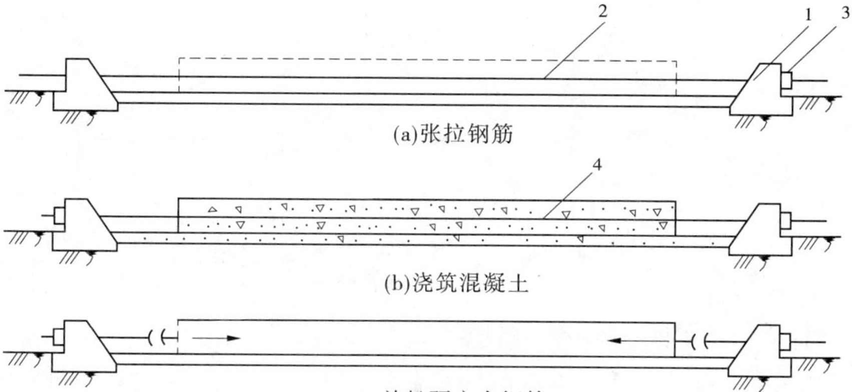

(a)张拉钢筋

(b)浇筑混凝土

(c)放松预应力钢筋

1—台座;2—预应力钢筋;3—夹具;4—混凝土构件

图6-21 先张法施工顺序

1. 张拉设备和机具

1)台座

台座是先张法生产中的主要设备之一。台座应有足够的强度和刚度,以免台座变形、倾覆、滑移而引起预应力的损失。

台座按结构形式分为墩式和槽式两种,使用时应根据构件种类、张拉力大小和施工条件进行选择。

(1)墩式台座。有重力式和构架式两种,如图6-22所示。重力式台座主要靠自重来平衡张拉力所产生的倾覆力矩;构架式台座主要靠土压力来平衡张拉力所产生的倾覆力矩。

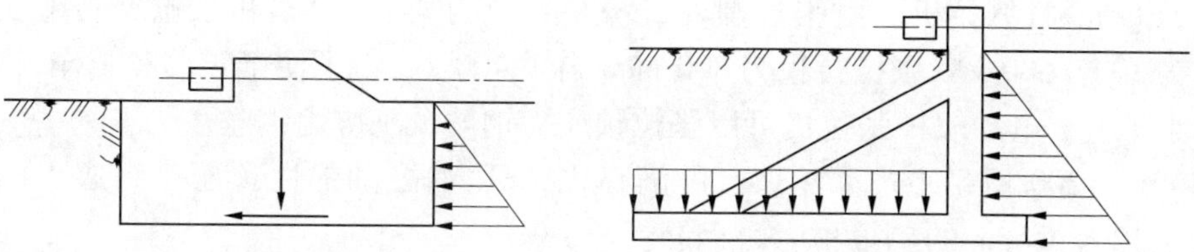

(a)重力式台座　　(b)构架式台座

图6-22 墩式台座

(2)槽式台座。由钢筋混凝土立柱、上下横梁和砖墙组成,如图6-23所示。它既可承受较大的张拉力和倾覆力矩,又可用作蒸汽养护槽。它适用于张拉吨位较高的构件,如中小型吊车梁的浇筑。为便于拆卸迁移,槽式台座应设计成装配式。此外,在施工现场也可利用条石或已预制好的柱、桩和基础梁等构件,装配成简易槽式台座。

2)夹具

夹具是对预应力筋进行张拉并将其固定在台座上的临时性装置。根据夹具的作用分为张拉夹具和锚固夹具。对夹具的要求是:构造简单、加工方便、工作方便可靠。

(1)张拉夹具。是将预应力筋与张拉机械连接起来,进行预应力张拉的工具。常用

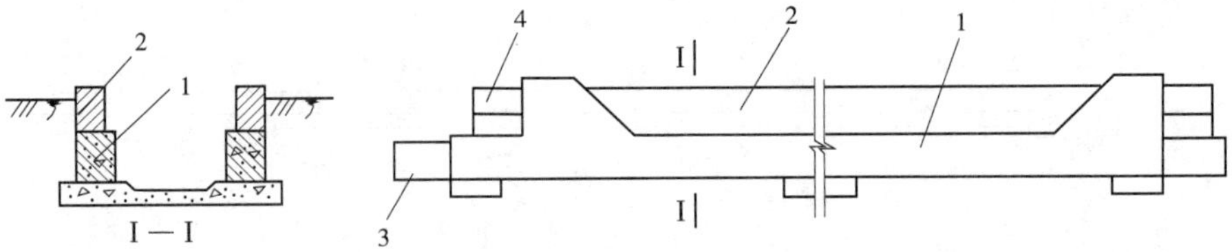

1—钢筋混凝土立柱;2—砖墙;3—下横梁;4—上横梁

图 6-23　槽式台座

的张拉夹具有偏心式夹具和楔形夹具两种。

(2)锚固夹具。是将预应力筋临时固定在台座横梁上的工具。常用的锚固夹具有锥形夹具、圆套筒、三片式夹具、方套筒两片式夹具、镦头夹具 5 种。

锥形夹具是用来锚固预应力钢丝的,由中间开有圆锥形孔的套筒和刻有细齿的锥形齿板或锥销组成,分别称为圆锥齿板式夹具和圆锥三槽式夹具。锥形夹具工作时依靠预应力钢丝的拉力就能够锚固住钢丝。锚固夹具本身牢固可靠地锚固住预应力筋的能力,称为自锚。

镦头夹具是用来锚固预应力钢丝或钢筋的固定端的夹具。冷拔低碳钢丝可采用冷镦或热镦方法制作镦头;碳素钢丝只能采用冷镦方法制作镦头;直径小于 22 mm 的钢筋可在对焊机上采用热镦方法制作镦头;大直径的钢筋只能采用热锻方法锻制镦头。

3)张拉设备

先张法施工中预应力筋可单根张拉或多根成组张拉。先张法常用的张拉设备有卷扬机、油压千斤顶、电动螺杆张拉机等。对张拉设备的要求是工作可靠,能准确控制张拉应力,能以稳定的速率加大拉力。

(1)电动螺杆张拉机。由张拉螺杆、变速箱、拉力架、承力架和张拉夹具组成。最大张拉力为 300 ~ 600 kN,张拉行程为 800 mm,自重 400 kg,为了便于转移和工作,将其装在带轮的小车上。电动螺杆张拉机可以张拉预应力钢筋及预应力钢丝。

(2)YC - 200 型穿心式千斤顶。由偏心式夹具、油缸和弹性顶压头组成。可用于张拉直径为 12 ~ 20 mm 的单根预应力钢筋。

2. 先张法施工工艺

先张法的施工工艺大致可分为三个阶段:张拉预应力筋、混凝土的浇筑和养护、预应力筋放松。具体施工工艺如图 6-24 所示。

1)张拉预应力筋

张拉前先作好台面的隔离层,隔离层不得沾污钢丝,以免影响钢丝与混凝土的黏结。预应力张拉控制应力应符合设计要求及最大张拉控制应力有关规定。

为了减少预应力钢筋应力松弛引起的应力损失,多用超张拉法,其张拉程序有两种不同方式:

$$0 \rightarrow 1.05\sigma_{con} \xrightarrow{\text{持荷 2 min}} \sigma_{con};\ 0 \rightarrow 1.03\sigma_{con}$$

式中　σ_{con}——张拉控制应力。

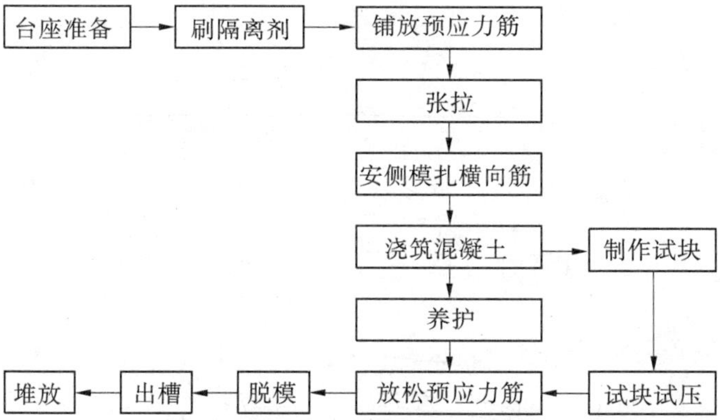

图 6-24　先张法施工工艺流程图

预应力筋张拉后，一般应校核其伸长值。在混凝土浇筑前发生预应力筋断裂或滑脱，必须予以更换。

2）混凝土的浇筑和养护

混凝土的浇筑必须一次完成，不允许留设施工缝。混凝土的强度等级不得小于 C30。为了减小混凝土的收缩和徐变引起的预应力损失，在确定混凝土的配合比时，应采用低水灰比，控制水泥的用量，采用级配良好的骨料，混凝土浇筑时必须振捣密实，特别是构件的端部，以保证混凝土的强度和黏结力。

预应力混凝土构件叠层生产时，应待下层构件的混凝土抗压强度达到 8 ~ 10 MPa 后，再进行上层混凝土构件的浇筑。

若采用蒸汽养护，应采取正确的养护制度，以减少由于温差引起的预应力损失。用机组流水法钢模制作预应力构件，因蒸汽养护钢模预应力筋伸缩同步，不产生温差预应力损失。

3）预应力筋放松

预应力筋放松时，混凝土应达到设计规定的放松强度，若无设计规定，则不应低于设计强度标准值的 75%。预应力混凝土的放松顺序应符合设计要求或有关放松顺序规定的要求，以防止放松过程中构件发生翘曲、开裂及预应力筋断裂等情况。预应力筋数量较少时，可逐根放松，数量较多且张拉力较大时，应同时放松。预应力筋逐根放松可用逐根剪切断的方法进行，同时放松可用楔块装置、砂箱装置进行。

（二）后张法

后张法是先制作构件，并在构件体内按预应力筋的位置留出相应的孔道；待构件的混凝土强度达到规定的强度后，在预留孔道中穿入预应力钢筋（或钢丝）进行张拉，并利用锚具把张拉后的预应力筋锚固在构件的端部，依靠构件端部的锚具将预应力筋的预张拉力传给混凝土，使其产生预压应力；最后在孔道中灌入水泥浆，使预应力筋与混凝土构件形成整体。后张法是在混凝土构件或块体上直接张拉预应力钢筋，不需要专门的台座。后张法灵活性较大，既可用于现场施工的大型预应力混凝土构件，也可将大型混凝土构件在预制厂分块制作，运到现场拼装，利用预应力钢筋拼装成整体。后张法施工示意图如

图 6-25 所示。

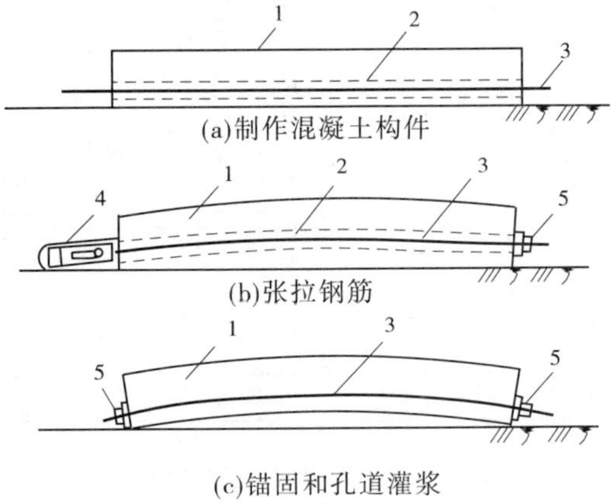

1—混凝土构件;2—预留孔道;3—预应力筋;4—千斤顶;5—锚具

图 6-25　预应力混凝土后张法生产示意图

1. 预应力筋、锚具和张拉设备

在后张法施工中的预应力筋、锚具和张拉设备是相互配套的。现在常用的预应力筋有单根粗钢筋、钢绞线束(钢筋束)和钢丝束三类。它们的加工方法与钢筋的直径、锚具的型式、张拉设备和张拉工艺有关,其中锚固预应力筋的锚具必须构造简单,施工方便,有足够的强度和刚度,锚固可靠,不产生预应力筋的滑移和断裂现象。

1)用单根钢筋作预应力筋

单根预应力粗钢筋一般为冷拉Ⅱ ~ Ⅲ级热轧钢筋。

(1)锚具。用单根粗钢筋作预应力筋时,常用螺丝端杆锚具和帮条锚具。

螺丝端杆锚具由螺丝端杆、螺母、垫板组成,如图 6-26 示。螺丝端杆与预应力钢筋的焊接,应在预应力筋冷拉以前进行。冷拉时螺母的位置应在螺丝端杆的端部,经冷拉后螺丝端杆不得发生塑性变形。

帮条锚具一般用在单根粗钢筋作预应力筋的固定端,由衬板与三根帮条焊接而成,如图 6-27 所示。帮条安装时,三根帮条与衬板相接触部分的截面应在同一垂直面上,以免受力时产生扭曲。

(2)张拉设备。YL－60 型拉杆式千斤顶常用于张拉带有螺丝端杆锚具的单根粗钢筋。千斤顶由主缸、副缸、主副缸活塞、连接器、传力架、拉杆等组成,这种千斤顶张拉吨位为 600 kN,张拉行程为 150 mm。YC－60 型和 YC－18 型穿心式千斤顶可改装成拉杆式千斤顶使用。

2)预应力钢筋束和钢绞线束

钢筋束由直径 12 mm 的钢筋编束而成,钢绞线束由直径 12 mm 或 15 mm 的钢绞线编束而成,每束 3 ~ 6 根。编束时用 18 ~ 22 号铅丝将理顺后的钢筋或钢绞线每个 1 m 左右绑扎一道,形成束状。

(1)锚具。钢筋束和钢绞线束张拉端常使用 KT－Z 型、JM 型、QM 型、XM 型等锚具;固定端钢筋束可用镦头锚具(固定板),钢绞线束可用挤压锚具。

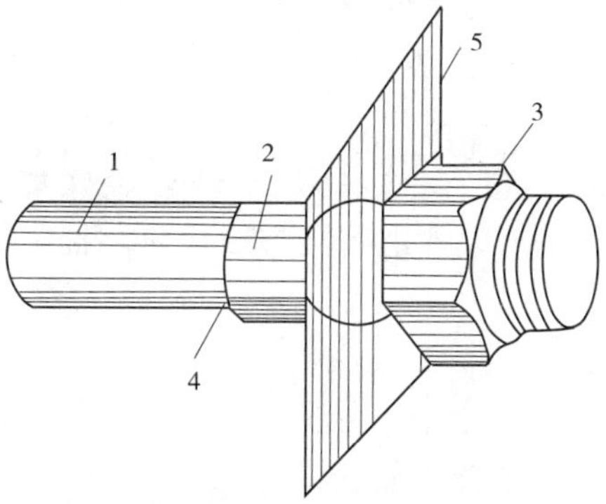

1—钢筋;2—螺丝端杆;3—螺母;4—焊接接头;5—垫板

图 6-26　螺丝端杆锚具

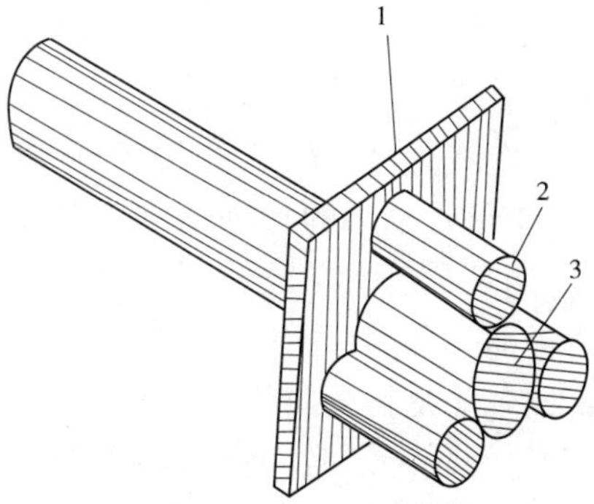

1—衬板;2—帮条;3—主筋

图 6-27　帮条锚具

KT－Z 型锚具,适用于锚固直径 12 mm 的螺纹钢筋束或钢绞线束。

JM 型锚具由锚环和夹片组成,常用于锚固 3 ~ 6 根直径为 12 mm 的钢筋束或钢绞线束。

XM 型锚具是一种新型锚具。它适用于锚固 1 ~ 12 根直径为 15 mm 的预应力钢绞线束和钢丝束。这种锚具的特点是每根钢绞线都是分开锚固的,任何一根钢绞线的锚固失效(如钢绞线拉断、夹片碎裂等),都不会引起整束锚固失效。

QM 型锚具也是一种新型锚具,适用于锚固 4 ~ 31 Φ 12 和 3 ~ 19 Φ 15 钢绞线束。

(2)张拉设备。使用 JM 型锚具、XM 型锚具和 QM 型锚具锚固时,可采用 YC 型穿心式千斤顶张拉钢筋束和钢绞线束。使用 KT－Z 型锚具时,可采用 YC 型穿心式千斤顶或锥锚式千斤顶张拉钢筋束和钢绞线束。

3)钢丝束预应力筋

钢丝束预应力筋一般由几根到几十根直径为 3 ~ 5 mm 的平行的碳素钢丝组成。

(1)锚具。钢丝束预应力筋张拉端常用钢质锥形锚具、钢丝束镦头锚具(A 型)和锥形螺杆锚具,固定端用钢丝束镦头锚具(B 型)钢质,锥形锚具由锚环和锚塞组成,适用于锚固 6 ~ 24 根直径为 3 ~ 5 mm 的钢丝束。锚环内孔的锥度应与锚塞的锥度一致,锚塞上刻有细齿槽,以夹紧钢丝防止滑动。

钢丝束镦头锚具用于锚固 12 ~ 54 根直径为 3 ~ 5 mm 钢丝束,分为 A 型和 B 型两种。A 型由锚环与螺母组成,用于张拉端。B 型为锚板,用于固定端。

锥形螺杆锚具由锥形螺杆、套筒、螺母、垫板组成,适用于锚固 14 ~ 28 根直径为 3 ~ 5 mm 的钢丝束。

(2)张拉设备。钢质锥形锚具用 YZ 型锥锚式双作用千斤顶进行张拉。镦头锚具及锥形螺杆锚具用 YC 型或 YL 型千斤顶张拉。大跨度结构,长钢丝束等引伸量大者,用 YC 型千斤顶为宜。YZ 型千斤顶宜用于张拉钢质锥形锚具锚固的钢丝束。

2. 后张法施工工艺

后张法施工的主要工序可分为孔道留设、预应力筋张拉、孔道灌浆三个阶段。

1)孔道留设

孔道的直径一般比预应力钢筋(束)外径(包括钢筋对焊接头处外径或必须穿过孔道

的锚具外径）大 10 ~ 15 mm，以利于预应力钢筋穿入。孔道的留设方法有抽芯法和预埋管法。

A. 抽芯法

抽芯法在我国已有较长的历史，价格比较低，但也有一定的局限性。如对大跨度结构、大型的或形状复杂的特种结构及多跨连续结构等，因孔道密集难以适应。抽芯法一般有两种，即钢管抽芯法与胶管抽芯法。

a. 钢管抽芯法

钢管抽芯法是预先将钢管埋设在模板内的孔道位置处。在混凝土浇筑过程中和混凝土初凝后，每间隔一定时间慢慢转动钢管，不让混凝土与钢管黏结牢固，等到混凝土终凝前抽出钢管。该法适用于留设直线孔道。使用的钢管要平直，表面要光滑，每根长度最好不超过 15 m，钢管两端应各伸出构件约 500 mm。较长的构件可采用两根钢管，中间用套管连接。

要正确掌握抽管时间，抽管过早，会造成坍孔事故；过迟，则混凝土与钢管黏结牢固，抽管困难。一般抽管时间在浇筑后 3 ~ 6 h，抽管顺序宜先上后下。抽管可采用人工或卷扬机，速度必须均匀，边抽边转，使孔道保持直线。抽管后应及时检查孔道情况，做好孔道清理工作。

b. 胶管抽芯法

胶管一般有五层或七层夹布胶管和钢丝网橡皮管两种。夹布胶管质软，必须在管内充气或充水。在浇筑混凝土前，向胶皮管中充入压力为 0. 6 ~ 0. 8 MPa 的压缩空气或压力水，此时胶皮管直径可增大 3 mm 左右，然后浇筑混凝土，待混凝土初凝后，放出压缩空气或压力水，胶管孔径变小，并与混凝土脱离，随即抽出胶管，形成孔道。

钢丝网橡皮胶管质硬且具有一定弹性，在拉力作用下，其断面能缩小，故在混凝土初凝后即可把胶管抽拔出来。抽管顺序，一般应为先上后下，先曲后直。胶管抽芯不仅可以留设直线孔道，亦可留设曲线孔道。

为了保证钢管或胶管位置准确，一般采用钢筋井字形网架固定管子在模内的位置。井字网架间距：钢管 1 ~ 2 m；胶管直线段一般为 500 mm 左右，曲线段为 300 ~ 400 mm。

B. 预埋管法

预埋管采用一种金属波纹软管，由镀锌薄钢带经波纹卷管机压波卷成，具有重量轻、刚度好、弯折方便、连接简单、与混凝土黏结较好等优点。波纹管的内径为 50 ~ 100 mm，管壁厚 0. 25 ~ 0. 3 mm。除圆形管外，近年来又研制成一种扁形波纹管，可用于板式结构中，扁管的长边边长为短边边长的 2. 5 ~ 4. 5 倍。

这种孔道成型的方法一般用于采用钢丝或钢绞线作为预应力钢筋的大型构件或结构中，可直接把下好料的钢丝、钢绞线在孔道成型前就穿入波纹管中，亦可待孔道成型后再进行穿束。

留设孔道的同时还要按设计要求留设灌浆孔、排气孔、泌水孔。对连续结构中呈波浪状布置的曲线束，且高差较大时，应在孔道的每个峰顶处设置泌水孔；起伏较大的曲线孔道，应在弯曲的低点处设置排水孔；对于较长的直线孔道，应每隔 12 ~ 15 m 设置排气孔。泌水孔、排气孔必要时可考虑作为灌浆孔用。波纹管的连接可采用大一号的同型波纹管，接头管的长度为200 mm,密封胶带封口。

2)预应力钢筋张拉

A. 混凝土的张拉强度

预应力张拉时构件或结构的混凝土强度应符合设计要求,当设计无具体要求时,不应低于设计强度标准值的75%。

B. 张拉控制应力及张拉程序

预应力张拉控制应力应符合设计要求及最大张拉控制应力有关规定。为了减小预应力筋的应力松弛引起的应力损失,可与先张法一样采用超张拉法,其张拉程序有两种:

$$0 \rightarrow 1.05\sigma_{con} \xrightarrow{\text{持荷 } 2\ \text{min}} \sigma_{con}; \qquad 0 \rightarrow 1.03\sigma_{con}$$

C. 张拉端设置

预应力筋张拉端的设置应符合设计要求。当设计无要求时,应符合下列规定:

对于长度不大的直线预应力钢筋,可一端张拉;曲线预应力钢筋应两端张拉。抽芯成孔的直线预应力钢筋,长度大于24 m时应两端张拉,不大于24 m时可一端张拉。

预埋波纹管成孔的直线预应力钢筋,长度大于30 m时应两端张拉,不大于30 m时可一端张拉。竖向预应力结构宜采用两端分别张拉的方法,且以下端张拉为主。

两端张拉,宜先在一端张拉,再在另一端补足张拉力。如有多根可一端张拉的预应力钢筋,宜将这些预应力钢筋的张拉端分别设在结构的两端,以使结构受力均匀。

安装张拉设备时,应使直线预应力钢筋张拉力的作用线与孔道中心线重合;曲线预应力钢筋张拉力的作用线与孔道中心线末端的切线重合。

D. 预应力筋伸长值的校核

预应力筋在张拉时,通过伸长值的校核,可以综合反映出张拉应力是否满足要求,孔道摩阻损失是否偏大,预应力筋是否有异常现象。当采用应力控制方法张拉时,应校核预应力筋伸长值。若实际伸长值大于计算伸长值10%或小于5%,应检查原因,修正后再继续张拉。

E. 张拉顺序

张拉时宜对称进行,以避免引起过大偏心力。当构件或结构配筋较多时,应分批、分阶段对称张拉,张拉顺序应符合设计要求。如设计无规定或受设备限制必须改变,则应经核算确定。在进行预应力钢筋张拉时,可采用一端张拉法,亦可采用两端同时张拉法。当采用一端张拉时,为了克服孔道摩擦力的影响,使预立力钢筋的应力得以均匀传递,反复张拉2~3次,可以达到较好的效果。

采用分批张拉时,考虑到后批张拉预应力钢筋所产生的混凝土弹性压缩会导致先批预应力筋的预应力下降,则先批张拉的预应力钢筋的张拉控制应力为:

$$\sigma'_{con} = \sigma_{con} + \frac{E_s}{E_c}\sigma_{pci} \tag{6-3}$$

式中 σ'_{con}——先批预应力钢筋张拉控制应力;

σ_{con}——设计控制应力(后批预应力钢筋张拉控制应力);

E_s——预应力钢筋的弹性模量;

E_c——混凝土的弹性模量；

σ_{pci}——张拉后批预应力钢筋时在已张拉预应力钢筋重心处产生的混凝土法向应力。

3)孔道灌浆

后张法预应力钢筋张拉、锚固完成后，应立即进行孔道灌浆工作，以防锈蚀，提高结构的耐久性，提高结构的抗裂性和承载力。

灌浆用的水泥浆应满足强度和黏结力要求，应具有较大的流动性、较小的干缩性和泌水性，应采用强度等级不低于42.5级的普通硅酸盐水泥；水灰比宜为0.4左右，不得大于0.45。对于空隙大的孔道可采用水泥砂浆灌浆，水泥浆及水泥砂浆的强度均不得小于20 MPa。为增加灌浆密实度和强度，可使用一定比例的膨胀剂和减水剂。减水剂和膨胀剂均应事前检验，不得含有导致预应力钢材锈蚀的物质；建议拌和后的收缩率应小于2%，自由膨胀率不大于5%。

灌浆前孔道应湿润、洁净。对于水平孔道，灌浆顺序应先灌下层孔道，后灌上层孔道。对于竖直孔道，应自下而上分段灌注，分段高度视施工条件而定，下段顶部及上段底部应分别设置排气孔和灌浆孔。灌浆压力以0.5~0.6 MPa为宜，灌浆应缓慢均匀地进行，不得中断，并应排气通畅。不掺外加剂的水泥浆可采用二次灌浆法，以提高密实度。

(三)无黏结预应力混凝土施工工艺

无黏结后张预应力混凝土是在浇灌混凝土之前，把预先加工好的无黏结筋与普通钢筋一样直接放置在模板内，然后浇筑混凝土，待混凝土达到设计强度时，即可进行张拉。它与有黏结预应力混凝土的不同之处在于：无须在放置预应力钢筋的部位预先留设孔道和沿孔道穿筋；预应力钢筋张拉完后，无须进行孔道灌浆。

1.无黏结预应力钢筋的制作

无黏结预应力钢筋(见图6-28)的制作是无黏结后张预应力混凝土施工中的主要工序。无黏结预应力钢筋一般由高强钢丝、钢绞线等柔性较好的预应力钢材制作而成，当用电热法张拉时，亦可用冷拉钢筋制作。

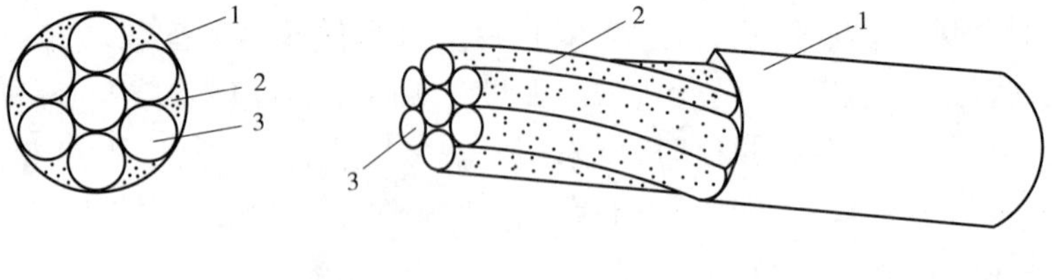

1—塑料外包层；2—防腐润滑脂；3—钢绞线(或碳素钢丝束)

图6-28 无黏结预应力钢筋

无黏结预应力钢筋的涂料层应用防腐材料制作，一般防腐材料可以用沥青、油脂、蜡、环氧树脂或塑料。涂料应具有良好的延性及韧性；在一定的温度范围内(至少在20~70 ℃)不流淌、不变脆、不开裂；应具有化学稳定性，与钢、水泥以及护套材料均无化学反应；不透水、不吸湿、防腐性能好；润滑性能好，摩擦阻力小。

无黏结预应力钢筋的护套材料可以用纸带或塑料带包缠或用注塑套管。护套材料应具有足够的抗拉强度及韧性，以免在工作现场或因运输、储存、安装引起难以修复的损坏和磨损；要求其防水性及抗腐蚀性强；低温不变脆、高温化学稳定性好；对周围材料无腐蚀作用。用塑料作为外包材料时，还应具有抗老化的性能。我国目前使用的高压低密度聚乙烯塑料是通过专门的注塑设备挤压成型，并将涂有防腐油脂层的预应力钢筋包裹上一层塑料。

2. 无黏结预应力钢筋的铺放和混凝土浇筑

无黏结预应力钢筋的铺放工序通常在绑扎完底筋后进行。无黏结预应力钢筋的铺放的曲率可用垫铁马凳或其他构造措施控制。其放置间距不宜大于 2 m，用铁丝与非预应力钢筋扎紧。铺放双向配筋的无黏结筋时，应先铺低的，后铺高的，尽量避免两个方向的无黏结筋相互穿插铺放。绑扎无黏结筋时，应先在两端拉紧，同时从中间往两端绑扎定位。

浇筑混凝土前应对隐蔽工程进行验收，当确认合格后方可浇筑混凝土。浇筑混凝土时，严禁踏压碰撞无黏结预应力筋、支撑架以及端部预埋部件。张拉端、固定端混凝土必须捣实。

3. 无黏结预应力钢筋的张拉

无黏结预应力钢筋的张拉与有黏结预应力钢丝束的张拉相似。无黏结预应力钢筋张拉时，混凝土立方体抗压强度应符合设计要求；当设计无具体要求时，不应低于设计混凝土强度等级值的 75%。

张拉程序一般采用 $0 \rightarrow 1.03\% \sigma_{con}$，然后进行锚固。当采用应力控制方法张拉时，应校核无黏结预应力钢筋的伸长值，当实际伸长值与设计计算伸长值相对偏差超过 ±6% 时，应检查原因，修正后再继续张拉。

当无黏结预应力钢筋长度超过 30 m 时，宜采取两端张拉；当长度超过 60 m 时，宜采取分段张拉和锚固。当需进行两端张拉时，宜两端同时张拉。

无黏结预应力钢筋的张拉顺序应符合设计要求，如设计无要求，可采用分批、分阶段对称张拉或依次张拉。采用分批张拉时，应考虑后批张拉筋所产生的混凝土弹性压缩（或伸长）对先批张拉筋的影响，并对先批张拉筋的张拉控制应力值作相应调整。

在张拉过程中，当有个别钢丝发生滑脱或断裂时，可相应降低张拉力，但滑脱或断裂的根数不应超过结构同一截面钢丝总根数的 3%，且每束中不得超过 1 根钢丝断裂；对于多跨双向连续板，其同一截面应按每跨计算。

4. 锚头端部的处理

无黏结预应力束通常采用镦头锚具，外径较大，钢丝束两端留有一定长度的孔道，其直径略大于锚具的外径。钢丝束张拉锚固以后，其端部便留下孔道，且该部分钢丝没有涂层，必须采取保护措施，以防止钢丝锈蚀。

无黏结预应力束锚头端部处理，目前常用的办法有两种：一是在孔道中注入油脂并加以封闭；二是在两端留设的孔道内注入环氧树脂水泥砂浆，将端部孔道全部灌注密实，以防预应力钢筋发生局部锈蚀。灌注用环氧树脂水泥砂浆的强度不得低于 35 MPa。灌浆的同时，将锚环内也用环氧树脂水泥砂浆封闭，既防止钢丝锈蚀，又起到一定的锚固作用。

最后浇筑微膨胀混凝土或钢筋混凝土或用环氧砂浆将锚具封闭。当不能采用微膨胀混凝土或环氧砂浆作封闭保护时，预应力钢筋锚具要全部涂刷抗锈漆或油脂，并用具有可靠防腐和防火性能的保护罩将锚具全部密闭。

二、碾压混凝土施工

碾压混凝土是一种用土石坝碾压机具进行压实施工的干硬性混凝土，碾压混凝土具有水泥用量少、粉煤灰掺量高、可大仓面连续浇筑上升、上升速度快、施工工序简单、造价低等特点，但对其施工工艺要求较严格。自从20世纪70年代出现碾压混凝土筑坝技术以来，不少国家相继应用这种新技术修筑混凝土坝和大体积混凝土建筑物，取得了丰富经验。我国于1980年开始进行这种技术的试验，经历了试验、探索、推广应用和创新等过程，在筑坝实践和基础理论研究方面已取得显著成效。

（一）碾压混凝土原材料及配合比

1. 碾压混凝土原材料

1）胶凝材料

碾压混凝土一般采用硅酸盐水泥或矿渣硅酸盐水泥，水泥强度等级不低于42.5。近年来，低热具有微膨胀性能的硅酸盐水泥及大掺量粉煤灰是碾压混凝土施工的新趋势。粉煤灰掺用量一般在50%～70%，具体掺用量应按照其质量等级、设计要求及通过试验论证确定。粉煤灰要求达Ⅰ、Ⅱ级灰的标准。无粉煤灰资源时，可以采用符合要求的凝灰岩、磷矿渣、高炉矿渣、尾矿渣、石粉等。

2）骨料

与常态混凝土一样，可采用天然骨料或人工骨料，碾压混凝土的粗骨料最大的粒径：三级配不大于80 mm；二级配不大于40 mm。迎水面用碾压混凝土自身作为防渗体时，一般在一定宽度范围内采用二级配碾压混凝土。细骨料的细度模数一般要求控制在2.2～2.9（人工砂）或2.0～3.0（天然砂），砂中的石粉（$d<0.16$ mm的颗粒）含量（占细骨料的质量比）以10%～22%为宜，人工砂的含泥量应不大于5%。骨料应满足《水工混凝土施工规范》（SL 677—2014）的相关要求。碾压混凝土对砂子含水量的控制要求比常态混凝土严格，砂子含水量不稳定时，碾压混凝土施工层面易出现局部集中泌水现象。

3）外加剂

碾压混凝土的外加剂具有十分重要的作用，外加剂的性能主要以缓凝作用为主，减水作用为次。碾压混凝土的初凝时间一般要求大于12 h，减水效果一般要求在12%～20%范围内。碾压混凝土一般应掺用缓凝减水剂，并掺用引气剂，以增强碾压混凝土的抗冻性。

2. 碾压混凝土配合比

1）对碾压混凝土要求

（1）混凝土质量均匀，施工过程中粗骨料不易发生分离。

（2）工作度适当，拌和物较易碾压密实，混凝土容重较大。

（3）拌和物初凝时间较长，易于保证碾压混凝土施工层面的良好黏结，层面物理力学性能好。

(4)混凝土的力学强度、抗渗性能等满足设计要求,具有较高的拉伸应变能力。

(5)对于外部碾压混凝土,要求具有适应建筑物环境条件的耐久性。

(6)碾压混凝土配合比经现场试验后调整确定。

2)碾压混凝土配合比设计参数常用取值

(1)掺合料及胶凝材料用量:粉煤灰的掺量50% ~70%,胶凝材料总用量一般120 ~160 kg/m^3,《水工碾压混凝土施工规范》(DL/T 5112—2009)规定大体积建筑物内部碾压混凝土的胶凝材料用量不宜低于130 kg/m^3。小型工程和临时工程可不受此限。

(2)水胶比:根据各工程材料和技术要求的不同应该有所差别,必须通过试验确定。国内各工程所使用的水胶比一般为0.50 ~0.70。

(3)砂率:碾压混凝土砂率一般比常态混凝土高,使用天然砂石料时,三级配碾压混凝土的砂率为28% ~32%,二级配时为32% ~37%;使用人工砂时,砂率应增加3% ~6%。

(4)单位用水量:不仅与混凝土的可碾性直接联系,而且与经济性相关。所以,在满足可碾性要求的情况下,通常取用较小的单位用水量,以节约水泥和掺合料。三级配碾压混凝土,用水量可为70 ~110 kg/m^3。

(5)V_c值:根据国内工程施工经验,为了保证碾压混凝土的可碾性,容易泛浆,以及层面结合质量,拌和物现场V_c值在5 ~15 s比较合适。考虑到运输过程和不同气温条件,以及骨料的吸水率等因素对拌和物V_c值的影响,推荐的搅拌机口V_c值5 ~12 s。实际施工时,考虑各种因素的影响,搅拌机口V_c值可低于5 s。

(二)碾压混凝土的施工工艺

1.模板施工

碾压混凝土施工模板可采用翻升模板、预制混凝土模板、自升模板或其他形式模板,所采用的模板应能承受碾压产生的侧压力,且不影响碾压混凝土施工质量和干扰其他施工作业。模板在使用时必须进行清洗上油,以使混凝土的外表清洁光滑。

2.混凝土拌制

碾压混凝土可采用强制式或自落式搅拌设备拌和,也可采用连续式搅拌机拌和。其拌和时间一般比常态混凝土延长30 s左右,故而生产碾压混凝土时拌和楼生产率比常态混凝土低10%左右。拌制时各种材料的投料顺序和搅拌时间必须通过拌和物的均匀性试验来确定。拌和物在卸入运输工具时,卸料出口与运输工具之间的自由落差应小于2 m。

3.混凝土运输

碾压混凝土运输可采用自卸汽车、皮带输送机、真空溜槽、混凝土吊罐、缆机、门机、塔机等机具。自卸汽车运料直接入仓面时,在入仓前应对轮胎进行清理冲洗并防止污水带入仓面。真空溜槽垂直输送混凝土应保证溜槽的真空度,定期更换橡胶软皮,严格控制溜槽的下料速度。仓面上的运输汽车应保持清洁,加强保养维修,保持车况良好,无漏油、漏水现象。汽车在仓面上行驶时,应严格控制行驶速度,避免急刹车、急转弯等有损混凝土质量的操作。

4. 卸料

碾压混凝土施工采用大仓面薄层连续铺筑，汽车进仓卸料时，宜采用退铺法依次卸料，且宜按梅花形依次堆放，先卸 1/3，移动 1 m 左右位置，再卸 2/3，卸料应尽可能均匀，堆旁出现的分离骨料应由人工或其他机械将其均匀摊铺到未碾压的混凝土面上。仓面的卸料位置一般应由专人负责，控制卸料的密度，卸料堆的边缘与模板的距离不应小于 1.2 m。

5. 平仓与碾压

碾压混凝土浇筑时一般按条带摊铺，铺料条带宽根据施工强度确定，一般为 4 ~ 12 m，铺料厚度为 35 cm，压实厚度 30 cm，铺料后常用平仓机或平履带的大型推土机平仓。为解决一次摊铺产生骨料分离的问题，可采用二次摊铺，即先摊铺下半层，然后在其上卸料，最后摊铺成 35 cm 的层厚。采用二次摊铺后，对料堆之间及周边集中的骨料经平仓机反复推刮后，能有效分散，再辅以人工分散处理，可改善自卸汽车铺料引起的骨料分离问题。

一条带平仓完成后立即开始碾压，振动碾一般选用自重大于 10 t 的大型双滚筒自行式振动碾，作业时行走速度为 1 ~ 1.5 km/h，碾压遍数通过现场试碾确定，一般为无振 2 遍加有振 6 ~ 8 遍。碾压条带间搭接宽度大于 20 cm，端头部位搭接宽度大于 100 ~ 150 cm，条带从铺筑到碾压完成控制在 2 h 左右。边角部位采用小型振动碾压实。碾压作业完成后，用核子密度仪检测其密度，达到设计要求后进行下一层碾压作业；若未达到设计要求，立即重碾，直到满足设计要求为止。仓面碾压混凝土的 V_c 值控制在 5 ~ 10 s，并尽可能地加快混凝土的运输速度，缩短仓面作业时间，做到在下一层混凝土初凝前铺筑完上一层碾压混凝土。碾压机在碾压过程中，如碾压层面由于水分蒸发而导致混凝土 V_c 值偏大，发生久压不会泛浆时，应利用碾压机上自带水箱在碾压混凝土表面进行喷水补偿碾压，以达到碾压表面充分泛浆。

当采用“金包银法”施工时，周边常态混凝土与内部碾压混凝土结合面尤其要注意保证接头质量。

6. 造缝

碾压混凝土一般采取几个坝段形成的大仓面通仓连续浇筑上升，坝段之间的横缝，一般可采取切缝机切缝(缝内填设金属片或其他材料)、埋设隔板或钻孔填砂形成，或采用其他方式设置诱导缝。切缝机切缝时，可采取“先切后碾”或“先碾后切”，成缝面积不少于设计缝面的 60% 。埋设隔板造缝时，相邻隔板间隔不大于 10 cm，隔板高度宜比压突层面低 2 ~ 3 cm。钻孔填砂造缝则是待碾压混凝土浇筑完一个升程后沿分缝线用手风钻造诱导孔。填缝材料一般采用塑料膜、铁片或干砂。

7. 变态混凝土及常态混凝土施工

基础找平层的常态混凝土在浇筑完毕 3 ~ 7 d 后方可在其上填筑碾压混凝土，但应避免长期间歇，最长的间歇时间以不超过 15 d 为宜。岸坡部位的常态混凝土应与碾压混凝土同步施工。变态混凝土是在碾压混凝土拌和物铺料前后和中间喷洒同水灰比的水泥粉煤灰净浆，采用插入式振捣器将其振捣密实。目前，大部土碾压混凝土坝的岸坡常态混凝土均改用变态混凝土。模板周边、坝体孔洞周边或其他曾采用常态混凝土的部位也均有采用变态混凝土的。

8. 碾压混凝土的养护

碾压混凝土的龄期一般较长，最长达到 180 d。因此，加强混凝土的养护工作是保证混凝土施工质量的重要因素，晴天对混凝土应加强喷水养护，可采用自动喷水设施进行养护；冬天应对混凝土的外露面进行保温养护，特别在温度骤降的时候更应加强混凝土的保温措施。

（三）碾压混凝土的温度控制

1. 分缝分块

碾压混凝土施工一般采取通仓薄层连续浇筑，对于仓面很大而施工机械生产率不能满足层面间歇期要求时，对整个仓面分设几个浇筑区进行施工。为适应碾压混凝土施工的特点，碾压混凝土坝或围堰不设纵缝，横缝间距一般也比常态混凝土间距大，采用立模、锯缝或在表面设置诱导缝。例如，三峡纵向围堰坝身段下部高程 84.5 m 以下采用了碾压混凝土施工，该坝段顺流向长度为 115 m，横缝间距 36 m 和 32 m。三峡大坝导墙采用碾压混凝土，导墙分块长度 30 ~ 34 m，采用 2 ~ 3 块为一碾压仓，人工造缝形成设计分块缝。对于碾压混凝土围堰或小型碾压混凝土坝，也有不设横缝的通仓施工，例如隔河岩上游横向围堰及岩滩上下游横向围堰均未设横缝。大中型碾压混凝土坝如不设横缝，难免会出现裂缝，美国早期修建的几座未设横缝的大中型碾压混凝土坝均出现较大裂缝而不得不进行修补。

2. 碾压混凝土温度控制标准

由于碾压混凝土胶凝材料用量少，极限拉伸值一般比常态混凝土小，其自身抗裂能力比常态混凝土差，因此其温差标准比常态混凝土严。《混凝土重力坝设计规范》（SL 319—2005）规定，当碾压混凝土 28 d 极限拉伸值不低于 0.84×10^{-4}时，碾压混凝土坝基础容许温差见表 6-8。对于外部无常态混凝土或侧面施工期暴露的碾压混凝土浇筑块，其内外温差控制标准一般在常态混凝土基础上增加 2 ~ 3 ℃。

表 6-8 基础约束区混凝土容许温差（单位：℃）

距基础面高度 h	浇筑块长边长度 L				
	17 m 以下	17 ~ 20 m	20 ~ 30 m	30 ~ 40 m 以上	40 m 至通仓长块
0 ~ 0.2L	26 ~ 25	25 ~ 22	22 ~ 19	19 ~ 16	16 ~ 14
(0.2 ~ 0.4)L	28 ~ 27	27 ~ 25	25 ~ 22	22 ~ 19	19 ~ 17

3. 碾压混凝土温度计算

由于碾压混凝土采用通仓薄层连续浇筑上升，混凝土内部最高温度一般采用差分法或有限元法进行仿真计算。计算时每一碾压层内竖直方向设置 3 层计算点，水平方向则根据计算机容量设置不同数量计算点。碾压混凝土因胶凝材料用量少，且掺加大量粉煤灰，其水化热温升一般较低，冬季及春秋季施工时其内部最高温度比常态混凝土低。

4. 冷却水管埋设

碾压混凝土一般采取通仓浇筑，且为保证层间胶结质量，一般安排在低温季节浇筑，不需要进行初、中、后期通水冷却，从而不需要埋设冷却水管。但对于设有横缝且需进行接缝灌浆，或气温较高，混凝土最高温度不能满足要求时，也可埋设水管进行初、中、后期通水冷却。三峡工程在碾压混凝土纵向围堰及纵堰坝身段下部碾压混凝土中均埋设了冷却水管。施工时冷却水管一般布设在混凝土面上，水管间距为 2 m，开始采用挖槽埋设，此法费工、费时，效果亦不佳。之后改在施工缝面上直接铺设，用钢筋或铁丝固定间距，开仓时用砂浆包裹，推土机入仓时先用混凝土作垫层，避免履带压坏水管。一般在收仓后 24 h 开始进行初期通水冷却，通水流量 18 ~ 20 L/min，通水时间不少于 7 d，一般可降低混凝土最高温度 3 ~ 5 ℃。

5. 温控措施

碾压混凝土主要温控措施与常态混凝土基本相同，仅混凝土铺筑季节受到较大限制，由于碾压混凝土属干硬性混凝土，用水量少，高温季节施工时表面水分散发后易干燥而影响层间胶结质量，故而一般要求在低温季节浇筑。

（四）施工缝面处理

常用的层面处理设备是高压冲毛机、刷毛机。

正常施工缝一般在混凝土收仓后 10 h 左右用压力水冲毛，清除混凝土表面的浮浆，高压冲毛机的水压力一般可达 0.3 ~ 0.5 MPa。局部层面冲毛机难处理到的部位可以采用电动刷毛机进行层面补充刷毛处理。以露出粗砂粒和小石为准。

施工过程中因故中止或其他原因造成层面间歇时间超过设计允许间歇时间时，视间歇时间的长短采用不同的处理方法。对于间歇时间较短，碾压混凝土未终凝的施工缝面，可将层面松散物和积水清除干净，铺一层 2 ~ 3 cm 厚的砂浆后，继续进行下一层碾压混凝土摊铺、碾压作业；对于已经终凝的碾压混凝土施工缝，一般按正常工作缝处理。

第一层碾压混凝土摊铺前，砂浆铺设随碾压混凝土铺料进行，不得超前，保证在砂浆初凝前完成碾压混凝土的铺筑。碾压混凝土层面铺设的砂浆应有一定坍落度。

（五）防渗层常态混凝土浇筑

“金包银”结构的外部防渗层常态混凝土铺筑层厚一般与碾压混凝土相同，为 30 cm。可采取先浇常态混凝土，在常态混凝土初凝前铺筑碾压混凝土，或先浇碾压混凝土，再浇筑常态混凝土，结合部位采用振动碾压实，大型振动碾无法碾压的部位，用小型振动碾碾压。

（六）碾压混凝土的施工质量控制要点

影响碾压混凝土坝施工质量的因素主要有碾压时拌和料的干湿度，卸料、平仓、碾压的质量控制以及碾压混凝土的养护和防护等。

1. 碾压时拌和料干湿度的控制

碾压混凝土的干湿度一般用 V_c 值来表示。V_c 值太小表示拌和太湿，振动碾易沉陷，难以正常工作。V_c 值太大表示拌和料太干，灰浆太少，骨料架空，不易压实。但混凝土入仓料的干湿又与气温、日照、辐射、湿度、蒸发量、雨量、风力等自然因素相关，碾压时难以控制。现场 V_c 值的测定可以采用 V_c 仪或凭经验手感测定。

在碾压过程中，若振动碾压3～4遍后仍无灰浆泌出，混凝土表面有干条状裂纹出现，甚至有粗骨料被压碎现象，则表明混凝土料太干；若振动碾压1～2遍后，表面就有灰浆泌出，有较多灰浆粘在振动碾上，低挡行驶有陷车情况，则表明拌和料太湿。在振动碾压3～4遍后，混凝土表面有明显灰浆泌出，表面平整、润湿、光滑，碾磙前后有弹性起伏现象，则表明混凝土料干湿适度。

2. 卸料、平仓、碾压的质量控制

卸料、平仓、碾压，主要应保证层间结合良好。卸料、铺料厚度要均匀，减少骨料分离，使层内混凝土料均匀，以利充分压实。卸料、平仓、碾压的质量要求与控制措施是：

(1)要避免层间间歇时间太长，防止冷缝发生。

(2)防止骨料分离和拌和料过干。

(3)为了减少混凝土分离，卸料落差不应大于2 m，堆料高不大于1.5 m。

(4)入仓混凝土及时摊铺和碾压。

(5)常态混凝土和碾压混凝土结合部的压实控制，无论采用"先碾压后常态"还是"先常态后碾压"或两种混凝土同步入仓，都必须对两种混凝土结合部重新碾压。由于两种料的初凝时间相差可达4 h，除应注意接缝面外，还应防止常态混凝土水平层面出现冷缝。应对常态混凝土掺高效缓凝剂，使两种材料初凝时间接近，同处于塑性状态，保持层面同步上升，以保证结合部的质量。

(6)每一碾压层至少在6个不同地点，每2 h至少检测一次。压实密度可采用核子水分密度仪、谐波密实度计和加速度计等方法检测，目前较多采用挖坑填砂法和核子水分密度仪法进行检测。

3. 碾压混凝土的养护和防护

(1)碾压混凝土浇筑后必须养护，并采用恰当的防护措施，保证混凝土强度迅速增长，达到设计强度。

(2)从施工组织安排上应尽量避免夏季和高温时刻施工。

三、泵送混凝土施工

(一)混凝土泵送设备及管道选择

混凝土泵的选型，应根据混凝土工程特点、要求的最大输送距离、最大输出量及混凝土浇筑计划确定。混凝土输送管，应根据工程和施工场地特点、混凝土浇筑方案进行选择。

混凝土输送管包括直管、弯管、锥管、布料软管。对其要求是阻力小、耐磨损、质量轻、易装拆、密封好。材质常用钢管和低合金管，应使用无龟裂、无凹凸损伤和无弯折，接头严密，有足够强度，能快速装拆的输送管。

1. 混凝土输送管的水平换算长度

为了验算混凝土泵的泵送能力，通常按表6-9将不同类别的混凝土输送管进行水平换算长度换算。

表 6-9 混凝土输送管的水平换算长度

类别	单位	规格		水平换算长度(m)
向上垂直管	每米	100 mm		3
		125 mm		4
		150 mm		5
锥形管	每根	175 ~ 150 mm		4
		150 ~ 125 mm		8
		125 ~ 100 mm		16
弯管	每根	90°	$R=0.5$ m	12
			$R=1.0$ m	9
软管	每 5 ~ 8 m 长的 1 根			20

注:1. R 为弯曲半径。

2. 弯管的弯曲角度小于 90°时,需将表列数值乘以该角度与 90°角的比值。

3. 向下垂直管,其水平换算长度等于其自身长度。

4. 斜向配管时,根据其水平及垂直投影长度,分别按水平、垂直配管计算。

2. 混凝土泵的最大水平输送距离

混凝土泵的最大水平输送距离,可由试验确定,也可参照产品的性能表确定,或根据混凝土泵的最大出口压力、配管情况、混凝土性能指标和输出量,按下式计算:

$$L_{max} = P_{max}/\Delta P_H \tag{6-4}$$

$$\Delta P_H = \frac{2}{r_0}\left[K_1 + K_2\left(1 + \frac{t_2}{t_1}\right)v_2\right]a_2 \tag{6-5}$$

$$K_1 = (3.00 - 0.01S_1) \times 10^2 \tag{6-6}$$

$$K_2 = (4.00 - 0.01S_1) \times 10^2 \tag{6-7}$$

式中 L_{max}——混凝土泵的最大水平输送距离,m;

P_{max}——混凝土泵的最大出口压力,Pa;

ΔP_H——混凝土在水平输送管内流动每米产生的压力损失,Pa/m,除用公式计算外,亦可用其他方法确定,且宜通过试验验证;

r_0——混凝土输送管半径,m;

K_1——黏着系数,Pa;

K_2——速度系数,Pa/(m · s);

S_1——混凝土坍落度,mm;

$\frac{t_2}{t_1}$——混凝土泵分配网切换时间与活塞推压混凝土时间比,一般取 0.3;

v_2——混凝土拌和物在输送管内的平均流速,m/s;

a_2——径向压力与轴向压力比,对普通混凝土取 0.90。

3. 混凝土泵的泵送能力

混凝土泵的泵送能力,根据具体施工情况可按下列方法之一进行验算,同时应符合产品说明中的有关规定。

混凝土输送管道的配管整体水平换算长度应不超过混凝土泵的最大水平输送距离。

按表6-10换算的总压力损失，应小于混凝土泵正常工作时的最大出口压力。

表6-10　混凝土泵送的换算压力损失

管件名称	换算量	换算压力损失(MPa)
水平管	每20 m	0.10
垂直管	每5 m	0.10
45°弯管	每只	0.05
90°弯管	每只	0.10
管道接环(管卡)	每只	0.10
管路截止阀	每个	0.80
3~5 m橡皮软管	每根	0.20

注：附属于泵体的换算压力损失：Y形管175~125 mm，0.05 MPa；每个分配阀，0.80 MPa；每台混凝土泵启动内耗，2.80 MPa。

4. 混凝土泵的台数

根据混凝土浇筑的数量和混凝土泵单机的实际平均输出量和施工作业时间，按下式计算：

$$N_2 = \frac{Q}{Q_1}T_0 \tag{6-8}$$

式中　N_2——混凝土泵数量，台；

Q——混凝土浇筑数量，m^3；

Q_1——每台混凝土泵的实际平均输出量，m^3/h；

T_0——混凝土泵送施工作业时间，h。

对于重要工程的混凝土泵送施工，混凝土泵所需的台数应在计算确定的基础上，再考虑一定的备用台数。

(二)管道布置及安装

泵送混凝土输送管道的布置及安装应满足以下要求：

(1)管线宜直，转弯宜缓，以减少压力损失。

(2)接头应严密，防止漏水漏浆。

(3)浇筑点先远后近，管道只拆不接，方便工作。

(4)管道应合理固定，不影响交通运输，不搞乱已绑扎好的钢筋，不使模板振动。

(5)管道、弯头、零配件应有备品，可随时更换。

(6)垂直向上布管时(见图6-29)，为减轻混凝土泵出口处压力，宜使地面水平管长度不小于垂直管长度的1/4，一般不宜少于15 m。当垂直输送距离较大时，在混凝土泵机Y形管出料口3~6 m处的输送管根部应设置截止阀，以防混凝土拌和物反流。

(7)倾斜向下布管时(见图6-30)，应在斜管上端设排气装置；当高差大于20 m时，应在斜管下端设置5倍高差长度的水平管。

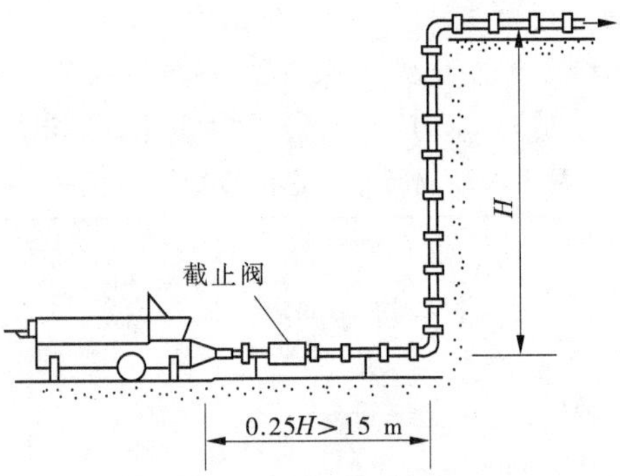

图 6-29　垂直向上布管图

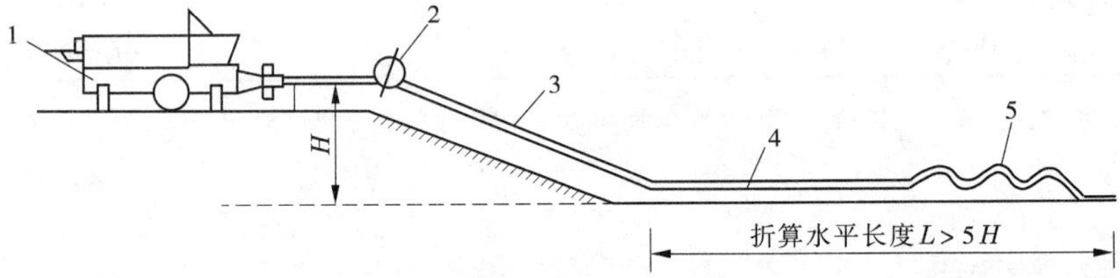

1—混凝土泵;2—排气阀;3—下斜管;4—水平管;5—软管

图 6-30　倾斜向下布管图

(三)布料设备的配置要求

布料设备的配置要求主要有以下三个方面:

(1)应根据工程结构特点、施工工艺、布料要求和配管情况等,选择布料设备。

(2)应根据结构平面尺寸、配管情况和布料杆长度,布置布料设备。

(3)布料设备应安设牢固和稳定。

(四)管道堵塞及管道清洗

泵送混凝土施工时要密切注意混凝土泵在压送过程中工作状态的变化。当混凝土泵出现压力升高且不稳定、油温升高、管道有明显的振动等现象而泵送困难时,不得强行泵送,应立即查明原因,并采取措施排除,否则易造成管道堵塞。

1. 管道堵塞的原因及预防措施

1)管道堵塞的原因

在混凝土压送过程中,混凝土拌和物品质不良,可泵性差;输送管路配管设计不合理;混凝土泵送操作方法不当等原因,经常会引起管道堵塞。例如:混凝土粗骨料粒径过大,最大粒径超过管径的1/3;砂率过低,砂子用量较少;混凝土的原材料质量差,配合比设计不合理导致混凝土流动性降低或保水性差,混凝土泵送过程中易产生离析;混凝土拌和不均匀;管路中锥形管锥度太大及弯管弯曲半径太小;管道接头不严密;混凝土进料时,粒径过大的粗骨料或异物没有及时剔除;泵送施工发生非堵塞性中断导致管道内混凝土离析或凝结;受料斗混凝土供应跟不上,吸入空气造成管道堵塞。

2)预防措施

混凝土的原材料质量及配合比设计需满足混凝土可泵性要求;管道质量合格,配管设计合理;严格控制入泵混凝土质量;泵送施工操作严格按操作规程规定进行;保证混凝土供应,泵送施工连续进行;密切注意泵送工作状态的变化,当出现泵送困难时,及时采取措施排除。

2. 管道堵塞后的处理

(1)重复进行反泵和正泵,吸出混凝土至料斗中,重新搅拌后泵送。

(2)用木槌敲击等方法,查明堵塞部位,并用木槌击松堵塞部位混凝土,重复进行反泵和正泵,排除堵塞。

(3)如严重堵塞,则应在混凝土卸压后拆管清理,清理出堵塞物后接管泵送。重新泵送前,应排除管内空气后拧紧接头。

3. 管道清洗

泵送完毕时,应将混凝土泵和输送管道清洗干净。泵送即将结束前,应正确计算混凝土的需用量,并及时告知混凝土搅拌处。洗管前应先进行反吸,以降低管内压力。洗管时用水或压缩空气将管道中存浆排除,布料设备出口应朝安全方向。洗管残浆应按预定的方法和场所妥善处理。

(五)泵送混凝土的浇筑

泵送混凝土的浇筑应根据工程结构特点、平面形状和几何尺寸、混凝土供应和泵送设备能力、劳动力和管理能力,以及周围场地大小等条件,预先划分好混凝土浇筑区域。

当多台混凝土泵同时泵送或与其他输送方法组合输送混凝土时,应预先规定各自的输送能力、浇筑区域和浇筑顺序,并应分工明确、互相配合、统一指挥。

1. 浇筑前的准备

混凝土浇筑之前应做好混凝土的生产准备,混凝土泵、泵送管道及布料设备的安装,浇筑仓面的准备工作。

由于泵送混凝土的流动性大和施工的冲击力大,因此在浇筑混凝土前应确保模板、预埋件和支撑有足够的强度、刚度和稳定性。对于有预留洞、预埋件和钢筋密集的部位,应预先制定好相应的技术措施,确保顺利布料和振捣密实。

2. 混凝土泵送

混凝土泵与输送管道经全面检查符合要求后,应先空转运行并泵送适量的水以湿润混凝土泵及输送管道。泵水检查结束,应泵送水泥浆或水泥砂浆,以润滑混凝土泵及输送管道。一般多用水泥砂浆进行润滑,当砂浆即将压送完毕时,即可泵送混凝土。开始泵送混凝土时,应使混凝土泵处于慢速、匀速并随时可反泵的状态,并逐步加速。同时注意观察混凝土泵的输送压力和各系统的工作情况,在确认混凝土泵各系统均工作正常后,即可以正常速度泵送混凝土。泵送结束应及时将混凝土泵和输送管道清洗干净。

3. 泵送混凝土的浇筑顺序

(1)当采用混凝土输送管输送混凝土时,应由远而近浇筑。

(2)在同一区域的混凝土应按先竖向结构后水平结构的顺序,分层连续浇筑。

(3)当不允许留施工缝时,区域之间、上下层之间的混凝土浇筑间歇时间不得超过混凝土初凝时间。当下层混凝土初凝后,浇筑上层混凝土时,应先按施工缝处理。

4. 泵送混凝土的布料

(1)在浇筑竖向结构混凝土时,布料设备的出口离模板内侧面不应小于 50 mm,并且不得向模板内侧面直冲布料,也不得直冲钢筋骨架布料。

(2)浇筑水平结构混凝土时,不得在同一处连续布料,应在 2 ~ 3 m 范围内水平移动布料,且宜垂直于模板布料。

5. 泵送混凝土的浇筑

(1)泵送混凝土因坍落度较大,多用平层浇筑法。混凝土浇筑分层厚度一般为 30 ~ 50 cm。当水平结构的混凝土浇筑厚度超过 50 cm 时,可按 1∶6 ~ 1∶10 坡度分层浇筑,且上层混凝土应超前覆盖下层混凝土 50 cm 以上。

(2)振捣泵送混凝土时,振动棒插入的间距一般为 40 cm 左右,振捣时间一般为 15 ~ 30 s,并且在 20 ~ 30 min 后对其进行第二次复振。

(3)若发现混凝土有不密实等现象,应立即采取措施纠正。

(4)水平结构的混凝土表面应适时用木抹子抹平搓毛两遍以上。必要时,还应先用铁滚筒压两遍以上,以防止产生收缩裂缝。

(5)泵送混凝土浇筑完毕,应做好养护工作。泵送混凝土的养护要求同常规混凝土。

学习项目七 吊装施工

学习单元一 吊装设备及器具

学习目标

(1)能够掌握各种类型的索具设备,并进行适当的选择。

(2)熟悉各类起重机械,并根据不同情况选择合适的起重机械。

学习内容

(1)各种索具设备的种类及其应用。

(2)各种滑车、滑车组的种类,掌握钢丝绳跑头拉力计算方法。

(3)各种型号起重机的工作特点及使用要点。

一、索具设备

(一)钢丝绳

钢丝绳是吊装中的主要绳索,它具有强度高、弹性大、韧性好、耐磨、能承受冲击载荷等优点,且磨损后外部产生许多毛刺,容易检查,便于预防事故。

结构吊装中常用的钢丝绳是由六束绳股和一根绳芯(一般为麻芯)捻成。绳股由许多高强钢丝捻成。

钢丝绳按绳股数及每股中的钢丝数区分,有6股7丝、7股7丝、6股19丝、6股37丝及6股61丝等。吊装中常用的有6×19、6×37两种。6×19钢丝绳可作缆风和吊索,6×37钢丝绳用于穿滑车组和作吊索。

钢丝绳的捻制方法有右交互捻、左交互捻、右同向捻、左同向捻四种,如图7-1所示。同向捻(丝股同向)钢丝绳柔性好、表面平整、不易磨损,但有回转反拨倾向,吊装重物时易旋转,相互纠结,故吊装中一般不用,宜作为拖拉、牵引绳或缆风绳。交互捻(丝股反向)强度高、不易松散、无回转反拨倾向、工作安全,适用于起重机和滑车,吊装中应用较多。

(二)吊装工具

1. 吊钩

起重吊钩常用优质碳素钢锻成。锻成后要进行退火处理,要求硬度达到95~135HB。吊钩表面应光滑,不得有剥裂、刻痕、锐角、裂缝等缺陷存在,并不准对磨损或有裂缝的吊钩进行补焊修理。

吊钩在钩挂吊索时要将吊索挂至钩底;直接钩在构件吊环中时,不能使吊钩硬别或歪扭,以免吊钩产生变形或使吊索脱钩。

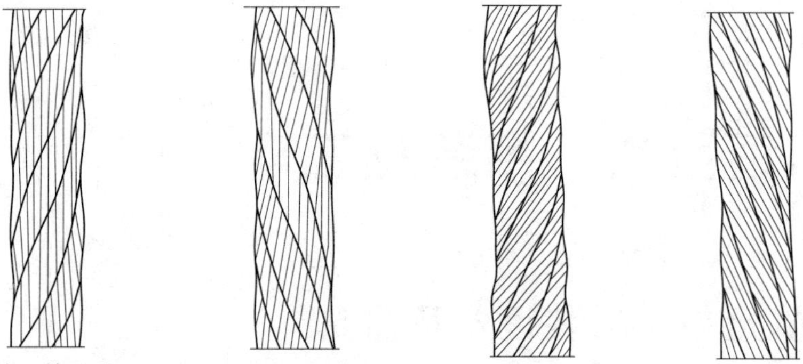
(a)右交互捻(股向右捻,丝向左捻)　(b)左交互捻(股向左捻,丝向右捻)　(c)右同向捻(股和丝均向右捻)　(d)左同向捻(股和丝均向左捻)

图 7-1　钢丝绳捻制方法

2. 卡环(卸甲、卸扣)

卡环用于吊索和吊索或吊索和构件吊环之间的连接,由弯环与销子两部分组成。

卡环按弯环形式分,有 D 形卡环和弓形卡环;按销子和弯环的连接形式分,有螺栓式卡环和活络卡环。螺栓式卡环的销子和弯钩采用螺纹连接;活络卡环的销子端头和弯环孔眼无螺纹,可直接抽出,销子断面有圆形和椭圆形两种,见图 7-2。

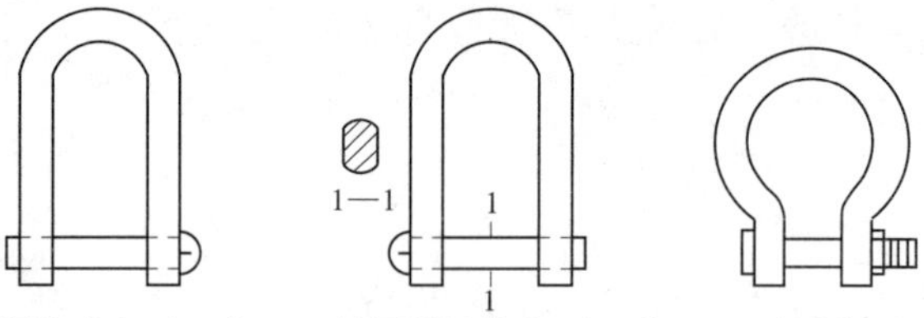

(a)螺栓式卡环(D形)　(b)椭圆销活络卡环(D形)　(c)弓形卡环

图 7-2　卡环

3. 吊索(千斤)

吊索有环状吊索(又称万能吊索或闭式吊索)和 8 股头吊索(又称轻便吊索或开式吊索)两种,见图 7-3。

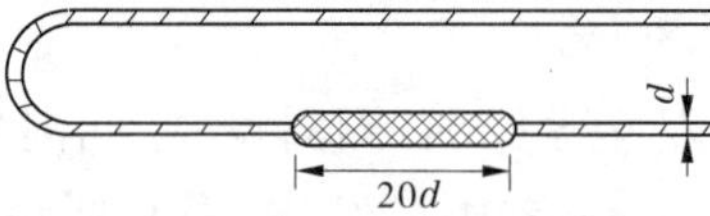

(a)环状吊索

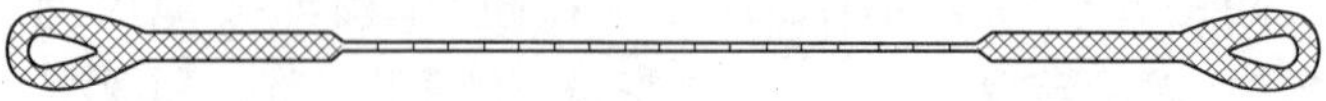
(b)8股头吊索

图 7-3　吊索

吊索是用钢丝绳做成的,因此钢丝绳的允许拉力即为吊索的允许拉力。在工作中,吊索拉力不应超过其允许拉力。

吊索拉力取决于所吊构件的重量及吊索的水平夹角,水平夹角应不小于 30°,一般用 45°～60°。在知道构件重量和水平夹角后,两支吊索的拉力可从相关表中查得。

4. 横吊梁(铁扁担)

横吊梁常用于柱和屋架等构件的吊装。用横吊梁吊柱容易使柱身保持垂直,便于安装;用横吊梁吊屋架可以降低起吊高度,减少吊索的水平分力对屋架的压力。

常用的横吊梁有滑轮横吊梁、钢板横吊梁、钢管横吊梁等。

1)滑轮横吊梁

滑轮横吊梁一般用于吊装 8 t 以内的柱,它由吊环、滑轮和轮轴等部分组成。其中,吊环用 Q235 号圆钢锻制而成,环圈的大小要保证能够直接挂上起重机吊钩;滑轮直径应大于起吊柱的厚度,轮轴直径和吊环断面应按起重量的大小计算而定。

2)钢板横吊梁

钢板横吊梁一般用于吊装 10 t 以下的柱,它由 Q235 号钢钢板制作而成,见图 7-4。

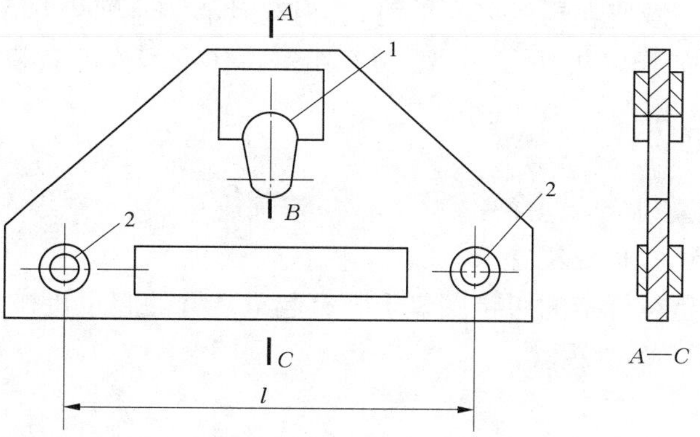

1—挂吊钩孔;2—挂卡环孔

图 7-4　钢板横吊梁

钢板横吊梁中的两个挂卡环孔的距离应比柱的厚度大 20 cm,以便柱“进档”。设计钢板横吊梁时,应先根据经验初步确定截面尺寸,再进行强度验算。

3)钢管横吊梁

钢管横吊梁一般用于吊屋架。

此外,还有斜垫铁、钢楔和木楔用于垫屋面板、屋架、安装柱子之用。

(三)滑车

滑车(又名葫芦),可以省力,也可改变用力的方向。

滑车按其滑轮的多少,可分为单门、双门和多门等;按连接件的结构形式不同,可分为吊钩型、链环型、吊环型和吊梁型四种;按滑车的夹板是否可以打开来分,有开口滑车和闭口滑车两种。

滑车按使用方式不同,可分为定滑车和动滑车两种。定滑车可改变力的方向,但不能省力;动滑车可以省力,但不能改变力的方向。

滑车的允许荷载,根据滑轮和轴的直径确定,使用时应按其标定的数量选用,不能超过。

滑车组是由一定数量的定滑车和动滑车及绕过它们的绳索组成的。

(四)捯链

捯链又称神仙葫芦、手拉葫芦,可用来起吊轻型构件、拉紧拔杆缆风及在构件运输中拉紧捆绑构件的绳索等。

（五）手扳葫芦

手扳葫芦又称钢丝绳手扳滑车，在结构吊装中常作收紧缆风和升降吊篮之用。

（六）千斤顶

千斤顶在结构吊装中，用于校正构件的安装偏差和矫正构件的变形，又可以顶升和提升大跨度屋盖等。常用千斤顶有 QL 型螺旋式千斤顶和 QY 型液压千斤顶。

（七）卷扬机

卷扬机有手动卷扬机和电动卷扬机之分。手动卷扬机在结构吊装中已很少使用。电动卷扬机按其速度可分为快速、中速、慢速等。快速卷扬机又分单筒和双筒，其钢丝绳牵引速度为 25 ~ 50 m/min，单头牵引力为 4.0 ~ 80 kN，如配以井架、龙门架、滑车等可作垂直和水平运输等用。慢速卷扬机多为单筒式，钢丝绳牵引速度为 6.5 ~ 22 m/min，单头牵引力为 5 ~ 100 kN，如配以拔杆、人字架、滑车组等可作大型构件安装等用。

二、起重机械

（一）履带式起重机

1. 履带式起重机的构造及特点

履带式起重机是在行走的履带底盘上装有起重装置的起重机械，是一种自行式、全回转的起重机械，如图 7-5 所示。

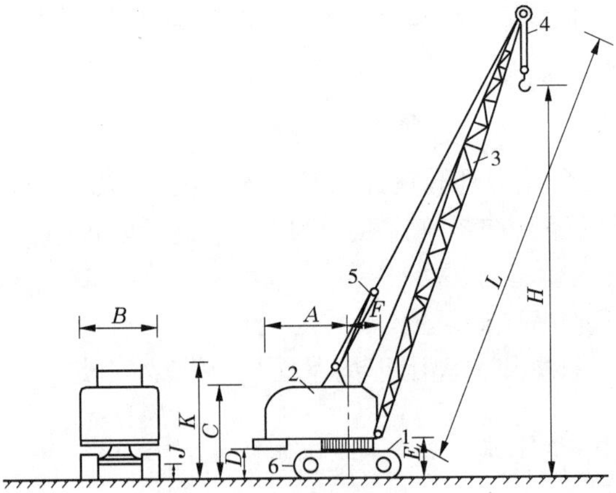

1—底盘；2—起重滑轮组；3—起重臂；4—起重滑轮组；5—变幅滑轮组；6—履带；
A，*B*…—外形尺寸符号；*L*—起重臂长度；*H*—起升高度

图 7-5　履带式起重机

履带式起重机按传动方式不同可分为机械式、液压式和电动式三种。

电动式不适用于需要经常转移作业场地的建筑施工。它具有操作灵活、使用方便、在一般平整坚实的场地上可以载荷行驶和作业的特点。缺点是稳定性较差，不宜超负荷吊装。电动式是结构吊装工程中常用的起重机械，常用的有 W_1 – 50、W_1 – 50、W_1 – 50、E – 1252、西北 78D 等。

2. *履带式起重机技术性能*

履带式起重机主要技术性能包括三个主要参数:起重量 Q、起重半径 R、起重高度 H。起重半径 R 是指起重机回转中心至吊钩的水平距离,起重高度 H 是指起重吊钩至地面的垂直距离。

起重量 Q、起重半径 R 及起重高度 H 这三个参数之间存在相互制约的关系,其数值变化取决于起重臂的长度及其仰角的大小。每一种起重机械都有几种臂长,臂长不变时,起重臂仰角增大,起重量和起重高度增大,起重半径 R 减小。起重臂仰角不变时随着起重臂长度的增大,起重半径 R 和起重高度 H 增大,而起重量 Q 减小。

(二)汽车式起重机

汽车式起重机是把机身和起重机构安装在通用或专用汽车底盘上的全回转起重机械。起重机构的所有动力由汽车发动机供给,其行驶的驾驶室与起重的操纵室分开。汽车式起重机的优点是行驶速度快,能迅速转移工作地点或工地,行驶不破坏路面,操作灵活、使用方便,但这种起重机不适合在松软或泥泞地面工作。

汽车式起重机的品种和产量发展较快,国产的汽车式起重机型号有 QY8、QY16、QY40、QY65、QY100 型等。汽车式起重机按起重量大小分为轻型、中型和重型三种。起重量在 20 t 以内的为轻型,50 t 及其以上的为重型;按起重臂形式分为桁架臂或箱形臂两种;按传动装置形式分为机械传动、电力传动、液压传动三种。

(三)轮胎式起重机

轮胎式起重机的构造基本上与履带式起重机相同,但其行驶装置采用轮胎,根据起重量大小,装有若干根轮轴,配备 4 ~ 10 个或更多个轮胎,并有着可伸缩的支腿,起重时可使用支腿,以增加机身的稳定性,并且保护轮胎,必要时支腿下面可以加垫块,以扩大支撑面。

轮胎式起重机是一种装在专用轮胎式行走底盘上的起重机,其横向尺寸较大,故横向稳定性好,能全回转作业,并能在允许载荷下负荷行驶。它与汽车式起重机有很多相同之处,主要差别是行驶速度慢,故不宜作长距离行驶,适宜于作业地点相对固定而作业量较大的场合。

轮胎式起重机按传动方式不同可分为机械式(QL)、电动式(QLD)和液压式(QLY)。液压式发展快,已逐渐替代了机械式和电动式。

(四)塔式起重机

塔式起重机按有无行走机构可分为固定式和移动式两种。前者固定在地面上或建筑物上。后者按其行走装置又可分为履带式、汽车式、轮胎式和轨道式四种;按其回转形式可分为上回转和下回转两种;按其变幅方式可分为水平臂架小车变幅和动臂变幅两种;按其安装形式可分为自升式、整体快速拆装和拼装式三种。目前,应用最广的是下回转、快速拆装、轨道式塔式起重机和能够一机四用(轨道式、固定式、附着式和内爬式)的自升塔式起重机。拼装式塔式起重机因拆装工作量大将被逐渐淘汰。

塔式起重机由于具有适用范围广、回转半径大、起身高度高、效率高、操作简便等特点,目前在工程中已被广泛使用。

三、起重机的选择

(一)起重机型号的选择

选择起重机的原则是:所选起重机的三个工作参数,即起重量 Q、起重高度 H 和工作幅度(回转半径)R 均必须满足结构吊装要求。

当前,塔式起重机多采用水平臂小车变幅装置,故根据上述须满足结构吊装要求的三个工作参数和各种塔式起重机的起重性能很容易确定其型号。

(二)起重机数量计算

起重机数量根据工程量、工期和起重机的台班产量确定,并按式(7-1)计算:

$$N = \frac{1}{TCK}\sum \frac{Q_i}{P_i} \tag{7-1}$$

式中 N——起重机台数;

T——工期,d;

C——每天工作班数;

K——时间利用系数,一般取0.8~0.9;

Q_i——每种构件的安装工程量,件或t;

P_i——起重机的台班产量定额,件/台班或t/台班。

此外,决定起重机数量时,还应考虑到构件运输、拼装工作的需要。

学习单元二　吊装施工方法及安全注意事项

学习目标

(1)能够进行吊装施工,并根据不同情况选择合适的吊装施工方法。

(2)具备吊装施工安全控制技能。

学习内容

(1)各类吊装施工的方法和特点。

(2)各种构件的绑扎、升起、移行、翻转、转起的施工方法。

(3)吊装施工安全操作技术。

吊装施工过程比较复杂,施工地点、机械设备、施工人员、结构构件等施工条件不同,其施工方法和程序也会有较大的变化。基本吊装施工操作方法,主要包括构件的绑扎、升起、移行、翻转、转起。

一、吊装施工方法

(一)构件的绑扎

吊装构件的绑扎既要牢固,又要易于解脱。选择构件在运输、装卸和堆放中的支撑点要适当,以免构件发生扭曲和断裂。

1. 绑扎吊索的原则

捆绑吊索必须保证构件和吊装的安全，必须使绑扎中心（各吊点吊索作用力的合力作用点）在构件重心之上，并在同一条铅直线上。要注意空间力系的平衡，才能保持平稳吊装。

2. 绑扎方法

不同构件有不同的绑扎方法，具体如下：

（1）对长细排架、柱杆、拱梁等构件，宜用多吊点法，使受力均匀，吊装平顺，图 7-6 为排架和拱梁的多吊点法。

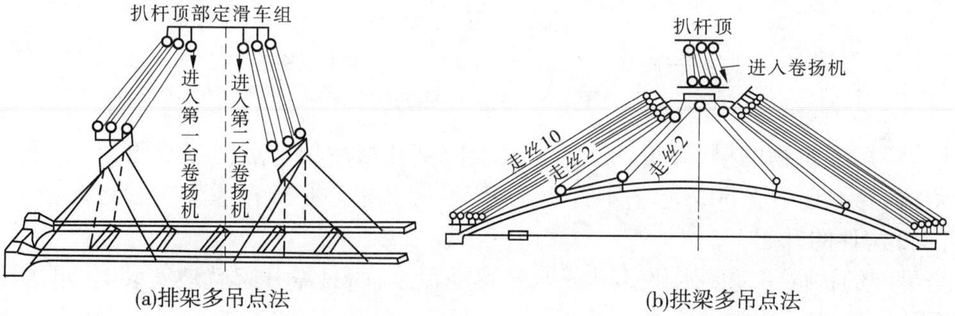

(a)排架多吊点法　(b)拱梁多吊点法

图 7-6　排架和拱梁的多吊点法

（2）大型钢筋混凝土构件，常采用专用的吊架。图 7-7 为几种常用的吊架型式。横吊梁（铁扁担）能降低吊索高度，并能有效地减少吊装中产生的水平挤压力。吊梁两端装有平衡滑车，可使多个吊点受力均匀；蝴蝶铰吊梁，当使用两套起重滑车组抬吊构件时，它能消除因滑车上升速度不同而引起的构件倾斜和受力不均现象；吊框可承受吊索引起的水平挤压力，一般根据构件大小用硬木或型钢制成。

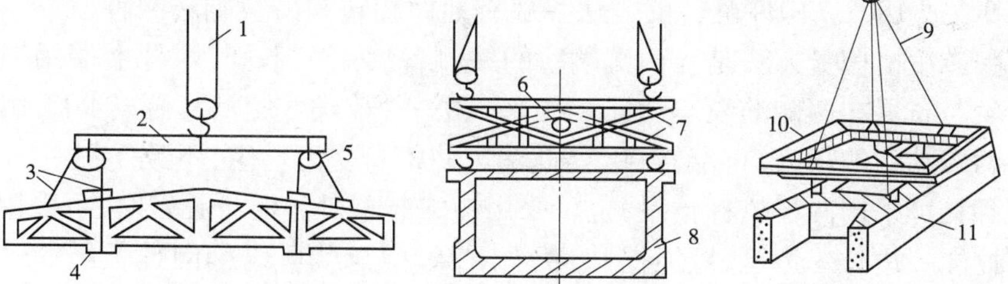

(a)横吊梁　(b)蝴蝶铰吊梁　(c)吊框

1—起重滑车组；2—横吊梁；3—千斤绳；4—预制框架；5—平衡滑车；
6—转轴；7—蝴蝶铰；8—渡槽；9—吊索；10—吊框；11—排架

图 7-7　常用吊架的型式

对于槽形薄壳的吊装，还应在槽内设置木支撑加固，防止水平挤压力对构件的破坏。

（3）拱形构件。一般是以受压为主的压弯构件，在起吊运输过程中，应防止变形开裂。对于短而轻的拱肋，可采用两吊点法，位置应靠近两端（0.18 ~ 0.19）L（L 为构件长）处，吊点的连线应在拱肋弯曲平面重心轴以上，以保持起吊平衡。拱段较长而高度较小的拱肋，常采用四吊点法，并在每两个吊点间设平衡滑车，以改善受力情况。还可以采取各种临时措施，如托架、拉撑杆、拉绳等，以确保构件吊装运输安全，如图 7-8 所示。

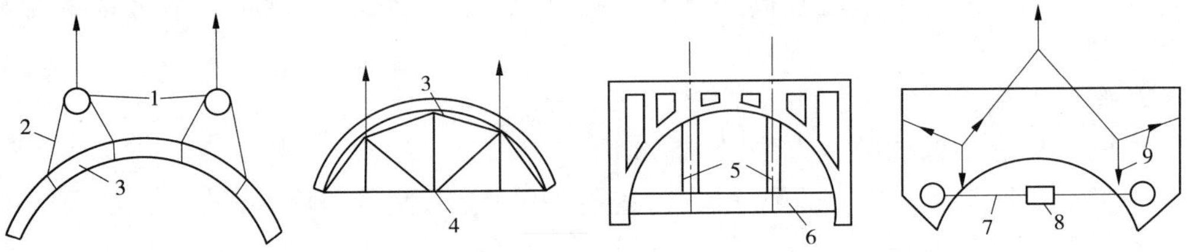

1—平衡滑车；2—千斤绳；3—拱肋；4—托架；5—吊杆；6—撑杆；
7—临时加固拉杆；8—花篮螺丝；9—绑扎的钢索

图 7-8　拱形构件的绑扎

(4)厂房建筑物的梁、大板和屋架。吊索应绑扎在屋架节点上或靠近节点，吊索的水平夹角，翻身不宜小于 60°，起吊不宜小于 45°。绑扎中心必须在屋架重心之上。

(二)构件的升起

当吊装的构件不需要水平移动或水平移动很小，而只需升起就地安装时，可采用吊升和顶升的方法。

吊升的方法很多，不仅可采用各种起重机械，也可采用简单的扒杆和链条滑车、倒链。对要求升起高度不大的笨重物体，可采用千斤顶顶升。

(三)构件的移行

构件短距离搬运，有滑移法和滚移法，一般采用滚移法。采用滚移法时，可在重物下面安装上、下两条滚道和滚柱，使重物随滚道间的滚柱转动而移动。

(四)构件的翻转

对于像∪形薄壳渡槽、拱肋和桁架等混凝土构件，往往倒置或平放预制，吊装前必须将其翻转 90°或 180°。构件翻转的方法一般有地面翻转和吊空翻转两种。

地面翻转渡槽槽身方法是在两端端肋的一侧各绑一个木杆，木杆上端用钢丝绳并通过平衡滑轮与布置在两侧的绞车相连。绞车一松一紧，就可使槽身翻转 90°，然后将木杆重新绑在两端端肋的顶面，再翻转 90°。此法可使槽身受力均匀，不致受扭。

吊空翻转可采用两根扒杆抬吊，也可采用缆式起重机。槽身翻转时，可采用双吊点或四吊点。拴绳一边长一边短，短绳提升，长绳下降，槽身就可以翻向挂长绳的一边。翻转可以一次完成，也可分两次完成，如图 7-9 所示。

翻转时紧贴槽身的拴绳由折线变成直线，容易发生冲击现象，故长短绳都要有足够的长度，使拴绳夹角小一些，以减小冲击。

(五)构件的转起

对于截面小而长度大的构件如柱、排架等，常采用转起法整体吊装，如图 7-10、图 7-11 所示。

二、吊装施工安全操作技术

为了保证吊装施工的质量和安全，在吊装作业中，必须高度重视吊装安全操作技术要

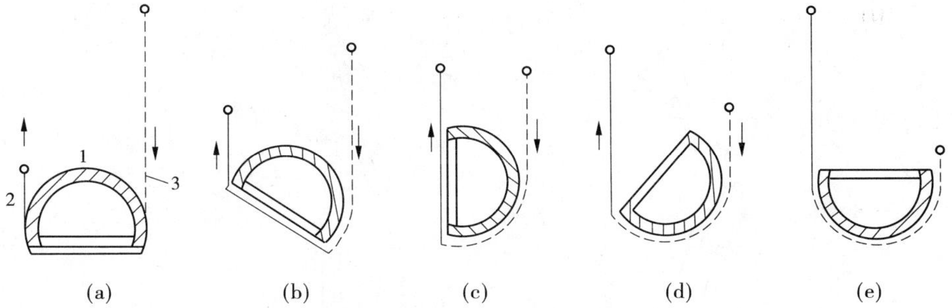

1—渡槽槽身;2—短绳;3—长绳

图 7-9　渡槽槽身吊空翻转过程

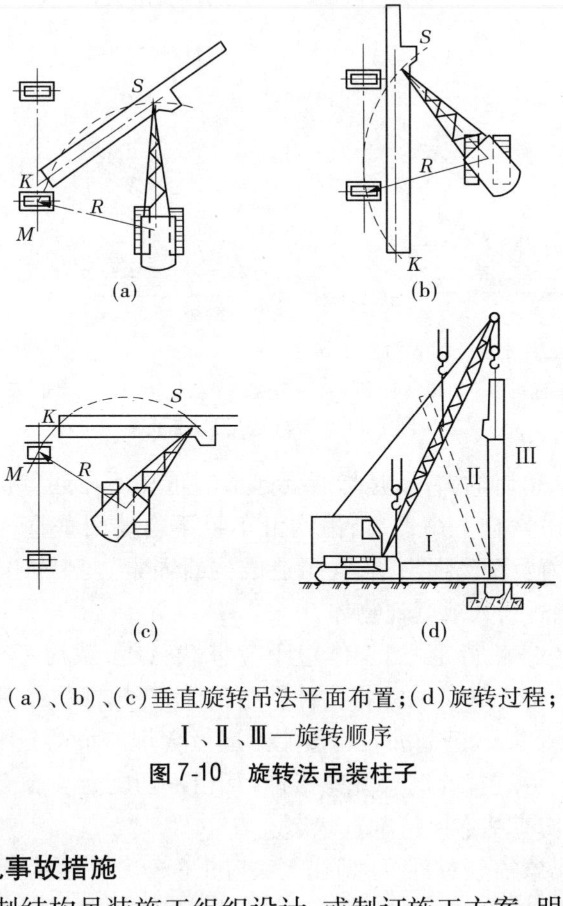

(a)、(b)、(c)垂直旋转吊法平面布置;(d)旋转过程;

Ⅰ、Ⅱ、Ⅲ—旋转顺序

图 7-10　旋转法吊装柱子

求以及注意事项。

(一)防止起重机事故措施

(1)吊装前应编制结构吊装施工组织设计,或制订施工方案,明确起重吊装安全技术要点和保证安全技术措施。起重机的行驶道路必须平坦坚实,地下基坑和松软土层要进行处理。必要时,需铺设道木或路基箱。

(2)应尽量避免超载吊装。在某些特殊情况下难以避免时,应采取措施。例如:在起重机吊杆上拉缆风或在其尾部增加平衡重等。起重机增加平衡重后,卸载或空载时,吊杆必须落到与水平线夹角 60°以内。在操作时应缓慢进行。

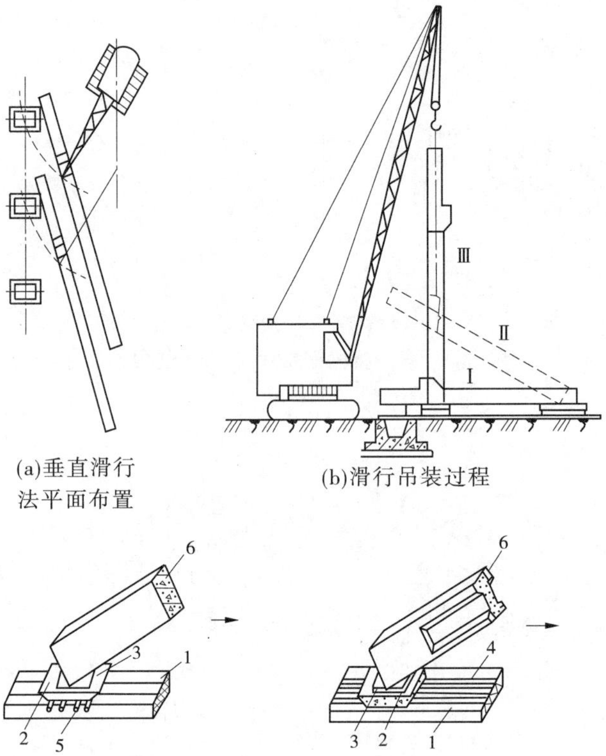

1—枕木;2—托板;3—对拔楔及草垫;4—扁铁;5—滚杠;6—柱;Ⅰ、Ⅱ、Ⅲ—滑行顺序

图 7-11　滑行法吊装柱子

(3)禁止斜吊。这里讲的斜吊,是指所要起吊的重物不在起重机起重臂顶的正下方,因而当将捆绑重物的吊索挂上吊钩后,吊钩滑车组不与地面垂直,而与水平线成一个夹角。斜吊会造成超负荷及钢丝绳出槽,甚至造成拉断绳索。斜吊还会使重物在离开地面后发生快速摆动,可能碰伤人或其他物体。

(4)起重机应避免带载行走,如需作短距离带载行走,载荷不得超过允许起重量的70%,构件离地面不得大于50 cm,并将构件转至正前方,拉好溜绳,控制构件摆动。

(5)双机抬吊时,要根据起重机的起重能力进行合理的负荷分配,各单机载荷不得超过其允许载荷的80%,并在操作时要统一指挥,互相密切配合。在整个抬吊过程中,两台起重机的吊钩滑车组均应基本保持垂直状态。

(6)绑扎构件的吊索需经过计算,绑扎方法应正确牢靠。所有起重工具应定期检查。

(7)不吊重量不明的重大构件或设备。重大构件起吊前,应由负责人检查所吊构件的绑扎情况,认为可靠后,方可试吊。试吊时,应先吊离地面10～15 cm,检查起重机械稳定性、制动灵敏性及绑扎牢固性,确定情况正常后,方可继续提升。

(8)禁止在六级以上大风、暴雨、打雷及大雾天气情况下进行吊装作业。

(9)起重吊装的指挥人员必须持证上岗,作业时应与起重机驾驶员密切配合,执行规定的指挥信号。驾驶员应听从指挥,当信号不清或错误时,驾驶员可拒绝执行。

(10)严禁起吊重物长时间悬挂在空中,作业中遇突发故障,应采取措施将重物降落到安全地方,并关闭发动机或切断电源后进行检修。在突然停电时,应立即把所有控制器拨到零位,断开电源总开关,并采取措施使重物降到地面。

(11)起重机的吊钩和吊环严禁补焊。当吊钩吊环表面有裂纹、严重磨损或危险断面有永久变形时应予更换。

(二)防止高处坠落措施

(1)操作人员在进行高处作业时,必须正确使用安全带。安全带一般应高挂低用,即将安全带绳端的钩环挂于高处,而人在低处操作。

(2)在高处使用撬杠时,人要立稳,如附近有脚手架或已安装好的构件,应一手扶住,一手操作。撬杠插进深度要适宜,如果撬动距离较大,则应逐步撬动,不宜急于求成。

(3)雨天和雪天进行高处作业时,必须采取可靠的防滑、防寒和防冻措施。若作业处和构件上有水、冰、霜、雪,均应及时清除。

对进行高处作业的高耸建筑物,应事先设置避雷设施。遇有六级以上强风、浓雾等恶劣气候,不得从事露天高处吊装作业。暴风雪及台风暴雨后,应对高处作业安全设施逐一加以检查,发现有松动、变形、损坏或脱落等现象,应立即修理完善。

(4)登高用梯子必须牢固。梯脚底部应坚实,不得垫高使用。梯子的上端应有固定措施。立梯工作角度以75° ±5°为宜,踏板上下间距以30 cm为宜,不得有缺挡。

(5)梯子如需接长使用,必须有可靠的连接措施,且接头不得超过1处,连接后梯梁的强度,不应低于单梯梯梁的强度。

(6)固定式直爬梯应用金属材料制成。梯宽不应大于50 cm,支撑应采用不小于∟70×6的角钢,埋设与焊接均必须牢固。梯子顶端的踏棍应与攀登的顶面齐平,并加设1~1.5 m高的扶手。

(7)电梯井口必须设防护栏杆或固定栅门,电梯井内应每隔两层并最多隔10 m设一道安全网。

(三)防止高处落物伤人措施

(1)吊装工作区应有明显标志,并设专人警戒,与吊装无关人员严禁入内。地面操作人员必须戴安全帽。

(2)高空作业人员上下应尽量用吊篮和爬梯,并需要使用安全带。使用的工具、零配件等,应放在随身佩带的工具袋内,不可随意向下丢掷。

(3)在高处用气割或电焊切割时,应采取措施,防止火花落下伤人。

(4)地面操作人员,应尽量避免在高空作业面的正下方停留或通过,也不得在起重机的起重臂或正在吊装的构件下停留或通过。

(5)构件安装后,必须检查连接质量,只有连接确实安全可靠,才能松钩或拆除临时固定工具。

(6)联络信号必须为所有吊装人员所熟悉。应有专人负责指挥起重机、卷扬机、绞车等的工作,做到指挥统一、步调一致。

学习项目八　灌浆施工

学习单元一　灌浆的基本知识

学习目标

(1)能够根据不同的施工要求和不同地层条件选用不同的灌浆方法。

(2)能够选用不同的灌浆材料和灌浆机具。

(3)熟悉不同地基的灌浆要求。

学习内容

(1)灌浆材料及其选用。

(2)灌浆的类型及其适用条件。

(3)灌浆机具的选用。

(4)灌注浆液的配置。

一、灌浆的定义与类型

灌浆是通过钻孔(或预埋管),将具有流动性和胶凝性的浆液,按一定配比要求,压入地层或建筑物的缝隙中胶结硬化成整体,达到防渗、固结、增强的工程目的。

灌浆按其作用可分为帷幕灌浆、固结灌浆、回填灌浆、接触灌浆、接缝灌浆、补强灌浆和裂缝灌浆等;按灌浆材料可分为水泥灌浆、黏土灌浆、沥青灌浆及化学材料灌浆等。

二、钻探灌浆设备

(一)钻探机

钻探机宜采用回转式钻机,如 XY-2 型液压立轴式钻机或其他各式适宜的钻机。

(二)搅拌机

常用搅拌机有 ZJ-400L 型高速搅拌机、GZJ-200 型高速搅拌机、NJ-100L 型低速搅拌机和 200L×2 型双层贮浆筒。

(三)灌浆泵

灌浆泵性能应与浆液类型、浓度相适应,容许工作压力应大于最大灌浆压力的 1.5 倍,并应有足够的排浆量和稳定的工作性能。

常用灌浆泵有 TBW-100/100 型灌浆泵或 BW250/50 型泥浆泵等。灌注纯水泥浆液应采用多缸柱塞式灌浆泵。容许工作压力应大于最大灌浆压力的 1.5 倍。

(四)压力表

灌浆泵和灌浆孔口处均应安设压力表。使用压力宜在压力表最大标准值的1/4～3/4。压力表应经常进行鉴定,不合格的压力表严禁使用,压力表与管路之间应设隔浆装置。

(五)灌浆管路

输浆管主要有钢管及胶皮管两种,钢管适应变形能力差,不易清理,因此一般多用胶皮管,但在高压灌浆时仍须用钢管。灌浆管路应保证浆液流动畅通,并能承受1.5倍的最大灌浆压力。

(六)灌浆塞

灌浆塞又称灌浆阻塞器或灌浆胶塞(球),用以堵塞灌浆段和上部联系的必不可少的堵塞物,以免翻浆、冒浆以及不能升压而影响灌浆质量。灌浆塞的形式很多,一般应由富有弹性、耐磨性能较好的橡皮制成,应具有良好的膨胀性和耐压性能,在最大灌浆压力下能可靠地封闭灌浆孔段,并且易于安装和卸除。

(七)自动记录仪

常采用GJY－Ⅲ型、GY－Ⅳ型或J－31型等微机自动记录仪,以提高灌浆记录的准确性和工作效率。

(八)水泥湿磨机

常用水泥湿磨机有长江科学院研制的JTM135S－1型湿磨机和JTM胶体磨(转速为3 000 r/min)。

当灌浆压力大于3 MPa时,应采用高压灌浆泵、高压灌浆塞、耐蚀灌浆阀门、钢丝编织胶管、大量程压力表、孔口封闭器或专用高压灌浆塞。

集中制浆站的制浆能力应满足灌浆高峰期所有机组用浆需要。制浆站应配置除尘设备。

三、灌浆材料

灌浆工程中所用的浆液是由主剂(原材料)、溶剂(水或其他溶剂)及各种外加剂混合而成的。通常所说的灌浆材料,是指浆液中所用的主剂。根据所制成的浆液状态的不同,灌浆材料可分为两类:一类是粒状灌浆材料,所制的浆液其固体颗粒基本上处于分散的悬浮状态,为悬浊液,如水泥、黏土、砂等;另一类是化学灌浆材料,所制成的浆液是真溶液,如环氧树脂、聚氨酯、甲凝等。

(一)灌浆材料的要求

灌浆材料应根据灌浆的目的和地质条件合理选择。作为灌浆用的材料,应具有以下特性:

(1)颗粒细。具有一定的细度,以便能进入岩层的裂隙、孔洞、缝隙。

(2)稳定性好。所制成的浆液,其颗粒在一定的时间条件下,在浆液中能保持均匀分散的悬浮状态,并具有稳定性好、流动性强的性能。

(3)胶结性强。用固体材料制成的浆液,灌入到岩层的裂隙和孔洞、缝隙,经过一定时间,逐渐胶结而成为坚硬的结石体,起到充填和固结的作用。

(4)结石强度高和良好的耐久性。浆液胶结而成的结石体,具有一定的强度、黏结力和抵抗地下水侵蚀的能力，保证灌浆效果和耐久性。

(5)结石体的渗透性小。

(二)灌浆材料

1. 灌浆用水泥

水泥是固粒灌浆材料中最主要和应用得最广泛的灌浆材料。

水泥的品种很多，灌浆工程所采用水泥的品种应根据灌浆目的、基岩地质条件以及环境水的侵蚀作用等确定，《水工建筑物水泥灌浆施工技术规范》(DL/T 5148—2012)中规定："一般情况下，应采用普通硅酸盐水泥或硅酸盐大坝水泥。当有耐酸或其他要求时，可采用抗酸水泥或其他类特种水泥""使用矿渣硅酸盐水泥或火山灰质硅酸盐水泥灌浆时，应得到设计许可。灌浆浆液水灰比不应稀于1:1(质量比)"。

灌浆用水泥应为新鲜水泥，受潮结块的禁止使用。

灌浆用水泥应具备的主要条件是强度、细度和耐蚀性。对于强度和细度，DL/T 5148—2012 中有明确规定，即："回填灌浆、固结灌浆和帷幕灌浆所用水泥的强度等级可为32.5 或以上，接缝灌浆和接触灌浆所用水泥的强度等级可为42.5 或以上""帷幕灌浆和坝体接缝灌浆，对水泥细度的要求为通过80 μm 方孔筛的筛余量不应大于5%；当坝体接缝张开度小于5 mm 时，对水泥细度的要求为通过71 μm 方孔筛的筛余量不应大于2%"。

对小于0.2 mm 宽度的细微裂隙，用一般水泥灌浆是没有显著效果的，这一论点已为实践所证明。这是由于水泥颗粒受到了裂隙宽度的限制。在这种情况下，进行水泥灌浆，则应采用磨细水泥或超细水泥，即将普通水泥通过各种方法研磨成颗粒更细的水泥。磨细水泥的最大粒径 D_{max} 在35 μm 以下，平均粒径 D_{50} 为6 ~10 μm。超细水泥 D_{max} 在12 μm 以下，D_{50} 为3 ~6 μm。

2. 砂

在灌注大裂隙和溶洞时，为了避免浆液过大的扩散流失和节省水泥，在浆液中常加入砂，制成水泥砂浆或水泥黏土砂浆。

砂应为质地坚硬的天然砂或人工砂。砂的粒度，也就是砂的粗细程度，对制成的浆液的性能有很大关系。选用砂的粒度主要应根据灌注岩石中裂隙的宽度、空洞的大小、要求浆液的性能、灌注条件以及灌浆目的等而定。一般要求灌浆用的砂的粒径不大于1.0 mm。DL/T 5148—2001 中规定："粒径不宜大于2.5 mm，细度模数不宜大于2.0，SO_3 含量宜小于1%，含泥量不宜大于3%，有机物含量不宜大于3%。"

3. 粉煤灰

粉煤灰为在煤粉炉中燃烧煤时从烟道气体中收集到的细颗粒粉末。

依照《水工混凝土掺用粉煤灰技术规范》(DL/T 5055—2007)中规定，粉煤灰按其品质分为Ⅰ、Ⅱ、Ⅲ三个等级。

灌浆用粉煤灰等级应根据灌浆目的和对浆液的要求而定，一般宜采用Ⅰ级或Ⅱ级。水泥粉煤灰浆中使用的粉煤灰的细度应小于水泥的细度。

4. 黏土和膨润土

为了改善浆液性能和节约水泥，在帷幕灌浆，特别是在砂砾石地基帷幕灌浆的浆液中,常常加入黏土。

1)灌浆黏土

黏土类型有:高岭黏土、蒙脱黏土、伊利黏土。选择灌浆用的黏土,一般宜注意下述条件:

(1)塑性指数大于17;

(2)黏粒(粒径小于0.005 mm)含量不小于40%～50%;

(3)粉粒(粒径0.005～0.05 mm)含量一般不大于45%～50%;

(4)含砂量(粒径0.05～0.25 mm)不大于5%。

由于受灌岩层地质条件的不同,对黏土性能指标的要求也应因之而异,在这方面,目前还没有统一的标准。DL/T 5148—2012 中规定,塑性指数大于14,黏粒含量大于25%,含砂量小于5%,有机物含量小于3%。

有的文献中提出这样的要求:粒径大于0.1 mm的颗粒含量小于6%,粒径小于0.005 mm的颗粒含量大于50%。

2)膨润土

膨润土作为水泥浆中的外加剂,可以提高浆液稳定性、触变性,降低析水性。作为水泥黏土浆中的掺合料,不仅可以大大地改善浆液性能,而且因其是干料,配浆工艺也简便多了。在1988年左右,我国在基岩灌浆工程中开始采用稳定浆液,即在水泥浆液中掺入适量膨润土。

一般灌浆工程配制水泥黏土浆用的黏土,往往可以在工程所在地或其附近找到,但优质的膨润土却不是各处都有的。我国辽宁黑山、吉林九台和山东龙口、威海、潍坊等地均制备有膨润土成品材料,细度74 μm筛筛余量小于5%,小于0.002 mm的黏粒含量在40%以上,液限多为100左右或更大些,塑性指数30～50,可以散装箱运,也有袋装的,按价出售,使用方便。

作为附加剂用的膨润土,颗粒愈细愈好,一般黏粒含量宜在40%以上,塑性指数宜在40以上。

灌浆所用膨润土的质量标准可参照《钻井液材料规范》(GB/T 5005—2010)。

5. 水

制浆的用水,其品质符合拌制混凝土用水的要求即可。通常用做饮用的自来水及清洁不浊且无显著酸性反应的天然水,均可作为制浆用水。

6. 外加剂

1)速凝剂

速凝剂可以加速水泥水化作用的发生,缩短产生水化热时间,增进早期强度。在灌浆工程中,当需要水泥浆早期很快凝结时,可视具体情况,在浆液中掺加一定量的速凝剂。掺量应通过试验确定。

在水泥浆中,一般常用的速凝剂有氯化钙、水玻璃(硅酸钠)等。

2)减水剂

减水剂是一种亲水性表面活性的化学剂,其主要作用是可以改善浆体的流动性和分散性。DL/T 5148—2012 中明确规定："拌制细水泥浆和稳定浆液应加入减水剂和采用高速搅拌机。"诸多浆液的室内试验资料和工地施工实践表明，减水剂对改善浆液性能确实起到很好的作用。灌浆施工中常用的有萘磺酸盐（萘系高效减水剂）和木质素磺酸盐。

3）稳定剂

经常用的是膨润土。根据对浆液要求和需要，有时还常掺入其他一些外加剂。应注意的是，所有外加剂凡能溶于水的均应以水溶液状态加入。各类浆液掺入掺合料和加入外加剂的种类及其掺加量应通过室内浆材试验和现场灌浆试验确定。

（三）灌注浆液

1. 黏土浆

黏土浆主要是黏性土（黏土、壤土、砂壤土）与水（有时还添外加剂和掺合料等）经过搅拌分散而成的悬浊的混合体浆液。黏土浆在灌浆和防渗墙工程中的应用有三个方面：造孔时泥浆固壁、充填和劈裂灌浆以及黏土防渗墙（泥浆墙）。泥浆固壁要求黏土颗粒越多越好，一般用纯黏土和膨润土；灌浆和黏土防渗墙以防渗为目的，用一般黏土，有时壤土也可满足要求。

1）黏土浆的主要性能指标

泥浆的性能根据不同的用途、不同的地层和不同的施工情况，对其指标有不同的要求，详见表 8-1。

表 8-1 中列出的泥浆流动状态指标是指新拌制的黏土浆，且是拌和均匀后即做试验取得的指标；固化状态的指标为 28 d 的试验指标。考虑到现场施工条件比实验室条件差，所以在选择灌浆材料性能时，应比实验室指标要求高一些，例如抗压强度提高 50% 以上，渗透系数减少 10 倍等。

表 8-1　泥浆主要性能指标

状态	项目	单位	泥浆固壁	灌浆	
				劈裂灌浆	冲填灌浆
流动	密度	g/cm^3	1.0～1.2	1.4～1.6	1.4～1.6
	黏度	s	18～90	30～60	30～100
	静切力	Pa	2.0～5.0	—	—
	旋转静切力	Pa	1.4～2.0	—	—
	失水量	mL	≤20～30	10～30	10～30
	稳定性	$g/(cm^3 \cdot d)$	≤0.03	≤0.15	≤0.15
	胶体率	%	≥96	≥90	≥90
	含砂量	%	≤1.0～5.0	<30	≤20
	pH 值		7～12	8～10	8～10

续表 8-1

状态	项目	单位	泥浆固壁	灌浆	
				劈裂灌浆	冲填灌浆
凝结	干密度	g/cm^3	1.3~1.55	1.2~1.5	1.6~2.1
	抗压强度	MPa	—	>1.0	>0.5
	弹性模量	MPa	—	10^2~10^3	10~10^3
	压缩系数	MPa^{-1}	—	0.1~0.5	0.5
	渗透系数	cm/s	—	≤10^{-7}	≤10^{-6}
	破坏坡降		—	≥500	≥300

2)黏土浆的配合比

干土配制泥浆每立方米泥浆用量见表 8-2。

表 8-2 干土配制泥浆每立方米泥浆用量

泥浆密度 (g/cm^3)	水土比 (以水为 1)	水土比 (以土为 1)	含水量(%)	1 m^3 泥浆干料重(×10 kN)	1 m^3 泥浆水重(×10 kN)
1.20	1:0.357	2.80:1	280	0.316	0.881
1.25	1:0.461	2.17:1	217	0.394	0.856
1.30	1:0.573	1.75:1	175	0.473	0.827
1.35	1:0.692	1.45:1	145	0.551	0.799
1.40	1:0.821	1.22:1	122	0.631	0.769
1.45	1:0.96	1.041:1	104.1	0.710	0.740
1.50	1:1.11	0.90:1	90	0.789	0.711
1.55	1:1.272	0.787:1	78.7	0.867	0.683
1.60	1:1.45	0.69:1	69	0.947	0.653
1.65	1:1.642	0.609:1	60.9	1.025	0.625
1.70	1:1.856	0.539:1	53.9	1.104	0.596
1.75	1:2.09	0.478:1	47.8	1.183	0.567
1.80	1:2.345	0.427:1	42.7	1.260	0.540
1.85	1:2.63	0.38:1	38.0	1.34	0.510
1.90	1:2.96	0.338:1	33.8	1.42	0.480

注:摘自白永年等编著的《土坝坝体和堤防灌浆》,水利电力出版社,1985 年。

表 8-2 中,黏土土粒密度为 2.72 g/cm^3,表中土重为干重。如采用湿土,应考虑含水量和湿土重。

3)黏土浆配合比表的应用

(1)干法制浆,直接利用表 8-2 配制。第一种情况:已知泥浆水土比,查泥浆密度和每立方米泥浆所需的干土重和水重。第二种情况:已知泥浆密度,查水土比和每立方米泥浆所需的干土重和水重。

(2)含水土制浆,将具有天然含水量,并适于运输破碎过筛的细粒黏性土,投入高速搅拌机加水拌成泥浆。与干法不同的是要考虑天然含水量的影响。已知黏土含水量和水土比，求出加水系数 K(配制泥浆的加水量与用来拌浆的湿土重之比)，乘以湿土重即为加水量，计算比较方便。

2. 水泥浆

以水泥为主料，用水调剂成浆液或根据需要添加一定量的附加剂的浆液为纯水泥浆，是目前工程中最常用的灌浆材料。

改善纯水泥浆性能的方法(见表 8-3)包括以下几个方面：

(1)满足抗压强度、弹性模量(弹强比)、密实度、渗透系数、抗渗坡降、抗冻性、抗侵蚀性、耐久性要求。有时要补偿收缩性，要求具有微膨胀性等。

(2)满足灌浆施工工艺的要求。增加流动性、稳定性，改善析水性和有效充填性等。有时灌浆要求缓凝、速凝和早强，或抗地下水流动冲蚀等。有时要求增加可控性和可灌性，前者要求粗而稠的浆液，后者要求细而稀的浆液等。

(3)满足经济方面的要求。就地取材降低造价，特别是工程量较大时，降低造价具有重要意义。

表 8-3 改善纯水泥浆性能的方法

序号	改善性能及要求	方法
1	提高强度	①提高水泥强度等级；②用细水泥；③强制拌和，延长拌和时间，拌和均匀；④减小水灰比；⑤掺石粉或石英粉；⑥用高效减水剂(高效塑化剂)
2	降低渗透系数	①采用防渗水泥、细水泥、微膨胀水泥；②减小水灰比；③掺 10% ~15% 优质粉煤灰；④加防水剂、减水剂、引气剂、增密剂等；⑤掺少量优质膨润土
3	减小弹性模量	①掺膨润土、粉煤灰、黏土；②加聚酯合成材料
4	提高耐久性	①选用耐蚀水泥；②减小渗透性；③提高抗冻标号；④掺适量粉煤灰；⑤使用减水剂、引气剂、防冻剂等；⑥加防腐剂
5	减少收缩性	①部分用微膨胀水泥；②减小水灰比；③加大灌浆压力；④反复施灌；⑤加微膨胀剂
6	提高可灌性	①用超细水泥；②添加高效塑化剂；③加大水灰比；④加大灌浆压力
7	增加可控性	①加粗细骨料；②用稠浆；③加速凝材料；④间歇施灌
8	提高稳定性	①拌和均匀；②加少量膨润土、粉煤灰；③加外加剂：减水剂、絮凝剂
9	早强	①使用早强水泥；②加早强剂
10	速凝	加速凝剂：氯化钙、水玻璃、三乙醇胺
11	缓凝	①加缓凝剂或普通减水剂、泵送剂；②加粉煤灰；③加大水灰比
12	水下不分散	①加水下不分散絮凝剂；②减小水灰比；③减少水流对浆液的扰动
13	增加流动性	①加大水灰比；②增加灌浆压力；③加入分散剂、塑化剂
14	降低材料成本	①设计采用适当的指标；②水泥浆中加掺合料和其他代替料；③选用适当品种和标号的水泥；④改进灌浆工艺；⑤回收利用废浆液

3. 水泥黏土浆

在水泥中加黏土和水拌制或在黏土浆中加水泥配制成水泥黏土浆。黏土掺量视工程实际情况而定，一般黏土掺量占水泥量大于10%，有时黏土掺量是水泥量的3～4倍。

水泥黏土浆兼有黏土浆与水泥浆的优点，并且优缺点能得到一定程度的互补。水泥黏土浆有如下特点：

(1)黏土颗粒比水泥颗粒细，具有特殊的物理化学作用，所以水泥黏土浆流动性、稳定性好，析水率低，可灌性比水泥浆好，可以灌入0.2～0.1 mm的裂隙或孔隙。

(2)结石强度比水泥浆低，渗透系数一般比纯水泥浆要小，强度、抗渗性能比纯黏土浆要高得多。

(3)弹性模量较低，能适应土体变形，而又具有一定强度。

(4)性能与配方调整范围大，渗透系数比较小且变化不大。

4. 水泥砂浆及水泥黏土砂浆

1)水泥砂浆

在有宽大裂隙、溶洞、地下水流速大、耗浆量大的岩层中灌浆时，采用水泥砂浆灌注。水泥砂浆具有浆液流动度较小、不易流失、结石强度高、黏结力强、耐久性和抗渗性好等优点。水泥砂浆中，水与水泥的比值宜等于或小于1:1，否则砂易沉淀。为防止和减少其沉淀，宜加入少量膨润土、塑化剂、粉煤灰等。

2)水泥黏土砂浆

水泥黏土砂浆中水泥起固结强度作用，黏土起促进浆液的稳定作用，砂起填充裂隙空洞的作用。拌制水泥黏土砂浆时，宜先制成水泥黏土浆而后加入砂。

5. 水泥水玻璃浆

水泥浆中加入水玻璃，有两种作用：一是将水玻璃作为速凝剂，促使浆液凝结；二是作为浆液的组成成分。水玻璃与水泥浆中的氢氧化钙起作用，生成具有一定强度的凝胶体——水化硅酸钙。水泥浆随水玻璃的加入量的增加而凝结时间逐渐缩短，当超过一定比值后，凝结时间随水玻璃加入量的增加转变为逐渐延长。

学习单元二　砂砾石地基灌浆

学习目标

(1)掌握砂砾石地基灌浆的施工工艺和控制措施。

(2)能够选用不同的灌浆材料和灌浆机具。

(3)能指导灌浆的施工并会评定灌浆效果。

学习内容

(1)砂砾石地基的可灌性与衡量指标。

(2)可灌比的含义与灌浆评价。

(3)砂砾石地基灌浆施工工艺与施工质量控制。

(4)灌浆质量检查。

砂砾石地基承载力较高，但空隙率大、透水性强，要进行防渗处理方可作为水工建筑物的地基。由于砂砾石是由颗粒材料组成的，对灌浆效果影响大，孔壁容易坍塌，与岩基灌浆就有所不同，在灌浆中需要了解和掌握地基的可灌性、灌浆材料及灌浆方法。

一、砂砾石地基的可灌性

可灌性是指砂砾石地基能接受灌浆材料灌入程度的一种特性。

影响可灌性的主要因素有地基的颗粒级配、灌浆材料的细度、灌浆压力和施工工艺等。常用以下几种指标进行评价。

（一）可灌比 M

$$M = \frac{D_{15}}{D_{85}} \tag{8-1}$$

式中 D_{15}——地基砂砾颗粒级配曲线上相应于含量为 15% 的粒径，mm；

D_{85}——灌浆材料颗粒级配曲线上相应于含量为 85% 的粒径，mm。

M 值愈大，地基的可灌性愈好。当 $M = 5 \sim 10$ 时，可灌含水玻璃的细粒度水泥黏土浆；当 $M = 10 \sim 15$ 时，可灌水泥黏土浆；当 $M \geqslant 15$ 时，可灌水泥浆。

（二）渗透系数 K

$$K = \alpha D_{10}^2 \tag{8-2}$$

式中 K——砂砾石层的渗透系数，m/s；

D_{10}——砂砾石颗粒级配曲线上相应于含量为 10% 的粒径，mm；

α——系数。

K 值愈大，可灌性愈好。当 $K < 33.5/10\ 000$ m/s 时，采用化学灌浆；当 $K = (3.5 \sim 6.8)/10\ 000$ m/s 时，采用水泥黏土灌浆；当 $K \geqslant (6.9 \sim 9.3)/10\ 000$ m/s 时，采用水泥灌浆。

（三）不均匀系数 C_u

$$C_u = \frac{D_{60}}{D_{10}} \tag{8-3}$$

式中 D_{60}——砂砾石颗粒级配曲线上相应于含量为 60% 的粒径，mm；

D_{10}——砂砾石颗粒级配曲线上相应于含量为 10% 的粒径，mm。

C_u 的大小反映了砂砾石颗粒不均匀的程度。当 C_u 较小时，砂砾石的密度较小，透水性较大，可灌性较好；当 C_u 较大时，透水性小，可灌性差。

实际工程中，除对上述有关指标综合分析确定外，还要考虑小于 0.1 mm 颗粒含量的不利影响。

二、灌浆材料

砂砾石地基灌浆，多用于修筑防渗帷幕，防渗是主要目的。一般采用水泥黏土混合灌浆。要求帷幕幕体的渗透系数降到 1/1 000 ~ 1/100 000 cm/s 以下，28 d 结石强度达到 0.4 ~ 0.5 MPa。

浆液配比视帷幕设计要求而定，常用配比为水泥∶黏土 = 1∶2 ~ 1∶4（质量比）。浆液稠度为水∶干料 =6∶1 ~1∶1。

水泥黏土浆的稳定性和可灌性优于水泥浆,固结速度和强度优于黏土浆。但由于固结较慢,强度低,抗渗抗冲能力差,多用于低水头临时建筑的地基防渗。为了提高固结强度,加快黏结速度,可采用化学灌浆。

三、灌浆方法

砂砾石地基灌浆孔除打管外,都是铅直向钻孔,造孔方式主要有冲击钻进和回转钻进两类。地基防渗帷幕灌浆的方法可分为以下几种。

(一)打管灌浆

灌浆管由钢管、花管、锥形管头组成,用吊锤或振动沉管的方法打入砂砾石地基受灌层。每段在灌浆前,用压力水冲洗,将土、砂等杂质冲出地表或压入地层灌浆区外部。采用纯压式或自流式压浆,自下而上、分段拔管、分段灌浆,直到结束。此法设备简单,操作方便,适于覆盖层较浅、砂石松散及无大孤石的临时工程。施工程序如图 8-1 所示。

(二)套管灌浆

套管灌浆法是边钻孔边下套管进行护壁,直到套管下到设计深度;然后将钻孔冲洗干净,下灌浆管,再拔起套管至第一灌浆段顶部,安灌浆塞,压浆灌注。自下而上,逐段拔管,逐段灌浆,直到结束。其施工程序如图 8-2 所示。

(三)循环灌浆

循环灌浆是一种自上而下,钻一段灌一段,无须待凝,钻孔与灌浆循环进行的灌浆方法。钻孔时需用黏土浆固壁,每个孔段长度视孔壁稳定和渗漏大小而定,一般取 1 ~2 m。此方法不设灌浆塞,而是在孔口管顶端封闭。孔口管设在起始段上,具有防止孔口坍塌、地表冒浆,钻孔导向的作用,以提高灌浆质量。其工艺过程如图 8-3 所示。

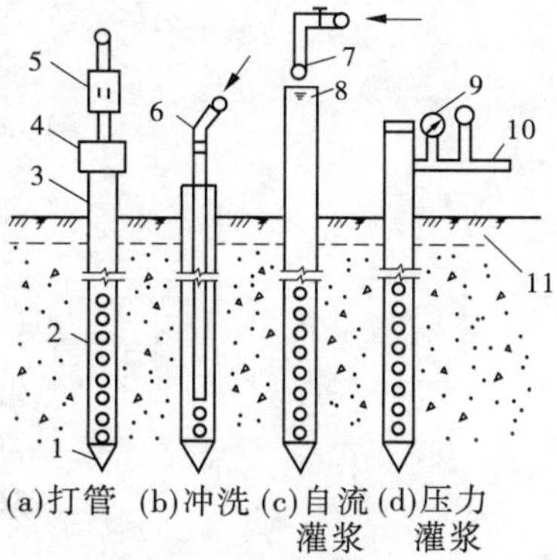

1—管锥;2—花管;3—钢管;4—管帽;5—打管锤;6—冲洗用水管;
7—注浆管;8—浆液面;9—压力表;10—进浆管;11—盖重层

图 8-1 打管灌浆法施工程序

(四)预埋花管灌浆

在钻孔内预先下入带有射浆孔的灌浆花管,花管外与孔壁之间的空间注入填料,在灌浆管内用双层阻浆器分段灌浆。其工艺过程为:钻孔及护壁→清孔更换泥浆→下花管和

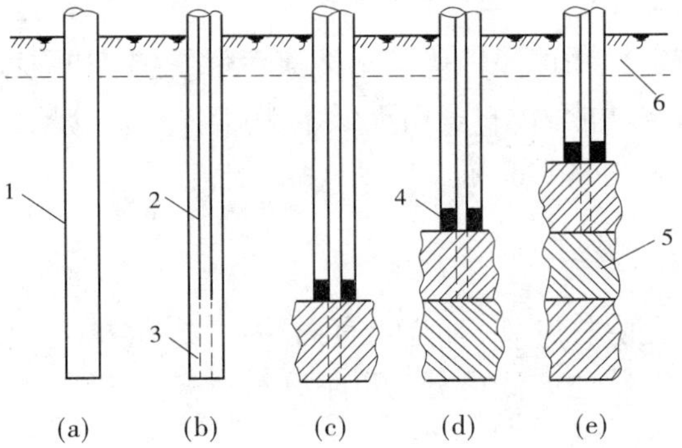

(a)钻孔下套管;(b)下灌浆管;(c)拔套管灌第一段浆;(d)拔套管灌第二段浆;(e)拔套管灌第三段浆

1—护壁套管;2—灌浆管;3—花管;4—止浆塞;5—灌浆段;6—盖重层

图 8-2　套管灌浆法施工程序

下填料→开环→灌浆,如图 8-4 所示。

一般用回转式钻机钻孔,下套管护壁或泥浆护壁;钻孔结束后,清除孔内残渣,更换新鲜泥浆;用泵灌注花管与套管空隙内的填料,边下料、边拔管、边浇筑,直到全部填满将套管拔出为止;孔壁填料待凝 5 ~ 15 d,具有一定强度后,压开花管上的橡皮圈,压裂填料形成通路,称为开环;然后用清水或稀浆灌注 5 ~ 10 min,开始灌浆,完成每一排射浆孔(即一个灌浆段)的灌浆后,进行下一段开环灌浆。

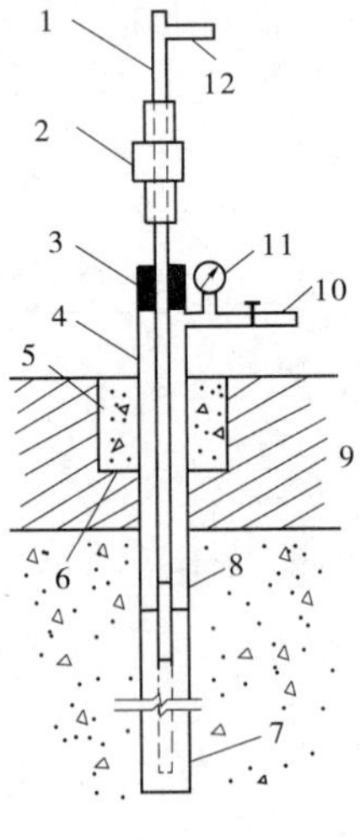

1—灌浆管(钻杆);2—钻机竖轴;3—封闭器;4—孔口管;
5—混凝土封门;6—防浆环(麻绳缠箍);
7—射浆花管;8—孔口管下花管;9—盖重层;
10—回浆管;11—压力表;12—进浆管

图 8-3　循环灌浆

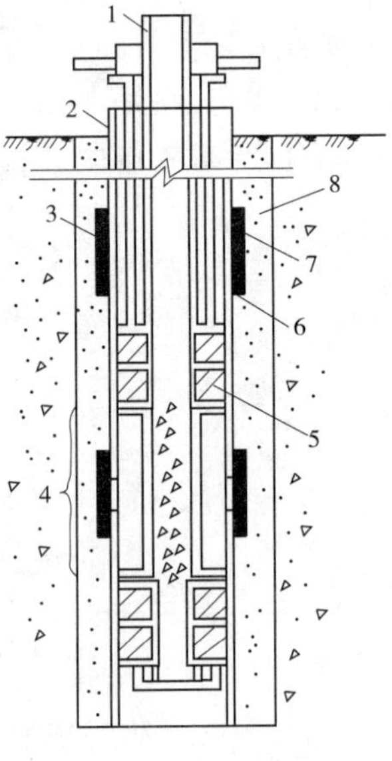

1—灌浆管;2—花管;3—射浆孔;
4—灌浆段;5—双栓灌浆塞;
6—铅丝(防滑环);7—橡皮圈;8—填料

图 8-4　预埋花管灌浆

学习单元三　岩基灌浆

学习目标

(1)能够选用不同的灌浆材料和灌浆机具。

(2)掌握岩基灌浆的施工工艺和控制措施。

(3)能指导灌浆的施工并会评定灌浆效果。

(4)能够对灌浆过程中的特殊情况进行识别并处理。

学习内容

(1)岩基灌浆的意义与灌浆方法。

(2)岩基灌浆施工工艺与施工质量控制。

(3)灌浆特殊情况的处理。

(4)灌浆质量检查。

一、固结灌浆施工

固结灌浆是对水工建筑物基础浅层破碎、多裂隙的岩石进行灌浆处理,改善其力学性能,提高岩石弹性模量和抗压强度。它是一种比较常用的基础处理方法,在水利水电工程施工中得到广泛应用。

固结灌浆的范围主要根据大坝基础的地质条件、岩石破碎情况、坝型和基础岩石应力条件而定。对于重力坝,基础岩石比较良好时,一般仅在坝基内的上游和下游应力大的地区进行固结灌浆;在坝基岩石普遍较差,而坝又较高的情况下,则多进行坝基全面的固结灌浆,有的工程甚至在坝基以外的一定范围内,也进行固结灌浆。

(一)主要技术要求

(1)固结灌浆孔可采用风钻或其他型钻机造孔,孔位、孔向和孔深均应满足设计要求。

(2)固结灌浆应按分序、加密的原则进行。一般分为两个次序,地质条件不良地段可分为三个次序。

(3)固结灌浆宜采用单孔灌浆的方法,但在注入量较小地段,可并联灌浆,孔数宜为两个,孔位宜保持对称。

(4)固结灌浆孔基岩段长小于 6 m 时,可全孔一次灌浆。当地质条件不良或有特殊要求时,可分段灌浆。

(5)钻孔相互串浆时,可采用群孔并联灌注,孔数不宜多于 3 个。应控制压力,防止混凝土面或岩石面抬动。

(6)压水试验检查宜在该部位灌浆结束 3 ~ 7 d 后进行。检查孔的数量不宜少于灌浆总孔数的 5%,孔段合格率应在 80% 以上。

(7)岩体弹性波速和静弹性模量测试,应分别在该部位灌浆结束 14 d 和 28 d 后进行。其孔位的布置、测试仪器的确定、测试方法、合格批标以及工程合格标准,均应按照设计规定执行。

(8)灌浆孔灌浆和检查孔检查结束后，应排除孔内积水和污物，采用压力灌浆法或机械压浆法进行封孔，并将孔口抹平。

(二)灌浆施工工艺

1. 钻孔的布置

(1)无混凝土盖重固结灌浆，钻孔的布置有规则布孔和随机布孔两组。规则布孔形式有方格形布孔和梅花形布孔两种，如图 8-5、图 8-6 所示。

(2)有盖重固结灌浆，钻孔布置按方格形和六角形布置，如图 8-5、图 8-7 所示。一般在断层地区采用梅花形布孔。

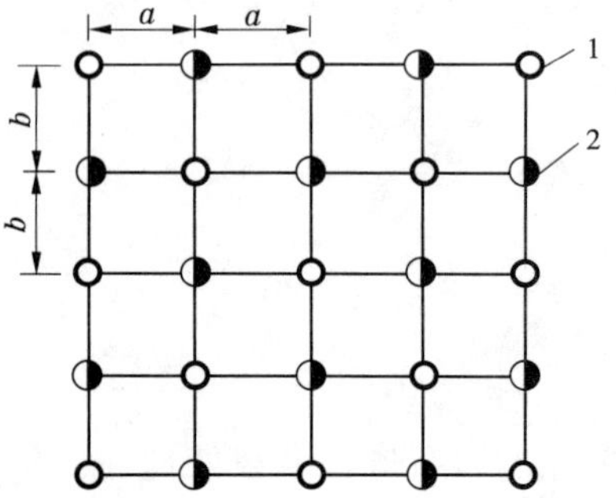

(a)两个次序灌浆

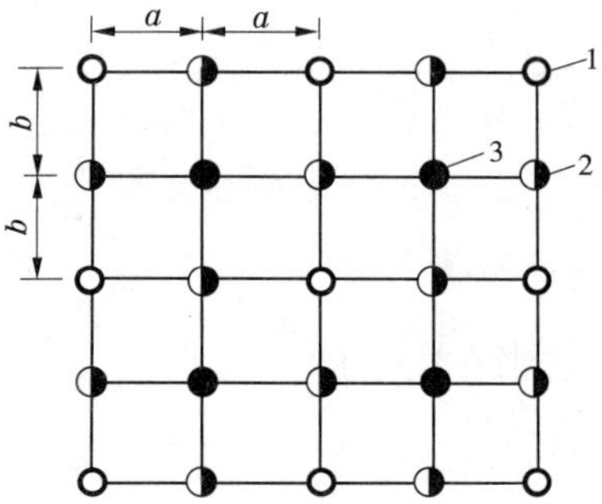

(b)三个次序灌浆

a—孔距；b—排距

1—第Ⅰ次序孔；2—第Ⅱ次序孔；3—第Ⅲ次序孔

图 8-5　方格形布孔图

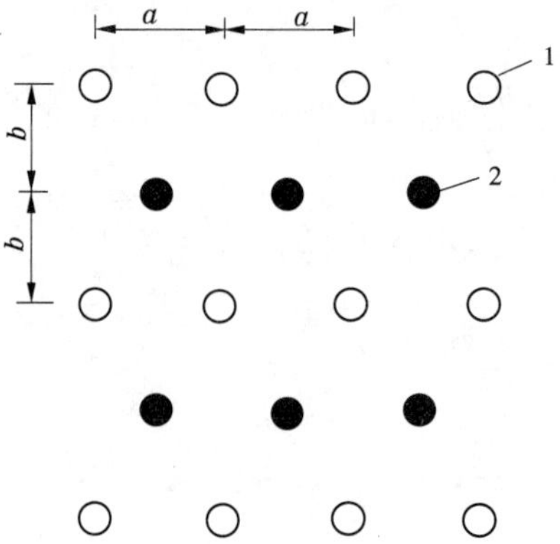

a—孔距；b—排距

1—第Ⅰ次序孔；2—第Ⅱ次序孔

图 8-6　梅花形布孔图

2. 固结灌浆钻孔

钻孔方法要考虑孔深情况。固结灌浆孔的深度一般是根据地质条件、大坝的情况以及基础应力的分布等多种条件综合考虑而定的。固结灌浆孔依据深度的不同可分为以下

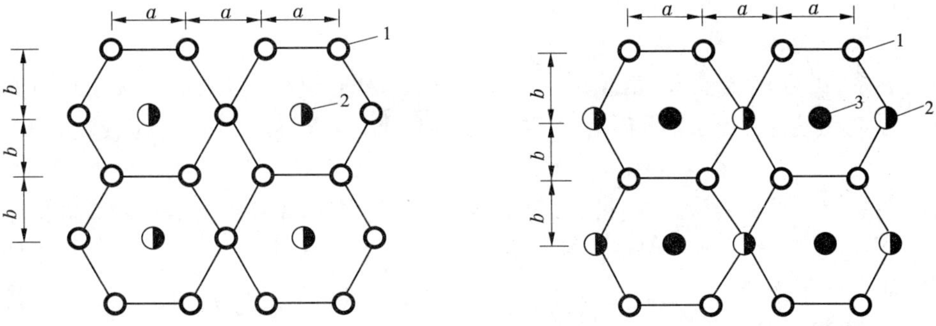

(a)两个次序灌浆　(b)三个次序灌浆

a—孔距；b—排距

1—第Ⅰ次序孔；2—第Ⅱ次序孔；3—第Ⅲ次序孔

图 8-7　六角形布孔图

三类：

1）浅孔固结灌浆

浅孔固结灌浆是为了普遍加固表层岩石，固结灌浆面积大、范围广。孔深多为 5 m 左右。可采用风钻钻孔，全孔一次灌浆法灌浆。

2）中深孔固结灌浆

中深孔固结灌浆是为了加固基础较深处的软弱破碎带以及基础岩石承受荷载较大的部位。孔深 5 ~ 15 m，可采用大型风钻或其他钻孔方法，孔径多为 50 ~ 65 mm。灌浆方法可视具体地质条件采用全孔一次灌浆或分段灌浆。

3）深孔固结灌浆

在基础岩石深处有破碎带或软弱夹层，裂隙密集且深，而坝又比较高，基础应力也较大的情况下，常需要进行深孔固结灌浆。孔深 15 m 以上。常用钻机进行钻孔，孔径多为 75 ~ 91 mm，采用分段灌浆法灌浆。

3. 钻孔冲洗及压水试验

1）钻孔冲洗

固结灌浆施工，钻孔冲洗十分重要，特别是在地质条件较差、岩石破碎、含有泥质充填物的地带，更应重视这一工作。冲洗的方法有单孔冲洗和群孔冲洗两种。固结灌浆孔应采用压力水进行裂隙冲洗，直至回水清净时止，冲洗压力可为灌浆压力的 80%。地质条件复杂，多孔串通以及设计对裂隙冲洗有特殊要求时，冲洗方法宜通过现场灌浆试验或由设计确定。

2）压水试验

固结灌浆孔灌浆前的压水试验应在裂隙冲洗后进行，试验孔数不宜少于总孔数的 5%，选用一个压力阶段，压力值可采用该灌浆段灌浆压力的 80%（或 100%）。压水的同时，要注意观测岩石的抬动和岩面集中漏水情况，以便在灌浆时调整灌浆压力和浆液浓度。

4. 灌浆施工

1) 固结灌浆施工时间及次序

固结灌浆,工程量比较大,是筑坝施工中一个必要的工序。固结灌浆施工最好是在基础岩石表面浇筑有混凝土盖板或有一定厚度混凝土,且已达到其设计强度的50%后进行。

固结灌浆施工的特点是“围、挤、压”,就是先将灌浆区圈围住,再在中间插孔灌浆挤密,最后逐序压实。这样易于保证灌浆质量。固结灌浆的施工次序必须遵循逐渐加密的原则。先钻灌第Ⅰ次序孔,再钻灌第Ⅱ次序孔,依次类推。这样可以随着各次序孔的施工,及时地检查灌浆效果。

2) 固结灌浆施工方法

固结灌浆施工以一台灌浆机灌一个孔为宜。必要时可以考虑将几个吸浆量小的灌浆孔并联灌浆,严禁串联灌浆。并联灌浆的孔数不宜多于4个。

固结灌浆宜采用循环灌浆法。可根据孔深及岩石完整情况采用一次灌浆法或分段灌浆法。

3) 灌浆压力

灌浆压力直接影响着灌浆的效果,在可能的情况下,以采用较大的压力为好。但浅孔固结灌浆受地层条件及混凝土盖板强度的限制,往往灌浆压力较低。

一般情况下,浅孔固结灌浆压力,在坝体混凝土浇筑前灌浆时,可采用0.2～0.5 MPa,浇筑1.5～3 m厚混凝土后再进行灌浆时,可采用0.3～0.7 MPa。在地质条件差或软弱岩石地区,根据具体情况还可适当降低灌浆压力。深孔固结灌浆,各孔段的灌浆压力值,可参考帷幕灌浆孔选定压力的方法来确定。

固结灌浆过程中,要严格控制灌浆压力。循环式灌浆法是通过调节回浆流量来控制灌浆压力的,纯压式灌浆法则是直接调节压入流量。固结灌浆当吸浆量较小时,可采用“一次升压法”,尽快达到规定的灌浆压力;而在吸浆量较大时,可采用“分级升压法”,缓慢地升到规定的灌浆压力。

在调节压力时,要注意岩石的抬动,特别是基础岩石的上面已浇筑有混凝土时,更要严格控制抬动,以防止混凝土产生裂缝,破坏大坝的整体性。

4) 浆液浓度变换

灌浆开始时,一般采用稀浆开始灌注,根据单位吸浆量的变化,逐渐加浓。固结灌浆浆液浓度的变换比帷幕灌浆可简单一些。灌浆开始后,尽快地将压力升高到规定值,灌注500～600 L,单位吸浆量减少不明显时,即可将浓度加大一级。在单位吸浆量很大、压力升不上去的情况下,也应采用限制进浆量的办法。

5) 固结灌浆结束标准与封孔

在规定的压力下,当注入率不大于0.4 L/min时,继续灌注30 min,灌浆可以结束。

固结灌浆孔封孔应采用“机械压浆封孔法”或“压力灌浆封孔法”。

6) 固结灌浆效果检查

固结灌浆完成后,应当进行灌浆质量和固结效果的检查,检查的方法和标准应视工程的具体情况和灌浆的目的而定。经检查不符合要求的地段,根据实地情况,认为有必要时,需加密钻孔,补行灌浆。

(1)压水试验检查。灌浆结束3~7 d后,钻进检查孔,进行压水试验检查。采用单点法进行简易压水。当灌浆压力为1~3 MPa时,压水试验压力采用1 MPa;当灌浆压力小于或等于1 MPa时,压水试验压力为灌浆压力的80%。灌浆压水试验检查时,孔段合格率应不小于80%,不合格孔段的透水率不得超过设计规定值的50%,且不集中。压水检查后,应按规定进行封孔。

(2)测试孔检查。弹性波速检查、静弹性模量检查应分别在灌浆结束后14 d、28 d后进行。

(3)抽样检查。对灌浆孔与检查孔的封孔质量宜进行抽样检查。

(4)钻孔取岩芯,观察水泥结石充填及胶结情况。根据需要,对岩芯也可进行必要的物理力学性能试验。

二、帷幕灌浆施工技术

对于透水性强的基岩,采用灌浆帷幕防渗效果显著。根据多年实践经验,在透水性较大地段,防渗帷幕常能使坝基幕后扬压力降低到0.5H(H为水头)左右;防渗帷幕再结合排水则可降低到(0.2~0.3)H;若再采取抽排措施,扬压力将会更小。

(一)钻孔

帷幕灌浆孔宜采用回转式钻机和金刚石钻头或硬质合金钻头钻进,钻孔位置与设计位置的偏差不得大于1%。因故变更孔位时,应征得设计部门同意。孔深应符合设计规定,帷幕灌浆孔宜选用较小的孔径,钻孔孔径上下均一、孔壁平直完整;必须保证孔向准确;帷幕灌浆孔应进行孔斜测量,发现偏斜超过要求应及时纠正或采取补救措施。

垂直的或顶角小于5°的帷幕灌浆孔,其孔底的偏差值不得大于表8-4中的规定。

表8-4 钻孔孔底最大允许偏差值 (单位:m)

孔深	20	30	40	50	60
最大允许偏差	0.25	0.50	0.80	1.15	1.50

孔深大于60 m时,孔底最大允许偏差值应根据工程实际情况并考虑帷幕的排数具体确定,一般不宜大于孔距。顶角大于5°的斜孔,孔底最大允许偏差值可根据实际情况按表8-4中规定适当放宽,方位角偏差值不宜大于5°。

钻孔遇有洞穴、塌孔或掉钻难以钻进时,可先进行灌浆处理,而后继续钻进。如发现集中漏水,应查明漏水部位、漏水量和漏水原因,经处理后,再进行钻进。钻进结束等待灌浆或灌浆结束等待钻进时,孔口均应堵盖,妥善保护。

钻进施工应注意以下事项:

(1)按照设计要求定好孔位,孔位的偏差一般不宜大于10 cm,当遇到难以依照设计要求布置孔位的情况时,应及时与有关部门联系,如允许变更孔位,则应依照新的通知,重新布置孔位。在钻孔原始记录中一定要注明新钻孔的孔号和位置,以便分析查用。

(2)钻进时,要严格按照规定的方向钻进,并采取一切措施保证钻孔方向正确。

(3)孔径力求均匀,不要忽大忽小,以免灌浆或压水时栓塞塞不严,漏水返浆,造成施工困难。

(4)在各钻孔中,均要计算岩芯采取率。检查孔中,更要注意岩芯采取率,并观察岩芯裂隙中有无水泥结石,其填充和胶结的情况如何,以便逐序反映灌浆质量和效果。

(5)检查孔的岩芯一般应予保留。保留时间长短,由设计单位确定,一般时间不宜过长。灌浆孔的岩芯,一般在描述后再进行处理,是否要有选择性地保留,应在灌浆技术要求文件中加以说明。

(6)凡未灌完的孔,在不工作时,一定要把孔顶盖住并保护,以免掉入物件。

(7)应准确、详细、清楚地填好钻孔记录。

(二)钻孔冲洗

1. 洗孔

灌浆孔(段)在灌浆前应进行钻孔冲洗,孔内沉积厚度不得超过 20 cm。帷幕灌浆孔(段)在灌浆前宜采用压力水进行裂隙冲洗,直至回水清洁时止。冲洗压力可为灌浆压力的 80%,该值若大于 1 MPa 时,采用 1 MPa。

洗孔的目的是将残存在孔底岩粉和黏附在孔壁上的岩粉、铁砂碎屑等杂质冲至孔外,以免堵塞裂隙的通道口而影响灌浆质量。钻孔钻到预定的段深并取出岩芯后,将钻具下到孔底,用大流量水进行冲洗,直至回水变清,孔内残存杂质沉淀厚度不超过 10 ~ 20 cm 时,结束洗孔。

2. 冲洗

冲洗的目的是用压力水将岩石裂隙或空洞中所充填的松软、风化的泥质充填物冲至孔外,或是将充填物推移到需要灌浆处理的范围外,这样裂隙被冲洗干净后,利于浆液流进裂隙并与裂隙接触面胶结,起到防渗和固结作用。使用压力水冲洗时,在钻孔内一定深度需要放置灌浆塞。

冲洗有单孔冲洗和群孔冲洗两种方式。

1)单孔冲洗

单孔冲洗仅能冲净钻孔本身和钻孔周围较小范围内裂隙中的填充物,因此此法适用于较完整的、裂隙发育程度较轻的、充填物情况不严重的岩层。

单孔冲洗有以下几种方法:

(1)高压压水冲洗。整个过程在大的压力下进行,以便将裂隙中的充填物向远处推移或压实,但要防止岩层抬动变形。如果渗漏量大,升不起压力,就尽量增大流量,加大流速,增强水流冲刷能力,使之能挟带充填物走得远些。

(2)高压脉动冲洗。首先用高压冲洗,压力为灌浆压力的 80% ~ 100%,连续冲洗 5 ~ 10 min后,将孔口压力迅速降到零,形成反向脉冲流,将裂隙中的碎屑带出,回水呈浑浊色。当回水变清后,升压用高压冲洗,如此一升一降,反复冲洗,直至回水洁净后,延续 10 ~ 20 min为止。

(3)扬水冲洗。将管子下到孔底,上接风管,通入压缩空气,使孔内的水和空气混合,由于混合水体的密度轻,将孔内的水向上喷至孔外,孔内的碎屑随之喷至孔外。

2)群孔冲洗

群孔冲洗是把两个以上的孔组成一组进行冲洗,可以把组内各钻孔之间岩石裂隙中的充填物清除至孔外,如图 8-8 所示。

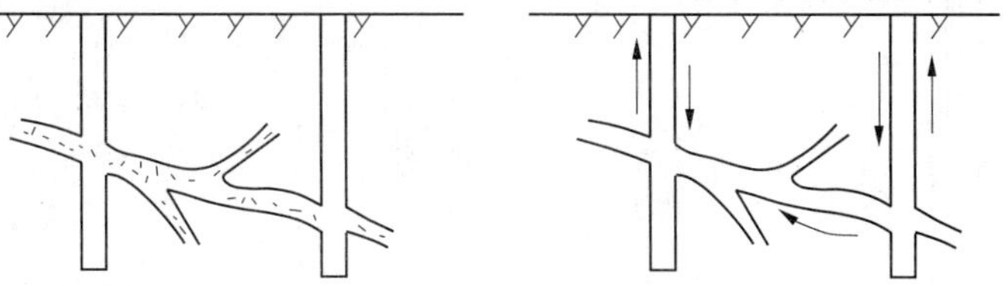

(a)冲洗前 (b)冲洗后

图 8-8 群孔冲洗示意图

群孔冲洗主要是使用压缩空气和压力水。冲洗时,轮换地向某一个或几个孔内压入气、压力水或气水混合体,使之由另一个孔或另几个孔出水,直到各孔喷出的水是清水后停止。

(三)压水试验

压水试验应在裂隙冲洗后进行。简易压水试验可在裂隙冲洗后或结合裂隙冲洗进行。压力可为灌浆压力的 80%,该值若大于 1 MPa,采用 1 MPa。压水 20 min,每 5 min 测读一次压入流量,取最后的流量值作为计算流量,其成果以透水率表示。帷幕灌浆采用自下而上分段灌浆法时,先导孔仍应自上而下分段进行压水试验。各次序灌浆孔在灌浆前全孔应进行一次钻孔冲洗和裂隙冲洗。除孔底段外,各灌浆段在灌浆前可不进行裂隙冲洗和简易压水试验。

(四)灌浆施工

1. 灌浆方法

1)按浆液的灌注流动方式分类

灌浆按浆液的灌注流动方式分为纯压式和循环式,如图 8-9 所示。纯压式浆液全扩散到岩石的裂隙中去,不再返回灌浆桶,适用于裂隙发育而渗透性大的孔段;循环式浆液在压力作用下进入孔段,一部分进入裂隙扩散,余下的浆液经回浆管路流回到浆液搅拌筒中去。循环式灌浆使浆液在孔段中始终保持流动状态,减少浆液中颗粒沉淀,灌浆质量高,国内外大坝岩石地基的灌浆工程大都采用此法。

2)按灌浆孔中灌浆程序分类

按灌浆孔中灌浆程序可分为一次灌浆和分段灌浆两种方法。

一次灌浆用在灌浆深度不大,孔内岩性基本不变,裂隙不大而岩层又比较坚固的情况下,可将孔一次钻完,全孔段一次灌浆。

分段灌浆是用在灌浆孔深度较大,孔内岩性又有一定变化而裂隙又大时,因为裂隙性质不同的岩层需用不同浓度的浆液进行灌浆,而且所用的压力也不同。此外,裂隙大则吸浆量大,灌浆泵不易达到冲洗和灌浆所需的压力,从而不能保证灌浆质量。在这种情况

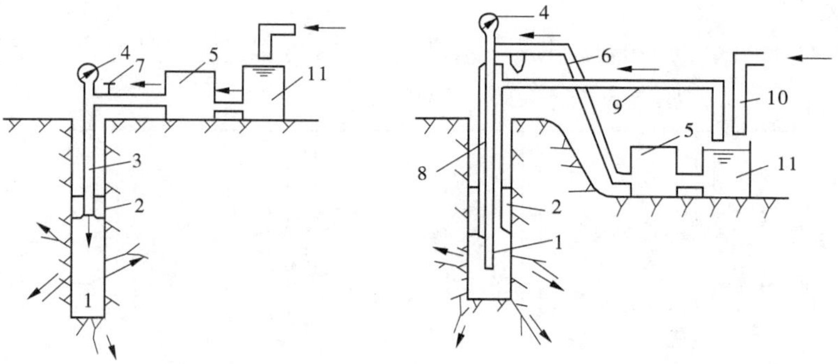

(a)纯压式灌浆　　(b)循环式灌浆

1—灌浆段;2—灌浆塞;3—灌浆管;4—压力表;5—灌浆泵;6—进浆管;
7—阀门;8—孔内回浆管;9—回浆管;10—供水管;11—搅拌筒

图 8-9　浆液灌注方法

下,可将灌浆孔划分为几段,分别采用自下而上或自上而下的方法进行灌浆。灌浆段长度一般保持在 5 m 左右。

自下而上分段灌浆的灌浆孔,可一次钻到设计深度。用灌浆塞按规定段长由下而上依次塞孔、灌浆,直到孔口(见图 8-10)。此法允许上段灌浆紧接在下段结束时进行,这样可不用搬动灌浆设备,比较方便。

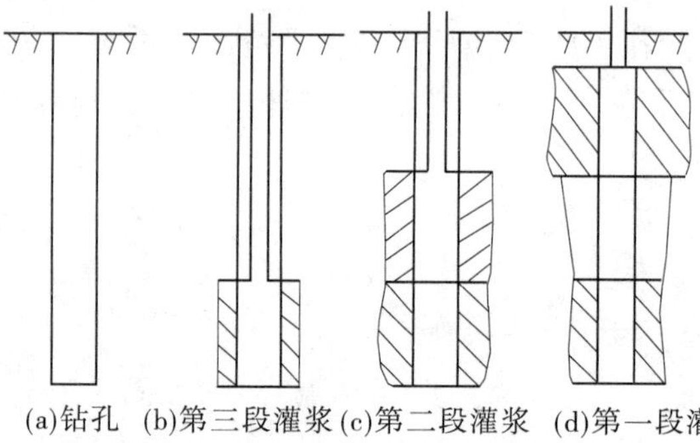

(a)钻孔　(b)第三段灌浆　(c)第二段灌浆　(d)第一段灌浆

图 8-10　自下而上分段灌浆

自上而下分段灌浆法的施工步骤如图 8-11 所示。这种方法的灌浆孔只钻到第一孔段深度后,即进行该段的冲洗、压水试验和灌浆工作。经过待凝规定时间后,再钻开孔内水泥结石,继续向下钻第二孔段,进行第二孔段的冲洗、压水试验和灌浆工作。依次反复,直到设计深度。此法的缺点是钻机需多次移动,每次钻孔要多钻一段水泥结石,同时必须等上一段水泥浆凝固后方能进行下一段的工作。其优点是:从第二孔段以下各段灌浆时可避免沿裂隙冒浆;不会出现堵塞事故;上部岩石经灌浆提高了强度,下段灌浆压力可逐步加大,从而扩大灌浆有效半径,进一步保证了质量。此外,也可避免孔壁坍塌事故。

上述分段灌浆的两种方法,当遇到地表岩层比较破碎,下部岩层比较完整时,在一个孔位可将两种方法混合使用,即上部采用自上而下、下部采用自下而上的方法来进行灌浆。

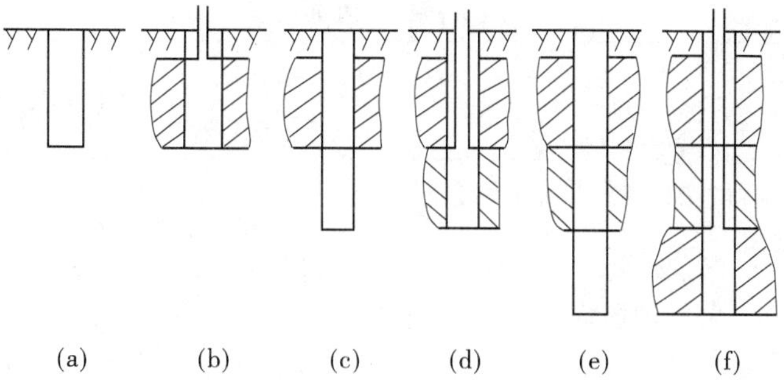

(a)第一段钻孔;(b)第一段灌浆;(c)第二段钻孔;
(d)第二段灌浆;(e)第三段钻孔;(f)第三段灌浆

图 8-11　自上而下分段灌浆

2. 灌浆材料的选择和浆液浓度的控制

岩石地基的灌浆一般都采用水泥灌浆。水泥品种的选择及其质量要求:对无侵蚀性地下水的岩层,多选用普通硅酸盐水泥;如遇有侵蚀性地下水的岩层,以采用抗硫酸盐水泥或矾土水泥为宜。水泥的强度等级应大于 32.5。为提高岩基灌浆的早期强度,我国坝基帷幕灌浆一般多用 42.5 等级水泥。对水泥细度的要求为水泥颗粒的粒径要小于 1/3 岩石裂隙宽度,灌浆才易生效;一般规定,灌浆用的水泥细度,应能保证通过 0.08 mm 孔径标准筛孔的颗粒质量不小于 85% ~90%。

灌浆过程中,必须根据吸浆量的变化情况,适时调整浆液的浓度,使岩层的大小裂隙既能灌满又不浪费。开始时用最稀一级浆液,在灌入一定的浆量没有明显减少时,即改为用浓一级的浆液进行灌注,如此下去,逐级变浓,直到结束。

3. 灌浆压力及其控制

一般采用高压灌浆。大型工程和地质条件复杂时,灌浆压力宜通过灌浆试验确定。

灌浆压力通常是指作用在灌浆段中部的压力。确定灌浆压力的原则是:在不致破坏基岩和坝体的前提下,尽可能采用比较高的压力。使用较高的压力有利于提高灌浆质量和效果,但是灌浆压力也不能过高,否则会使裂隙扩大,引起岩层或坝体的抬动变形。灌浆压力的大小与孔深、岩层性质和灌浆段上有无压重等因素有关,国内工程上目前常用下式进行计算:

$$P = P_0 + MD + 9.807K\gamma h \tag{8-4}$$

式中　P——灌浆压力,Pa;

P_0——基岩表层的允许压力,Pa,可由表 8-5 中查得;

D——灌浆段以上岩层的厚度,m;

M——灌浆段以上岩层每增加一米所能增加的压力,Pa/m,也可由表 8-5 查得;

h——灌浆孔以上压重的厚度,m;

γ——压重的密度,kg/m^3;

K——系数,可选用 1 ~3。

表 8-5 P_0 和 M 值选用表

岩石分类	岩性	M ($\times10^5$ Pa/m)	P_0 ($\times10^5$ Pa)	常用压力 ($\times10^5$ Pa)
Ⅰ	具有陡倾斜裂隙、透水性低的坚固大块结晶岩、岩浆岩	2 ~ 5	3 ~ 5	40 ~ 100
Ⅱ	风化的中等坚固的块状结晶岩、变质岩或大块体弱裂缝的沉积岩	1 ~ 2	2 ~ 3	15 ~ 40
Ⅲ	坚固的半岩性岩石、砂岩、黏土页岩、凝灰岩、强或中等裂隙的成层的岩浆岩	0.5 ~ 1	1.5 ~ 2	5 ~ 15
Ⅳ	坚固性差的半岩性岩石、软质石灰岩、胶结弱的砂岩及泥灰岩、裂隙发育的较坚固的岩石	0.25 ~ 0.5	0.5 ~ 1.5	2.5 ~ 5
Ⅴ	松软的未胶结的土壤、砾石、砂、砂质黏土	0.15 ~ 0.25	0	0.5 ~ 2.5

注:1. 采用自下而上分段灌浆时,M 应选范围内的较小值。

2. Ⅴ类岩石在外加压重情况下,才能有效地灌浆。

根据公式或以往类似工程经验所确定的灌浆压力,只能作为事先估算的一种依据。在实际工程中,由于具体条件千变万化,灌浆压力往往需要通过试验来确定,并在灌浆施工中进一步检验和调整。

4. 灌浆结束标准

灌浆的结束条件用两个指标来控制:一个是残余吸浆量,又称最终吸浆量,即灌到最后的限定吸浆量;另一个是闭浆时间,即在残余吸浆量的情况下,保持设计规定压力的延续时间。

采用自上而下分段灌浆时,在设计压力下,当注入率不大于 0.4 L/min 时,继续灌注 60 min 结束;或当注入率不大于 1 L/min 时,继续灌注 90 min 结束。

采用自下而上分段灌浆时,继续灌浆时间相应地减少为 30 min 和 60 min,灌浆可以结束。

有的工程,由于岩层的细小裂隙过多,在高压作用下,后期吸浆量虽不大,但延续时间很长,仍达不到结束标准,且回浆有逐渐变浓的现象。这说明受灌的细小裂隙只进水不进浆,或只有细水泥颗粒灌入而粗颗粒灌不进。在这种情况下,或者改变水泥细度,或者经过两次稀释浓浆而仍达不到结束标准,确认只进水不进浆时,再延续 10 ~ 30 min,就结束灌浆。

(五)回填封孔技术措施

在各孔灌浆完毕后,均应很好地将钻孔严密填实。回填材料多用水泥浆或水泥砂浆。砂的粒径不大于 1 ~ 2 mm,砂的掺量一般为水泥的 0.75 ~ 2 倍。水灰比为 0.5∶1 或 0.6∶1。机械回填法是将胶管(或铁管)下到钻孔底部,用泵将砂浆或水泥浆压入,浆液由孔底逐渐上升,将孔内积水顶出,直到孔口冒浆为止。要注意的是软管下端必须经常保持在浆面以下。人工回填法与机械压浆回填法相同,但因浆液压力较小,封孔质量难以保证。

(六)特殊情况的处理方法

1. 灌浆中断的处理方法

(1)因机械、管路、仪表等出现故障而造成灌浆中断时,应尽快排除故障,立即恢复灌浆。否则应冲洗钻孔,重新灌浆。

(2)恢复灌浆时,如注入量较中断前减少较多,应使用开灌比级的浆液进行灌注。

(3)恢复灌浆后,若停止吸浆,可用高于灌浆压力 0.14 MPa 的高压水进行冲洗而后恢复灌浆。

2. 串浆处理方法

(1)相邻两孔段均具备灌浆条件时,可同时灌浆。

(2)相邻两孔段有一孔段不具备灌浆条件,首先给被串孔段充满清水,以防水泥浆堵塞凝固,影响未灌浆孔段的灌浆质量,并用大于孔口管的实心胶塞放在孔口管上,用钻机立轴钻杆压紧。

3. 冒浆处理方法

(1)混凝土地板面裂缝处冒浆,可暂停灌浆,用清水冲洗干净冒浆处,再用棉纱堵塞。

(2)冲洗后用速凝水泥或水泥砂浆捣压封堵,再进行低压、限流、限量灌注。

4. 漏浆处理方法

(1)浆液在延伸较远的大裂隙通道渗漏在山体周围,可采取长时间间歇(一般在 24 h 以上)待凝灌浆方法灌注。如一次不行,再进行二次间歇灌注。

(2)浆液在大裂隙通道渗漏,但不渗漏到山体周围,可采用限压、限流与短时间间歇(数十分钟)灌浆。如达不到要求,可采取长时间间歇待凝,然后限流逐渐升压灌注。一般反复 1 ~2 次即可达到结束标准。

(七)质量检查

1. 质量评定

灌浆质量的评定,以检查孔压水试验成果为主,结合对竣工资料测试成果的分析,进行综合评定。每段压水试验吕荣值满足规定要求即为合格。

2. 检查孔位置的布设

(1)一般在岩石破碎、断层、裂隙、溶洞等地质条件复杂的部位,注入量较大的孔段附近,灌浆情况不正常以及经分析资料,认为对灌浆质量有影响的部位。

(2)检查孔在该部位灌浆结束 3 ~7 d 后就可进行钻孔。采用自上而下分段进行压水试验,压水压力为相应段灌浆压力的 80%。检查孔数量为灌浆孔总数的 10%,每一个单元至少应布设一个检查孔。

3. 压水试验检查

压水试验检查,坝体混凝土和基岩接触段及其下一段的合格率应为 100%,以下各段的合格率应在 90% 以上;不合格段透水率值不得超过设计规定值的 100%,且不集中,灌浆质量可认为合格。

4. 抽样检查

对封孔质量宜进行抽样检查。

学习单元四　高压喷射灌浆与劈裂灌浆

学习目标

(1)明确高压喷射灌浆的工程应用效果与前景。

(2)能识别劈裂灌浆与其他灌浆的不同。

(3)掌握并会进行高压喷射灌浆的施工工艺和质量控制。

(4)能现场指导土坝劈裂灌浆的施工,并会质量检查。

学习内容

(1)高压喷射灌浆的特点、加固地基的机理。

(2)高压喷射灌浆的施工参数确定与工艺流程。

(3)劈裂灌浆的施工工艺流程与灌浆效果。

一、高压喷射灌浆

高压喷射注浆法是利用钻机将带有特殊喷嘴的注浆管钻进至土层的预定深度,用高压喷射流强力冲击破坏土体,喷出的水泥浆与土体破坏后分离的土粒搅拌混合,经过凝结固化后,便在土中形成一定性能和形状的固结体,起到承载和防渗抗渗的目的。

固结体的形状与喷射流的移动方向有关,一般分为旋转喷射注浆法(简称旋喷法)、定向喷射注浆法(简称定喷法),还有摆喷注浆法(简称摆喷法)。定喷法和摆喷法通常用在地基防渗和边坡加固等工程。旋喷法主要用于地基加固,处理后的地基承载力有明显提高,地基土的变形性质也有改善。

高压喷射注浆法具有成本较低、施工速度较快、固结体强度大、可靠性高等优点,与普通灌浆法相比还具有以下特点:

(1)加固效果好,提高地基的抗剪强度,改善土的变形性质。

(2)能利用小直径钻孔旋喷成比孔大 8 ~ 10 倍的大直径固结体;可通过调节喷嘴的旋喷速度、提升速度、喷射压力和喷浆量,旋喷成各种形状柱体,如均匀圆柱状、异形圆柱状、扇状、板墙状等。

(3)既可垂直喷射,也可倾斜或水平喷射。根据需要可制成垂直桩、斜桩或连续墙,并获得需要的强度。

(4)高压喷射注浆法通常采用水泥浆液,不会造成环境和地下水的污染,且耐久性较好;施工噪声较小,单管和二管法施工均较简便。

(5)由于高速射流被限制在土体破碎范围内,因此浆液不易流失,能保证预期的加固范围和控制固结体的形状。

(6)可用于任何软弱土层,易控制加固范围。

(7)施工简便,操作容易,速度快,效率高,用途广泛,成本低。

高压喷射注浆法适用于处理淤泥、淤泥质土、黏性土、粉土、湿陷性黄土、砂土、碎石土及人工填土等地基。当土中含有较多的大粒径块石、坚硬黏性土、大量植物根茎或含有过多有机质时,应根据现场试验结果确定其适用程度。

(一)旋喷法的基本工艺及浆液类型

1.基本工艺

1)单管旋喷法

利用钻机把安装在注浆管底部侧面的特殊喷嘴置入土层的预定深度后,用高压泥浆泵以20~30 MPa的压力,将浆液从喷嘴中喷射出去冲击破坏土体,并使浆液和破坏土体搅拌混合,同时借助注浆管的旋转和提升,在土中形成圆柱状固结体,其加固质量好,施工速度快、成本低。其直径为0.4~1.0 m,如图8-12所示。

2)二重管旋喷法

使用双通道的二重注浆管输送空气和浆液,如图8-13所示。当把二重注浆管置入到土层的预定深度后,通过在管底部侧面的一个同轴双重喷嘴,用高压泥浆泵从内喷嘴中喷射出压力大于20 MPa的浆液,同时用空气压缩机以0.7 MPa的压力把压缩空气从外喷嘴喷出。在高压浆液流和它的外圈环绕气流的共同作用下,破坏土体的能量显著增大。注浆管喷嘴一边喷射一边旋转一边提升,在土中形成圆柱状固结体,直径一般为0.6~1.5 m。

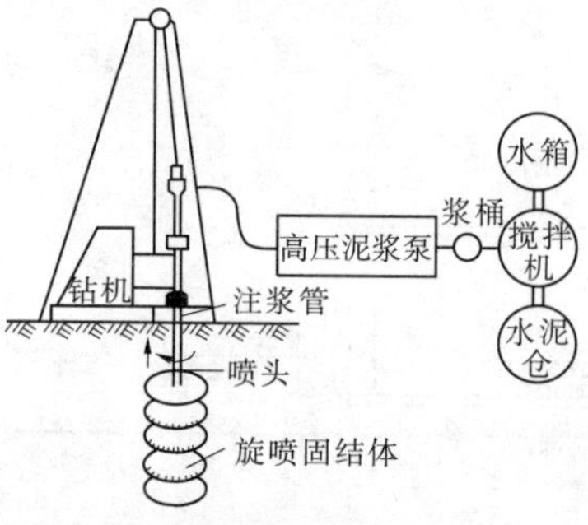

图8-12 单管旋喷注浆示意图

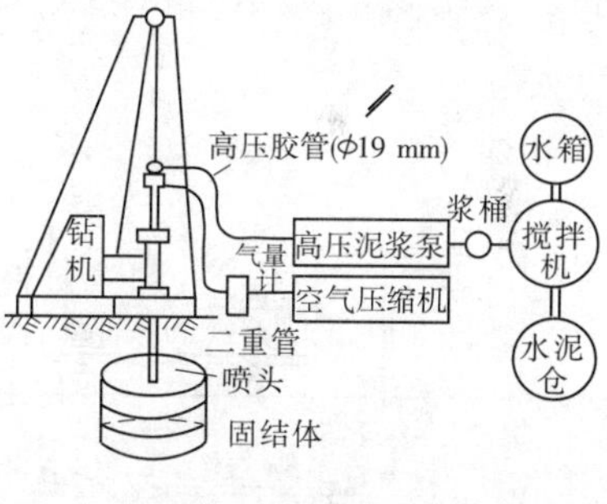

图8-13 二重管旋喷注浆示意图

3)三重管旋喷法

分别用于输送水、气、浆液三种介质的三重注浆管,如图8-14所示。在以高压水泵产生压力大于20 MPa的高压水喷射流的周围,环绕压力为0.7 MPa左右的圆筒状气流,进行高压水、气同轴喷射冲击土体,冲成较大的空隙;再由泥浆泵通过喷浆孔注入压力为2~5 MPa的浆液填充。注浆管作旋转和提升运动,最后便在土中形成直径较大的圆柱状固结体,直径可达0.7~2 m。

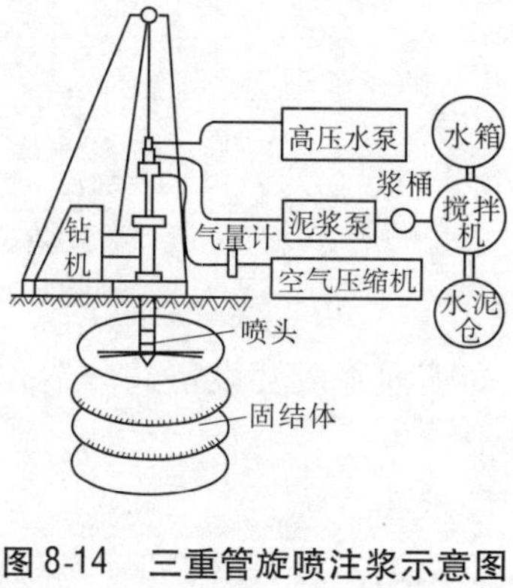

图8-14 三重管旋喷注浆示意图

2.浆液类型

水泥是最便宜的浆液材料,也是喷射注浆主要采用的浆液,按其性质及注浆目的分成以下几种类型。

1）普通型

普通型浆液是采用强度等级为 32.5 和 42.5 硅酸盐水泥，不加任何外掺剂，水灰比为 1∶1 ~ 1.5∶1，固结 28 d 后抗压强度可达 1 ~ 20 MPa。它适用于无特殊要求的防渗加固工程。

2）速凝 - 早强型

对地下水发达或要求早期承重的工程，宜用速凝 - 早强型浆液。就是在水泥中掺入氯化钙、水玻璃及三乙醇胺等速凝早强剂，其掺入量为水泥用量的 2% ~ 4%。

纯水泥与土混合后，1 d 时间固结体抗压强度可达 1 MPa，而掺入 2% 氯化钙时可达 1.6 MPa，掺入 4% 氯化钙时可达 2.4 MPa。

3）高强型

凡喷射固结体的平均抗压强度在 20 MPa 以上的浆液称为高强型。可选用强度等级较高的水泥，或选择高效能的外掺剂。

4）抗渗型

在水泥中掺入 2% ~ 4% 的水玻璃，可以提高固结体的抗渗性能。对有抗渗要求的工程，在水泥中掺入 10% ~ 50% 的膨润土，效果也较好。

（二）灌浆设备

高压喷射灌浆施工设备是按照高压喷射灌浆工艺的要求，由多种设备组装而成的成套设备。其组装布置情况如图 8-15 所示。

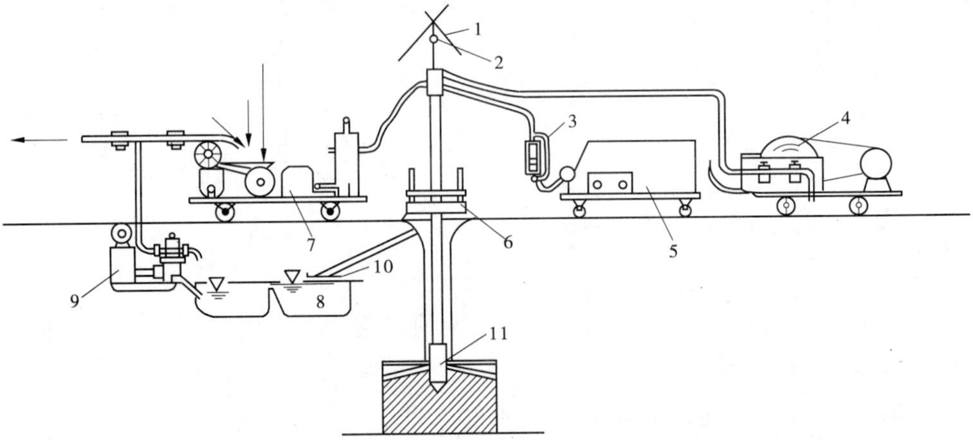

1—三脚架；2—卷扬机；3—转子流量计；4—高压水泵；5—空压机；
6—孔口装置；7—搅浆机；8—贮浆池；9—回浆泵；10—筛；11—喷头

图 8-15　高压喷射灌浆设备组装示意图

高喷灌浆成套设备共分造孔、供水、供气、供浆、喷灌等五大系统和其他配套设备等六个部分。

1. 造孔系统

按钻进方法，钻机可分为回转式钻机、冲击式钻机、振动式钻机、射水式钻机等。高喷灌浆施工常用的钻机是立轴式液压回转式钻机。这种钻机可液压给进和提拔钻具，操作方便，适应性强，可用于各种灌浆工程中的勘探及造孔施工。

2. 供水系统

供水系统中的主要设备是高压水泵和高压胶管。高喷灌浆工程中,常用 3D2 - S 型卧式三柱塞泵,其额定压力为 30 ~ 50 MPa,流量为 50 ~ 100 L/min,工作压力为 20 ~ 40 MPa。

3. 供气系统

两管(两介质)及三管(三介质)高喷灌浆,要用压缩空气与主射流(水泥浆或水)同轴喷射,以提高主射流的喷射效果。目前,高喷灌浆工程中常用 YV 型活塞式风冷通用空气压缩机,排气压力为 0.7 ~ 0.8 MPa。

4. 供浆系统

供浆系统包括搅浆机、灌浆泵和上料机三部分。

5. 喷灌系统

喷灌系统主要包括机架、卷扬机、旋摆机构和喷射装置等。

6. 其他配套设备

其他配套设备主要包括回浆泵和监测装置。

(三)高压喷射灌浆施工

1. 孔距及布置型式

孔距及布置型式的设计合理与否,对高压喷射灌浆的造价及质量影响很大。表 8-6 所示就是高压喷射灌浆固结体特性指标。大值适用于细颗粒地层,小值适用于大颗粒地层。在相同的工艺参数情况下,在中细砂、粉砂地层,孔距可大些,一般为 2.0 ~ 2.5 m;在砾卵石及卵漂石地层,孔距多采用 1.0 ~ 1.5 m;在中粗砂、壤土或杂填土层,孔距多采用 1.5 ~ 2.0 m。

表 8-6 高压喷射灌浆固结体特性指标

编号	名称	图形	孔距(m)	厚度(cm)	特点
1	折线型	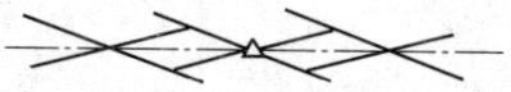	1.6 ~ 2.5	10 ~ 30	便于连接
2	微摆型	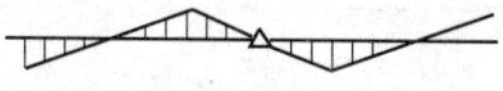	1.6 ~ 2.2	20 ~ 40	连接可靠、墙厚
3	交叉型	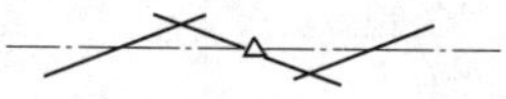	1.6 ~ 2.5	蜂窝状	连接结构稳定性好
4	直摆型	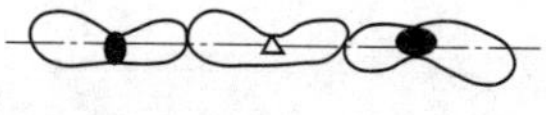	1.6 ~ 2.2	20 ~ 50	便于连接
5	摆定型	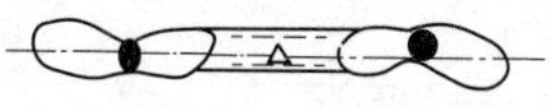	1.6 ~ 2.5	10 ~ 40	连接结构稳定性好
6	柱列型	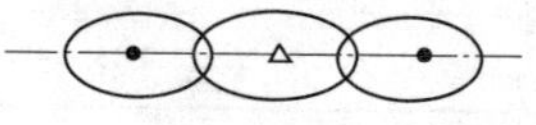	0.8 ~ 1.4	20 ~ 40	套接可靠性差
7	柱板型	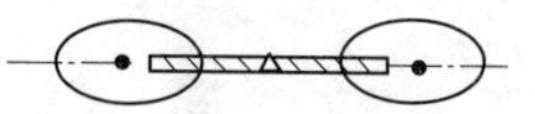	1.4 ~ 2.0	>10	便于连接,结构稳定性好

根据目前的工程实践经验,交叉型、折线型连接形式较为可靠,特别是其中的微摆喷

法在堤防、土坝工程防渗中经常使用。喷射方向与轴向的夹角一般为20°~30°,连接角度为120°~140°。布孔施工时可按由疏到密的原则,分序施工,先喷一序孔,再喷二序孔。如遇到转折孔,则孔距和喷射角度要做适当调整,以确保转折孔与邻孔墙体之间的紧密连接。

以提高地基承载力为加固目的时,可按正方形、矩形或梅花形等布孔,孔距一般为旋喷桩径的3~4倍。对防渗工程多采用双排或三排布孔,使旋喷桩形成帷幕。旋喷桩的桩间距为0.86R(R为旋喷桩设计半径)、排距为0.85R时较为经济。

2.施工工艺技术参数

高压喷射灌浆质量的好坏、工效和造价的高低,不仅受工程类型、喷射地形及地质地层条件的影响,更重要的是取决于施工工艺技术参数的合理选用。

高压射流压力是产生破坏力的主要因素,压力愈大,其冲切破坏效果愈好。限于目前国内机械水平,常用的喷射压力为20~40 MPa,最大可达50 MPa,采用时应根据地层结构强弱、孔距、设备状况和喷射形式综合考虑。

提升速度与旋转速度是决定射流冲击切割地层时间长短的两大因素。二者的配合至关重要,一般控制在每旋转一周提升0.5~1.25 cm。当为定喷时,提升速度仅考虑孔距及地层情况选取。

介质流量与喷嘴直径等其他参数与喷射压力密切相关,一般来说,流量大,压力也大;喷嘴直径小,压力大。浆液流量与压力应视地层孔隙、渗透性合理选用。高压喷射灌浆主要工艺技术参数见表8-7。

表8-7 高压喷射灌浆主要工艺技术参数

喷射类型		单管法	二管法	三管法	
				国内	日本
高压水	水压(MPa)			20~50	20~70
	水量(t/min)			60~150	50~70
压缩气	气压(MPa)		0.7	0.7	0.7
	气量(m^3/min)		1~3	1~3	>1
水泥浆	浆压(MPa)	20左右	5.0~25	0.2~3.0	0.3~4.5
	浆量(L/min)	25~100	50~200	60~150	120~200
提升速度(cm/min)		20~25	5~40	5~40	5~200
旋转速度(r/min)		20左右	20左右	5~10	5~10
摆动角速度(°/s)				5~30	
喷嘴直径(mm)		2.0~3.2	2.0~3.2	1.8~3.0	1.8~2.3

3.施工流程

高压喷射灌浆施工流程如图8-16所示。

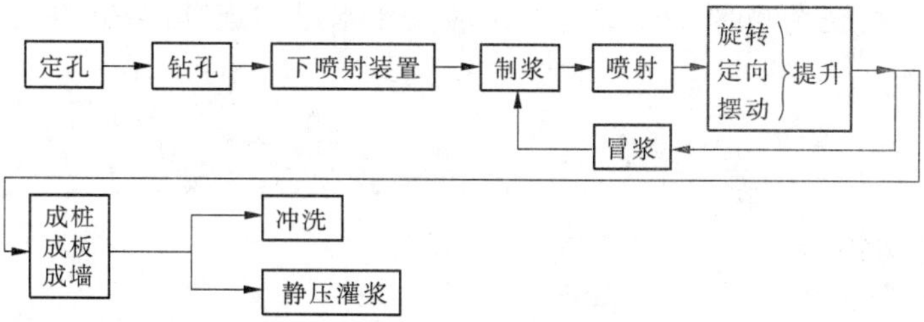

图 8-16 高压喷射灌浆施工流程

4. 施工程序

施工程序大体分为钻孔、下注浆管、喷射提升、成桩或成墙等，如图 8-17 所示。

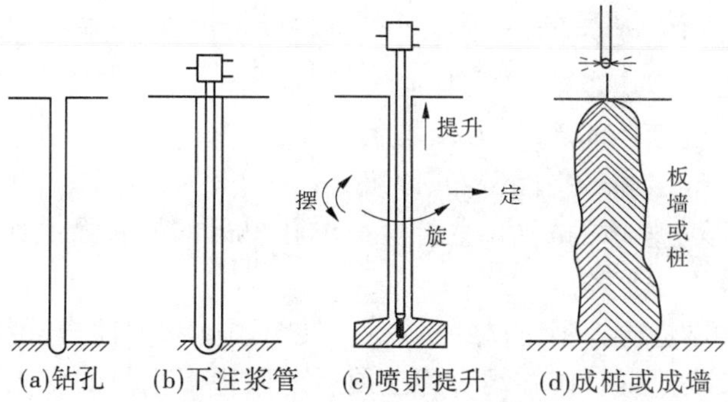

图 8-17 施工程序示意图

1）钻孔

首先把钻机对准孔位，用水平尺掌握机身水平，垫稳、垫牢、垫平机架。控制孔位偏差不大于 1～2 cm。钻孔要深入基岩 0.5～1.0 m。钻进过程要记录完整，终孔要经值班技术员签字认可，不得擅自终孔。

严格控制孔斜，孔斜率可根据孔深经计算确定，以两孔间所形成的防渗凝结体保证结合，不留孔隙为准则。孔深大于 15 m 的，以用磨盘钻造孔为好，每钻进 3～5 m，用测斜仪量测一次，发现孔斜率超过规定应随时纠正。

2）下喷射管

将喷射管下放到设计深度，将喷嘴对准喷射方向，不准偏斜是关键。用振动钻时，下管与钻孔合为一体进行。为防止喷嘴堵塞，可采用边低压送水、气、浆，边下管的方法，或临时加防护措施，如包扎塑料布或胶布等。

3）喷射灌浆

当喷射管下到设计深度后，送入合乎要求的水、气、浆，喷射 1～3 min；待注入的浆液冒出后，按预定的提升、旋转、摆动速度自下而上边喷射边转动、摆动，边提升，直到设计高度，停送水、气、浆，提出喷射管。

喷射灌浆开始后，值班技术人员必须时刻注意检查注浆的流量、气量、压力以及旋、摆、提升速度等参数是否符合设计要求，并且随时做好记录。

4）清洗

当喷射到设计高度后，喷射完毕，应及时将各管路冲洗干净，不得留有残渣，以防堵塞，尤其是浆液系统更为重要。通常是指浆液换成水进行连续冲洗，直到管路中出现清水为止。

5）充填

为解决凝结体顶部因浆液析水而出现的凹陷现象，每当喷射结束后，随即在喷射孔内进行静压充填灌浆，直至孔口液面不再下沉为止。

（四）施工质量检查

高压喷射灌浆工程是以防渗加固为目的的地下隐蔽工程，其质量的好坏，一般不易直接观察，而必须采取必要的方法和手段进行检查。

1. 质量检查的项目

根据凝结体本身的性能、作用，主要检查以下几个项目：

（1）力学特性。包括密度、相对密度、抗压、抗折和抗剪强度、弹性模量、溶蚀性等。

（2）抗渗性。测定其渗透系数、渗透比降等。

（3）整体连续性。凝结体的连结情况、均匀程度。

（4）形状与尺寸。地层中的空间分布、厚度等。

由多个单孔喷射形成整体的凝结，主要检查单孔单元的质量及其整体的连续性和与周边建筑物连接的密闭牢固性。

作为防渗工程，主要是检查凝结体的抗渗性、抗折强度和弹性模量及检查整体的连贯密闭性。有针对性地确定其项目，并结合施工前后地层地下水位的变化，施工期间的自检和施工后的效果进行观测分析，对工程质量做出全面评价。

2. 质量检查方法

目前，国内检查的方法有室内试验、开挖检查、钻孔检查、围井检查、整体效果检查、电探及载荷试验等。

1）室内试验

一是施工前进行浆液配比试验；二是在现场用各种方法取样，在室内进行物理力学性能测定。

2）开挖检查

现场喷射施工完成，当凝结体具有一定强度后，选取典型部位开挖暴露凝结体，可直接描绘及用回弹仪、测波仪等进行测试，并开挖取样，深度一般为 2 ~ 3 m，取样可检查其整体连续性、形状及尺寸等。

3）钻孔检查

当喷射凝结体具有相当强度后，利用钻机在其上钻孔，可做三种检查（多用于旋喷桩）：

（1）取出样品观察、分析和加工，然后送入室内进行物理力学性能试验，检查施工质量是否达到设计要求。

（2）在钻好的凝结体内进行压水、注水试验，测定其渗透系数。

（3）对凝结体通过钻孔进行标准贯入度试验，测其坚硬密实程度。

除此之外，还可在防渗墙体上、下游钻孔进行水位或抽水观测，通过喷射灌浆前后的水位变化分析其防渗效果，通过置于防渗板墙两侧钻孔中的超声波发生接收器，也可检测防渗板墙的整体连贯性。

4）围井检查

对于用作防渗体的定喷和摆喷板墙，多采用施工板墙一侧加喷 2 ~3 孔，与原板墙构成三边或四边形围井的方法检查。当围井待凝一定时间后，在井内打孔进行压注水试验。其结果将直接反映该施工段质量。由于围井后加的二面或三面板墙，质量再好也不会弥补检查施工段的缺陷或质量事故，故已成为目前较为常用的检查方法之一。围井检查见图 8-18。

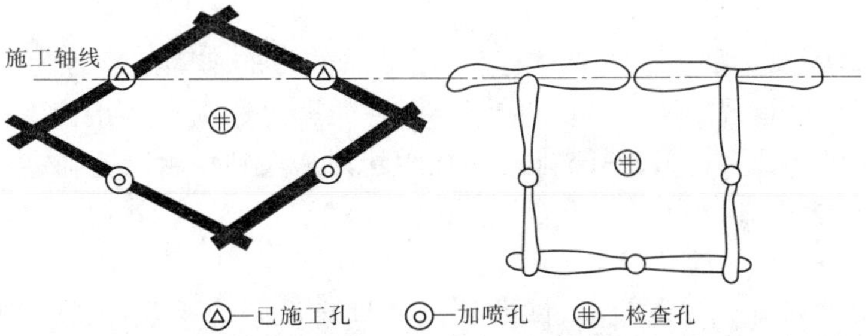

图 8-18　围井检查示意图

5）整体效果检查

作为防渗工程，最终效果应是施工前后渗流量的变化，基坑闭气后抽水效果等，而作为地基加固工程，其最终效果应是沉降的大小。上述几种方法均是局部的、随机的，不能决定整体处理效果。因此，施工完毕后应注意采集有关渗流资料或沉降资料，以整体防渗效果为最终验收标准。

6）其他检查方法

配合上述方法进行强度及防渗性能检查的还有激光法、电探法和同位素法，后两种方法能间接判断集中渗漏带、渗流流速、流向，全面检查防渗处理技术的防渗效果。

二、劈裂灌浆

（一）劈裂灌浆及其适用情况

劈裂灌浆是运用坝体应力分布规律，用一定的灌浆压力，将坝体沿坝轴线方向劈裂，同时灌注合适的泥浆，形成铅直连续的防渗帷幕，堵塞与劈裂缝连通的洞穴、裂缝或切断软弱层，以提高坝体的防渗能力；同时，通过浆坝互压和湿陷使坝体内部应力得到调整，提高坝体变形稳定性。

当坝体质量普遍不好，坝体外部有裂缝、塌陷、浸润线和出逸点过高，坝后坡出现大面积湿润，坝体有明显渗漏或坝体内部有较多隐患时，可用劈裂灌浆处理。劈裂灌浆技术主要适合于处理存在压实质量差、有裂缝、洞穴、水平夹砂层等隐患的堤坝及结构性较强的粉细砂及土砂夹层透水地基。但对于粗砂及砂砾石坝基，因其土层结构性差，形不成连续劈裂，就不适合用劈裂灌浆技术处理。

（二）劈裂灌浆试验

堤坝产生破坏的原因不同，填筑土料的性质各异。为了搞好灌浆设计和施工，灌浆试验是必不可少的，尤其是一些心墙比较薄，又较高的堤坝，必须进行灌浆试验。

灌浆试验一般应包括室内试验和室外原型试验。室内试验包括坝体回填土料和浆体土料物理力学性质试验及浆体性质试验等；室外原型试验即现场灌浆试验，一般包括位移、回弹比、灌浆压力、一次灌浆量试验等。这里主要介绍室外原型试验。

1. 试验段的选择

堤坝灌浆试验段，一般应选在最大堤高和填筑质量有代表性的堤段处。土坝灌浆试验段一般布置在最大坝高处，或存在隐患的部位。

一般低坝试验孔深至坝基，孔距 5 ~ 10 m，灌 3 ~ 5 个试验孔，试验坝段长 20 m。

堤防灌浆试验段长度、孔距和排数应根据灌浆的目的来确定。若为了解决渗透稳定问题，建议采用单排布置灌浆孔，以形成浆体防渗帷幕为原则；若为了解决变形稳定、增加堤身强度问题，可布置多排灌浆孔，排距和孔距建议从大到小由试验确定。

2. 试验内容和方法

1）沉陷位移试验

（1）观测桩的布置。在试验前，试灌坝段应埋设沉陷位移观测桩。观测桩的布置如图 8-19 所示。

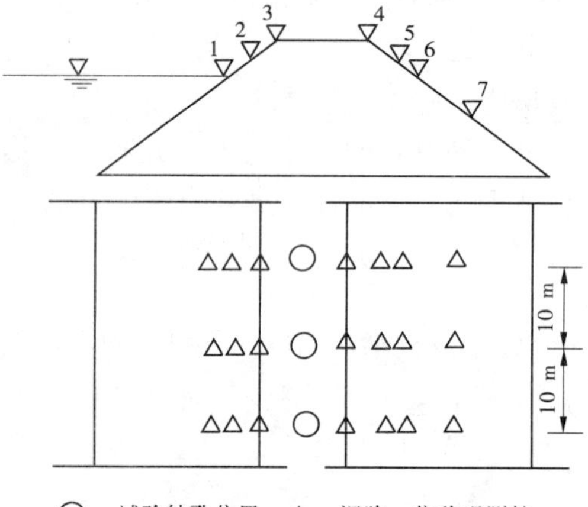

图 8-19　沉陷位移桩和试验孔布置示意图

一般坝体上部在灌浆期水平位移量大，桩距要小一些，中部桩距可大一些，下部可不设观测桩，但应注意桩号 1 和 6、2 和 5、3 和 4 的高程相等，便于观测资料的整理分析。

（2）观测方法和要求。位移观测用视准线法，沉陷观测用水准仪测量。试灌前每个测点应测出起始高程和起始位移偏差。试灌期要求每 2 h 观测一次，目的是测出位移量的峰值。停灌后测次可适当延长，以测出停灌后的回弹过程。沉陷和位移应同时观测。沉陷观测精度要求，误差 $|\delta| < 1.4\sqrt{N}$ mm（N 为测站数）；位移观测重复 2 次，误差在 1 mm 之内。

（3）沉陷量和位移量的控制。对高压缩性土和中压缩性土，灌浆期多用位移比来控制，用以下公式表示为：

$$\eta = \frac{V}{W} < m \tag{8-5}$$

式中 η——灌浆期间位移比；

V——灌浆期横向水平位移量，mm；

W——灌浆期沉陷量，mm；

m——被灌堤坝边坡比。

对低压缩性土，因为灌浆期沉陷量 W 很小，横向水平位移量 V 却往往较大，所以式(8-5)不适用，位移 η 比值应放宽，略大于 m 值也是容许的，但位移后必须有相当的回弹量，否则是绝对不允许的。

2）回弹比试验

在堤坝劈裂式灌浆中，坝顶劈裂缝的宽度应加以控制。至于坝体内部的劈裂宽度，应根据坝体的渗透稳定和变形稳定要求，通过计算来确定。

对劈裂式灌浆沿灌浆轴线形成的表面裂缝，常用停灌后的回弹比值来控制，用以下公式表示为：

$$n = \frac{V'}{V} \times 100\% \tag{8-6}$$

式中 n——停灌后的回弹比（%）；

V'——停灌后的回弹量，mm；

V——灌浆期横向水平位移量，mm。

因每座堤坝的应力状态不同，实践证明 n 值的大小是不一样的，其控制范围大致可分为两种情况：坝顶横向受拉，$50\% > n > 25\%$；坝顶横向受压，$n > 50\%$。

3）灌浆压力试验

灌浆压力是指注浆管上端孔口的压力值。灌浆时限制的最大压力，是影响大坝安全和灌浆效果的主要因素，也是劈裂灌浆施工中的一个重要控制指标。如果控制得好，对于坝体的压密和回弹、浆体的压密、补充坝体的小主应力不足、保证防渗帷幕的形成等都能起到好的效果。若控制得不好，不仅不能达到预期效果，还有可能破坏坝体的某些结构，甚至对坝体造成破坏。灌浆压力的大小与坝型、坝高、坝体质量、灌浆部位、浆液浓度以及灌浆泵量的大小等因素有关，一般可采用公式估算，重要工程还应通过试验确定。

（1）灌浆压力试验装置。试验灌浆孔口压力时，压力表必须安装在注浆管的上端，如图8-20所示。

这是目前国内常用的一种方法。灌浆压力表应选用压力真空表，最大量程60 N/cm^2，既能量测正压，也能量测负压，正负压力精度均为1 N/cm^2，可估读0.5 N/cm^2，能满足各种堤坝灌浆压力的量测要求。

（2）试验方法和步骤。灌浆压力试验时，在试验孔灌浆的整个过程中，压力只要有变化，都要随时观测记录，并记下相应的观测时间。灌浆时由于压力表指针来回摆动，应观测指针摆动时的中间值。

当灌浆试验结束后，将灌浆压力过程线绘在米厘纸上。经过比较，找出最大灌浆孔口压力峰值，作为劈裂式灌浆施工时的压力控制指标。一般灌浆压力不得超过此峰值，若大

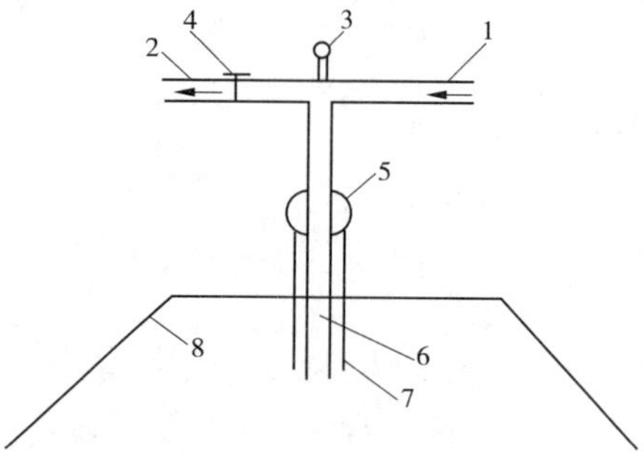

1—进浆管;2—回浆管;3—压力表;4—回浆阀门;
5—阻浆塞;6—注浆管;7—护壁管;8—坝体

图 8-20　灌浆压力测定装置简图

于这一峰值,则应停灌,分析原因,采取处理措施。

(3)影响灌浆压力的因素有四个方面:堤坝内部应力、灌浆泵量、钻孔直径、输浆系统。

4)一次灌浆量的试验

堤坝灌浆时常遇到单孔进浆量很大的情况,若不加限制地连续施灌,往往导致灌浆孔附近坝顶沉陷量过大、发生横向裂缝、灌浆孔附近边坡位移量过大等现象。这不仅影响到坝体安全,也影响坝体回弹,使回弹比变小,还可能导致浆缝一次劈宽过大,影响泥浆在坝体内排水固结速度,降低浆体强度。为了避免上述缺点,对一次灌浆量应加控制。

目前,确定一次灌浆量的原则是:灌孔与相邻孔坝顶的沉陷差不能过大;在前 2 ~3 次的灌浆过程中边坡产生的位移,停灌后均能很快地产生回弹,且回弹比较大;坝面被劈裂后即停灌。

在实践中,应贯彻"少灌多复"的原则,即应控制每次的灌浆量,并进行多次复灌。每次灌浆量控制在每米孔深 0.5 ~1.0 m^3 之间,间隔时间一般为 5 ~10 d。

5)土压力和孔隙水压力试验

堤坝灌浆,尤其是在高水位情况下的劈裂式灌浆,由于泥浆压力的作用,堤坝应力状态发生改变,孔隙水压力增加很快,容易对坝体产生负面影响,目前多用孔隙压力比这一指标来控制,并用下式表示:

$$\overline{B} = \frac{\mu}{\gamma h} \times 100\% \tag{8-7}$$

式中　$\overline{B}$——孔隙压力比(%);

μ——实测孔隙水压力,kPa;

γ——坝体填土的容重,kN/m^3;

h——从坝面到孔隙压力测头的垂直高度,m。

当 $\overline{B}>60\%$ 时,除低坝以外都是不安全的。为保证灌浆期坝体安全,要求 $\overline{B}<60\%$,一般情况下,要求 $\overline{B}<40\% \sim 50\%$。

(三)灌浆参数

灌浆参数一般包括以下方面:钻孔孔深、孔距、孔位布置,灌浆压力,灌浆帷幕厚度,浆液的选择，灌浆历时、复灌次数、复灌间隔时间等。

1. 钻孔孔深、孔距和孔位布置

1) 钻孔的布置

灌浆孔的布置应根据坝体隐患部位、性质和坝体内部的应力分布情况来确定，一般应将河槽段和岸坡段(或地下埋管段)分开来考虑。

(1)河槽段。由于所解决问题的性质不同，布孔方式也不完全一样。如果解决的问题主要是坝体的渗漏，而且坝体碾压质量尚好，可以沿坝轴线单排布孔，以便构造浆体防渗帷幕；如果坝体碾压质量很差，除沿坝轴线布孔外，还需在灌浆轴线上下游布置副排孔，以便促使坝体更好地湿陷固结和改善坝体内部应力状况。副排孔的具体位置和排数、深度，应视坝顶的宽窄和隐患的程度而定。

(2)岸坡和坝下埋管(洞)的坝段。由于坝体内部应力复杂，灌浆初期一般采用多排梅花形布孔，并采用“少灌多复”的办法，以利调整坝体应力。灌浆后期，再沿坝轴线布孔，形成连续的帷幕。

2) 钻孔深度

钻孔深度一般应大于隐患深度 2 ~ 3 m。如副排孔处无隐患，孔深约为相应主排孔深的 2/3 ~ 1。

3) 孔距的确定

在河槽段孔深大于 15 m 时，可采用 10 m 左右的孔距；孔深小于 15 m 时，可采用 5 m 左右的孔距。在保证帷幕连续和厚度均匀的前提下，孔距可以适当放大，以便减少钻孔数目，降低工程造价。适宜的孔距也可通过灌浆试验确定。

在岸坡段、弯曲坝段布孔，应适当缩小孔距，或通过试验来确定。

4) 孔序

在灌浆施工中一般要分序灌浆，分序灌浆的目的主要是使浆液在坝体中有充分的析水固结时间。灌浆的序数，应根据被灌坝段的长短而定，一般要求序数不要过多，以免灌浆机械过多地搬迁，影响工效。如果灌浆坝段过长，灌浆机组又少，一般分为两序即可；如果灌浆坝段较短，可以分为三序或四序。

2. 灌浆压力

灌浆压力是劈裂灌浆施工中的一个重要控制指标，控制得好，对于坝体的压密和回弹、坝体内部应力的调整以及保证防渗帷幕的形成等都能起到好的效果。

灌浆压力设计一般分为三级来确定：起始劈裂压力、单孔最大压力和屈服压力。

1) 起始劈裂压力

劈裂式灌浆的工艺要求是孔底注浆，全孔灌注。

泥浆处于流动状态时，注浆孔某点灌浆压力 P 为：

$$P = \Delta P + \gamma' h' - P_h \tag{8-8}$$

式中 ΔP——孔口压力表读数，kPa；

P_h——泥浆流动时所产生的摩擦阻力，包括在长度为 h' 注浆管和沿孔壁上升 h 高度所产生的摩阻力，kPa；

γ'——浆液密度，kN/m^3；

h'——注浆管深度,m。

坝体抗劈力 P_1 为

$$P_1 = \sigma_3 + \sigma_t \tag{8-9}$$

式中 σ_3——土体小主应力,kPa;

σ_t——土体单轴抗拉强度,kPa。

由 $P = P_1$,则

$$\Delta P = \sigma_3 + \sigma_t - \gamma' h' + P_h \tag{8-10}$$

当 $\Delta P > \sigma_3 + \sigma_t - \gamma' h' + P_h$ 时,坝体即被劈裂。

2)单孔最大压力

在孔底注浆情况下,根据试验,建议按1.5倍左右的起始劈裂压力控制。

3)屈服压力

坝体全部或大部分被劈开后,抗劈裂的能力已经降低。有时在灌浆压力远小于单孔最大允许压力的情况下,坝体在水平方向可能产生大幅度位移,处于屈服状态,这在灌浆施工中应当特别注意。根据以往土坝的灌浆试验,可近似采用下式控制:

$$P \leqslant 0.98\gamma' h' \tag{8-11}$$

式中符号意义同前。

3.灌浆帷幕厚度

浆体帷幕的厚度(指泥浆固结硬化以后的厚度),主要从防渗和坝体的变形稳定来考虑,在此不再详细叙述。对于中小型水库也可以不经过计算,按经验确定泥浆的厚度。对疏松坝体,固结后浆体厚度控制在30 cm左右;对质量较好的土坝,固结后浆体帷幕厚度可控制在15 cm左右。

4.浆液的选择

在坝体灌浆中,选用合适的泥浆,是保证灌浆质量的重要条件,不同的浆液直接影响泥浆的固结速率和所形成浆体帷幕的防渗效果。坝体劈裂灌浆对泥浆的一般要求是:可灌性好,稳定性高,析水固结快,形成浆体防渗性能强,变形模量与坝体土相近。但是这些指标相互之间往往是矛盾的,所以在选择浆液时,应统一考虑泥浆各种性能的相互关系,不能过分地强调某一方面。通过试验来选择一种适宜的材料。

1)浆液密度

浆液的密度,是指单位体积内浆液的质量,用 g/cm^3 表示。

在坝体灌浆中,一般采用泥浆的密度为1.3~1.6 g/cm^3。

2)水与固体颗粒比例

浆液中固体颗粒所占比例多少是反映浆液稠度的指标。如果是纯黏土泥浆,反映稠度指标的就是土水比。

在坝体灌浆中,一般需用的土水比为0.3~1.45。

3)浆液的流动性指标

浆液的流动性一般用黏度表示。浆液的黏度是指泥浆胶体悬浊液阻碍其相对流动的一种特性。

在坝体灌浆中,泥浆的黏度一般要控制在20~100 s,其值的选用与裂缝的宽度、渗漏通道的大小、灌浆压力等因素有关。

4)浆液的稳定性

泥浆的稳定性是衡量泥浆中土颗粒沉降速度的一个指标,沉降速度慢,表示泥浆的稳定性好;反之,则不好。泥浆的稳定性取决于泥浆的浓度和制浆土料的颗粒大小、矿物成分、分散程度等因素。

对坝体劈裂式灌浆,泥浆的稳定性在 0.05 ~0.1 g/cm^3 之间是适宜的。

5)泥浆的含砂量

泥浆的含砂量是表示泥浆中含砂多少的一个指标,表示的方法是将泥浆与水以 1∶9 的比例稀释后,用砂占泥浆体积的百分数来表示。在灌浆施工现场要经常对泥浆含砂量进行测试,以了解是否符合灌浆设计的要求。

6)泥浆的失水量

泥浆失水量是表示在一定的压力作用下泥浆能分泌出的水量,以毫升(mL)计。泥浆的失水性与制浆土料的性质、泥浆的密度、外界压力、坝体土料的性质以及是否使用外加剂等因素有关。泥浆失水量的大小会影响到坝体灌浆的质量和效果。

7)泥浆的静切力

由于泥浆的结构性,要使其流动需加外力,当它大于泥浆内部的摩擦阻力时,泥浆由静止转化为流动,在单位面积所克服的摩擦阻力被称为静切力。其大小用泥浆的初切力(泥浆静置 1 min 的极限静切力)和终切力(泥浆静置 10 min 的极限静切力)之差来表示,静切力用 τ 表示(单位为 dPa,1 dPa =0.1 Pa)。

泥浆静切力的大小与制浆土料的性质、黏土颗粒的分散程度、泥浆密度的大小、结构性的强弱及所用外加剂的性质等因素有关。

泥浆的静切力在坝体灌浆中有重要的意义,如选择泥浆泵的大小、输浆橡皮管的直径、承受压力的程度、铺设管路的长短、灌浆孔布置的疏密、采用泥浆密度的大小等都要根据泥浆静切力的大小去设计。

8)泥浆的胶体率

泥浆的胶体率是指泥浆在静止时,将水分分离到泥浆表面上来的能力。泥浆静置 24 h,沉淀后的泥浆体积与原泥浆体积之比,称为泥浆的胶体率,以百分比(%)表示。分离出来水的体积与原泥浆体积之比,称为泥浆的沉淀率或自由析水率,也以百分比(%)表示。

5. 灌浆历时、复灌次数、复灌间隔时间的确定、开灌和停灌时间

1)最优灌浆历时的选择

影响灌浆历时的因素比较多,如泥浆的固结速率、一次允许的灌浆量、灌浆设备的效率、工程量的大小等。由于目前试验资料不足,尚不能定量分级确定灌浆历时,只能大体限制范围。

对于排水条件比较好的土坝,采用劈裂式灌浆,帷幕面积 2 万 m^2 左右,浆体厚度 15 ~20 cm,泥浆泵的输浆率 80 L/min 左右,灌浆历时约用一年半的时间合适;同样情况,当帷幕面积 1 万 m^2,灌浆历时可定为一年左右。帷幕面积大于或小于以上数值,可酌情确定灌浆历时。

2）复灌次数

复灌次数应以泥浆对坝体的压缩效果、一次注浆允许增加的厚度、浆体总的厚度为根据，一般不少于 5 次。

3）复灌间隔时间的确定

灌浆施工的程序为灌浆—固结—再灌浆—再固结，反复进行。因为劈裂灌浆的浆体帷幕是由薄逐步加厚的，浆体的固结速率由快到慢变化，因此浆体施工中复灌间隔时间主要以灌入坝体裂缝中浆体的固结状态来确定，其原则应当待前次所灌入的泥浆基本固结之后，再进行复灌。应以理论计算确定不同泥浆缝厚度固结时间为每次复灌间隔时间。对于不具备固结计算条件的土坝灌浆，可参考表 8-8 经验数字确定复灌间隔时间。

表 8-8　复灌间隔时间参考表

浆体厚度（cm）	3	6	12	24	36
间隔时间（d）	3	5	10	20	30

4）开灌时间和停灌时间的确定

开灌时间以大汛过后的秋季为好，大冻前最好能灌完第一序孔，翌年春天最好灌完第二序孔。尽量在大汛到来前一个月停灌，汛后完成扫尾工程。若在春天开灌也可以，必须在大汛前一个月完成第一序孔，大汛期间停止灌浆，当年秋天完成第二序孔，第二年春天完成扫尾工程。

（四）灌浆施工

1. 钻孔

根据钻机钻进形式的不同，钻孔分为冲击式钻机钻孔和回转式钻机钻孔两种。①冲击式钻机可分为锥形钻头和半麻花钻头，适用于坝高在 25 m 以内的坝体；②回转式钻机目前常用的有处理深度 100 m、150 m、300 m 等立轴式液压回转钻机，适用于较高的坝体。

钻孔方法有干钻或泥浆循环钻进等。用泥浆循环钻进，泥浆的密度采用 1.2 g/cm^3 左右，这种方法的优点是成孔快，效果好，泥浆既能起固壁作用，又能渗入细小裂缝，目前在坝体劈裂式灌浆中应用较多。

钻孔的孔径取决于所采用的钻具，一般为 25 ~ 130 mm。在灌浆时，孔径小的钻孔对泥浆所产生的摩擦阻力要大于孔径大的钻孔的摩擦阻力。因此，劈裂坝体所需的灌浆压力要大一些。值得注意的是当坝体被劈开或裂缝扩展后，总进浆量并不受孔径大小的制约，而是受坝体内部应力大小和灌浆管长短的制约。

钻孔的深度应根据坝体内隐患深度而定，一般孔深应大于隐患深度 2 m。

2. 制浆

1）制浆机械及制浆方法

坝体劈裂式灌浆主要是灌注黏土泥浆。目前，国内制造泥浆的机械，多采用 WJG80 型泥浆搅灌机或 WJ100 型搅浆机。

制浆方法就是将干土料及清水按适当比例，以适当速度连续均匀地从搅浆筒的一端进料口加入，土料在搅浆筒内经过连续高速搅打后，由于泥浆的旋转离心作用，经过另一端排浆口排至转筛内，经过筛选，细浆便流入拌浆筒内。

目前，有干法和湿法两种制浆方法。

2)泥浆浓度的控制

在坝体灌浆中，需要根据存在的隐患及其性质来确定泥浆的浓度，这就要求在施工现场既准确而又方便地配制泥浆。

A. 干法制浆

(1)用水土比(1∶λ)控制泥浆浓度。1 m^3 泥浆所需的干土量和水量，可按下式计算：

$$\left.\begin{aligned} G_s &= \lambda \Big/ \left(1 + \frac{\lambda}{\Delta_s}\right) \\ G_w &= 1/G_s \end{aligned}\right\} \tag{8-12}$$

式中 G_s、G_w——1 m^3 泥浆所需的干土量和水量，kg；

Δ_s——土粒相对密度，一般为2.70~2.74；

λ——欲配泥浆的土水比。

先确定 λ 值，即可用式(8-12)算出配制1 m^3 泥浆所需的干土量和水量。

(2)用泥浆密度控制泥浆浓度。1 m^3 泥浆所需的干土量和水量，按以下公式计算：

$$\left.\begin{aligned} G_s &= \Delta_s(\rho' - \rho_w)/(\Delta_s - 1) \\ G_w &= \rho' - \Delta_s(\rho' - \rho_w)/(\Delta_s - 1) \end{aligned}\right\} \tag{8-13}$$

先确定要采用的泥浆密度 ρ'，即可用式(8-13)算出配制1 m^3 泥浆所需的干土量和水量。

B. 湿法制浆

目前，在坝体灌浆中多数采用湿法制浆。与干法制浆相比，湿法制浆具有节省人力、设备、时间、场地和简便等优点。湿法制浆就是用天然料场中的湿土(应经勘探取样试验后认为宜于用来灌浆的合格土料)直接倒入搅拌机中搅拌制浆。此时，泥浆浓度用以下公式进行控制：

$$\begin{cases} g_w = k g_s \\ k = \dfrac{1}{\lambda(1+\omega)} + \dfrac{1}{1+\omega} - 1 \end{cases} \tag{8-14}$$

式中 g_w——欲配泥浆的加水量，kg；

g_s——用来拌浆的湿土量，kg；

k——加水系数；

λ——欲配泥浆的土水比；

ω——湿土的含水量，以小数计。

先确定要采用的水土比(1∶λ)之后，测出湿土的含水量，算出加水系数 k 值，即可算出需加水量。

3)泥浆浓度的调配

在灌浆工作中，常根据不同的情况改变泥浆的浓度，以利于灌浆工作的进行及保证灌浆的质量。泥浆由浓变稀要加水，由稀变浓要加土。此时，可用以下公式算出加水量和加干土量。

1 m^3 浓泥浆变稀的加水量 ΔG_w 为：

$$\Delta G_w = \frac{1}{1 + \frac{\lambda_s}{\Delta_s}}\left(\frac{\lambda_s}{\lambda_s'} - 1\right) \tag{8-15}$$

1 m^3 稀浆变浓的加干土量 ΔG_s 为：

$$\Delta G_s = (\lambda_s - \lambda_s')\Big/\left(1 + \frac{\lambda_s}{\Delta_s}\right) \tag{8-16}$$

式中　λ_s、λ_s'——浓、稀泥浆的土水比。

4）泥浆浓度的选用

在坝体灌浆中，常用的泥浆密度为 1.2～1.6 g/cm³。密度在 1.4 g/cm³ 以上的泥浆为浓浆，以下为稀浆。原则上，开始灌浆时用稀浆，待孔口压力突然下降或为负压后，则表明坝体被劈裂，需改用浓浆。实践表明，这种先稀后浓的灌浆方法是比较好的。

泥浆浓度的选用，还应根据坝体土料的性质、填筑质量的好坏，以及坝内隐患的具体情况而定。例如，由粉质壤土或重粉质壤土填筑的坝，且其含水量和干密度又低，出现的裂缝又宽又长，则宜用稀浆灌注；若坝体土料为黏性土或粉质黏土，填筑质量符合设计要求，坝体的渗透系数小于 10^{-5} cm/s，对出现的裂缝进行灌浆，则宜采用浓浆。

5）泥浆中掺附加剂

为了提高坝体灌浆效果，有时需要在泥浆中掺一些附加剂来改善泥浆的性能。附加剂的品种很多，具体参阅有关文献。

3. 灌浆

1）灌浆方法

劈裂灌浆一般采用孔底注浆全孔灌注法。孔底注浆全孔灌注是劈裂灌浆提高质量和保证坝体安全的重要技术措施。灌浆机以一定的压力将浆液压入注浆管，浆液从管底流出，顺注浆管壁外侧向上流动。

在坝顶钻孔周围应设阻浆塞，浆液受到阻挡后，灌浆压力增高，当浆液压力大于坝体内某些土区的小主应力加单轴抗拉强度时，该土区即沿小主应力作用面劈开。

理论计算和实践都证明，坝体内约 1/2 坝高处的小主应力最小，因此浆液首先在 1/2 坝高附近劈裂坝体，然后劈裂缝向坝体上部、下部及沿坝轴线方向发展。

2）灌浆工艺

（1）设阻浆塞或下护壁套管。灌浆前在钻孔上部设一定长度的阻浆塞或有些情况下用 3～5 m 的护壁套管，可以防止孔口塌落，减少孔口冒浆，更重要的是使泥浆在坝体内处于封闭状态，推迟或防止坝顶表面劈裂，因而可以施加较大的灌浆压力，使浆液在坝体内劈开裂缝，达到“内劈外不劈”的目的。阻浆塞的长度可根据具体情况计算确定，也可采用 1.5 m 的经验数据。

（2）压力控制。灌浆压力一般是指孔口压力表读数。在施工中，应设专人观测记录孔口压力，如果灌浆压力超过了设计压力，则应及时采取控制措施，如打开灌浆泵上或孔口设置的回浆阀门，减少输浆量，以维持设计压力。

（3）灌浆量控制。在堤坝灌浆时常遇到单孔吃浆量很大的情况，这不仅影响坝体安全,也影响坝体回弹,影响泥浆在坝体内排水固结等,在施工中应控制每次灌浆量,并采用多次复灌的方法。单孔灌浆量可以根据帷幕厚度、孔距、复灌次数等计算,也可采用试验或经验数值,采用每次单孔灌浆量在 0.5 m^3/m 左右。实灌中,不能按平均灌浆量控制,第一序孔灌浆量应占总灌浆量的60%以上。对于单孔吃浆量很大的钻孔,单孔灌浆量大多是因坝体疏松、质量很差引起的,有时也是由坝体内的漏水通道引起的,除应限制每次灌浆量、延长灌浆期外,每孔总的灌浆量不应限制。

(4)复灌间隔时间控制。复灌间隔时间主要由浆体的固结情况来确定,一般应待上一次灌入的浆液固结度达到90%以上,再进行复灌。复灌间隔时间,应以理论计算或以经验数字确定,初灌和前两次复灌一般以 5 d 左右为宜。随着复灌次数增加,坝体内浆体厚度也增加,排水固结时间延长,复灌间隔时间也应随之延长。

(5)位移量控制。在劈裂灌浆施工中,为了保证坝体安全,增加坝体回弹比,提高灌浆效果,应通过控制单孔每次灌浆量、增加复灌次数控制坝体位移量。在灌浆时,坝肩位移最明显,一般应控制位移在 1 ~ 2 cm/次范围内。

(6)裂缝控制。劈裂灌浆施工中,应尽量做到“内劈外不劈”,一般采用下护壁套管或加阻浆塞的办法处理。但如果坝体质量太差,或经数次复灌后坝顶仍将出现裂缝,此时应暂时停灌,待坝体回弹后再进行复灌;或当发现坝顶被劈开细小裂缝后,即停灌做阻浆盖,并控制灌浆压力,从而达到控制裂缝的目的。

(7)弯曲坝段的灌浆工艺。为了在弯曲坝段获得沿坝轴线连续的浆体防渗帷幕,必须采取特别的灌浆工艺,一般有如下两种:

随机钻灌法,即钻一孔灌一孔,孔距较小。当灌浆孔口出现细小裂缝,并开始偏离坝轴线时,则停灌。然后在偏离坝轴线较近处的轴线上钻孔灌浆,使其劈裂重新回到坝轴线的位置,这样循序渐进钻灌,引伸裂缝发展,最终沿坝轴线方向形成竖直连续的浆体防渗帷幕。坝轴线曲率越大,钻孔应越密。

一次成孔轮灌法,在弯曲坝段轴线上,将设计灌浆孔连续钻完,然后逐孔轮流灌浆。单孔每次灌浆量要少,力争在短时间内循环一遍。发现孔口有小裂缝时就停灌,改灌另一孔。当每个钻孔都形成小的裂缝,而且互相交接时,灌浆量才可以互相增加,直至灌完。若弯曲坝段不太长,钻孔不多,还可同时灌浆,亦能获得较理想的效果。

不论采取上述哪一种灌浆方法,当坝顶沿坝轴线出现贯通的细小裂缝后,要及时做阻浆盖,一般应控制坝顶表面再次劈裂。弯曲坝段的钻孔越密,最后形成的浆体防渗帷幕就越接近坝轴线,连续性越好。

(8)岸坡坝段的灌浆工艺。土坝岸坡段的应力条件较复杂,岸坡段的小主应力面不一定沿坝轴线分布,有的可能与坝轴线斜交,有的可能垂直于坝轴线,因此有其特殊的灌浆工艺。

首先调整小主应力面。在缝顶做阻浆盖,缝内打孔灌注 1.4 ~ 1.6 g/cm^3 的浓浆,采用较大的灌浆压力(100 ~ 200 kPa 左右),使坝体土在高压泥浆作用下,充分地横向劈裂、挤压、湿陷,最后实现应力再分配,充分补充纵向小主应力不足,恢复三个主应力方向的正常秩序。

岸坡段出现斜缝时,先对斜缝进行充填灌浆处理,灌浆压力采用50 kPa 左右。

沿坝轴线布孔，孔距5 m，不分序，由坝肩向河槽段推进，灌浆压力采用50～100 kPa，最后形成沿坝轴线的连续的浆体帷幕。

3）终灌标准和封孔

（1）终灌标准。劈裂灌浆的终灌标准为，当开启灌浆泵后几分钟时间，坝顶表面裂缝即冒浆，这时在无压情况下反复轮灌，坝顶连续三次冒浆，缝内浆面基本不下降，即可终灌。

（2）封孔：①劈裂式灌浆多用稠泥浆封孔。灌浆结束后，把孔内清水抽出，填入较大稠度的泥浆（密度大于1.6 g/cm^3），静置一周左右，再次抽出清水注入泥浆，直至浆面与坝顶齐平，最后用干土封口并压实。②用混合土封孔。混合土由石子、砂、黏土水泥浆等组成。混合土性能较好，与孔壁结合较好。

4）灌浆期间出现问题的处理

A. 裂缝

（1）纵向裂缝。灌浆期间，为了避免劈裂缝过早地延伸到坝面，可采用如前所述的钻孔内下护壁管或设阻浆塞的办法处理。灌浆期间，除沿坝轴线劈开的主缝外，两侧还会形成一些细小的不连续的纵向裂缝，它们多是因土体张拉产生的。这些裂缝一般深1～3 m，窄缝可自动闭合，宽缝可采用自重灌浆处理。

（2）横向裂缝。为避免在高水位时出现与灌浆孔不连通的灌浆裂缝，在灌浆试验时应找出初灌延续时间和钻孔周围湿陷距离的关系，定出安全灌浆孔距和间隔时间。坝体土越疏松，安全灌浆孔距和间隔时间越小，一般可定为孔距3～5 m，时间小于1 d。

对于与灌浆孔相通的横向裂缝，灌浆时要适当加大灌浆压力，使坝体应力状态得到调整，同时使缝内充满泥浆。

横缝灌浆时，坝坡和坝顶均要做阻浆盖，对于砂壳坝，则只需在坝顶做阻浆盖。

B. 冒浆

灌浆期间，坝体冒浆的部位在坝坡（均质坝）、坝顶、孔口和放水洞内。冒浆部位、原因和程度不同，处理措施也应不同。

（1）坝坡冒浆。据许多工程的观察和分析，可归纳为以下几种：

①坝坡轻微冒浆。由于坝体内可能存在裂缝、洞穴、水平疏松层等，在灌浆压力下，冒浆多在坝高的2/3以上部位发生。如在上游坡冒浆，因有护坡石，可用浓浆，采用灌—停—灌的间歇性灌浆方法进行处理；如在下游坡冒浆，可做阻浆盖，也可在冒浆出口处压砂做反滤层。

②坝坡底部严重冒浆。有的土坝在坝坡底部发生严重冒浆，说明坝体内有与灌浆孔相连的大通道，这种情况多出现在松散坝体。处理方法：一是封堵冒浆通道；二是控制灌浆量或灌入稠浆来防止冒浆，或采用灌—停—灌的办法，间隔时间适当延长。

③上游或下游水位以下冒浆。若因灌浆压力大导致水下冒浆，应立即降低灌浆压力；若孔口并无压力而冒浆，说明原有裂缝、洞穴与灌浆孔相连通，应采用浓浆间歇灌注，等灌入的泥浆初凝后再继续灌注，或在泥浆中掺加适量水泥，以加速浆液初凝，达到封堵冒浆通道的目的。

（2）放水洞内冒浆。发现冒浆即停灌，在冒浆处用木塞或棉纱堵塞后再灌，加大泥浆浓度和灌浆压力，增加复灌次数。待泥浆初凝或灌浆结束后进行剔缝和勾缝以防冲刷。

(3)坝顶和孔口冒浆。在灌浆初期,通过孔口下护壁套管或设阻浆塞,可以阻止坝顶和孔口冒浆。灌浆后期坝顶已劈开,冒浆是必然现象,表明坝体内已灌满,不必采取封堵措施。

C. 串浆

串浆现象在一般灌浆工程中是比较普遍的,也是正常的,多是两钻孔之间有纵向裂缝相连或灌浆压力劈开两孔之间的土体所致。一般情况下,灌浆孔和串浆孔可同时灌注,如不能同时灌注,可将串浆孔堵住,然后继续灌浆。

D. 塌坑

处理塌坑的方法是在塌坑内回填黏性土料,分层夯实;或往塌坑口灌注泥浆,初凝后用干土封口夯实。

E. 隆起

灌浆期间,护坡石和坝坡排水沟砌石会出现抬动架空现象,此时要查明原因,如果是坝体土大量湿陷造成的,可继续灌浆,灌浆结束后将隆起的护坡石翻修重护;如果是滑坡等引起的,应找出原因,采取相应处理措施后再继续灌浆。

F. 单孔吃浆量过大

在劈裂灌浆中,常遇到单孔吃浆量数百立方米的情况,这往往是坝体填土过于疏松引起的,或者是坝体内部存在空洞或通道引起的。一般采用少灌多复的办法,直至灌饱为止;对有冒浆通道的情况,将出浆口封堵以后再继续灌浆。

(五)灌浆效果检查与验收标准

1. 效果检查

灌浆结束后,需对灌浆的效果进行检查,以确定坝体隐患是否消除,帷幕是否形成,是否达到了除险加固的目的。

检查的内容:泥浆在坝体内的充填情况,灌浆施工的记录资料,坝体内外质量的改善情况等。

检查时间:一般定在坝内灌浆基本结束后的低水位期。

检查方法:现场勘察、分析原型观测资料、注水检查、探井检查等。

2. 验收标准

如能满足下述标准,则可认为坝体灌浆已达目的,可予以验收。

(1)下游坝坡潮湿、渗水和沼泽化的现象消失,坝坡变得干燥了。

(2)下游的总渗流量明显比灌浆前减少。

(3)坝体的浸润线出逸点已降至设计高程以下。

(4)坝体的变形基本稳定,灌浆后各测点之间的差异沉降甚小,不足以产生新的变形破坏。

(5)坝体内凡通过浆脉的裂缝、洞穴和渗漏通道均被浆体填满,且浆体中没有夹砂,并与坝体结合牢固,没有裂隙。

(6)在灌浆影响到的范围内,坝体的干密度增大,渗透系数减少,坝的整体强度、抗渗能力增加。

学习项目九　施工导流与截流

学习单元一　施工导流的方法

学习目标

(1)能针对不同河流地形、地质、水文气象等条件,选择合适的导流方案。

(2)能根据水文等资料,进行导流泄水建筑物的设计。

学习内容

(1)施工导流的概念与在水利工程施工中的意义。

(2)全段围堰法导流泄水建筑物的形式、特点与布置。

(3)导流分期、分段的含义与选择。

(4)分段围堰法导流泄水建筑物的形式、特点与布置。

河床上修建水利水电工程时,为了使水工建筑物能在干地施工,需要用围堰围护基坑,并将河水引向预定的泄水建筑物泄向下游,这就是施工导流。

施工导流的方法大体上分为两类:一类是全段围堰法导流(即河床外导流),另一类是分段围堰法导流(即河床内导流)。

一、全段围堰法导流

全段围堰法导流是在河床主体工程的上下游各建一道拦河围堰,使上游来水通过预先修筑的临时或永久泄水建筑物(如明渠、隧洞等)泄向下游,主体建筑物在排干的基坑中进行施工,主体工程建成或接近建成时再封堵临时泄水道。这种方法的优点是工作面大,河床内的建筑物在一次性围堰的围护下建造,如能利用水利枢纽中的永久泄水建筑物导流,可大大节约工程投资。

全段围堰法按泄水建筑物的类型不同可分为明渠导流、隧洞导流、涵管导流、渡槽导流等。

(一)明渠导流

上下游围堰一次拦断河床形成基坑,保护主体建筑物干地施工,天然河道水流经河岸或滩地上开挖的导流明渠泄向下游的导流方式称为明渠导流。

1. 明渠导流的适用条件

如坝址河床较窄,或河床覆盖层很深,分期导流困难,且具备下列条件之一者,可考虑采用明渠导流:

(1)河床一岸有较宽的台地、垭口或古河道。

(2)导流流量大,地质条件不适于开挖导流隧洞。

(3)施工期有通航、排冰、过木要求。

(4)总工期紧,不具备洞挖经验和设备。

国内外工程实践证明,在导流方案比较过程中,如明渠导流和隧洞导流均可采用,一般倾向于明渠导流,这是因为明渠开挖可采用大型设备,加快施工进度,对主体工程提前开工有利。当施工期间河道有通航、过木和排冰要求时,明渠导流更是明显有利。

2. 导流明渠布置

导流明渠布置分在岸坡上和滩地上两种布置型式,如图9-1所示。

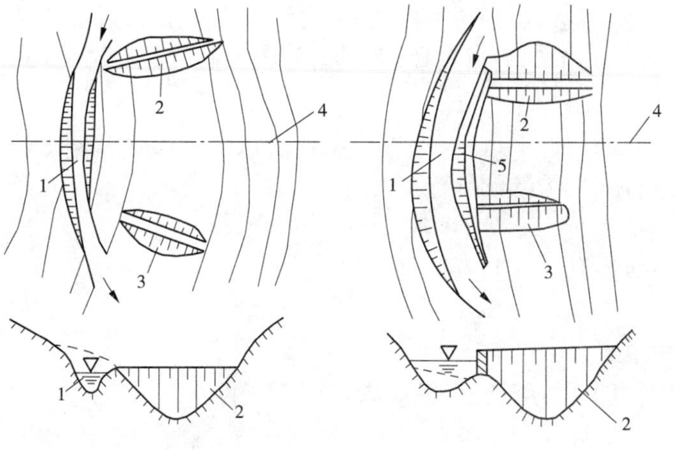

(a)在岸坡上开挖的明渠　(b)在滩地上开挖并设有导墙的明渠

1—导流明渠;2—上游围堰;3—下游围堰;4—坝轴线;5—明渠外导墙

图9-1　明渠导流示意图

1)导流明渠轴线的布置

导流明渠应布置在较宽台地、垭口或古河道一岸;渠身轴线要伸出上下游围堰外坡脚,水平距离要满足防冲要求,一般50~100 m;明渠进出口应与上下游水流相衔接,与河道主流的交角以30°为宜;为保证水流畅通,明渠转弯半径应大于5倍渠底宽;明渠轴线布置应尽可能缩短明渠长度和避免深挖方。

2)明渠进出口位置和高程的确定

明渠进出口力求不冲、不淤和不产生回流,可通过水力学模型试验调整进出口形状和位置,以达到这一目的;进口高程按截流设计选择,出口高程一般由下游消能控制;进出口高程和渠道水流流态应满足施工期通航、过木和排冰要求;在满足上述条件下,尽可能抬高进出口高程,以减少水下开挖量。

3. 导流明渠断面设计

1)明渠断面尺寸的确定

明渠断面尺寸由设计导流流量控制,并受地形地质和允许抗冲流速影响,应按不同的明渠断面尺寸与围堰的组合,通过综合分析确定。

2) 明渠断面形式的选择

明渠断面一般设计成梯形,渠底为坚硬基岩时,可设计成矩形。有时为满足截流和通航不同目的,也可设计成复式梯形断面。

3) 明渠糙率的确定

明渠糙率大小直接影响到明渠的泄水能力,而影响糙率大小的因素有衬砌的材料、开挖的方法、渠底的平整度等,可根据具体情况查阅有关手册确定,对大型明渠工程,应通过模型试验选取糙率。

4. 明渠封堵

导流明渠结构布置应考虑后期封堵要求。当施工期有通航、放木和排冰任务,明渠较宽时,可在明渠内预设闸门墩,以利于后期封堵。施工期无通航、过木和排冰任务时,应于明渠通水前,将明渠坝段施工到适当高程,并设置导流底孔和坝面口使两者联合泄流。

(二)隧洞导流

上下游围堰一次拦断河床形成基坑,保护主体建筑物干地施工,天然河道水流全部由导流隧洞宣泄的导流方式称为隧洞导流。

1. 隧洞导流适用条件

导流流量不大,坝址河床狭窄,两岸地形陡峻,如一岸或两岸地形、地质条件良好,可考虑采用隧洞导流。

2. 导流隧洞的布置

导流隧洞的布置如图 9-2 所示,一般应满足以下条件:

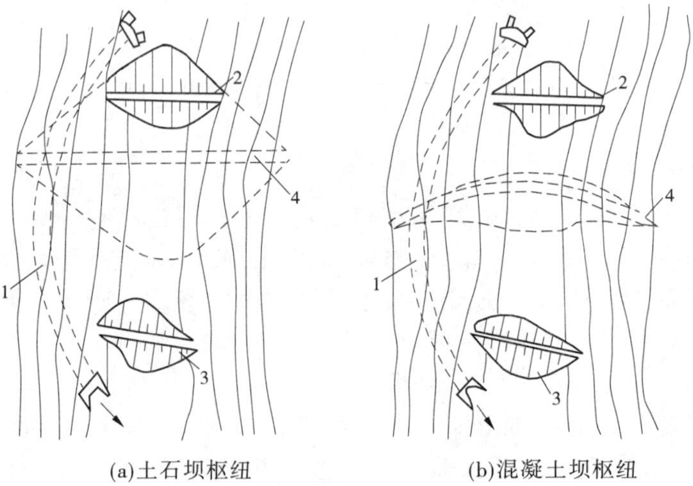

(a)土石坝枢纽　　(b)混凝土坝枢纽

1—导流隧洞;2—上游围堰;3—下游围堰;4—主坝

图 9-2　隧洞导流示意图

(1)隧洞轴线沿线地质条件良好,足以保证隧洞施工和运行的安全。

(2)隧洞轴线宜按直线布置,如有转弯,转弯半径不小于 5 倍洞径(或洞宽),转角不宜大于 60°,弯道首尾应设直线段,长度不应小于 3 ~ 5 倍的洞径(或洞宽);进出口引渠轴线与河流主流方向夹角宜小于 30°。

(3)隧洞间净距、隧洞与永久建筑物间距、洞脸与洞顶围岩厚度均应满足结构和应力要求。

(4)隧洞进出口位置应保证水力学条件良好,并伸出堰外坡脚一定距离,一般距离应大于50 m,以满足围堰防冲要求。进口高程多由截流控制,出口高程由下游消能控制,洞底按需要设计成缓坡或急坡,避免成反坡。

3. 导流隧洞断面设计

隧洞断面尺寸的大小取决于设计流量、地质和施工条件,洞径应控制在施工技术和结构安全允许范围内,目前国内单洞断面尺寸多在200 m^2 以下,单洞泄量不超过2 000 ~ 2 500 m^3/s。

隧洞断面形式取决于地质条件、隧洞工作状况(有压或无压)及施工条件,常用断面形式有圆形、马蹄形、方圆形,如图9-3所示。圆形多用于高水头处,马蹄形多用于地质条件不良处,方圆形有利于截流和施工,国内外导流隧洞采用方圆形为多。

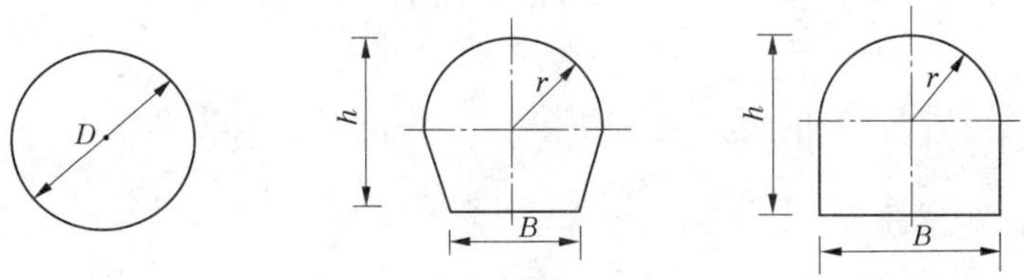

(a)圆形　(b)马蹄形　(c)方圆形

图9-3　隧洞断面形式

洞身设计中,糙率 n 值的选择是十分重要的问题,糙率的大小直接影响到断面的大小,而衬砌与否、衬砌的材料和施工质量、开挖的方法和质量则是影响糙率大小的因素。一般混凝土衬砌糙率值为0.014 ~0.017;不衬砌隧洞的糙率变化较大,光面爆破时为0.025 ~0.032,一般炮眼爆破时为0.035 ~0.044。设计时根据具体条件,查阅有关手册,选取设计的糙率值。对重要的导流隧洞工程,应通过水工模型试验验证其糙率的合理性。

导流隧洞设计应考虑后期封堵要求,布置封堵闸门门槽及启闭平台设施。有条件者,导流隧洞应与永久隧洞结合,以利节省投资(如小浪底工程的三条导流隧洞后期改建为三条孔板消能泄洪洞)。一般高水头枢纽,导流隧洞只可能与永久隧洞部分相结合,中低水头则有可能全部相结合。

(三)涵管导流

涵管导流一般在修筑土坝、堆石坝工程中采用。

涵管通常布置在河岸岩滩上,其位置在枯水位以上,这样可在枯水期不修围堰或只修小围堰而先将涵管筑好,然后修上下游全断面围堰,将河水引经涵管下泄,如图9-4所示。

涵管一般是钢筋混凝土结构。当有永久涵管可以利用或修建隧洞有困难时,采用涵管导流是合理的。在某些情况下,可在建筑物基岩中开挖沟槽,必要时予以衬砌,然后封上混凝土或钢筋混凝土顶盖,形成涵管。利用这种涵管导流往往可以获得经济可靠的效果。由于涵管的泄水能力较低,所以一般用于导流流量较小的河流上或只用来担负枯水期的导流任务。

为了防止涵管外壁与坝身防渗体之间的渗流,通常在涵管外壁每隔一定距离设置截流环,以延长渗径,降低渗透坡降,减少渗流的破坏作用。此外,必须严格控制涵管外壁防

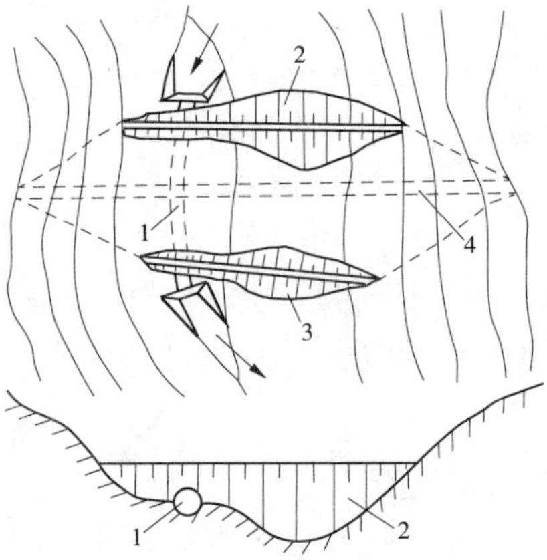

1—导流涵管;2—上游围堰;3—下游围堰;4—土石坝

图 9-4　涵管导流示意图

渗体的压实质量。涵管管身的温度缝或沉陷缝中的止水必须认真施工。

二、分段围堰法导流

分段围堰法,也称分期围堰法或河床内导流,就是用围堰将建筑物分段分期围护起来进行施工的方法。图 9-5 是一种常见的分段围堰法导流示意图。

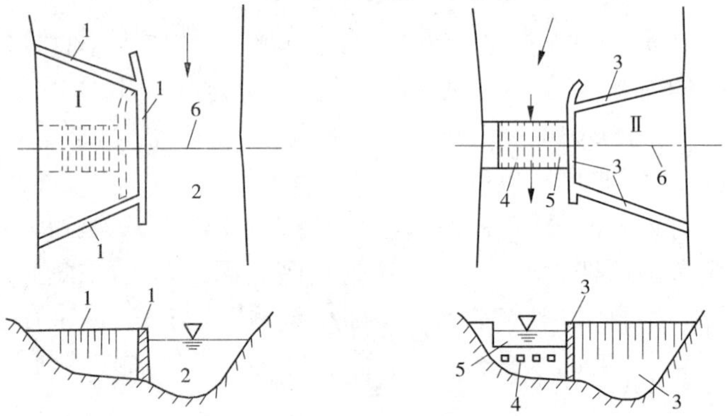

(a)一期导流(束窄河床导流)　　(b)二期导流(底孔与缺口导流)

1——期围堰;2—束窄河床;3—二期围堰;4—导流底孔;5—坝体缺口;6—坝轴线

图 9-5　分期导流布置示意图

所谓分段,就是从空间上将河床围护成若干个干地施工的基坑段进行施工。所谓分期,就是从时间上将导流过程划分成阶段。如图 9-6 所示为导流分期和围堰分段的几种情况,从图中可以看出,导流的分期数和围堰的分段数并不一定相同,因为在同一导流分期中,建筑物可以在一段围堰内施工,也可以同时在不同段内施工。必须指出,段数分得越多,围堰工程量愈大,施工也愈复杂;同样,期数分得愈多,工期有可能拖得愈长。因此,在工程实践中,二段二期导流法采用得最多(如葛洲坝工程、三门峡工程等都采用)。只有在比较宽阔的通航河道上施工,不允许断航或其他特殊情况下,才采用多段多期导流法(如三峡工程施工导流就采用二段三期的导流法)。

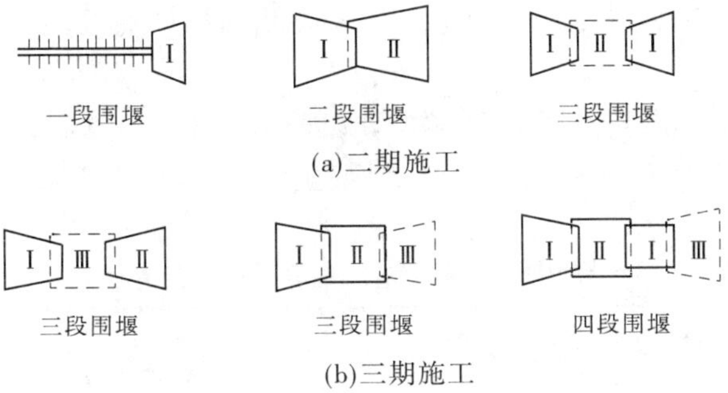

Ⅰ、Ⅱ、Ⅲ—施工分期

图 9-6 导流分期与围堰分段示意图

分段围堰法导流一般适用于河床宽阔、流量大、施工期较长的工程，尤其适用于在通航河流和冰凌严重的河流上。这种导流方法的费用较低，国内外一些大、中型水利水电工程采用较广。分段围堰法导流，前期由束窄的原河道导流，后期可利用事先修建好的泄水道导流，常见泄水道的类型有底孔、缺口等。

(一)底孔导流

利用设置在混凝土坝体中的永久底孔或临时底孔作为泄水道，是二期导流经常采用的方法。导流时让全部或部分导流流量通过底孔宣泄到下游，保证后期工程的施工。如系临时底孔，则在工程接近完工或需要蓄水时要加以封堵。底孔导流的布置型式如图 9-7所示。

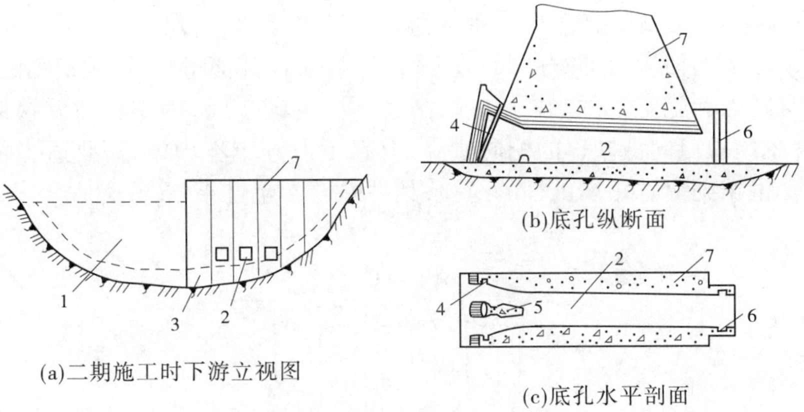

1—二期修建坝体；2—底孔；3—二期纵向围堰；4—封闭闸门门槽；
5—中间墩；6—出口封闭门槽；7—已浇筑的混凝土坝体

图 9-7 底孔导流的布置型式

采用临时底孔时，底孔的尺寸、数目和布置，要通过相应的水力学计算确定。其中，底孔的尺寸在很大程度上取决于导流的任务(过水、过船、过木和过鱼)，以及水工建筑物结构特点和封堵用闸门设备的类型。底孔的布置要满足截流、围堰工程以及本身封堵的要求。如底坎高程布置较高，截流时落差就大，围堰也高。但封堵时的水头较低，封堵措施就容易。一般底孔的底坎高程应布置在枯水位之下，以保证枯水期泄水。当底孔数目较多时可把底孔布置在不同的高程，封堵时从最低高程的底孔堵起，这样可以减少封堵时所承受的水压力。

临时底孔的断面形状多采用矩形，为了改善孔周的应力状况，也可采用有圆角的矩形。按水工结构要求，孔口尺寸应尽量小，但某些工程由于导流流量较大，只好采用尺寸较大的底孔，如表 9-1 所示。

表 9-1　水利水电工程导流底孔尺寸

工程名称	底孔尺寸（宽×高）（m×m）	工程名称	底孔尺寸（宽×高）（m×m）
新安江（浙江省）	10×13	石泉（陕西省）	7.5×10.4
黄龙滩（湖北省）	8×11	白山（吉林省）	9×14.2

底孔导流的优点是：挡水建筑物上部的施工可以不受水流的干扰，有利于均衡连续施工，这对修建高坝特别有利。若坝体内设有永久底孔可以用来导流，更为理想。底孔导流的缺点是：由于坝体内设置了临时底孔，钢材用量增加；如果封堵质量不好，会削弱坝体的整体性，还有可能漏水；在导流过程中底孔有被漂浮物堵塞的危险；封堵时由于水头较高，安放闸门及止水等均较困难。

（二）坝体缺口导流

混凝土坝施工过程中，当汛期河水暴涨暴落，其他导流建筑物不足以宣泄全部流量时，为了不影响坝体施工进度，使坝体在涨水时仍能继续施工，可以在末建成的坝体上预留缺口，如图 9-8 所示，以便配合其他建筑物宣泄洪峰流量，待洪峰过后，上游水位回落，再继续修筑缺口。所留缺口的宽度和高度取决于导流设计流量、其他建筑物的泄水能力、建筑物的结构特点和施工条件。采用底坎高程不同的缺口时，为避免高低缺口单宽流量相差过大，产生高缺口向低缺口的侧向泄流，引起压力分布不均匀，需要适当控制高低缺口间的高差。根据湖南省柘溪工程的经验，其高差以不超过 4～6 m 为宜。

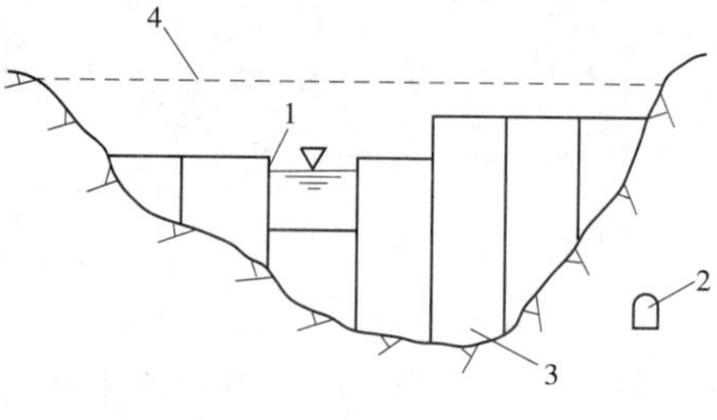

1—过水缺口；2—导流隧洞；3—坝体；4—坝顶

图 9-8　坝体缺口过水示意图

在修建混凝土坝，特别是大体积混凝土坝时，由于这种导流方法比较简单，常被采用。

上述两种导流方式，一般只适用于混凝土坝，特别是重力式混凝土坝枢纽。至于土石坝或非重力式混凝土坝枢纽，采用分段围堰法导流，常与隧洞导流、明渠导流等河床外导流方式相结合。

上述两种导流方式,并不只适用于分段围堰法导流,在全段围堰法后期导流时,也常有采用;同样,隧洞和明渠导流,并不只适用于全段围堰法导流,在分段围堰法后期导流时,也常有应用。因此,选择一个工程的导流方式,必须因时因地制宜,绝不能机械地套用。

三、施工导流方案的选择

水利水电枢纽工程的施工,从开工到完建往往不是采用单一的导流方法,而是几种导流方法组合起来配合运用,以取得最佳的技术经济效果。例如,三峡工程采用分期导流方式,分三期进行施工,第一期土石围堰围护右岸叉河,江水和船舶从主河槽通过;第二期围护主河槽,江水经导流明渠泄向下游;第三期修建碾压混凝土围堰拦断明渠,江水经由泄洪坝段的永久深孔和22个临时导流底孔下泄。这种不同导流时段不同导流方法的组合,通常就称为导流方案。

导流方案的选择受各种因素的影响。合理的导流方案,必须在周密地研究各种影响因素的基础上,拟订几个可能的方案,进行技术经济比较,从中选择技术经济指标优越的方案。

选择导流方案时考虑的主要因素如下。

(一)水文条件

河流的流量大小、水位变化的幅度、全年流量的变化情况、枯水期的长短、汛期洪水的延续时间、冬季的流冰及冰冻情况等,均直接影响导流方案的选择。一般来说,对于河床单宽流量大的河流,宜采用分段围堰法导流。对于水位变化幅度大的山区河流,可采用允许基坑淹没的导流方法,在一定时期内通过过水围堰和淹没基坑来宣泄洪峰流量。对于枯水期较长的河流,充分利用枯水期安排工程施工是完全必要的。但对于枯水期不长的河流,如果不利用洪水期进行施工,就会拖延工期。对于流冰的河流,应充分注意流冰的宣泄问题,以免流冰壅塞,影响泄流,造成导流建筑物失事。

(二)地形条件

坝区附近的地形条件,对导流方案的选择影响很大。对于河床宽阔的河流,尤其在施工期间有通航、过木要求的情况,宜采用分段围堰法导流;当河床中有天然石岛或沙洲时,采用分段围堰法导流,更有利于导流围堰的布置,特别是纵向围堰的布置。例如,三峡水利枢纽的施工导流就曾利用了长江中的中堡岛来布置一期纵向围堰,取得了良好的技术经济效果。在河段狭窄、两岸陡峻、山岩坚实的地区,宜采用隧洞导流。至于平原河道,河流的两岸或一岸比较平坦,或有河湾、老河道可资利用时,则宜采用明渠导流。

(三)地质及水文地质条件

河流两岸及河床的地质条件对导流方案的选择与导流建筑物的布置有直接影响。当河流两岸或一岸岩石坚硬、风化层薄,且有足够的抗压强度时,则有利于选用隧洞导流。如果岩石的风化层厚且破碎,或有较厚的沉积滩地,则适合于采用明渠导流。由于河床的束窄,减小了过水断面的面积,使水流流速增大,这时为了河床不受过大的冲刷,避免把围堰基础淘空,应根据河床地质条件来决定河床可能束窄的程度。对于岩石河床,抗冲刷能力较强。河床允许束窄程度较大,甚至可达到88%,流速有增加到7.5 m/s的,但对覆盖层较厚的河床，抗冲刷能力较差，其束窄程度都不到30%，流速仅允许达到3.0 m/s。此外，选择围堰型式，基坑能否允许淹没，能否利用当地材料修筑围堰等，也都与地质条件有关。水文地质条件则对基坑排水工作和围堰型式的选择有很大关系。因此，为了更好地进行导流方案的选择，要对工程地质和水文地质勘测工作提出专门要求。

（四）水工建筑物的型式及其布置

水工建筑物的型式和布置与导流方案相互影响，因此在决定建筑物的型式和枢纽布置时，应该同时考虑并拟订导流方案，而在选定导流方案时，又应该充分利用建筑物型式和枢纽布置方面的特点。

如果枢纽组成中有隧洞、渠道、涵管、泄水孔等永久泄水建筑物，在选择导流方案时应该尽可能加以利用。在设计永久泄水建筑物的断面尺寸并拟订其布置方案时，应该充分考虑施工导流的要求。

采用分段围堰法修建混凝土坝枢纽时，应当充分利用水电站与混凝土坝之间或混凝土坝溢流段和非溢流段之间的隔墙作为纵向围堰的一部分，以降低导流建筑物的造价。在这种情况下，对于第二期工程所修建的混凝土坝，应该核算它是否能够布置二期工程导流建筑物（底孔、预留缺口）。例如，三门峡水利枢纽溢流坝段的宽度主要就是由二期导流条件所控制的。与此同时，为了防止河床冲刷过大，还应核算河床的束窄程度，保证有足够的过水断面来宣泄施工流量。

就挡水建筑物的型式来说，土坝、土石混合坝和堆石坝的抗冲能力小，除采用特殊措施外，一般不允许从坝身过水，所以多利用坝身以外的泄水建筑物如隧洞、明渠等或坝身范围内的涵管来导流，这时，通常要求在一个枯水期内将坝身抢筑到拦洪高程以上，以免水流漫顶，发生事故。至于混凝土坝，特别是混凝土重力坝，由于抗冲能力较强，允许流速达到25 m/s，故不但可以通过底孔泄流，而且还可以通过未完建的坝身过水，导流方案选择的灵活性大大增加。

（五）施工期间河流的综合利用

施工期间，为了满足通航、筏运、渔业、供水、灌溉或水电站运转等的要求，导流问题的解决更加复杂。如前所述，在通航河流上，大多采用分段围堰法导流。要求河流在束窄以后，河宽仍能便于船只的通行，水深要与船只吃水深度相适应，束窄断面的最大流速一般不得超过2.0 m/s。特殊情况下，需与当地航运部门协商研究确定。

对于浮运木筏或散材的河流，在施工导流期间，要避免木材壅塞泄水建筑物或者堵塞束窄河床。在施工中后期，水库拦洪蓄水时，要注意满足下游供水、灌溉用水和水电站运行的要求，有时为了保证渔业的要求，还要修建临时的过鱼设施，以便鱼群能洄游。

（六）施工进度、施工方法及施工场地布置

水利水电工程的施工进度与导流方案密切相关。通常是根据导流方案才能安排控制性进度计划，在水利水电枢纽施工导流过程中，对施工进度起控制作用的关键性时段主要有导流建筑物的完工期限、截断河床水流的时间、坝体拦洪的期限、封堵临时泄水建筑物的时间以及水库蓄水发电的时间等。但各项工程的施工方法和施工进度又直接影响到各时段中导流任务的合理性和可能性。例如，在混凝土坝枢纽中，采用分段围堰施工时，若导流底孔没有建成，就不能截断河床水流和全面修建第二期围堰，若坝体没有达到一定高

程和没有完成基础及坝体接缝灌浆，就不能封堵底孔和使水库蓄水等。因此，施工方法、施工进度与导流方案三者是密切相关的。

此外，导流方案的选择与施工场地的布置亦相互影响。例如，在混凝土坝施工中，当混凝土生产系统布置在一岸时，以采用全段围堰法导流为宜。若采用分段围堰法导流，则应以混凝土生产系统所在的一岸作为第一期工程，因为这样两岸的交通运输问题比较容易解决。

在选择导流方案时，除综合考虑以上各方面因素外，还应使主体工程尽可能及早发挥效益，简化导流程序，降低导流费用，使导流建筑物既简单易行，又适用可靠。

学习单元二　围堰工程

学习目标

(1)能针对不同河流地形、水文等条件，选择围堰类型。

(2)会进行纵向围堰的布置。

学习内容

(1)围堰型式、作用与特点。

(2)围堰的特点、布置原则。

(3)围堰堰顶高程的确定。

(4)围堰的拆除。

一、围堰的含义与类型

围堰是导流工程中临时的挡水建筑物，用来围护施工中的基坑，保证水工建筑物能在干地施工。在导流任务结束后，如果围堰对永久建筑物的运行有妨碍或没有考虑作为永久建筑物的一部分时，应予拆除。

水利水电工程中经常采用的围堰，按其所使用的材料，可以分为土石围堰、混凝土围堰、钢板桩格型围堰和草土围堰等。

按围堰与水流方向的相对位置，可分为横向围堰和纵向围堰。

按导流期间基坑淹没条件，可以分为过水围堰和不过水围堰。过水围堰除需要满足一般围堰的基本要求，还要满足围堰顶过水的专门要求。

选择围堰型式时，必须根据当时当地的具体条件，在满足下述基本要求的原则下，通过技术经济比较加以选定：

(1)具有足够的稳定性、防渗性、抗冲性和一定的强度。

(2)造价低，构造简单，修建、维护和拆除方便。

(3)围堰的布置应力求使水流平顺，不发生严重的水流冲刷。

(4)围堰接头和岸边连接都要安全可靠，不致因集中渗漏等破坏作用而引起围堰失事。

(5)有必要时应设置抵抗冰凌、船筏的冲击和破坏的设施。

(一)土石围堰

土石围堰是水利水电工程中采用最为广泛的一种围堰型式,如图 9-9 所示。它是用当地材料填筑而成的围堰,不仅可以就地取材和充分利用开挖弃料作围堰填料,而且构造简单,施工方便,易于拆除,工程造价低,可以在流水中、深水中、岩基或有覆盖层的河床上修建。但其工程量较大,堰身沉陷变形也较大,如柘溪水电站的土石围堰一年中累计沉陷量最大达 40. 1 cm,为堰高的 1. 75% 。一般为 0. 8% ~1. 5% 。

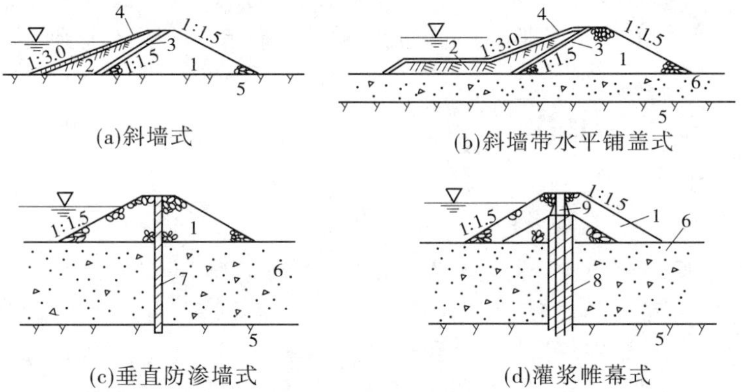

1—堆石体;2—黏土斜墙、铺盖;3—反滤层;4—护面;5—隔水层;
6—覆盖层;7—垂直防渗墙;8—灌浆帷幕;9—黏土心墙

图 9-9　土石围堰

因土石围堰断面较大,一般用于横向围堰,但在宽阔河床的分期导流中,由于围堰束窄河床增加的流速不大,也可作为纵向围堰,但需注意防冲设计,以保围堰安全。

土石围堰的设计与土石坝基本相同,但其结构型式在满足导流期正常运行的情况下应力求简单,便于施工。

(二)混凝土围堰

混凝土围堰的抗冲与抗渗能力强,挡水水头高,底宽小,易于与永久混凝土建筑物相连接,必要时还可以过水,因此采用得比较广泛。在国外,采用拱形混凝土围堰的工程较多。近年,国内贵州省的乌江渡、湖南省凤滩等水利水电工程也采用过拱形混凝土围堰作为横向围堰,但多数还是以重力式围堰作纵向围堰,如我国的三门峡、丹江口、三峡工程的混凝土纵向围堰均为重力式混凝土围堰。

1. 拱形混凝土围堰

拱形围堰(见图 9-10),一般适用于两岸陡峻、岩石坚实的山区河流,常采用隧洞及允许基坑淹没的导流方案。通常围堰的拱座是在枯水期的水面以上施工的。对围堰的基础处理,当河床的覆盖层较薄时需进行水下清基,若覆盖层较厚,则可灌注水泥浆防渗加固。堰身的混凝土浇筑则要进行水下施工,因此难度较高。在拱基两侧要回填部分砂砾料以利灌浆,形成阻水帷幕。

拱形混凝土围堰由于利用了混凝土抗压强度高的特点,与重力式相比,断面较小,可节省混凝土工程量。

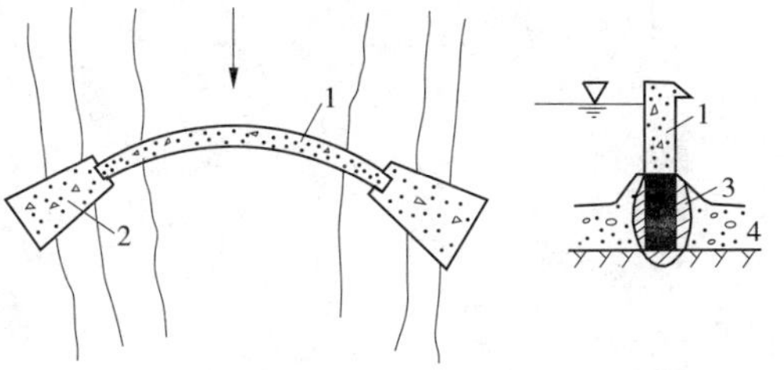

(a)平面图　　(b)横断面图

1—拱身;2—拱座;3—灌浆帷幕;4—覆盖层

图 9-10　拱形混凝土围堰

2. 重力式混凝土围堰

采用分段围堰法导流时,重力式混凝土围堰往往可兼作第一期和第二期纵向围堰,两侧均能挡水,还能作为永久建筑物的一部分,如隔墙、导墙等。

重力式围堰可作成普通的实心式,与非溢流重力坝类似;也可作成空心式,如三门峡工程的纵向围堰,如图 9-11所示。

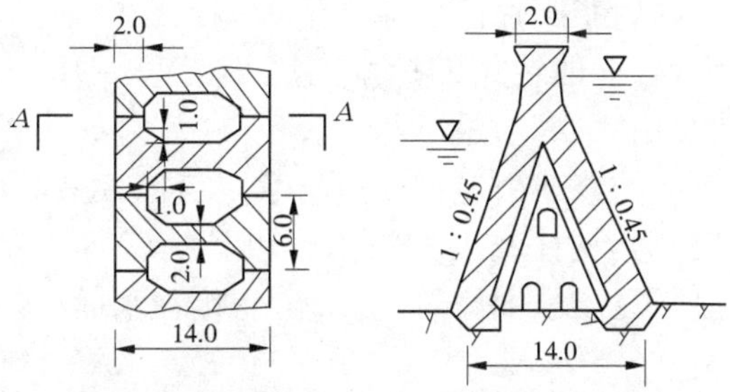

(a)平面图　　(b)A—A剖面

图 9-11　三门峡工程的纵向围堰　(单位:m)

纵向围堰需抗御高速水流的冲刷,所以一般修建在岩基上。为保证混凝土的施工质量,一般可将围堰布置在枯水期出露的岩滩上。如果这样还不能保证干地施工,则通常需另修土石低水围堰加以围护。

重力式混凝土围堰现在普遍采用碾压混凝土,如三峡工程三期导流横向围堰及纵向围堰均采用碾压混凝土。

(三)钢板桩围堰

钢板桩格型围堰是重力式挡水建筑物,由一系列彼此相接的格体构成,按照格体的平面形状,可分为筒形格体、扇形格体和花瓣形格体。这些型式适用于不同的挡水高度,应用较多的是圆筒形格体。图 9-12 所示为钢板桩格型围堰的平面示意图。它是由许多钢板桩通过锁口互相连接而成为格形整体。钢板桩的锁口有握裹式、互握式和倒钩式三种(见图 9-13)。格体内填充透水性强的填料,如砂、砂卵石或石渣等。在向格体内进行填料时,必须保持各格体内的填料表面大致均衡上升,因高差太大会使格体变形。

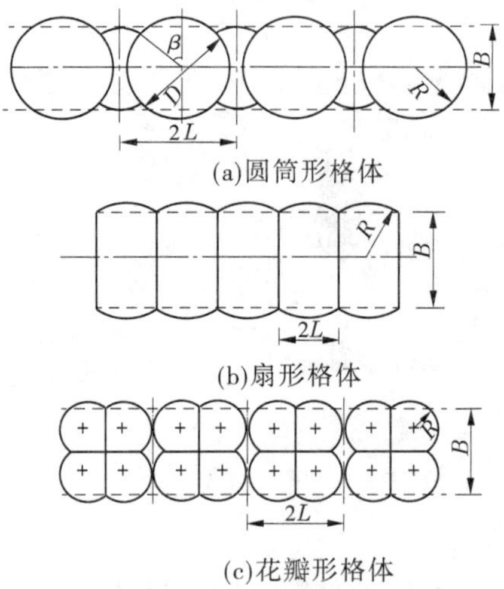

(a)圆筒形格体

(b)扇形格体

(c)花瓣形格体

图 9-12 钢板桩格型围堰平面示意图

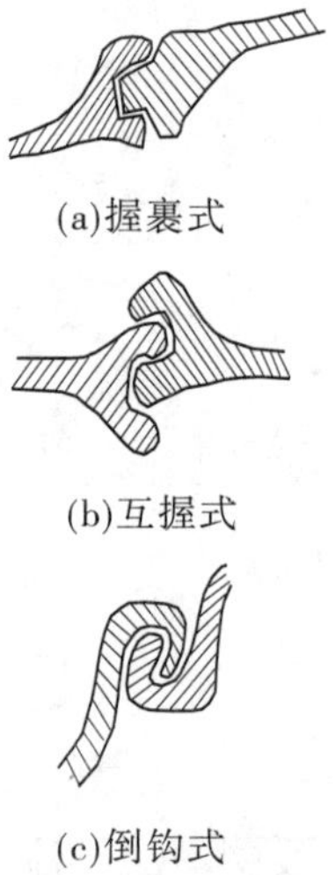

(a)握裹式

(b)互握式

(c)倒钩式

图 9-13 钢板桩锁口示意图

钢板桩格形围堰具有坚固、抗冲、抗渗、围堰断面小的特点,便于机械化施工;钢板桩的回收率高,可达 70% 以上;尤其适用于束窄度大的河床段作为纵向围堰,但由于需要大量的钢材,且施工技术要求高,我国目前仅应用于大型工程中。

圆筒形格体钢板桩围堰,一般适用的挡水高度小于 15 ~ 18 m,可以建在岩基上或非岩基上,也可作为过水围堰用。

圆筒形格体钢板桩围堰的修建由定位、打设模架支柱、模架就位、安插钢板桩、打设钢板桩、填充料渣、取出模架及其支柱和填充料渣到设计高程等工序组成(见图 9-14)。圆筒形格体钢板桩围堰一般需在流水中修筑,受水位变化和水面波动的影响较大,施工难度较大。

(四)草土围堰

草土围堰是一种以麦草、稻草、芦柴、柳枝和土为主要原料的草土混合结构,如图 9-15 所示,我国运用它已经有 2 000 多年的历史。这种围堰主要用于黄河流域的渠道春修堵口工程中,新中国成立后,在青铜峡、盐锅峡、八盘峡等工程中,以及南方的黄坛口工程中均得到应用。

草土围堰施工简单、速度快、取材容易、造价低、拆除也方便,具有一定的抗冲、抗渗能力,堰体的容重较小,特别适用于软土地基。但这种围堰不能承受较大的水头,所以仅限水深不超过 6 m、流速不超过 3.5 m/s、使用期 2 年以内的工程。草土围堰的施工方法比较特殊,就其实质来说也是一种进占法。

按其所用草料型式的不同,可以分为散草法、捆草法、埽捆法三种。按其施工条件可分为水中填筑和干地填筑两种。由于草土围堰本身的特点,水中填筑质量比干填法容易保证,这是与其他围堰所不同的。实践中的草土围堰,普遍采用捆草法施工。图 9-16 是草土围堰施工的示意图。

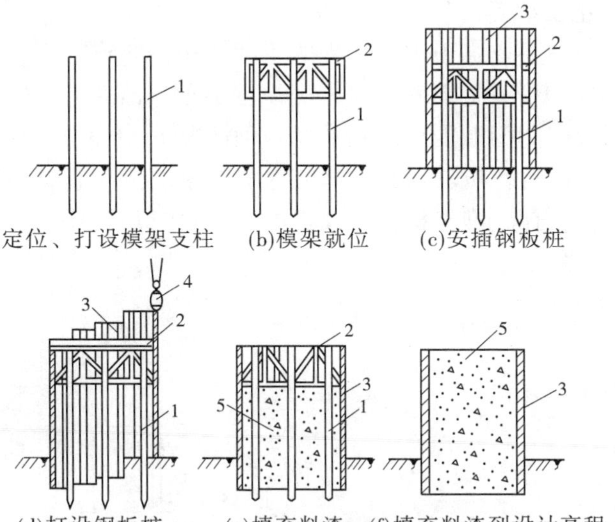

1—主柱;2—模架;3—钢板桩;4—打桩机;5—填料

图 9-14 圆筒形格体钢板桩围堰施工工序图

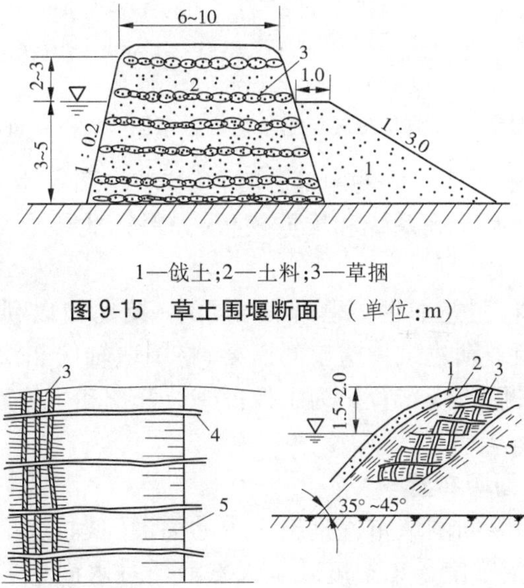

1—戗土;2—土料;3—草捆

图 9-15 草土围堰断面 （单位:m）

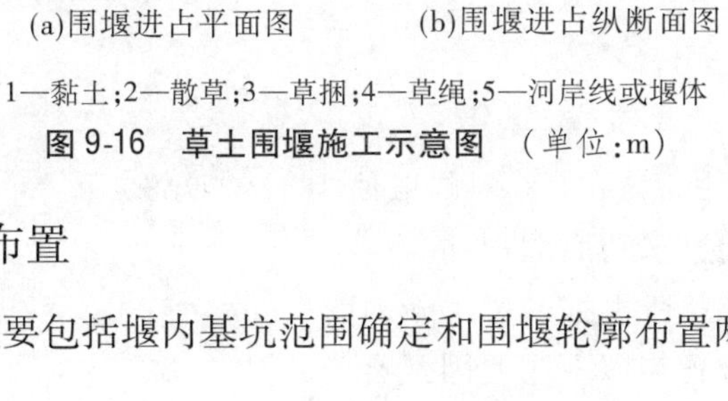

1—黏土;2—散草;3—草捆;4—草绳;5—河岸线或堰体

图 9-16 草土围堰施工示意图 （单位:m）

二、围堰的平面布置

围堰的平面布置主要包括堰内基坑范围确定和围堰轮廓布置两个问题。

(一)围堰内基坑范围确定

堰内基坑范围大小主要取决于主体工程的轮廓和相应的施工方法。当采用一次拦断法导流时,围堰基坑是由上、下游围堰和河床两岸围成的。当采用分期导流时,围堰基坑是由纵向围堰与上下游横向围堰围成。在上述两种情况下,上下游横向围堰的布置,都取决于主体工程的轮廓。通常基坑坡趾到主体工程轮廓的距离,不应小于 20 ~ 30 m,以便布置排水设施、交通运输道路、堆放材料和模板等,如图 9-17 所示。至于基坑开挖边坡的大小,则与地质条件有关。

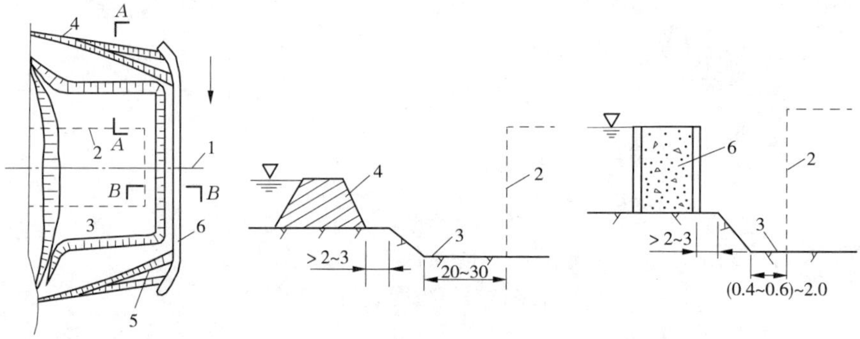

(a)平面图　　(b) A—A 剖面　　(c) B—B 剖面

1—主体工程轴线;2—主体工程轮廓;3—基坑;4—上游横向围堰;
5—下游横向围堰;6—纵向围堰

图 9-17　围堰布置与基坑范围示意图　(单位:m)

当纵向围堰不作为永久建筑物的一部分时,基坑坡趾到主体工程轮廓的距离,一般不小于 2.0 m,以便布置排水导流系统和堆放模板,如果无此要求,只需留 0.4 ~ 0.6 m,如图 9-17(c)所示。

实际工程的基坑形状和大小往往是很不相同的。有时可以利用地形以减少围堰的高度和长度;有时为了照顾个别建筑物施工的需要,将围堰轴线布置成折线形;有时为了避开岸边较大的溪沟,也采用折线布置。为了保证基坑开挖和主体建筑物的正常施工,基坑范围应当留有一定富余。

(二)分期导流纵向围堰布置

在分期导流方式中,纵向围堰布置是施工中的关键问题,选择纵向围堰位置,实际上就是要确定适宜的河床束窄度。束窄度就是天然河流过水面积被围堰束窄的程度,一般可用下式表示:

$$K = \frac{A_2}{A_1} \times 100\% \tag{9-1}$$

式中　K——河床的束窄程度(%),一般取值为 47% ~68%;

A_1——原河床的过水断面面积,m^2;

A_2——围堰和基坑所占据的过水断面面积,m^2。

适宜的纵向围堰位置与以下主要因素有关。

1. 地形地质条件

河心洲、浅滩、小岛、基岩露头等，都是可供布置纵向围堰的有利条件，这些部位便于施工，并有利于防冲保护。例如，三门峡工程曾巧妙地利用了河心的几个礁岛布置纵、横围堰，如图 9-18 所示。葛洲坝工程施工初期，也曾利用江心洲葛洲坝作为天然的纵向围堰。三峡工程利用江心洲三斗坪作为纵向围堰的一部分。

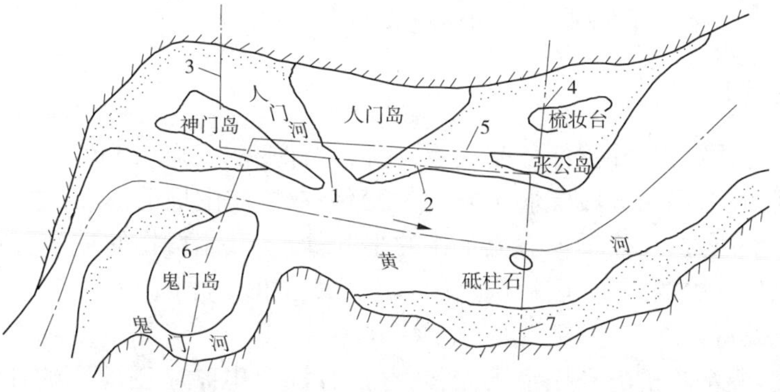

1、2——一期纵向低水围堰；3——一期上游横向高水围堰；4——一期下游横向高水围堰；
5—纵向混凝土围堰；6—二期上游横向围堰；7—二期下游横向围堰

图 9-18 三门峡工程的围堰布置

2. 水工布置

尽可能利用厂坝、厂闸、闸坝等建筑物之间的隔水导墙作为纵向围堰的一部分。例如，葛洲坝工程就是利用厂闸导墙，三峡、三门峡、丹江口则利用厂坝导墙作为二期纵向围堰的一部分。

3. 河床允许束窄度

允许束窄度主要与河床地质条件和通航要求有关。对于非通航河道，如河床易冲刷，一般允许河床产生一定程度的变形，只要能保证河岸、围堰堰体和基础免受淘刷即可。束窄流速常可允许达到 3 m/s 左右，岩石河床允许束窄度主要视岩石的抗冲流速而定。

对于一般性河流和小型船舶，当缺乏具体研究资料时，可参考以下数据：当流速小于 2.0 m/s 时，机动木船可以自航；当流速小于 3.0 ~ 3.5 m/s，且局部水面集中落差不大于 0.5 m 时，拖轮可自航；木材流放最大流速可考虑为 3.5 ~ 4.0 m/s。

4. 导流过水要求

进行一期导流布置时，不但要考虑束窄河道的过水条件，而且还要考虑二期截流与导流的要求。主要应考虑的问题是，一期基坑中能否布置下宣泄二期导流流量的泄水建筑物，由一期转入二期施工时的截流落差是否太大。

5. 施工布局的合理性

各期基坑中的施工强度应尽量均衡。一期工程施工强度可比二期低些，但不宜相差太悬殊。如有可能，分期分段数应尽量少一些。导流布置应满足总工期的要求。

以上五个方面，仅仅是选择纵向围堰位置时应考虑的主要问题。如果天然河槽呈对称形状，没有明显有利的地形地质条件可供利用，可以通过经济比较方法选定纵向围堰的适宜位置，使一、二期总的导流费用最小。

分期导流时，上下游围堰一般不与河床中心线垂直，围堰的平面布置常呈梯形，既可使水流顺畅，同时也便于运输道路的布置和衔接。当采用一次拦断法导流时，上下游围堰不存在突出的绕流问题，为了减少工程量，围堰多与主河道垂直。

纵向围堰的平面布置形状，对过水能力有较大影响。但是，围堰的防冲安全，通常比前者更重要。实践中常采用流线型和挑流式布置。

三、围堰的拆除

围堰是临时建筑物，导流任务完成后，应按设计要求拆除，以免影响永久建筑物的施工及运转。例如，在采用分段围堰法导流时，第一期横向围堰的拆除，如果不合要求，势必会增加上下游水位差，从而增加截流工作的难度，增大截流料物的重量及数量。这类经验教训在国内外是不少的，如苏联的伏尔谢水电站截流时，上下游水位差是 1.88 m，其中由于引渠和围堰没有拆除干净，造成的水位差就有 1.73 m。又如下游围堰拆除不干净，会抬高尾水位，影响水轮机的利用水头，浙江省富春江水电站曾受此影响，降低了水轮机出力，造成不应有的损失。

土石围堰相对说来断面较大，拆除工作一般是在运行期限的最后一个汛期过后，随上游水位的下降，逐层拆除围堰的背水坡和水上部分，如图 9-19 所示。但必须保证依次拆除后所残留的断面，能继续挡水和维持稳定，以免发生安全事故，使基坑过早淹没，影响施工。土石围堰的拆除一般可用挖土机或爆破开挖等方法。

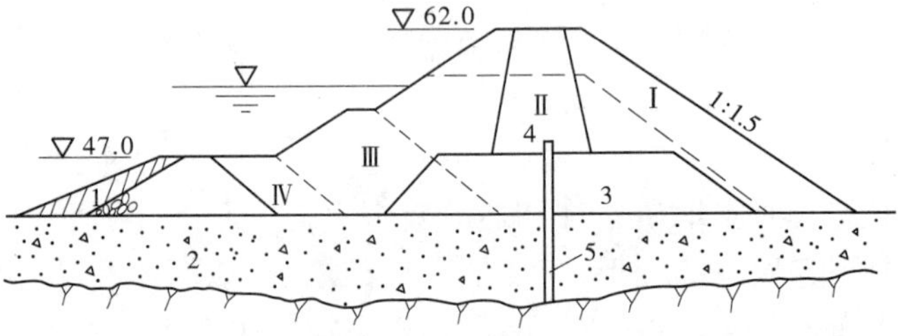

1—黏土斜墙；2—覆盖层；3—堆渣；4—心墙；5—防渗墙

图 9-19 葛洲坝一期土石围堰的拆除程序图

钢板桩格型围堰的拆除，首先要用抓斗或吸石器将填料清除，然后用拔桩机起拔钢板桩。混凝土围堰的拆除，一般只能用爆破法炸除，但应注意，必须使主体建筑物或其他设施不受爆破危害。

学习单元三 截流施工

学习目标

(1)会选择截流日期、截流标准。

(2)能够根据截流施工条件选用截流材料。

(3)能根据工程施工条件进行截流设计。

学习内容

(1)截流的程序与方法。

(2)截流日期、截流标准与截流设计流量。

(3)截流措施。

(4)截流材料选择。

截流过程一般为:先在河床的一侧或两侧向河床中填筑截流戗堤,逐步缩窄河床,称为进占。戗堤进占到一定程度,河床束窄,形成流速较大的泄水缺口叫龙口。为了保证龙口两侧堤端和底部的抗冲稳定,通常采用工程防护措施,如抛投大块石、铅丝笼等,这种防护堤端叫裹头。封堵龙口的工作叫合龙。合龙以后,龙口段及戗堤本身仍然漏水,必须在戗堤全线设置防渗措施,这一工作叫闭气。所以,整个截流过程包括戗堤进占、龙口裹头及护底、合龙、闭气等四项工作。截流后,对戗堤进一步加高培厚,修筑成设计围堰。

由此可见,截流在施工中占有重要地位,如不能按时完成,就会延误整个建筑物施工,河槽内的主体建筑物就无法施工,甚至可能拖延工期一年,所以在施工中常将截流作为关键性工程。为了截流成功,必须充分掌握河流的水文、地形、地质等条件,掌握截流过程中水流的变化规律及其影响。做好周密的施工组织,在狭小的工作面上用较大的施工强度在较短的时间内完成截流。

一、截流的方式

截流的基本方式有立堵法与平堵法两种。

(一)立堵法

立堵法截流(见图9-20),是将截流材料从龙口一端或两端向中间抛投进占,逐渐束窄河床,直至全部拦断。

立堵法截流不需架设浮桥,准备工作比较简单,造价较低。但截流时水力条件较为不利,龙口单宽流量较大,出现的流速也较大,同时水流绕截流戗堤端部使水流产生强烈的立轴漩涡,在水流分离线附近造成紊流,易造成河床冲刷,且流速分布很不均匀,需抛投单个重量较大的截流材料。截流时由于工作前线狭窄,抛投强度受到限制。立堵法截流适用于大流量、岩基或覆盖层较薄的岩基河床,对于软基河床,应采用护底措施后才能使用。

立堵法截流又分为单戗、双戗和多戗立堵截流,单戗适用于截流落差不超过3 m的情况。

(二)平堵法

平堵法截流(见图9-21),是沿整个龙口宽度全线抛投,抛投料堆筑体全面上升,直至露出水面。这种方法的龙口一般是部分河宽,也可以是全河宽。因此,合龙前必须在龙口架设浮桥,由于它是沿龙口全宽均匀地抛投,所以其单宽流量小,出现的流速也较小,需要的单个材料的重量也较轻,抛投强度较大,施工速度快,但有碍于通航。它适用于软基河床,河流架桥方便且对通航影响不大的河流。

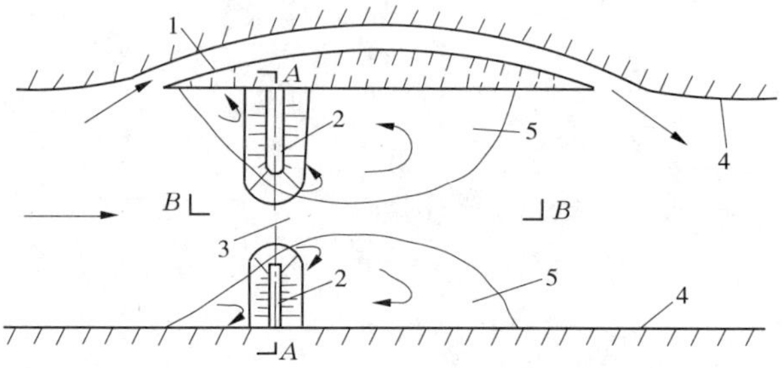

(a)双向进占

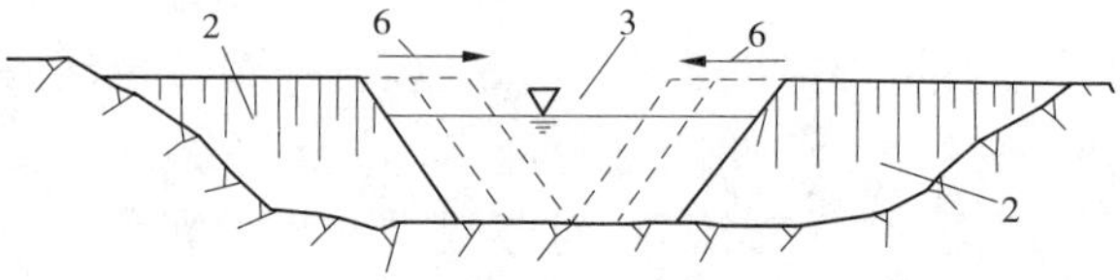

(b) A—A 剖面

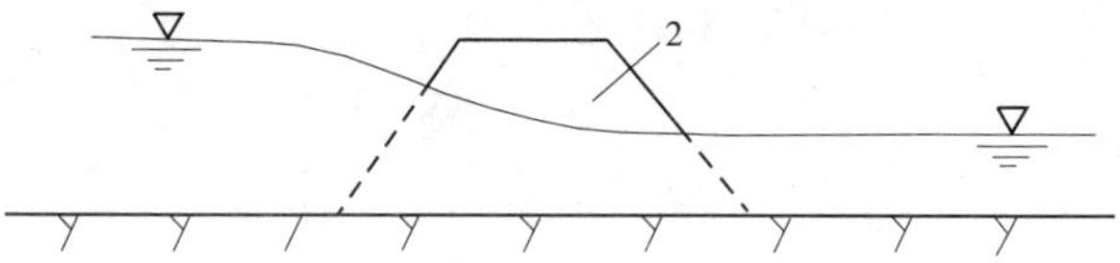

(c) B — B 剖面

1—分流建筑物;2—截流戗堤;3—龙口;4—河岸; 5—回流区;6—进占方向

图 9-20 立堵法截流

(三)综合方式

1. 立平堵法

为了充分发挥平堵水力学条件较好的优点,同时又降低架桥的费用,有的工程采用先立堵,后在栈桥上平堵的方式。苏联布拉茨克水电站,在截流流量 3 600 m^3/s,最大落差 3.5 m 的条件下,采用先立堵进占,缩窄龙口至 100 m,然后利用管柱栈桥全面平堵合龙。

多瑙河上的铁门工程,经过方案比较,决定采取立平堵方式,立堵进占结合管柱栈桥平堵。立堵段首先进占,完成长度 149.5 m,平堵段龙口 100 m,由栈桥上抛投完成截流,最终落差达 3.72 m。

2. 平立堵法

对于软基河床,单纯立堵易造成河床冲刷,采用先平抛护底,再立堵合龙,平抛多利用驳船进行。我国青铜峡、丹江口、大化及葛洲坝等工程均采用此法,三峡工程在二期大江截流时也采用了该方法,取得了满意的效果。由于护底均为局部性,故这类工程本质上同属立堵法截流。

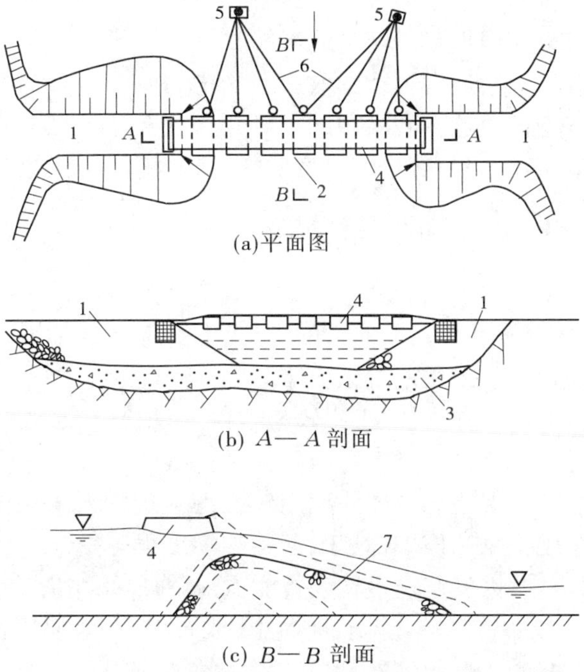

1—截流戗堤;2—龙口;3—覆盖层;4—浮桥;5—锚墩;6—钢缆;7—平堵截流抛石体

图 9-21　平堵法截流

二、截流时间和设计流量的确定

(一)截流时间的选择

截流时间应根据枢纽工程施工控制性进度计划或总进度计划决定,至于时段选择,一般应考虑以下原则,经过全面分析比较而定。

(1)尽可能在较小流量时截流,但必须全面考虑河道水文特性和截流应完成的各项控制工程量,合理使用枯水期。

(2)对于具有通航、灌溉、供水、过木等特殊要求的河道,应全面兼顾这些要求,尽量使截流对河道综合利用的影响最小。

(3)有冰冻河流,一般不在流冰期截流,避免截流和闭气工作复杂化,如特殊情况必须在流冰期截流时应有充分论证,并有周密的安全措施。

根据以上所述,截流时间应根据河流水文特征、气候条件、围堰施工及通航过木等因素综合分析确定,一般多选在枯水期初,流量已有显著下降的时候,严寒地区应尽量避开河道流冰及封冻期。

(二)截流设计流量的确定

截流设计流量是指某一确定的截流时间的截流设计流量。一般按频率法确定,根据已选定截流时段,采用该时段内一定频率的流量作为设计流量,截流设计标准一般可采用截流时段重现期 5 ~ 10 年的月或旬平均流量。

除频率法外,也有不少工程采用实测资料分析法。当水文资料系列较长,河道水文特性稳定时，这种方法可应用。至于预报法，因当前的可靠预报期较短，一般不能在初设中应用，但在截流前夕有可能根据预报流量适当修改设计。

在大型工程截流设计中，通常多以选取一个流量为主，再考虑较大、较小流量出现的可能性，用几个流量进行截流计算和模型试验研究。对于有深槽和浅滩的河道，如分流建筑物布置在浅滩上，对截流的不利条件，要特别进行研究。

三、截流材料种类、尺寸和数量的确定

（一）材料种类选择

截流时采用当地材料在我国已有悠久的历史，主要有块石、石串、装石竹笼等。此外，当截流水力条件较差时，还须采用混凝土块体。

石料容重较大，抗冲能力强，一般工程较易获得，而且通常也比较经济。因此，凡有条件者，均应优先选用石块截流。

在大中型工程截流中，混凝土块体的运用较普遍。这种人工块体的制作、使用方便，抗冲能力强，故为许多工程采用（如三峡工程、葛洲坝工程等）。

在中小型工程截流中，因受起重运输设备能力限制，所采用的单个石块或混凝土块体的重量不能太大。石笼（如竹笼、铅丝笼、钢筋笼）或石串，一般使用在龙口水力条件不利的条件下。大型工程中除石笼、石串外，也采用混凝土块体串。某些工程，因缺乏石料，或因河床易冲刷，则也可根据当地条件采用梢捆、草土等材料截流。

（二）材料尺寸的确定

采用块石和混凝土块体截流时，所需材料尺寸可通过水力计算初步确定，然后考虑该工程可能拥有的起重运输设备能力，作出最后抉择。

（三）材料数量的确定

1. 不同粒径材料数量的确定

无论是平堵截流或是立堵截流，原则上可以按合龙过程中水力参数的变化来计算相应的材料粒径和数量。常用的方法是将合龙过程按高程（平堵）或宽度（立堵）划分成若干区段，然后按分区最大流速计算出所需材料粒径和数量。实际上，每个区段也不是只用一种粒径材料，所以设计中均参照国内外已有工程经验来决定不同粒径材料的比例。例如，平堵截流时，最大粒径材料数量可按实际使用区段（$Z = 0.42Z_{max} \sim 0.6Z_{max}$）考虑，也可按最大流速出现时起，直到戗堤出水时所用材料总量的 70% ~ 80% 考虑。立堵截流时，最大粒径材料数量常按困难区段抛投总量的 1/3 考虑。根据国内外十几个工程的截流资料统计，特殊材料数量占合龙段总工程量的 10% ~ 30%，一般为 15% ~ 20%。如仅按最终合龙段统计，特殊材料所占比例约为 60%。

2. 备料量

备料量的计算，可按设计戗堤体积为准，另外还得考虑各项损失。平堵截流的设计戗堤体积计算比较复杂，需按戗堤不同阶段的轮廓计算。立堵截流戗堤断面为梯形，设计戗堤体积计算比较简单。戗堤顶宽视截流施工需要而定，通常取 10 ~ 18 m 者较多，可保证 2 ~ 3 辆汽车同时卸料。

备料量的多少取决于对流失量的估计。实际工程的备料量与设计用量之比多为 1.3 ~

1.5，个别工程达到2.0。例如，铁门工程达到1.35，青铜峡采用1.5。实际合龙后还剩下很多材料。因此，初步设计时备料系数不必取得过大，实际截流前夕，可根据水情变化适当调整。

（四）分区用料规划

在合龙过程中，必须根据龙口的流速流态变化采用相应的抛投技术和材料。这一点在截流规划时就应予考虑。在截流中，合理地选择截流材料的尺寸或重量，对于截流的成败和截流费用的节省具有重大意义。截流材料的尺寸或重量取决于龙口的流速。各种不同材料的适用流速，即抵抗水流冲动的经验流速列于表9-2中。

表9-2　截流材料的适用流速

截流材料	适用流速（m/s）	截流材料	适用流速（m/s）
土料	0.5～0.7	3 t重大块石或钢筋石笼	3.5
20～30 kg重石块	0.8～1.0	4.5 t混凝土六面体	4.5
50～70 kg重石块	1.2～1.3	5 t重大块石、大石串或钢筋石笼	4.5～5.5
麻袋装土（0.7 m×0.4 m×0.2 m）	1.5	12～15 t重混凝土四面体	7.2
ϕ0.5 m×2 m装石竹笼	2.0	20 t重混凝土四面体	7.5
ϕ0.6 m×4 m装石竹笼	2.5～3.0	ϕ1.0 m×15 m柴石枕	约7～8
ϕ0.8 m×6 m装石竹笼	3.5～4.0		

学习项目十　基坑施工

学习单元一　基坑排水

学习目标

(1)会根据施工条件选择排水方案。

(2)能进行排水设备选型、数量确定等设计。

学习内容

(1)明式排水施工排水量的计算。

(2)排水设备选型、数量确定、排水系统布置。

(3)暗式排水的特点、排水方法、排水布置与施工程序。

修建水利水电工程时,在围堰合龙闭气以后,就要排除基坑内的积水和渗水,以保持基坑基本处于干燥状态,以利于基坑开挖、地基处理及建筑物的正常施工。

基坑排水工作按排水时间及性质,一般可分为:①基坑开挖前的初期排水,包括基坑积水、基坑积水排除过程中的围堰堰体与基础渗水和堰体及基坑覆盖层中的含水量以及可能出现的降水的排除;②基坑开挖及建筑物施工过程中的经常性排水,包括围堰和基坑渗水、降水以及施工弃水量的排除。如按排水方法分,有明式排水和人工降低地下水位两种。

一、明式排水

(一)排水量的确定

1. 初期排水量估算

初期排水主要包括基坑积水、围堰与基坑渗水两大部分。对于降雨,因为初期排水是在围堰或截流戗堤合龙闭气后立即进行的,通常是在枯水期内,而枯水期降雨很少,所以一般可不予考虑。除积水和渗水外,有时还需考虑填方和基础中的饱和水。

初期排水渗透流量原则上可按有关公式计算。但是,初期排水时的渗流量估算往往很难符合实际,因为此时还缺乏必要的资料。通常不单独估算渗流量,而将其与积水排除流量合并在一起,依靠经验估算初期排水总流量 Q:

$$Q = Q_1 + Q_s = k\frac{V}{T} \tag{10-1}$$

式中　Q_1——积水排除的流量,m^3/s;

Q_s——渗水排除的流量，m^3/s；

V——基坑积水体积，m^3；

T——初期排水时间，s；

k——经验系数，主要与围堰种类、防渗措施、地基情况、排水时间等因素有关，根据国外一些工程的统计，$k=4\sim10$。

基坑积水体积可按基坑积水面积和积水水深计算，这是比较容易的。但是排水时间 T 的确定就比较复杂，排水时间 T 主要受基坑水位下降速度的限制，基坑水位的允许下降速度视围堰种类、地基特性和基坑内水深而定。水位下降太快，则围堰或基坑边坡中动水压力变化过大，容易引起坍坡；下降太慢，则影响基坑开挖时间。一般认为，土围堰的基坑水位下降速度应限制在 0.5 ~ 0.7 m/昼夜，木笼及板桩围堰等应小于 1.0 ~ 1.5 m/昼夜。初期排水时间，大型基坑一般可采用 5 ~ 7 d，中型基坑一般不超过 3 ~ 5 d。

通常，当填方和覆盖层体积不太大时，在初期排水且基础覆盖层尚未开挖时，可以不必计算饱和水的排除。如需计算，可按基坑内覆盖层总体积和孔隙率估算饱和水总水量。

按以上方法估算初期排水流量，选择抽水设备后，往往很难符合实际。在初期排水过程中，可以通过试抽法进行校核和调整，并为经常性排水计算积累一些必要资料。试抽时如果水位下降很快，则显然是所选择的排水设备容量过大，此时应关闭一部分排水设备，使水位下降速度符合设计规定。试抽时若水位不变，则显然是设备容量过小或有较大渗漏通道存在。此时，应增加排水设备容量或找出渗漏通道予以堵塞，然后进行抽水。还有一种情况是水位降至一定深度后就不再下降，这说明此时排水流量与渗流量相等，据此可估算出需增加的设备容量。

2. 经常性排水的排水量确定

经常性排水的排水量，主要包括围堰和基坑的渗水、降雨、地基岩石冲洗及混凝土养护用废水等。设计中一般考虑两种不同的组合，从中择其大者，以选择排水设备。一种组合是渗水加降雨，另一种组合是渗水加施工废水。降雨和施工废水不必组合在一起，这是因为两者不会同时出现。

1）降雨量的确定

在基坑排水设计中，对降雨量的确定尚无统一的标准。大型工程可采用 20 年一遇 3 日降雨中最大的连续 6 h 雨量，再减去估计的径流损失值（每小时 1 mm），作为降雨强度。也有的工程采用日最大降雨强度。基坑内的降雨量可根据上述计算降雨强度和基坑集雨面积求得。

2）施工废水

施工废水主要考虑混凝土养护用水，其用水量估算，应根据气温条件和混凝土养护的要求而定。一般初估时可按每立方米混凝土每次用水 5 L，每天养护 8 次计算。

3）渗透流量计算

通常，基坑渗透总量包括围堰渗透量和基础渗透量两大部分。关于渗透量的详细计算方法，在水力学、水文地质和水工结构等书中均有介绍，详细计算时参考以上相关著作，这里就不再冗述。

在初步估算时，往往不可能获得较详尽而可靠的渗透系数资料，此时可采用更简便的估算方法。当基坑在透水地基上时，可按照表 10-1 所列的参考指标来估算整个基坑的渗透流量。

表 10-1　1 m 水头下 1 m^2 基坑面积的渗透流量

土类	细砂	中砂	粗砂	砂砾石	有裂缝的岩石
渗透流量（m^3/h）	0.16	0.24	0.30	0.35	0.05～0.10

(二)基坑排水布置

排水系统的布置通常应考虑两种不同情况。一种是基坑开挖过程中的排水系统布置，另一种是基坑开挖完成后修建建筑物时的排水系统布置。布置时，应尽量同时兼顾这两种情况，并且使排水系统尽可能不影响施工。

基坑开挖过程中的排水系统布置，应以不妨碍开挖和运输工作为原则。一般常将排水干沟布置在基坑中部，以利两侧出土，如图 10-1 所示。随基坑开挖工作的进展，逐渐加深排水干沟和支沟。通常保持干沟深度为 1～1.5 m，支沟深度为 0.3～0.5 m。集水井多布置在建筑物轮廓线外侧，井底应低于干沟沟底。但是，由于基坑坑底高程不一，有的工程就采用层层设截流沟、分级抽水的办法，即在不同高程上分别布置截水沟、集水井和水泵站，进行分级抽水。

建筑物施工时的排水系统，通常都布置在基坑四周，如图 10-2 所示。排水沟应布置在建筑物轮廓线外侧，且距离基坑边坡坡脚不少于 0.3～0.5 m。排水沟的断面尺寸和底坡大小取决于排水量的大小。一般排水沟底宽不小于 0.3 m，沟深不大于 1.0 m，底坡不小于 0.002。在密实土层中，排水沟可以不用支撑，但在松土层中，则需用木板或麻袋装石来加固。

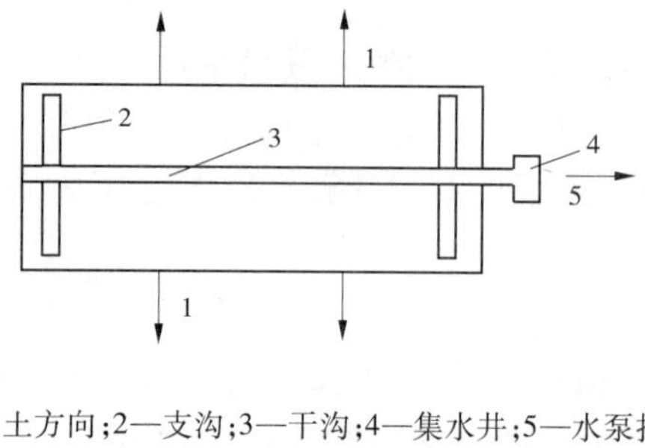

1—运土方向；2—支沟；3—干沟；4—集水井；5—水泵抽水

图 10-1　修建建筑物时基坑排水系统布置

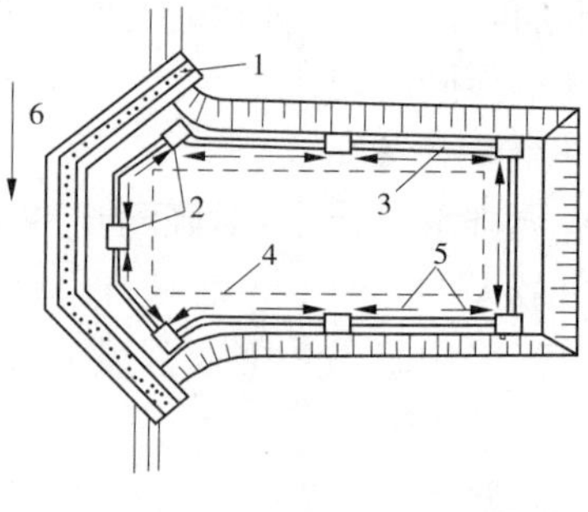

1—围堰；2—集水井；3—排水沟；4—建筑物轮廓线；5—水流方向；6—河流

图 10-2　基坑开挖过程中排水系统布置

水经排水沟流入集水井后，利用在井边设置的水泵站，将水从集水井中抽出。集水井布置在建筑物轮廓线以外较低的地方，它与建筑物外缘的距离必须大于井的深度。井的容积至少要能保证水泵停止抽水 10～15 min，井水不致漫溢。集水井可为长方形，边长为 1.5～2.0 m，井底高程应低于排水沟底 1.0～2.0 m。在土中挖井，其底面应铺填反滤料，在密实土中，井壁用框架支撑在松软土中，利用板桩加固。如板桩接缝漏水，尚需在井壁外设置反滤层。集水井不仅可用来集聚排水沟的水量，而且还应有澄清水的作用，因为水泵的使用年限与水中含沙量的多少有关。为了保护水泵，集水井宜稍为偏大、偏深一些。

为防止降雨时地面径流进入基坑而增加抽水量，通常在基坑外缘边坡上挖截水沟，以拦截地面水。截水沟的断面及底坡应根据流量和土质而定，一般沟宽和沟深不小于0.5 m，底坡不小于0.002，基坑外地面排水系统最好与道路排水系统相结合，以便自流排水。为了降低排水费用，当基坑渗水水质符合饮用水或其他施工用水要求时，可将基坑排水与生活、施工供水相结合。丹江口工程的基坑排水就直接引入供水池，供水池上设有溢流闸门，多余的水则溢入江中。

明式排水系统最适用于岩基开挖。当渗透系数 K_s 大于 2×10^{-1} cm/s 且围堰内外水位差不大时，也可用砂砾石或粗砂覆盖层。在实际工程中，也有超出上述界限的，例如丹江口的细砂地基，渗透系数约为 2×10^{-2} cm/s，采用适当措施后，明式排水也取得了成功。不过，一般认为，当 $K_s<10^{-1}$ cm/s 时，以采用人工降低水位法为宜。

二、人工降低地下水位

经常性排水过程中，为了保持基坑开挖工作始终在干地进行，常常要多次降低排水沟和集水井的高程，变换水泵站的位置，影响开挖工作的正常进行。此外，在开挖细砂土、砂壤土一类地基时，随着基坑底面的下降，坑底与地下水位的高差愈来愈大，在地下水渗透压力作用下，容易产生边坡脱滑、坑底隆起等事故，甚至危及临近建筑物的安全，给开挖工作带来不良影响。

而采用人工降低地下水位，可以改变基坑内的施工条件，防止流砂现象的发生，基坑边坡可以陡些，从而可以大大减少挖方量。人工降低地下水位的基本做法是：在基坑周围钻设一些井，地下水渗入井中后，随即被抽走，使地下水位线降到开挖的基坑底面以下，一般应使地下水位降到基坑底部0.5～1.0 m。

人工降低地下水位的方法按排水工作原理可分为管井法和井点法两种。管井法是单纯重力作用排水，适用于渗透系数 $K_s=10\sim250$ m/d 的土层；井点法还附有真空或电渗排水的作用，适用于 $K_s=0.1\sim50$ m/d 的土层。

（一）管井法降低地下水位

管井法降低地下水位时，在基坑周围布置一系列管井，管井中放入水泵的吸水管，地下水在重力作用下流入井中，被水泵抽走。管井法降低地下水位时，须先设置管井，管井通常由下沉钢井管而成，在缺乏钢管时也可用木管或预制混凝土管代替。

井管的下部安装滤水管节（滤头），有时在井管外还需设置反滤层，地下水从滤水管进入井内，水中的泥沙则沉淀在沉淀管中。滤水管是井管的重要组成部分，其构造对井的出水量和可靠性影响很大。要求它过水能力大，进入的泥沙少，有足够的强度和耐久性。如图10-3所示是滤水管节的构造简图。

井管埋设可采用射水法、振动射水法及钻孔法下沉。射水法下沉时，先用高压水冲土下沉套管，较深时可配合振动或锤击（振动水冲法），然后在套管中插入井管，最后在套管与井管的间隙中间填反滤层和拔套管，反滤层每填高一次便拔一次套管，逐层上拔，直至完成。

管井中抽水可应用各种抽水设备，但主要的是普通离心式水泵、潜水泵或深井水泵，分别可降低水位 3 ~ 6 m、6 ~ 20 m 和 20 m 以上，一般采用潜水泵较多。用普通离心式水泵抽水，由于吸水高度的限制，当要求降低地下水位较深时，要分层设置管井，分层进行排水。

要求大幅度降低地下水位的深井中抽水时，最好采用专用的离心式深井水泵。每个深井水泵都是独立工作，井的间距也可以加大，深井水泵一般深度大于 20 m，排水效果高，需要井数少。

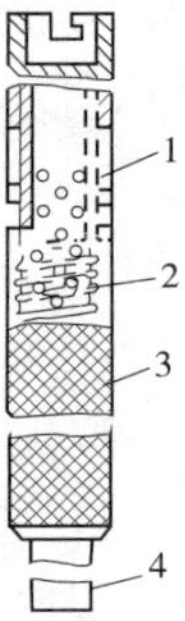

1—多孔管，钻孔面积占总面积的 20% ~ 25%；2—绕面螺旋状的铁丝，ϕ3 ~ 4 mm；3—铅丝网，1 ~ 2 层；4—沉淀管

图 10-3　滤水管节构造简图

(二) 井点法降低地下水位

井点法和管井法不同，它把井管和水泵的吸水管合二为一，简化了井的构造。

井点法降低地下水位的设备，根据其降深能力分轻型井点（浅井点）和深井点等。其中，最常用的轻型井点，是由井管、集水总管、普通离心式水泵、真空泵和集水箱等设备所组成的一个排水系统，如图 10-4 所示。

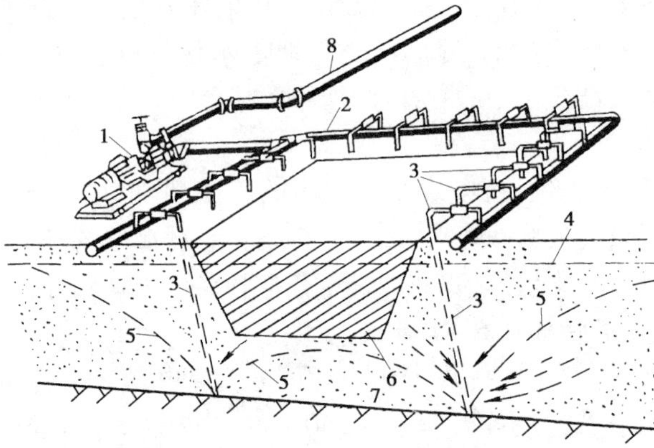

1—带真空泵和集水箱的离心式水泵；2—集水总管；3—井管；4—原地下水位；5—排水后水面降落曲线；6—基坑；7—不透水层；8—排水管

图 10-4　轻型井点系统

轻型井点系统的井点管为直径 38 ~ 50 mm 的无缝钢管，间距为 0. 6 ~ 1. 8 m，最大可到 3. 0 m。地下水从井管下端的滤水管借真空泵和水泵的抽吸作用流入管内，沿井管上升汇入集水总管，流入集水箱，由水泵排出。轻型井点系统开始工作时，先开动真空泵，排除系统内的空气，待集水井内的水面上升到一定高度后，再启动水泵排水。水泵开始抽水后，为了保持系统内的真空度，仍需真空泵配合水泵工作。这种井点系统也叫真空井点。

井点系统排水时，地下水位的下降深度，取决于集水箱内的真空度与管路的漏气和水力损失。一般集水箱内真空度为 80 kPa（400 ~ 600 mmHg），相当的吸水高度为 5 ~ 8 m，扣去各种损失后，地下水位的下降深度为 4 ~ 5 m。

当要求地下水位降低的深度超过 4 ~ 5 m 时，可以像管井一样分层布置井点，每层控制范围 3～4 m，但以不超过 3 层为宜。分层太多，基坑范围内管路纵横，妨碍交通，影响施工，同时也增加挖方量，而且当上层井点发生故障时，下层水泵能力有限，地下水位回升，基坑有被淹没的可能。

真空井点抽水时，在滤水管周围形成一定的真空梯度，加速了土的排水速度，因此即使在渗透系数小到 0.1 m/d 的土层中，也能进行工作。

布置井点系统时，为了充分发挥设备能力，集水总管、集水管和水泵应尽量接近天然地下水位。当需要几套设备同时工作时，各套总管之间最好接通，并安装开关，以便相互支援。

井管的安设，一般用射水法下沉。距孔口 1.0 m 范围内，应用黏土封口，以防漏气。排水工作完成后，可利用杠杆将井管拨出。

深井点与轻型井点不同，它的每一根井管上都装有扬水器（水力扬水器或压气扬水器），因此它不受吸水高度的限制，有较大的降深能力。

深井点有喷射井点和压气扬水井点两种，喷射井点由集水池、高压水泵、输水干管和喷射井管等组成。通常一台高压水泵能为 30～35 个井点服务，其最适宜的降水位范围为 5～18 m。喷射井点的排水效率不高，一般用于渗透系数为 3～50 m/d、渗流量不大的场合。

压气扬水井点是用压气扬水器进行排水。排水时压缩空气由输气管送来，由喷气装置进入扬水管，于是管内容重较轻的水气混合液在管外水压力的作用下，沿扬水管上升到地面排走。为达到一定的扬水高度，就必须将扬水管沉入井中并有足够的潜没深度，使扬水管内外有足够的压力差。压气扬水井点降低地下水位最大可达 40 m。

学习单元二　基坑开挖

学习目标

（1）会确定基坑开挖的方法。

（2）熟练掌握基坑开挖的内容和开挖要求。

学习内容

（1）岩基开挖的目的。

（2）在施工组织、技术措施、现场布置等环节需要解决的一些问题。

（3）岩基开挖要求。

（4）软基开挖的方法措施。

一、岩基开挖

岩基开挖就是按照设计要求，将风化、破碎和有缺陷的岩层挖除，使水工建筑物建在完整坚实的岩石面上。开挖的工程量往往很大，从几万立方米到几十万立方米，甚至上千万立方米，需要投入大量的人力、资金和设备，占用很长的工期。因此，选择合理的开挖方法和措施，保证开挖的质量，加快开挖的速度，确保施工的安全，对于加快整个工程的建设，具有重要的意义。

(一)开挖前的准备工作

(1)熟悉基本资料：详细分析坝址区的工程地质和水文地质资料，了解岩性，掌握各种地质缺陷的分布及发育情况。

(2)明确水工建筑物设计对地基的具体要求。

(3)熟悉工程的施工条件和施工技术水平及装备力量。

(4)业主、地质、设计、监理等人员共同研究，确定适宜的地基开挖范围、深度和形态。

(二)坝基开挖注意事项

坝基开挖是一个重要的施工环节，为保证开挖的质量、进度和安全，应解决好以下几个方面的问题：

(1)做好基坑排水工作。在围堰闭气后，立即排除基坑积水及围堰渗水，布置好排水系统，配备足够的排水设备，边开挖基坑，边排水，降低和控制水位，确保开挖工作不受水的干扰。

(2)合理安排开挖程序。由于受地形、时间和空间的限制，水工建筑物基坑开挖一般比较集中，工种多，安全问题比较突出。因此，基坑开挖的程序，应本着自上而下，先岸坡，后河槽的原则。如果河床很宽，也可考虑部分河床和岸坡平行作业，但应采取有效的安全措施。无论是河床还是岸坡，都要由上而下，分层开挖，逐步下降。坝基开挖程序如图10-5所示。

(3)选定合理的开挖范围和形态。基坑开挖范围主要取决于水工建筑物的平面轮廓，还要满足机械的运行、道路的布置、施工排水、立模与支撑的要求。放宽的范围一般从几米到十几米不等，由实际情况而定。开挖以后的基岩面，要求尽量平整，并尽可能略向上游倾斜，高差不宜太大，以利于水工建筑物的稳定。要避免基岩有尖突部分和应力集中，开挖形态如图10-6所示。

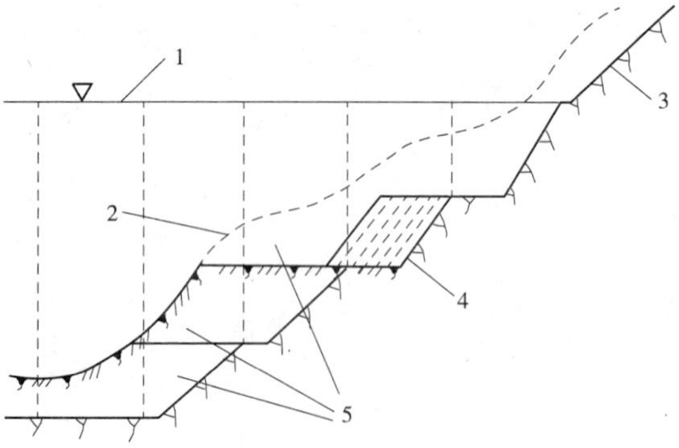

1—坝顶线；2—原地面线；3—安全削坡；
4—开挖线；5—开挖层

图10-5 坝基开挖程序

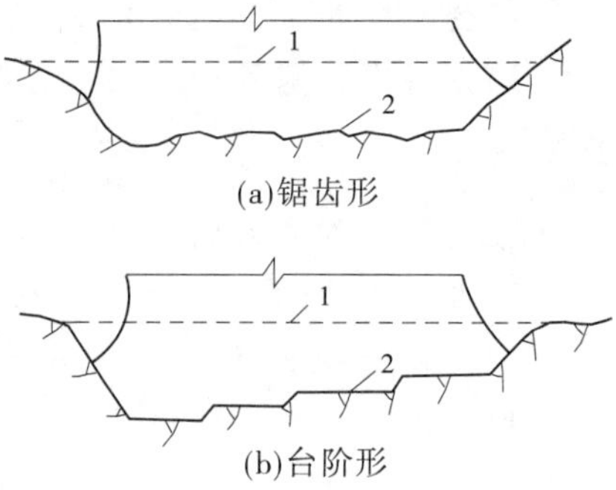

(a)锯齿形

(b)台阶形

1—原基岩面；2—基岩开挖面

图10-6 坝基开挖形态

(4)正确地选择开挖方法，保证开挖质量。岩基开挖的主要方法是钻孔爆破法，应采用分层梯段松动爆破；边坡轮廓面开挖，应采用预裂爆破或光面爆破；紧邻水平建基面，应预留岩体保护层，并对保护层进行分层爆破。

开挖偏差的要求为：对节理裂隙不发育、较发育、发育和坚硬、中硬的岩体，水平建基面高程的开挖偏差，不应大于±20 cm；设计边坡轮廓面的开挖偏差，在一次钻孔深度条件下开挖时，不应大于其开挖高度的±2%；在分台阶开挖时，其最下部一个台阶坡脚位置的偏差，以及整体边坡的平均坡度，均应符合设计要求。

保护层的开挖是控制基岩质量的关键，其要点是，分层开挖，梯段爆破，控制一次起爆药量，控制爆破振动影响。对于建基面1.5 m以上的一层岩石，应采用梯段爆破，炮孔装药直径不应大于40 mm，手风钻钻孔，一次起爆药量控制在300 kg以内；保护层上层开挖，采用梯段爆破，控制药量和装药直径；中层开挖控制装药直径小于32 mm，采用单孔起爆，距建基面0.2 m厚度的岩石，应进行撬挖。

边坡预裂爆破或光面爆破的效果应符合以下要求：在开挖轮廓面上，残留炮孔痕迹应均匀分布，对于节理裂隙不发育的岩体炮孔痕迹保存率应达到80%以上，对节理裂隙较发育和发育的岩体应达到80%～50%，对节理裂隙极发育的岩体应达到50%～10%；相邻炮孔间岩面的不平整度，不应大于15 cm；预裂炮孔和梯段炮孔在同一个爆破网络中时，预裂孔先于梯段孔起爆的时间不得小于75～100 ms。

二、软基开挖

(一)淤泥

淤泥的特点是颗粒细、水分多、人无法立足，应视情况不同，分别采取措施。

1. 稀淤泥

稀淤泥的特点是含水量高，流动性大，此挖彼来，装筐易漏。当稀淤泥较薄、面积较小时，可将干砂倒入，进占挤淤，形成土埂，可在土埂上进行挖运作业；如面积大，要同时填筑多条土埂，分区治理，以防乱流；若淤泥深度大、面积广，可将稀泥分区围埂，分别排入附近挖好的深坑内。

2. 烂淤泥

烂淤泥的特点是淤泥层较厚，含水量较小，黏稠，锹插难拔，粘锹不易脱离。为避免粘锹，挖前先将锹蘸水，也可用三股叉或五股叉代替铁锹。为解决立足问题，采取一点突破，此法自坑边沿起，集中力量突破一点，一直挖到硬土上，再向四周扩展；或者采用苇排铺路法，即将芦席扎成捆枕，每三枕用桩连成苇排，铺在烂泥上，人在排上挖运。

3. 夹砂淤泥

夹砂淤泥的特点是淤泥中有一层或几层夹砂层。如果淤泥厚度较大，可采用前面的方法挖除；如果淤泥层很薄，先将砂面晾干，能站人时，方可进行，开挖时连同下层淤泥一同挖除，露出新砂面。切勿将夹砂层挖混，造成开挖困难。

(二)流砂

采用明式排水开挖基坑时，由于形成了较大的水力坡降，造成渗流挟带细砂从坑底上冒，或在边坡上形成管涌、流土等现象，即为流砂。流砂现象一般发生在非黏性土中，主要与砂土的含水量、孔隙率、黏粒含量和动水压力的水力坡度有关，在细砂、中砂中常发生，也可能在粗砂中发生。治理流砂主要是解决好“排”与“封”的问题。“排”即是及时将流砂层中的水排出，降低含水量和水力坡度；"封"即是将开挖区的流砂封闭起来。如坑底翻砂冒水，可在较低的位置挖沉砂坑，将竹筐或柳条筐沉入坑底，水进筐内而砂被阻于其外，然后将筐内水排走。对于坡面流砂，当土质允许，流砂层又较薄（一般在 4 ~ 5 m 以内）时，可采取开挖方法，一般放坡为 1∶4 ~ 1∶8，但这要扩大开挖面积，增加工程量。因此，基坑开挖中，常采取以下措施进行治理。

当挖深不大、面积较小时，可以采取护面措施。做法如下：

（1）砂石护面。在坡面上先铺一层粗砂，再铺一层小石子，各层厚 5 ~ 8 cm，形成反滤层，坡脚挖排水沟，做同样的反滤层，如图 10-7 所示，既防止渗水流出时挟带泥沙，又防止坡面径流冲刷。

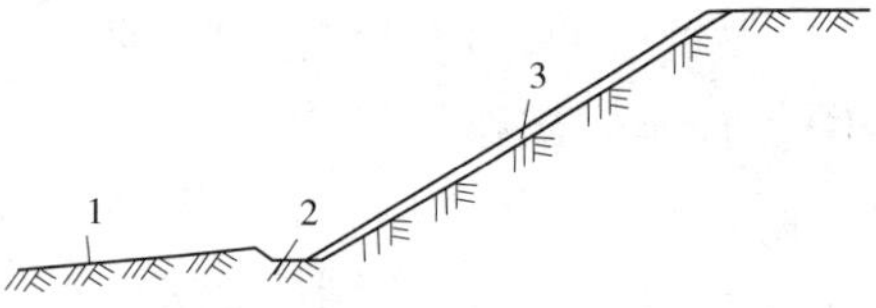

1—水闸基坑；2—排水沟；3—砂石护面

图 10-7　砂石护面

（2）柴枕护面。在坡面上铺设爬坡式柴枕，坡脚设排水沟，沟底及两侧均铺柴枕，以起到滤水拦砂的作用。如图 10-8 所示，一定距离打桩加固，防止柴枕下坍移动。

当基坑坡面较长、基坑挖深较大时，可采取柴枕拦砂法处理，如图 10-9 所示。其做法是：在坡面渗水范围的下侧打入木桩，桩内叠铺柴枕。

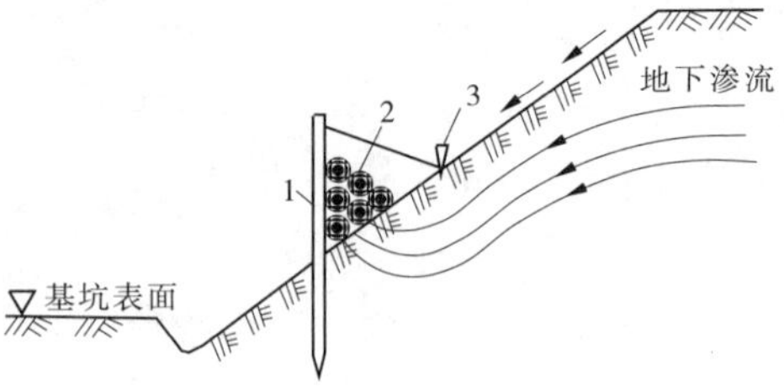

1—木桩；2—柴枕；3—小木桩

图 10-8　柴枕护面

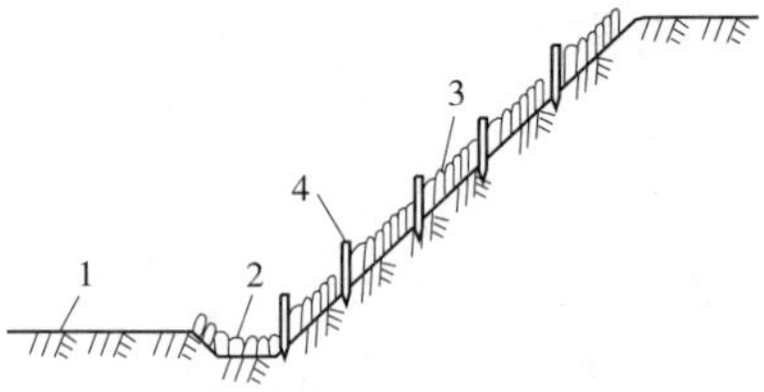

1—水闸基坑；2—排水沟；3—柴枕；4—钎枕桩

图 10-9　柴枕拦砂

（三）泉眼治理

泉眼产生的原因是由于基坑排水不畅，致使地下水从局部穿透薄弱土层，流出地面，或地基深层的承压水击穿所致。发生的地点一般在地质钻孔处。如泉眼水为清水，只需将流水引向集水井，排出基坑；如泉眼流出的是浑水，则抛铺粗砂和石子各一层，经过滤变为清水流出，再引向集水井，排出基坑外；如泉眼位于建筑物底部，先在泉眼上铺设砂石滤层，用插入的铁管将泉水引出混凝土，浇筑混凝土，最后用较干的水泥砂浆将排水管堵塞。

学习单元三　地基处理

学习目标

（1）会根据不同地基条件选择合适的处理方法。

（2）能运用地基处理技术解决工程施工问题。

（3）会组织混凝土防渗墙施工。

学习内容

(1)地基处理的方法。

(2)地基处理措施。

(3)地基处理的要求。

(4)混凝土防渗墙施工技术。

地基按地层的性质分为两大类:一类是岩基,另一类是软基(包括土基和砂砾石地基)。由于建筑物对地基的要求不同,处理地基的目的和方法也不同。开挖是地基处理中最常见的方法,但受工期、费用、开挖条件和机械设备性能等客观条件的限制,地基处理还需根据工程对地基处理的要求,采用更有效的方法。

一、土基处理

(一)土基加固

1. 换填法

换填法是将建筑物基础下的软弱土层或缺陷土层的一部分或全部挖去,然后换填密度大、压缩性低、强度高、水稳性好的天然或人工材料,并分层夯(振、压)实至要求的密实度,达到改善地基应力分布、提高地基稳定性和减少地基沉降的目的。

换填法的处理对象主要是淤泥、淤泥质土、湿陷性土、膨胀土、冻胀土、杂填土地基。水利工程中常用的垫层材料有砂砾土、碎(卵)石土、灰土、素土(主要指壤土)、中砂、粗砂、矿渣等。近年来,土工合成材料加筋垫层因其良好的处理效果而受到重视和广泛应用。换土垫层示意图见图 10-10。

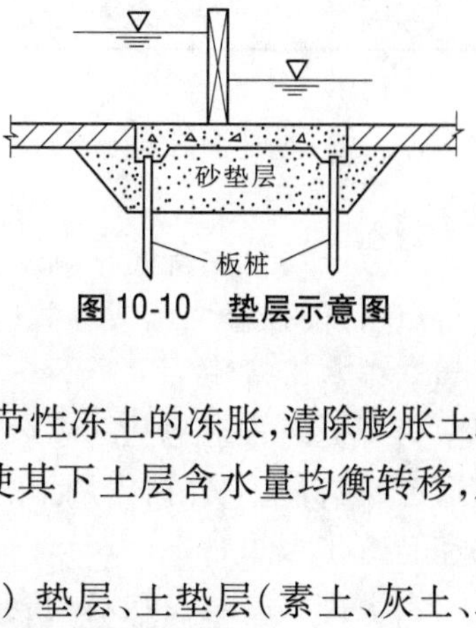

图 10-10　垫层示意图

换土垫层与原土相比,具有承载力高,刚度大、变形小的优点。砂石垫层还可提高地基排水固结速度,防止季节性冻土的冻胀,清除膨胀土地基的胀缩性及湿陷性土层的湿陷性。灰土垫层还可以促使其下土层含水量均衡转移,从而减小土层的差异性。

根据换填材料的不同,将垫层分为砂石(砂砾、碎卵石) 垫层、土垫层(素土、灰土、二灰土垫层)、粉煤灰垫层、矿渣垫层、加筋砂石垫层等,其适用范围见表 10-2。

在不同的工程中,垫层所起的作用也不同。如换土垫层和排水垫层。一般水闸、泵房基础下的砂垫层主要起换土作用,而在路堤和土坝等工程中,砂垫层主要起排水固结作用。

换土垫层视工程具体情况而异,软弱土层较薄时,采用全部换土;若软弱土层较厚,可采用部分换土。

2. 强夯法

强夯法又称动力固结法或动力加密法。这种方法是使用吊升设备将重锤(一般为 10 ~ 25 t,最重达 45 t)起吊至较大高度(一般为 10 ~ 20 m,最高达 26. 6 m)后,让其自由落下，产生巨大的冲击能量（一般为 1 100 ~ 4 000 kJ，最大可达 8 000 kJ），对地基产生强大的冲击和振动，通过加密、固结和预加变形的作用，从而改善地基土的工程性质，使地基土的渗透性、压缩性降低，密实度、承载力和稳定性得到提高，湿陷性和液化可能性得以消除。

表 10-2　垫层的适用范围

<table>
<tr><th colspan="2">垫层种类</th><th>适用范围</th></tr>
<tr><td colspan="2">砂（砂砾、碎石）垫层</td><td>多用于中小型工程的暗河、塘、沟等的局部处理。适用于一般饱和、非饱和的软弱土和水下黄土地基处理，不宜用于湿陷性黄土地基，也不适宜用于大面积堆载、密集基础和动力基础的软土地基处理，可有条件地用于膨胀土基，砂垫层不宜用于有地下水，且流速快、流量大的地基处理。不宜采用粉细砂做垫层</td></tr>
<tr><td rowspan="2">土垫层</td><td>素土垫层</td><td>适用于中小型工程及大面积回填、湿陷性黄土地基的处理</td></tr>
<tr><td>灰土或二灰土垫层</td><td>适用于中小型工程，尤其适用于湿陷性黄土地基的处理，也可用于膨胀土地基处理</td></tr>
<tr><td colspan="2">粉煤灰垫层</td><td>多用于大面积地基工程的填筑。粉煤灰垫层在地下水位以下时，其强度降低幅度在 30% 左右</td></tr>
<tr><td colspan="2">干渣垫层</td><td>用于中小型工程，尤其适用于地坪、堆场等工程大面积的地基处理和场地平整等。对于受酸性或碱性废水影响的地基不得用干渣做垫层</td></tr>
</table>

强夯法适用于处理碎石土、砂土及低饱和度的粉土、黏性土、杂填土、湿陷性黄土等各类地基。

强夯法具有设备简单、施工速度快、不添加特殊材料、造价低、适应处理的土质类别多等特点，目前强夯法已成为我国最常用的地基处理方法之一。

3. 排水固结法

为了提高软土地基的承载能力，采取人为措施，使地基表层或内部形成水平或垂直排水通道，在自重或外荷作用下，加速排水和固结，从而提高强度。排水法又分为水平排水法和竖直排水法。

水平排水法是在软基的表面铺一层粗砂或级配好的砂砾石作排水通道，在垫层上堆土或其他荷载，使孔隙水压力增高，形成水压差，孔隙水通过砂垫层逐步排出，孔隙减小，土被压缩，密度增加，强度提高。

垂直排水法是在软土层中建若干排水井，灌入砂子，形成竖向排水通道，在堆土或外荷载作用下达到排水固结，提高强度的目的。此法也叫砂井预压法。由于排水距离短，从而大大缩短排水和固结时间。砂井直径一般多采用 20 ~ 100 cm，井距采用 1.0 ~ 2.5 m。井深主要取决于土层情况：软土层较薄时，砂井宜贯穿软土层；软土层较厚且夹有砂层时，一般可设在砂层上；软土层较厚又无砂层时，或软土层下有承压水时，则不应打穿。

4. 混凝土灌注桩

在软土地基上采用混凝土灌注桩支撑上部结构的荷载，提高承载力。混凝土灌注桩是在现场造孔，达到设计深度后，在孔内浇筑混凝土成桩。它具有桩柱直径大、承载能力强，并可根据桩身内力大小配筋，以节约钢材等优点。但该法施工中可能产生缩颈、断桩、夹土和混凝土离析等事故，应设法防止。

桩基础简称桩基，是提高土基承载能力最有效的方法之一。桩基是由若干个沉入土中的单桩组成的一种深基础，由基桩和连接于基桩桩顶的承台共同组成，承台和承台之间再用承台梁相互连接。若承台下只用一根桩（通常为大直径桩）来承受和传递上部结构（通常为柱）的荷载，这样的桩基础称为单桩基础；承台下有 2 根或 2 根以上基桩组成的桩基础为群桩基础。桩基础的作用是将上部结构的荷载，通过上部较软弱地层传递到深部较坚硬的、压缩性较小的土层或岩层。

按桩的传力方式不同，将桩基分为端承桩和摩擦桩，如图 10-11 所示。端承桩就是穿过软土层并将建筑物的荷载直接传递给坚硬土层的桩。摩擦桩是将桩沉至软弱土层一定深度，用以挤密软弱土层，提高土层的密实度和承载能力，上部结构的荷载主要由桩身侧面与土之间的摩擦力承受，桩间阻力也承受少量的荷载。

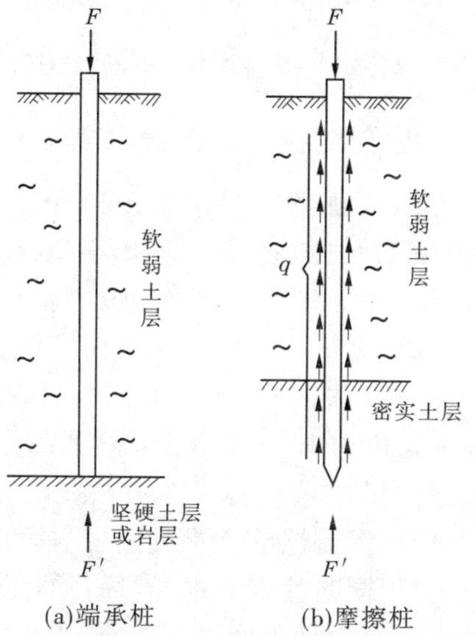

图 10-11　端承桩与摩擦桩

按桩的施工方法不同，有预制桩和灌注桩两类。预制桩是在工厂或施工现场用不同的建筑材料制成的各种形状的桩，然后用打桩设备将预制好的桩沉入地基土中。沉桩的方法有锤击沉桩、静力压桩、振动沉桩等。灌注桩是在设计桩位先成孔，然后放入钢筋骨架，再浇筑混凝土而成的桩。灌注桩按成孔的方法不同，分为泥浆护壁成孔灌注桩、干作业成孔灌注桩、套管成孔灌注桩、爆破成孔灌注桩等。

1）混凝土及钢筋混凝土灌注桩施工

混凝土及钢筋混凝土灌注桩（简称灌注桩），是直接在桩位上成孔，然后利用混凝土或砂石等材料就地灌注而成。与预制桩相比，其优点是施工方便，节约材料，成本低；缺点是操作要求高，稍有疏忽，容易发生缩颈、断桩现象，技术间隔时间较长，不能立即承受荷载等。

2)钻孔灌注桩施工

钻孔灌注桩是先在桩位上用钻孔设备进行钻孔(用螺旋钻机、潜水电钻、冲孔机等冲钻而成,也可利用工具桩或将尖端封闭钢管打入土中,拔出成孔),然后灌注混凝土。钻孔灌注桩施工过程如图10-12所示。

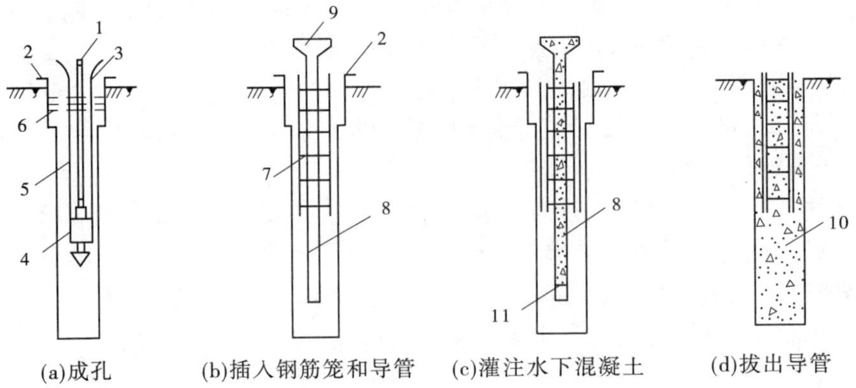

1—钻杆或悬挂绳;2—护筒;3—电缆;4—潜水电钻;5—输水胶管;
6—泥浆;7—钢筋骨架;8—导管;9—料斗;10—混凝土;11—隔水栓

图10-12 钻孔灌注桩施工过程

在有地下水、流砂、砂夹层及淤泥等土层中钻孔时,先在测定桩位上埋设护筒,护筒一般由3~5 mm厚钢板做成,其直径比钻头直径大10~20 cm,以便钻头提升操作等。护筒的作用有三个:一是起导向作用,使钻头能沿着桩位的垂直方向工作;二是提高孔内泥浆水头,防止塌孔;三是保护孔口,防止孔口破坏。护筒定位应准确,埋置应牢固密实,防止护筒与孔壁间漏水。

钻孔的同时在护筒中灌入密度为1.1~1.3 g/cm^3的黏土泥浆或膨润土泥浆,用以衬护孔壁,避免出现塌孔现象。

在钻孔到达设计深度后,应用探测器检查桩孔直径、深度和孔底情况,并及时进行清孔。清孔可用压缩空气喷翻泥浆,同时注入清水,被稀释的泥浆便夹杂着沉渣逐渐流出孔外。清孔时应保持护筒中的水位高出地下水位1.5 m,防止塌孔。清孔后桩底沉渣允许厚度,对摩擦桩不得大于300 cm,对端承桩不得大于100 cm。

清孔后应及时下入钢筋骨架,进行水下混凝土浇筑。水下混凝土强度等级不应低于C20,骨料粒径不应大于300 mm,混凝土坍落度为16~22 cm。为了改善混凝土的和易性,可掺入减水剂和粉煤灰等掺合料。水泥强度等级不低于32.5 MPa,每1 m^3混凝土中水泥用量不少于350 kg。

3)挖孔灌注桩

随着建筑工业的发展,小直径单桩和群桩基础在承受大荷载或满足沉降要求等方面已受到一定限制,大直径灌注桩已被许多国家广为采用,其直径为1~3 m,桩深20~40 m,最深可达60~80 m。每根桩的承载力可达10 000~40 000 kN。大直径桩可采用机械挖孔灌注和人工挖孔灌注,下面仅介绍人工挖孔灌注桩的施工要点。

人工挖孔灌注桩是指在桩位上用人工挖直孔,每挖一段即施工一段支护结构,如此反复向下挖至设计深度，然后放下钢筋笼，浇筑混凝土而成桩。

人工挖孔灌注桩设备简单，对施工现场原有建筑物影响小，挖孔时，可直接观察土层变化情况，清除沉渣彻底，可同时开挖若干个桩孔、施工成本低等。

人工挖孔灌注桩挖孔，由一人在孔内用镐、锹、土筐等挖土，在地面用电动葫芦或手动卷扬机、三角架提土，用潜水泵抽出孔中积水。桩的直径除应满足设计承载力要求外，还应满足人在下面操作的要求，故桩径不得小于800 mm，一般都在1 200 mm以上。

人工挖孔灌注桩施工，主要应解决孔壁坍塌、施工排水、流砂和管涌等问题。为此，事先应根据地质水文资料，拟订合理的衬圈护壁和施工排水、降水方案。常用护壁方案有混凝土护圈、沉井护圈和钢套管护圈三种，如图10-13所示。

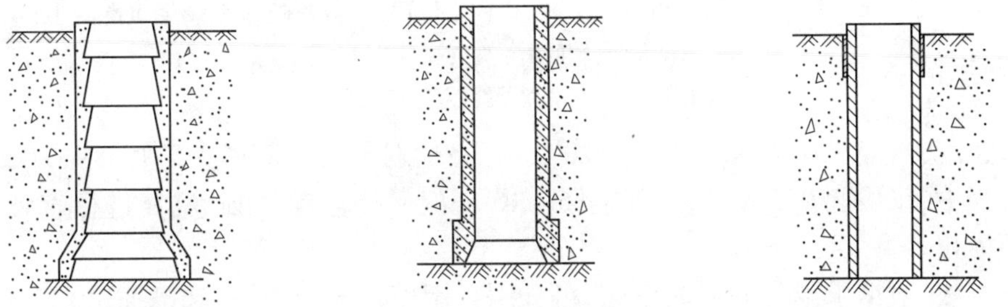

(a)混凝土护圈挖孔桩　(b)沉井护圈挖孔桩　(c)钢套管护圈挖孔桩

图10-13　常用护壁方案

(1)混凝土护圈挖孔桩。亦称“倒挂金钟”施工方法，分段开挖、分段浇筑护圈混凝土，直至设计高程后，再将桩的钢筋骨架放入护圈井筒内，然后浇筑井筒桩基混凝土。

(2)沉井护圈挖孔桩。是先在桩位上制作钢筋混凝土井筒，然后在筒内挖土，井筒靠自重或附加荷载来克服筒壁与土壤之间的摩擦力，使其下沉至设计标高，再在筒内浇筑桩基混凝土。

(3)钢套管护圈挖孔桩。是先在桩位处打入钢套管，直至设计标高，然后将套管内的土挖出后浇筑桩基混凝土。待桩基混凝土浇筑完毕，随即将套管拔出移至另一桩位使用。钢套管由12～16 mm厚的钢板焊接加工成型，其长度根据设计要求而定。当地质构造有流砂或承压含水层时，采用这种方法施工，可避免产生流砂和管涌现象，能确保施工安全。

挖孔桩施工时应注意：挖孔时应注意井内排水，孔底施工人员必须戴安全帽，孔上必须有人监督防护，护壁应高出地面200～300 mm，以防杂物掉入孔内，孔周围应设置安全防护栏杆，孔内照明应用安全电压，潜水泵必须有防漏电装置，设置鼓风机，向孔内输送洁净空气，排出有害气体等。

4)打拔管灌注桩

打拔管灌注桩，利用与桩的设计尺寸相适应的一根钢管，在端部套上预制的桩靴打入土中，然后将钢筋骨架放入钢管内，再浇筑混凝土，并随灌随将钢管拔出，利用拔管时的振动将混凝土捣实，其施工步骤如图10-14所示。

沉管时必须将桩尖活瓣合拢。如有水泥或泥浆进入管中，则应将管拔出，用砂回填桩孔后，再重新沉入土中，或在钢管中灌入一部分混凝土后再继续沉入。

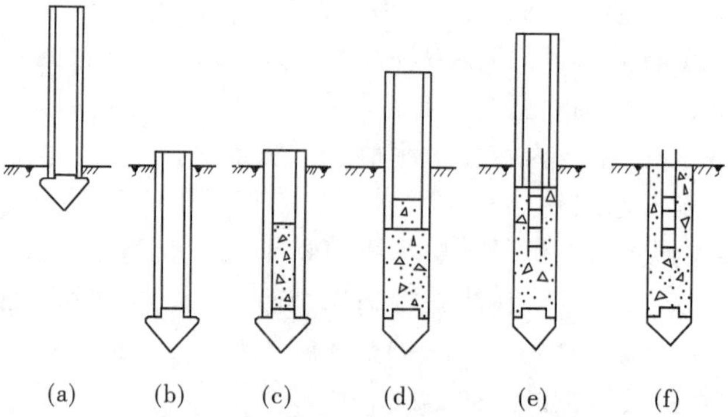

(a)就位;(b)沉入套管;(c)开始浇筑混凝土;(d)边锤击边拔管,继续浇筑混凝土;
(e)下钢筋笼,继续浇筑混凝土;(f)成型

图 10-14 打拔管灌注桩施工程序

拔管速度,一般土层中为 1.2 ~ 1.5 m/min,在软弱土层中不得大于 0.8 ~ 1.0 m/min。在拔管过程中,每拔起 0.5 m 左右,应停 5 ~ 10 s,但保持振动,如此反复进行直到将钢管拔离地面为止。

拔管方法,根据承载力的要求不同,可分别采用单打法、复打法和翻插法。

5. 振动水冲法

振动水冲法是用一种类似插入式混凝土振捣器的振冲器,在土层中进行射水振冲造孔,并以碎石或砂砾充填形成碎石桩或砂砾桩,达到加固地基的一种方法。这种方法不仅适用于松砂地基,也可用于黏性土地基,因碎石桩承担了大部分传递荷载,同时又改善了地基排水条件,加速地基的固结,因而提高了地基的承载能力。一般碎石桩的直径为 0.6 ~ 1.1 m,桩距视地质条件在 1.2 ~ 2.5 m 范围内选择。采用此法应考虑要有充足的水源。

6. 旋喷加固法

旋喷加固法是利用旋喷机具建造旋喷桩以提高地基的承载能力,也可以做连锁桩或定向喷射形成连续墙,用于地基防渗。旋喷法适用于砂土、黏性土、淤泥等地基的加固,对砂卵石(最大粒径不大于 20 cm)的防渗也有较好的效果。

喷射方法有单管法、二重管法和三重管法。

(二)截渗处理

由于受河道水流和地下水位的影响,河堤、大坝以及建筑物的地基会产生一定程度的渗透变形,严重时将危及建筑物的安全。解决的办法是截断渗流通道,以减少渗透变形。具体处理办法有以下几种。

1. 防渗墙

防渗墙是修建在透水地基中的地下连续墙,可用于坝基、河堤的防渗加固。根据成墙材料和成墙工法的不同,常见的有塑性混凝土防渗墙和水泥土防渗墙。

1)塑性混凝土防渗墙

塑性混凝土防渗墙具有结构可靠、防渗效果好的特点,能适应多种不同的地质条件,修建深度大,施工时几乎不受地下水位的影响。

塑性混凝土防渗墙的基本型式是槽孔型,是由一段段槽孔套接而成的地下墙,施工分两期进行，先施工的为一期槽孔，后施工的为二期槽孔，一二期槽孔套接成墙，如图 10-15 所示。

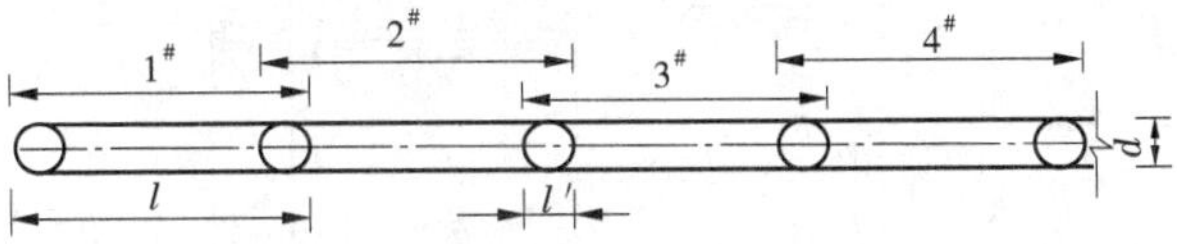

1#、3#——一期槽孔；2#、4#—二期槽孔

图 10-15 槽孔型防渗墙的分期

防渗墙的施工程序为：造孔前的准备工作、泥浆固壁造孔、终孔验收和清孔换浆、浇筑防渗墙混凝土、全墙质量验收等。施工过程见图 10-16。

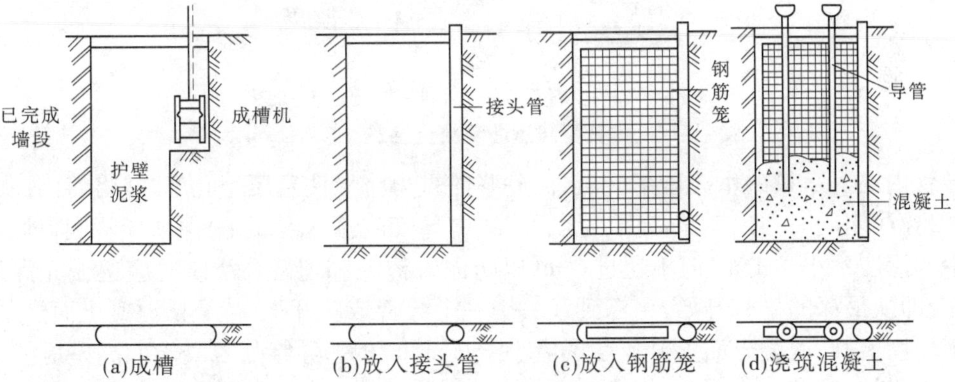

图 10-16 槽孔型防渗墙

(1)造孔前的准备工作。包括测量放线、确定槽孔长度、设置导向槽和辅助作业。

(2)泥浆固壁造孔。由于土基比较松软，为了防止槽孔坍塌，造孔时应向槽孔内灌注泥浆以维持孔壁稳定。注入槽孔内的泥浆除固壁作用以外，在造孔过程中，还有悬浮泥土和冷却、润滑钻头的作用，渗入孔壁的泥浆和胶结在孔壁的泥皮，还有防渗作用。造孔用的泥浆可用黏土或膨润土与水按一定比例配制。

(3)终孔验收和清孔换浆。造孔后应做好终孔验收和清孔换浆工作。造孔完毕后，孔内泥浆特别是孔底泥浆常含有大量的土石渣，影响混凝土的浇筑质量。因此，在浇筑前，必须进行清孔换浆，以清除孔底的沉渣。

(4)泥浆下混凝土浇筑。特点是：不允许泥浆与混凝土掺混形成泥浆夹层；确保混凝土与不透水地基以及一、二期混凝土之间的良好结合；连续浇筑，一气呵成。

泥浆下混凝土浇筑常用直升导管法。导管由若干节直径为 20 ~ 25 cm 的钢管连接而成，沿槽孔轴线布置，由于防渗墙混凝土坍落度一般为 18 ~ 22 cm，其扩散半径为 1.5 ~ 2.0 m，故相邻导管之间的间距不宜大于 3.5 m，一期槽孔两端的导管距孔端以 1.0 ~ 1.5 m 为宜，二期槽孔两端的导管距孔端以 0.5 ~ 1.0 m 为宜；导管安装时，要求管底与孔底距离为 10 ~ 25 cm，以便导管中的皮球顺利浮出并排出导管内泥浆。导管顶部为受料斗，整个导管悬挂在导向槽上，如图 10-17 所示。

开浇前要在导管内放入一个直径较导管内径略小的导注塞(皮球或木球)，通过受料

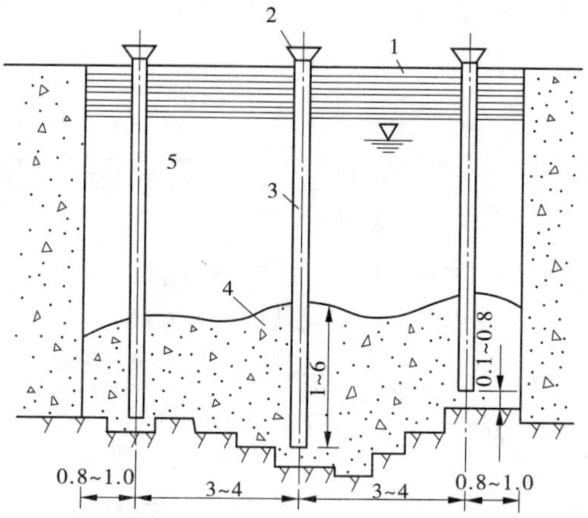

1—导向槽;2—受料斗;3—导管;4—混凝土;5—泥浆

图 10-17　槽孔型防渗墙混凝土浇筑　(单位:m)

斗向导管内注入适量的水泥砂浆,借水泥砂浆的重力将导注塞压至孔底,并将管内泥浆排至孔外,导注塞同时浮出泥浆液面。然后连续向导管内输送混凝土,保证导管底口埋入混凝土中的深度不小于1 m,但不超过6 m,以防泥浆掺混和埋管。浇筑时应遵循先深后浅的顺序,即从最深的导管开始,由深到浅一个一个导管依次开浇,待全槽混凝土面浇平后,再全槽均衡上升,混凝土面上升速度不应小于2 m/h,相邻导管处混凝土面高差应控制在0.5 m以内。

2)水泥土防渗墙

水泥土防渗墙是软土地基的一种新的截渗方法,它是利用水泥、石灰等材料作为固化剂,通过深层搅拌机械,在地基深处就地将软土和固化剂强制搅拌,固化剂和软土经过一系列物理、化学反应后,软土便硬化成具有整体性、水稳定性和一定强度的良好地基。深层搅拌桩除能截断地下渗流通道外,还可达到加固地基、提高地基承载能力、减少沉降量和提高边坡稳定的作用。

深层搅拌桩施工分为干法和湿法两类。干法是采用干燥状态的粉体材料作为固化剂,如石灰、水泥、矿渣粉等;湿法采用水泥浆等浆液材料作为固化剂。下面只介绍湿法施工工艺。

(1)施工机械。深层搅拌机是进行深层搅拌施工的关键机械,目前有中心管喷浆方式和叶片喷浆方式两种。后者水泥浆从叶片上若干个小孔喷出,水泥浆与土体混合较均匀,这对大直径叶片和连续搅拌是适合的。但喷浆管易被土体堵塞,故只能使用纯水泥浆,且机械加工较为复杂。中心管喷浆方式中的水泥浆是从两根搅拌轴之间的另一根管子输出,当叶片直径在1 m以下时也不影响搅拌的均匀性。图10-18为SJB-1型深层搅拌机的构造示意图。

(2)施工程序。深层搅拌法施工工艺过程如下:①机械定位。搅拌机自行移至桩位、对中,地面起伏不平时,应进行平整。②预搅下沉。启动搅拌机电机,放松起重机钢丝绳,使搅拌机沿导向架搅拌切土下沉。如下沉速度太慢,可从输浆系统补给清水以利钻进。

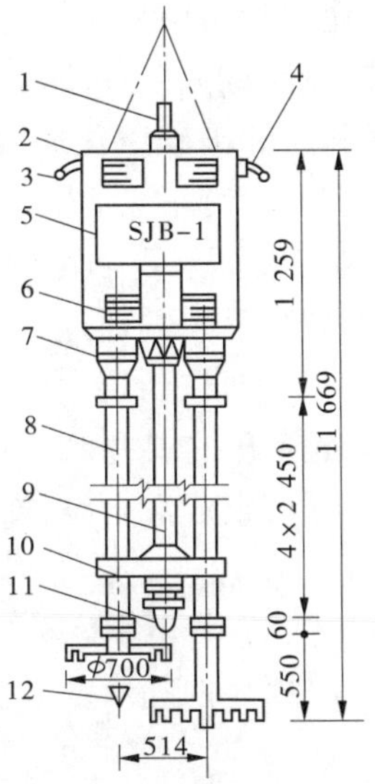

1—输浆管；2—外壳；3—出水口；4—进水口；5—电动机；6—导向滑块；
7—减速器；8—搅拌轴；9—中心管；10—横向系板；11—球形阀；12—搅拌头

图10-18　SJB－1型深层搅拌机构造示意图　（单位：mm）

③制备水泥浆。搅拌机下沉时，按设计给定的配合比制备水泥浆，并将制备好的水泥浆倒入集料斗。④喷浆提升搅拌。搅拌机下沉到设计深度时，开启灰浆泵，将浆液压入地基中，并且边喷浆，边旋转，同时按设计要求的提升速度提升搅拌机。⑤重复上下搅拌。深层搅拌机提升至设计加固标高时，集料斗中的水泥浆应正好注完，为使软土搅拌均匀，应再次将搅拌机边旋转边沉入土中，至设计加固深度后再将搅拌机提升出地面。⑥清洗。向集料斗中注入适量清水，开启灰浆泵，清除全部管线中残存的水泥浆，并将黏附在搅拌头上的软土清除干净。⑦移至下一桩位，重复上述步骤，继续施工。

2. 高压喷射灌浆

高压喷射注浆法，是利用钻机把带有特制喷嘴的注浆管钻进至土层的预定位置后，用高压泵将水泥浆液通过钻杆下端的喷射装置，以高速喷出，冲击切削土层，使喷流射程内土体破坏，同时钻杆一方面以一定的速度（20 r/min）旋转，另一方面以一定速度（15～30 cm/min）徐徐提升，使水泥浆与土体充分搅拌混合，胶结硬化后即在地基中形成具有一定强度（0.5～8.0 MPa）的固结体，从而使地基得到加固，详见学习项目八的学习单元四。

二、岩基处理

岩基的一般地质缺陷，经过开挖和灌浆处理后，地基的承载力和防渗性能都可以得到不同程度的改善。但对于一些比较特殊的地质缺陷，如断层破碎带、缓倾角的软弱夹层、层理以及岩溶地区较大的空洞和漏水通道等，如果这些缺陷的埋深较大或延伸较远，采用开挖处理在技术上就不太可能，在经济上也不合算，常须针对工程具体条件，采取一些特殊的处理措施。

（一）断层破碎带的处理

由于地质构造原因形成的破碎带，有断层破碎带和挤压破碎带两种。经过地质错动和挤压，其中的岩块极易破碎，且风化强烈，常夹有泥质充填物。

对于宽度较小或闭合的断层破碎带，如果延伸不深，常采用开挖和回填混凝土的方法进行处理。即将一定深度范围内的断层和破碎风化岩层清理干净，直到新鲜岩基，然后回填混凝土。如果断层破碎带需要处理的深度很大，为了克服深层开挖的困难，可以采用大直径钻头（直径在 1 m 以上）钻孔，到需要深度再回填混凝土；或开挖一层回填一层，在回填的混凝土中预留竖井或斜井，作为继续下挖的通道，直到预定深度为止。

对于埋深较大且为陡倾角断层破碎带，在断层出露处回填混凝土，形成混凝土塞（取断层宽度的 1.5 倍），必要时可沿破碎带开挖斜井和平洞，回填混凝土，与断层相交一定长度，组成抗滑塞群，并有防渗帷幕穿过，组成混合结构，如图 10-19 所示。

（二）软弱夹层的处理

软弱夹层是指基岩层面之间或裂隙面中间强度较低已经泥化或容易泥化的夹层，受到上部结构荷载作用后，很容易产生沉陷变形和滑动变形。软弱夹层的处理方法，视夹层产状和地基的受力条件而定。

对于陡倾角软弱夹层，如果没有与上下游河水相通，可在断层入口进行开挖，回填混凝土，提高地基的承载力；如果夹层与库水相通，除对坝基范围内的夹层进行开挖回填混凝土外，还要对夹层入渗部位进行封闭处理；对于坝肩部位的陡倾角软弱夹层，主要是防止不稳定岩石塌滑，进行必要的锚固处理。

对于缓倾角软弱夹层，如果埋藏不深，开挖量不是很大，最好的办法是彻底挖除；如夹层埋藏较深，当夹层上部有足够的支撑岩体能维持基岩稳定时，可只对上游夹层进行挖除，回填混凝土，进行封闭处理，如图 10-20 所示。

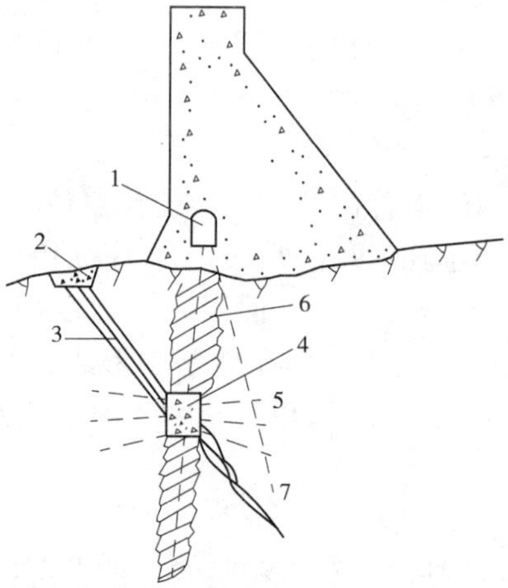

1—灌浆廊道；2—混凝土塞；3—断层破碎带；
4—水平混凝土塞；5—固结灌浆；6—帷幕灌浆；7—排水孔

图 10-19　陡倾角断层破碎带处理

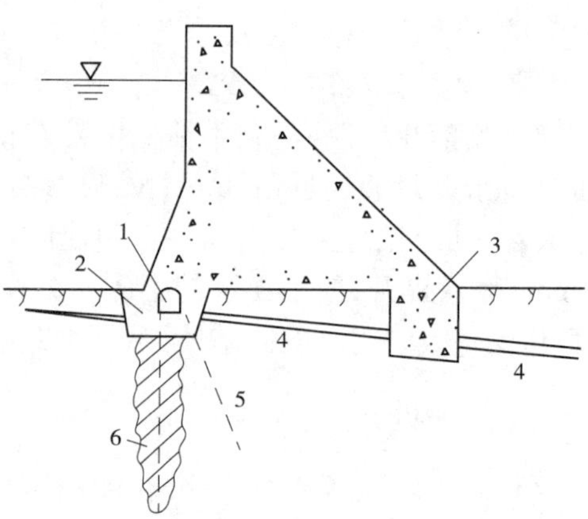

1—灌浆廊道；2—上游齿槽；3—下游齿槽；
4—软弱夹层；5—排水孔；6—灌浆帷幕

图 10-20　缓倾角软弱夹层处理

（三）岩溶处理

岩溶是可溶性岩层长期受地表水或地下水的溶蚀和溶滤作用后产生的一种自然现象。由岩溶现象形成的溶槽、漏斗、溶洞、暗河、岩溶湖、岩溶泉等地质缺陷，削弱基岩的承载能力，形成漏水的通道。处理岩溶的主要目的是防止渗漏，保证蓄水，提高坝基的承载能力，确保大坝的安全稳定。

对岩溶的处理可采取堵、铺、截、围、导、灌等措施。堵，就是堵塞漏水的洞眼；铺，就是在漏水的地段做铺盖；截，就是修筑截水墙；围，就是将间歇泉、落水洞等围住，使之与库水隔开；导，就是将建筑物下游的泉水导至建筑物以外；灌，就是进行固结灌浆和帷幕灌浆。

（四）基岩的锚固

基岩锚固是用预应力锚束对基岩施加预压应力的一种锚固技术，达到加固和改善地基受力条件的目的。

锚固技术由于效果可靠、施工方便、经济合理等优点，在国内外工程中得到广泛使用。在水利水电工程中，利用锚固技术可以解决以下几方面的问题：

（1）高边坡开挖时锚固边坡。

（2）坝基、岸坡抗滑稳定加固。

（3）锚固建筑物，改善受力条件，提高抗震性能。

（4）大型洞室支护加固。

（5）混凝土建筑物的裂缝和缺陷修补锚固。

（6）大坝加高加固。

锚固方法，视工程具体条件不同而异，对于缓倾角软弱夹层，当分布较浅、层数较多时，可设置钢筋混凝土桩和预应力锚索进行加固。在基础范围内，沿夹层自上而下钻孔或开挖竖井，穿过几层夹层，浇筑钢筋混凝土，形成抗剪桩，如图 10-21 所示。在一些工程中采用预应力锚固技术，加固软弱夹层，效果明显。其型式有锚筋和锚索，可对局部及大面积地基进行加固，如图 10-22 所示。

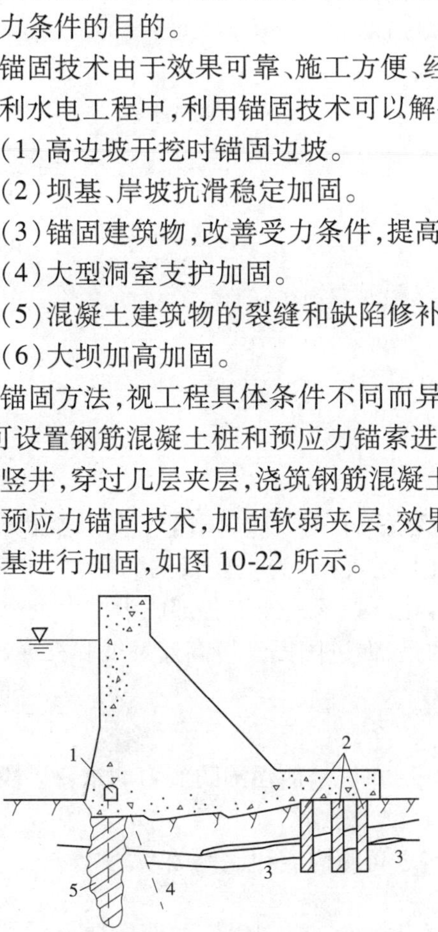

1—帷幕灌浆廊道；2—抗剪桩；3—软弱夹层；4—排水孔；5—灌浆帷幕

图 10-21　抗剪桩锚固地基

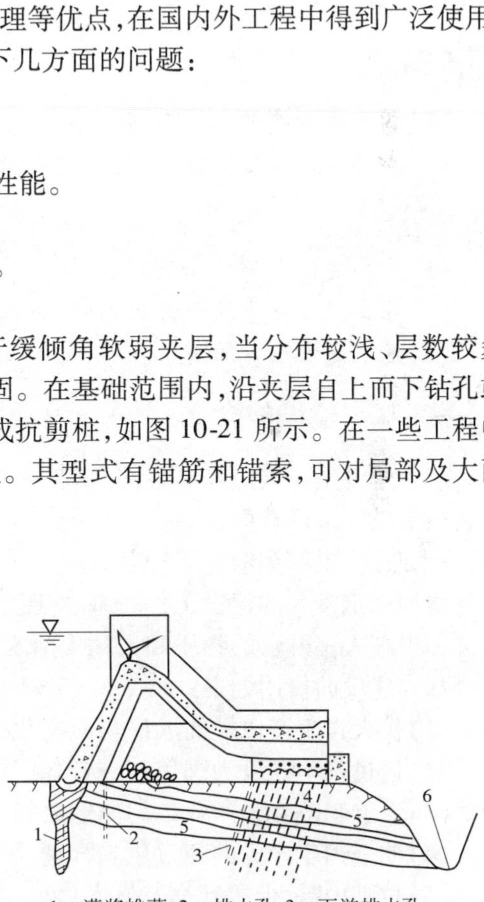

1—灌浆帷幕；2—排水孔；3—下游排水孔；4—预应力锚索；5—软弱夹层；6—冲刷坑

图 10-22　预应力锚索锚固

三、砂砾石地基处理

砂砾石地基处理方法有截渗和灌浆，砂砾石地基灌浆见学习项目八学习单元二，此处不再赘述；截渗见本学习单元前述部分。

学习项目十一　施工组织设计

学习单元一　水利水电基本建设

学习目标

(1)熟悉基本建设的类型与划分。

(2)能进行排水设备选型、数量确定等设计。

学习内容

(1)基本建设含义与分类。

(2)基本建设程序的含义与内容。

(3)基本建设项目的审批。

一、基本建设的含义

基本建设是指国民经济各部门利用国家预算拨款、自筹资金、国内外基本建设贷款以及其他专项资金进行的以扩大生产能力(或增加工程效益)为主要目的的新建、扩建、改建、技术改造、更新和恢复工程及有关工作。基本建设是国民经济各部门为扩大生产能力或新增加固定资产的建设工作。基本建设的目的是:促进国民经济高速发展和社会进步,改善和提高人民群众的物质和文化生活水平。

基本建设的作用如下:

(1)扩大再生产以提高人民物质文化生活水平,并且是加强国防实力的重要手段。

(2)通过基本建设为国民经济各部门提供生产能力。

(3)影响和改变各产业部门内部之间、各部门之间的构成和比例关系。

(4)使全国生产力的配置更趋合理。

(5)拉动内需,促进社会经济发展。

(6)为社会提供住宅、文化设施、市政设施、能源、交通设施等物质基础。

基本建设包括三个方面的内容:一是建筑安装,二是设备、工具、器具购置,三是其他与之相关的规划、勘测、设计、征地、青苗补偿等工作。

二、基本建设的分类

基本建设可按建设用途、建设性质、规模和构成进行分类。

(一)按建设用途分类

基本建设按建设用途不同可分为生产性建设和非生产性建设。

(1)生产性建设包括工业建设、建筑业建设、农林水利气象建设、电力建设、交通建设、邮电通信建设、商业物资供应建设、地质资源建设等。

(2)非生产性建设包括住宅、文教卫生、科学实验研究、公用事业等建设。

(二)按建设性质分类

基本建设按建设性质不同可分为新建项目、扩建项目、改建项目、恢复项目、迁建项目。

(三)按规模大小分类

基本建设按规模大小可分为大型、中型、小型。

水利水电枢纽工程的分等指标见表 11-1。

表 11-1　水利水电枢纽工程分等指标

工程等别	工程规模	水库总库容（亿 m^3）	防洪		治涝	灌溉	供水	发电
			保护城镇及工矿企业的重要性	保护农田面积（万亩）	治涝面积（万亩）	灌溉面积（万亩）	供水对象重要性	装机容量（万 kW）
Ⅰ	大(1)型	≥10	特别重要	≥500	≥200	≥150	特别重要	≥120
Ⅱ	大(2)型	10～1.0	重要	500～100	200～60	150～50	重要	120～30
Ⅲ	中型	1.0～0.1	中等	100～30	60～15	50～5	中等	30～5
Ⅲ	小(1)型	0.1～0.01	一般	30～5	15～3	5～0.5	一般	5～1
Ⅴ	小(2)型	0.01～0.001		<5	<3	<0.5		<1

注:1 亩 = 1/15 hm^2。

三、基本建设项目的审批

(一)规划及项目建议书阶段审批

规划报告及项目建设书编制一般由政府或开发业主委托有相应资质的设计单位承担,并按国家现行规定权限向主管部门申报审批。河流规划报告一般由水行政主管部门审批;项目建议书由发展计划局审批。项目建议书被批准后,应及时组建项目法人筹备机构,开展下一建设程序工作。

(二)可行性研究阶段审批

可行性研究报告,按国家现行规定的审批权限报批。申报项目可行性研究报告,必须同时提出项目法人组建方案及运行机制、资金筹措方案、资金结构及回收资金办法,并依照有关规定附具有管辖权的水行政主管部门或流域机构签署的规划同意书。对取水许可预申请的书面审查意见,审批部门要委托有项目相应资格的工程咨询机构对可行性研究报告进行评估,并综合行业归口主管部门、投资机构(公司)、项目法人(或项目法人筹备机构)等方面的意见进行审批。项目可行性研究报告批准后,应正式成立项目法人,并按项目法人责任制实行项目管理。

(三)初步设计阶段审批

可行性研究报告批准以后,项目法人应择优选择有项目相应资格的设计单位承担勘测设计。初步设计文件完成后报批前,一般由项目法人委托有相应资格的工程咨询机构或组织有关专家,对初步设计中的重大问题进行咨询论证。设计单位根据咨询论证意见,对初步设计文件进行补充、修改、优化。初步设计由项目法人组织审查后,按国家现行规定权限向主管部门申报审批。

(四)施工准备阶段和建设实施阶段的审批

施工准备工作开始前,项目法人或其代理机构,须依照有关规定,向水行政主管部门办理报建手续,项目报建须交验工程建设项目的有关批准文件。工程项目进行项目报建登记后,方可组织施工准备工作。

建设项目实施前项目法人或其代理机构必须按审批权限,向主管部门提出主体工程开工申请报告,经批准后,主体工程方能正式开工。

(五)竣工验收阶段的审批

在完成竣工报告、竣工决算等必需文件的编制后,项目法人按照有关规定,向验收主管部门提出申请,根据国家和部颁验收规程,组织验收。

四、基本建设程序

基本建设程序是基本建设项目从决策、设计、施工到竣工验收整个工作过程中各个阶段必须遵循的先后次序。

水利水电基本建设比其他部门的基本建设有其特殊的复杂性、工程失事的严重危害性,因此其基本建设程序更复杂,要求更严格,其内容如下。

(一)流域(或区域)规划

流域(或区域)规划就是根据该流域(或区域)的水资源条件和国家长远计划对该地区水利水电建设发展的要求,提出该流域(或区域)水资源的梯级开发和综合利用的最优方案。因此,进行流域(或区域)规划,必须对流域(或区域)的自然地理、经济状况等进行全面的、系统的调查研究,初步确定流域(或区域)内可能的工程位置,分析各工程项目的建设条件,拟订梯级布置方案、工程规划、工程规模、工程效益等,进行多方案的分析比较,选定合理的梯级开发方案,并推荐近期开发的工程项目。

(二)项目建议书

项目建议书又称立项报告,它是在流域(或区域)规划的基础上,由主管部门提出的建设项目轮廓设想,主要是从宏观上衡量分析各项目建设的必要性和可能性,即分析其建设条件是否具备,是否值得投入资金和人力,进行可行性研究。

(三)可行性研究

可行性研究的目的是研究兴建本工程技术上是否可行,经济上是否合理,其主要任务如下:

(1)论证工程建设的必要性,确定本工程建设任务和综合利用的主次顺序。

(2)确定主要水文参数和成果,查明影响工程的主要地质条件和主要地质问题。

(3)选定工程建设场址、坝(闸)址、厂(站)址。

(4)基本选定工程规模。

(5)选定基本坝型和主要建筑物的基本形式,初选工程总体布置。

(6)初选主要机电设备。

(7)初选水利工程管理方案。

(8)初步确定施工组织设计中的主要问题,提出控制性工期和分期实施意见。

(9)基本确定水库淹没、工程占地范围,查明主要淹没实物指标,提出移民安置、专项设施迁建的可行性规划和投资。

(10)评价工程建设对环境和水土保持设施的影响。

(11)提出主要工程量和建材需用量,估算工程投资。

(12)明确工程效益,分析主要经济指标,评价工程的经济合理性和财务可行性。

(13)提出综合评价和结论。

(四)初步设计

初步设计是在可行性研究的基础上进行的,要解决可行性研究阶段没有解决的主要问题。

初步设计的主要任务如下:

(1)复核工程任务及具体要求,确定工程规模,选定水位、流量、扬程等特征值,明确运行要求。

(2)复核水文成果。

(3)复核区域构造稳定,查明水库地质和建筑物工程地质条件、灌区水文地质条件和设计标准,提出相应的评价和结论。

(4)复核工程的等级和设计标准,确定工程总体布置、主要建筑物的轴线、结构形式和布置、控制尺寸、高程和工程数量。

(5)确定电厂或泵站的装机容量,选定机组机型、单机容量、单机流量及台数,确定接入电力系统的方式、电气主接线和输电方式及主要机电设备的选型和布置,选定开关站(变压器、换流站)的形式,选定泵站电源进线路径、距离和线路形式,确定建筑物的闸门和启闭机等的形式和布置。

(6)提出消防设计方案和主要设施。

(7)选定对外交通方案、施工导流方式、施工总布置和总进度、主要建筑物施工方法及主要施工设备,提出天然(人工)建筑材料、劳动力、供水和供电的需要量及其来源。

(8)确定水库淹没、工程占地的范围,核实水库淹没实物指标及工程占地范围的实物指标,提出水库淹没处理、移民安置规划和投资概算。

(9)提出环境保护措施设计,水土保持方案编制。

(10)拟订水利工程的管理机构,提出工程管理范围和保护范围以及主要管理设施。

(11)编制初步设计概算,利用外资的工程应编制外资概算。

(12)复核经济评价。

(五)施工准备阶段

项目在主体工程开工之前,必须完成各项施工准备工作,其主要内容包括:

(1)施工现场的征地、拆迁。

(2)完成施工用水、电、通信、道路和场地平整等工作。

(3)必需的生产、生活临时建筑工程。

(4)组织招标设计、咨询、设备和物资采购等服务。

(5)组织建设监理和主体工程招标投标,并择优选定建设监理单位和施工承包队伍。

(六)建设实施阶段

建设实施阶段是指主体工程的全面建设实施,项目法人按照批准的建设文件,组织工程建设、保证项目建设目标的实现。

主体工程开工必须具备以下条件:

(1)前期工程各阶段文件已按规定批准,施工详图设计可以满足初期主体工程施工需要。

(2)建设项目已列入国家或地方水利水电建设投资年度计划,年度建设资金已落实。

(3)主体工程招标已经决标,工程承包合同已经签订,并得到主管部门同意。

(4)现场施工准备和征地移民等建设外部条件能够满足主体工程开工需要。

(5)建设管理模式已经确定,投资主体与项目主体的管理关系已经理顺。

(6)项目建设所需全部投资来源已经明确,且投资结构合理。

在施工过程中要做到科学管理、文明施工。在质量和进度矛盾时,首先保证质量,加强经济核算,建立项目负责制,严格履行经济合同。

(七)生产准备阶段

生产准备是项目投产前要进行的一项重要工作,是建设阶段转入生产经营的必要条件。项目法人应按照建管结合和项目法人责任制的要求,适时做好有关生产准备工作。

生产准备应根据不同类型的工程要求确定,一般应包括如下主要内容:

(1)生产组织准备。建立生产经营的管理机构及相应管理制度。

(2)招收和培训人员。按照生产运营的要求,配备生产管理人员,并通过多种形式的培训,提高人员素质,使之能满足运营要求。生产管理人员要尽早介入工程的施工建设,参加设备的安装调试、熟悉情况,掌握好生产技术和工艺流程,为顺利衔接基本建设和生产经营阶段做好准备。

(3)生产技术准备。主要包括技术资料的汇总、运行技术方案的制订、岗位操作规程制订和新技术准备。

(4)生产物资准备。主要是落实投产运营所需要的原材料、协作产品、工器具、备品备件和其他协作配合条件的准备。

(5)正常的生活福利设施准备。

(八)竣工验收、交付使用

竣工验收是工程完成建设目标的标志,是全面考核基本建设成果、检验设计和工程质量的重要步骤。竣工验收合格的项目即从基本建设转入生产或使用。

当建设项目的建设内容全部完成,并经过单位工程验收,符合设计要求并按水利基本建设项目档案管理的有关规定,完成了档案资料的整理工作;在完成竣工报告、竣工决算等必需文件的编制后,项目法人按照有关规定,向验收主管部门提出申请,根据国家和部颁验收规程,组织验收。

竣工决算编制完成后,须由审计机关组织竣工审计,其审计报告作为竣工验收的基本资料。

对工程规模较大、技术较复杂的建设项目可先进行初步验收。不合格的工程不予验收;有遗留问题的项目,对遗留问题必须有具体处理意见,且有限期处理的明确要求并落实责任人。

(九)项目后评价

建设项目竣工投产并已生产运营1~2年后,对项目所做的系统评价,称为项目后评价。它包括以下主要内容:

影响评价:项目投产后对各方面的影响进行评价。

经济效益评价:对项目投资、国民经济效益、财务效益、技术进步和规模效益、可行性研究深度等进行评价。

过程评价:对项目的立项、设计施工、建设管理、竣工投资、生产运营等全面过程进行评价。

项目后评价的目的是总结项目建设的成功经验,发现项目管理中存在的问题,及时吸取教训,不断提高项目决策水平和投资效果。

以上所述基本建设程序可概括成三个阶段,即:以可行性研究为中心的项目决策阶段、以初步设计为中心的施工准备阶段和以建设实施为中心的工程实施阶段,习惯上常把前两个阶段合并称为建设前期。水利水电工程基本建设程序框图如图11-1所示。

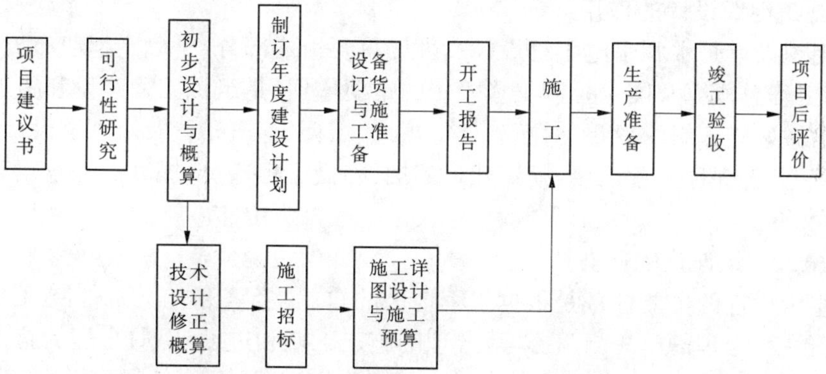

图11-1　水利水电工程基本建设程序框图

学习单元二　施工组织设计概述

学习目标

(1)熟悉施工组织设计的作用、编制要求。

(2)掌握编制流程。

学习内容

(1)不同阶段的施工组织设计文件及要求。

(2)施工组织设计的含义、作用与类型。

(3)施工组织设计的编制原则和依据。

一、按阶段编制施工组织设计文件

不同设计阶段施工组织设计的基本内容和深度要求不同。

（一）可行性研究报告阶段

可行性研究报告阶段执行《水利水电工程可行性研究报告编制规程》（SL 618—2013）第 8 章“施工组织设计”的有关规定，其深度应满足编制工程投资估算的要求。

（二）初步设计阶段

初步设计阶段执行《水利水电工程初步设计报告编制规程》（SL 619—2013）第 9 章“施工组织设计”的有关规定，并执行《水利水电工程施工组织设计规范》（SL 303—2004），其深度应满足编制总概算的要求。

（三）技施设计阶段

技施设计阶段主要是招投标阶段的施工组织设计（即施工规划，招标阶段后的施工组织设计将由施工承包单位负责完成），执行或参照执行《水利水电工程施工组织设计规范》（SL 303—2004），其深度应满足招标文件、合同价标底编制的需要。

二、施工组织设计的作用、任务

（一）施工组织设计的作用

施工组织设计是水利水电工程设计文件的重要组成部分，是确定枢纽布置、优化工程设计、编制工程总概算及国家控制工程投资的重要依据，是组织工程建设和施工管理的指导性文件。做好施工组织设计，对正确选定坝址、坝型、枢纽布置及对工程设计优化，对合理组织工程施工，保证工程质量，缩短建设工期，降低工程造价，提高工程效益等都有十分重要的作用。

（二）施工组织设计的任务

施工组织设计的主要任务是根据工程地区的自然、经济和社会条件制订工程的合理施工组织，包括：合理的施工导流方案；合理的施工工期和进度计划；合理的施工场地组织设施与施工工厂规模，以及合理的生产工艺与结构物型式；合理的投资计划、劳动力组织和技术供应计划，为确定工程概算、确定工期、合理组织施工、进行科学管理、保证工程质量、降低工程造价、缩短建设周期提供切实可行和可靠的依据。

三、施工组织设计的编制资料及编制原则、依据

（一）施工组织设计所需要的主要资料

1. 可行性研究报告施工部分需收集的基本资料

（1）可行性研究报告阶段的水工及机电设计成果。

（2）工程建设地点的对外交通现状及近期发展规划。

（3）工程建设地点及附近可能提供的施工场地情况。

（4）工程建设地点的水文气象资料。

（5）施工期（包括初期蓄水期）通航、过木、下游用水等要求情况。

（6）建筑材料的来源和供应条件调查资料。

(7)施工区水源、电源情况及供应条件。

(8)地方及各部门对工程建设期的要求及意见。

2. 初步设计阶段施工组织设计需补充收集的基本资料

(1)可行性研究报告及可研阶段收集的基本资料。

(2)初步设计阶段的水工及机电设计成果。

(3)进一步调查落实可研阶段收集的(2)~(7)项资料。

(4)当地可能提供修理、加工能力的情况。

(5)当地承包市场情况,当地可能提供的劳动力的情况。

(6)当地可能提供的生活必需品的供应情况、居民的生活习惯。

(7)工程所在河段水文资料、洪水特性、各种频率的流量及洪量、水位流量关系、冬季冰凌情况(北方河流)、施工区各支沟各种频率洪水、泥石流以及上下游水利工程对本工程的影响情况。

(8)工程地点的地形、地质、水文工程地质条件,以及气温、水温、地温、降水、风、冻层、冰情和雾的特性资料。

3. 技施阶段施工规划需进一步收集的基本资料

(1)初步设计中的施工组织总设计文件及初设阶段收集到的基本资料。

(2)技施阶段的水工及机电设计资料与成果。

(3)进一步收集国内基础资料和市场住处资料,主要内容是:

①工程开发地区的自然条件、社会经济条件、卫生医疗条件、生活与生产供应条件、动力供应条件、通信及内外交通条件等。

②国内市场可能提供的物资供应条件及技术规格、技术标准。

③国内市场可能提供的生产、生活服务条件。

④劳务供应条件、劳条技术标准与供应渠道。

⑤工程开发项目所涉及的有关法律规定。

⑥上级主管部门或业主单位对开发项目的有关指示。

⑦项目资金来源、组成及分配情况。

⑧项目贷款银行(或机构)对贷款项目的有关指导性文件。

⑨技术设计有关地质、测量、建材、水文、气象、科研、试验等资料与成果。

⑩有关设备订货资料与信息。

⑪国内承包市场有关技术、经济动态与信息。

(4)补充收集国外基础资料与市场信息(国际招标工程需要),主要内容是:

①国际承包市场同类型工程技术水平与主要承包商的基本情况。

②国际承包市场同类型工程的商业与经济动态。

③工程开发项目所涉及的物资、设备供货厂商的基本情况。

④海外运输条件与保险业务情况。

⑤工程开发项目所涉及的有关国家政策、法律、规定。

⑥由国外机构进行的有关设计、科研、试验、订货等资料与成果。

(二)施工组织设计编制原则

(1)执行国家有关方针政策,严格执行国家基本建设程序和遵守有关技术标准、规程规范,并符合国内招标投标的规定和国际招标投标的惯例。

(2)面向社会,深入调查、收集市场信息,根据工程特点,因地制宜提出施工方案,并进行全面技术经济比较。

(3)结合国情积极开发和推广新技术、新材料、新工艺和新设备,凡经实践证明技术经济效益显著的科研成果,应尽量采用,努力提高技术效益和经济效益。

(4)统筹安排,综合平衡,妥善协调各分部分项工程,均衡施工。

(三)施工组织设计编制依据

(1)上阶段施工组织设计成果及上级单位或业主的审批意见。

(2)本阶段水工、机电等专业的设计成果,有关工艺试验或生产性试验成果及各专业对施工的要求。

(3)工程所在地区的施工条件(包括自然条件、水电供应、交通、环保、旅游、防洪、灌溉、航运、过木现状及规划等)和本阶段最新调查成果。

(4)目前,国内外可能达到的施工水平、施工设备及材料供应情况。

(5)上级机关、国民经济各有关部门、地方政府,以及业主单位对工程施工的要求、指令、协议、有关法规和规定。

学习单元三　施工组织总设计编制

学习目标

(1)熟悉施工组织总设计的组成、编制技巧与方法。

(2)会编制简单项目的施工组织总设计(横道图)。

(3)明确施工总体布置的原则和绘制注意事项。

学习内容

(1)施工组织总设计编制内容和依据。

(2)主体工程的施工方案。

(3)施工总进度计划的编制(横道图)。

(4)施工总体布置的内容及有关事项。

施工组织总设计是水利水电工程设计文件的重要组成部分,是编制工程投资估算、总概算和招标投标文件的主要依据,是工程建设和施工管理的指导性文件。认真做好施工组织设计对正确选定坝址、坝型、枢纽布置、整体优化设计方案、合理组织工程施工、保证工程质量、缩短建设周期、降低工程造价都有十分重要的作用。

一、施工组织总设计的基本知识

(一)施工组织总设计的内容

1. 施工条件分析

施工条件包括工程条件、自然条件、物资资源供应条件以及社会经济条件等,主要有:工程所在地点,对外交通运输,枢纽建筑物及其特征;地形、地质、水文、气象条件;主要建筑材料来源和供应条件;当地水源、电源情况,施工期间通航、过木、过鱼、供水、环保等要求;国家对工期、分期投产的要求;施工用电、居民安置以及与工程施工有关的协作条件等。

2. 施工导流

施工导流设计应在综合分析导流的基础上,确定导流标准,划分导流时段,明确施工分期,选择导流方案、导流方式和导流建筑物,进行导流建筑物的设计,提出导流建筑物的施工安排,拟订截流、拦洪、排水、通航、过水、下闸封孔、供水、蓄水、发电等措施。

3. 主体工程施工

主体工程,包括挡水、泄水、引水、发电、通航等主要建筑物,应根据各自的施工条件,对施工程序、施工方法、施工强度、施工布置、施工进度和施工机械等问题,进行分析比较和选择。必要时,对其中的关键技术问题,如特殊的基础处理、大体积混凝土温度控制、土石坝合龙、拦洪及光爆喷锚等问题,作出专门的设计和论证。

对于有机电设备和金属结构安装任务的工程项目,应对主要机电设备和金属结构,如水轮发电机组、升压输变设备、闸门、启闭设备等的加工、制作、运输、预拼装、吊装以及土建工程与安装工程的施工顺序等问题,作出相应的设计和论证。

4. 施工交通运输

施工交通运输分对外交通和场内交通运输。

对外交通运输是在弄清现有对外水陆交通和发展规划的情况下,根据工程对外运输总量、运输强度和重大部件的运输要求,确定对外交通运输方式,选择线路和线路的标准,规划沿线重大设施和与国家干线的连接,提出相应的工程量。施工期间,若有船、木过坝问题,应作出专门的分析论证,提出解决方案。

5. 施工工厂设施和大型临建工程

施工工厂设施,如混凝土骨料开采加工系统、土石料场和土石料加工系统、混凝土拌和系统和制冷系统、机械修配系统、汽车修配厂、钢筋加工厂、预制构件厂、风、水、电、通信、照明系统等,均应根据施工的任务和要求,分别确定各自位置、规模、设备容量、生产工艺、工艺设备、平面布置、占地面积、建筑面积和土建安装工程量,并提出土建安装进度和分期投产的计划。

大型临建工程,如施工栈桥、过河桥梁、缆机平台等,要作出专门设计,确定其工程量和施工进度安排。

6. 施工总布置

施工总布置的主要任务是根据施工场区的地形地貌、枢纽主要建筑物的施工方案、各项临建设施的布置要求,对施工场地进行分期分区和分标规划,确定分期分区布置方案和各承包单位的场地范围,对土石方的开挖、堆弃和填筑进行综合平衡,提出各类房屋分区布置一览表,估计施工征地面积,提出占地计划,研究施工还地造田的可能性。

7. 施工总进度

施工总进度的安排必须符合国家对工程的投产所提出的要求。为了合理安排施工进度,必须仔细分析工程规模、导流程序、对外交通、资源供应、临建准备等各项控制因素,拟订整个工程,包括准备工程、主体工程和结束工作在内的施工总进度,确定各项目的起讫日期和相互之间的衔接关系;对导流截流、拦洪度汛、封孔蓄水、供水发电等控制环节,工程应达到的形象面貌,需作出专门的论证;对土石方、混凝土等主要工种工程的施工强度,对劳动力、主要建筑材料、主要机械设备的需用量,要进行综合平衡;要分析施工工期和工程费用的关系,提出合理工期的推荐意见。

8. 主要技术供应计划

根据施工总进度的安排和定额资料的分析,对主要建筑材料(如钢材、钢筋、木材、水泥、粉煤灰、油料、炸药等)和主要施工机械设备,列出总需要量和分年需要量计划。

此外,在施工组织设计中,必要时还需要进行试验研究和补充勘测的建议,为进一步深入设计和研究提供依据。

在完成上述设计内容时,还应提出以下附图:

(1)施工场外交通图。

(2)施工总布置图。

(3)施工转运站规划布置图。

(4)施工征地规划范围图。

(5)施工导流方案综合比较图。

(6)施工导流分期布置图。

(7)导流建筑物结构布置图。

(8)导流建筑物施工方法示意图。

(9)施工期通航过木布置图。

(10)主要建筑物土石方开挖施工程序及基础处理示意图。

(11)主要建筑物混凝土施工程序、施工方法及施工布置示意图。

(12)主要建筑物土石方填筑程序、施工方法及施工布置示意图。

(13)地下工程开挖、衬砌施工程序、施工方法及施工布置示意图。

(14)机电设备、金属结构安装施工示意图。

(15)砂石料系统生产工艺布置图。

(16)混凝土拌和系统及制冷系统布置图。

(17)当地建筑材料开采、加工及运输线路布置图。

(18)施工总进度表及施工关键线路图。

(二)施工组织总设计编制依据

在进行施工组织总设计编制时,应依据现状、相关文件和试验成果等,具体如下:

(1)可行性研究报告及审批意见、设计任务书、上级单位对本工程建设的要求或批件。

(2)工程所在地区有关基本建设的法规或条例、地方政府对本工程建设的要求。

(3)国民经济各有关部门(铁道、交通、林业、灌溉、旅游、环保、城镇供水等)对本工程建设期间有关要求及协议。

(4)当前水利水电工程建设的施工装备、管理水平和技术特点。

(5)工程所在地区和河流的自然条件(地形、地质、水文、气象特征和当地建材情况等)、施工电源、水源及水质、交通、环保、旅游、防洪、灌溉、航运、过木、供水等现状和近期发展规划。

(6)当地城镇现有修配、加工能力,生活、生产物资和劳动力供应条件,居民生活、卫生习惯等。

(7)施工导流及通航过木等水工模型试验、各种原材料试验、混凝土配合比试验、重要结构模型试验、岩土物理力学试验等成果。

(8)工程有关工艺试验或生产性试验成果。

(9)勘测、设计各专业有关成果。

二、施工方案

研究主体工程施工是为了正确选择水工枢纽布置和建筑物型式,保证工程质量与施工安全,论证施工总进度的合理性和可行性,并为编制工程概算提供需求的资料。

(一)施工方案选择原则

(1)施工期短、辅助工程量及施工附加量小,施工成本低。

(2)先后作业之间、土建工程与机电安装之间、各道工序之间协调均衡,干扰较小。

(3)技术先进、可靠。

(4)施工强度和施工设备、材料、劳动力等资源需求均衡。

(二)施工设备选择及劳动力组合原则

(1)适应工地条件,符合设计和施工要求;保证工程质量;生产能力满足施工强度要求。

(2)设备性能机动、灵活、高效、能耗低、运行安全可靠。

(3)通过市场调查,应按各单项工程工作面、施工强度、施工方法进行设备配套选择,使各类设备均能充分发挥效率。

(4)通用性强,能在先后施工的工程项目中重复使用。

(5)设备购置及运行费用较低,易于获得零、配件,便于维修、保养、管理、调度。

(6)在设备选择配套的基础上,应按工作面、工作班制、施工方法以混合工种结合国内平均先进水平进行劳动力优化组合设计。

(三)主体工程施工

水利工程施工涉及工种很多,其中主体工程施工包括土石方明挖、地基处理、混凝土施工、碾压式土石坝施工、地下工程施工等,下面介绍其中两项工程量较大、工期较长的主体工程施工。

1. 混凝土施工

(1)混凝土施工方案选择原则:

①混凝土生产、运输、浇筑、温控防裂等各施工环节衔接合理。

②施工机械化程度符合工程实际,保证工程质量,加快工程进度和节约工程投资。

③施工工艺先进,设备配套合理,综合生产效率高。

④能连续生产混凝土,运输过程的中转环节少、运距短,温控措施简易、可靠。

⑤初、中、后期浇筑强度协调平衡。

⑥混凝土施工与机电安装之间干扰少。

(2)混凝土浇筑程序、各期浇筑部位和高程应与供料线路、起吊设备布置和机电安装进度相协调,并符合相邻块高差及温控防裂等有关规定。各期工程形象进度应能适应截流、拦洪度汛、封孔蓄水等要求。

(3)混凝土浇筑设备选择原则:

①起吊设备能控制整个平面和高程上的浇筑部位。

②主要设备型号单一,性能良好,生产率高,配套设备能发挥主要设备的生产能力。

③在固定的工作范围内能连续工作,设备利用率高。

④浇筑间歇能承担模板、金属构件及仓面小型设备吊运等辅助工作。

⑤不压浇筑块,或不因压块而延长浇筑工期。

⑥生产能力在能保证工程质量前提下能满足高峰时段浇筑强度要求。

⑦混凝土宜直接起吊入仓,若用带式输送机或自卸汽车入仓卸料,应有保证混凝土质量的可靠措施。

⑧当混凝土运距较远时,可用混凝土搅拌运输车,防止混凝土出现离析或初凝,保证混凝土质量。

(4)模板选择原则:

①模板类型应适合结构物外型轮廓,有利于机械化操作和提高周转次数。

②有条件部位宜优先用混凝土或钢筋混凝土模板,并尽量多用钢模,少用木模。

③结构型式应力求标准化、系列化,便于制作、安装、拆卸和提升,条件适合时应优先选用滑模和悬臂式钢模。

(5)坝体分缝应结合水工要求确定。最大浇筑仓面尺寸在分析混凝土性能、浇筑设备能力、温控防裂措施和工期要求等因素后确定。

(6)坝体接缝灌浆应考虑:

①接缝灌浆应待灌浆区及以上冷却层混凝土达到坝体稳定温度或设计规定值后进行,在采取有效措施情况下,混凝土龄期不宜短于 4 个月。

②同一坝缝内灌浆分区高度为 10 ~ 15 m。

③应根据双曲拱坝施工期应力确定封拱灌浆高程和浇筑层顶面间的允许高差。

④对空腹坝封顶灌浆,或受气温年变化影响较大的坝体接缝灌浆,宜采用较坝体稳定温度更低的超冷温度。

(7)用平浇法浇筑混凝土时,设备生产能力应能确保混凝土初凝前将仓面覆盖完毕;当仓面面积过大,设备生产能力不能满足时,可用台阶法浇筑。

(8)大体积混凝土施工必须进行温控防裂设计,采用有效的温控防裂措施以满足温控要求。有条件时宜用系统分析方法确定各种措施的最优组合。

(9)在多雨地区雨季施工时,应掌握分析当地历年降雨资料,包括降雨强度、频度和一次降雨延续时间,并分析雨日停工对施工进度的影响和采取防雨措施的可能性与经济性。

(10)低温季节混凝土施工必要性应根据总进度及技术经济比较论证后确定。在低温季节进行混凝土施工时,应做好保温防冻措施。

2. 碾压式土石坝施工

(1)认真分析工程所在地区气象台(站)的长期观测资料。统计降水、气温、蒸发等各种气象要素不同量级出现的天数,确定对各种坝料施工影响程度。

(2)料场规划原则如下:

①料物物理力学性质符合坝体用料要求,质地较均一。

②贮量相对集中,料层厚、总贮量能满足坝体填筑需用量。

③有一定的备用料区,保留部分近料场作为坝体合龙和抢拦洪高程用。

④按坝体不同部位合理使用各种不同的料场,减少坝料加工。

⑤料场剥离层薄,便于开采,获得率较高。

⑥采集工作面开阔、料物运距较短,附近有足够的废料堆场。

⑦不占或少占耕地、林场。

(3)料场供应原则如下:

①必须满足坝体各部位施工强度要求。

②充分利用开挖渣料,做到就近取料,高料高用,低料低用,避免上下游料物交叉使用。

③垫层料、过渡层和反滤料一般宜用天然砂石料,工程附近缺乏天然砂石料或使用天然砂石料不经济时,方可采用人工料。

④减少料物堆存、倒运,必须堆存时,堆料场宜靠近坝区上坝道路,并应有防洪、排水、防料物污染、防分离和散失的措施。

⑤力求使料物及弃渣的总运输量最小。做好料场平整,防止水土流失。

(4)土料开采和加工处理原则如下:

①根据土层厚度、土料物理力学特性、施工特性和天然含水量等条件研究确定主次料场,分区开采。

②开采加工能力应能满足坝体填筑强度要求。

③若料场天然含水量偏高或偏低,应通过技术经济比较选择具体措施进行调整,增减土料含水量宜在料场进行。

④若土料物理力学特性不能满足设计和施工要求,应研究使用人工砾质土的可能性。

⑤统筹规划施工场地、出料线路和表土堆存场,必要时应做还耕规划。

(5)坝料上坝运输方式应根据运输量、开采、运输设备型号、运距和运费、地形条件以及临建工程量等资料,通过技术经济比较后选定,并考虑以下原则:

①满足填筑强度要求。

②在运输过程中不得掺混、污染和降低物料物理力学性能。

③各种坝料尽量采用相同的上坝方式和通用设备。

④临时设施简易，准备工程量小。

⑤运输的中转环节少。

⑥运输费用较低。

(6)施工上坝道路布置原则如下：

①各路段标准原则满足坝料运输强度要求，在认真分析各路段运输总量、使用期限、运输车型和当地气象条件等因素后确定。

②能兼顾地形条件，各期上坝道路能衔接使用，运输不致中断。

③能兼顾其他施工运输、两岸交通和施工期过坝运输，尽可能与永久公路结合。

④在限制坡长条件下，道路最大纵坡不大于15%。

(7)上料用自卸汽车运输上坝时，用进占法卸料，铺土厚度根据土料性质和压实设备性能通过现场试验或工程类比法确定，压实设备可根据土料性质、细颗粒含量和含水量等因素选择。

(8)土料施工尽可能安排在少雨季节，若在雨季或多雨地区施工，应选用适合的土料和施工方法，并采取可靠的防雨措施。

(9)在寒冷地区当日平均气温低于0 ℃时，黏性土按低温季节施工；当日平均气温低于-10 ℃时，一般不宜填筑土料，否则应进行技术经济论证。

(10)面板堆石坝的面板垫层为级配良好的半透水细料，要求压实密度较高。垫层下游排水必须通畅。

(11)混凝土面板堆石坝上游坝坡用振动平碾在坝面顺坡分级压实，分级长度一般为10~20 m，也可用夯板随坝面升高逐层夯实。压实平整后的边坡用沥青乳胶或喷混凝土固定。

(12)混凝土面板垂直缝间距应以有利于滑模操作、适应混凝土供料能力，便于组织仓面作业为准，一般用高度不大的面板，坝一般不设水平缝。高面板坝由于坝体施工期度汛或初期蓄水发电需要，混凝土面板可设置水平缝分期度汛。

(13)混凝土面板浇筑宜用滑模自下而上分条进行，滑模滑行速度通过试验选定。

(14)沥青混凝土面板堆石坝的沥青混合料宜用汽车配保温吊罐运输，坝面上设喂料车、摊铺机、振动碾和牵引卷扬台车等专用设备。面板宜一期铺筑，当坝坡长大于120 m或因度汛需要时，也可分两期铺筑，但两期间的水平缝应加热处理。纵向铺筑宽度一般为3~4 m。

(15)沥青混凝土心墙的铺筑层厚宜通过碾压试验确定，一般可采用20~30 cm。铺筑与两侧过渡层填筑尽量平起平压，两者离差不大于3 m。

(16)寒冷地区沥青混凝土施工不宜裸露越冬，越冬前已浇筑的沥青混凝土应采取保护措施。

(17)坝面作业规划如下：

①土质防渗体应与其上、下游反滤料及坝壳部分平起填筑。

②垫层料与部分坝壳料均宜平起填筑，当反滤料或垫层料施工滞后于堆后棱体时，应

预留施工场地。

③混凝土面板及沥青混凝土面板宜安排在少雨季节施工,坝面上应有足够施工场地。

④各种坝料铺料方法及设备宜尽量一致,并重视结合部位填筑措施,力求减少施工辅助设施。

(18)碾压式土石坝施工机械选型配套原则如下:

①提高施工机械化水平。

②各种坝料坝面作业的机械化水平应协调一致。

③各种设备数量按施工高峰时段的平均强度计算,适当留有余地。

④振动碾的碾型和碾重根据料场性质、分层厚度、压实要求等条件确定。

三、施工总进度计划

编制施工总进度计划时,应根据国民经济发展需要,采取积极有效措施满足主管部门或业主对施工总工期提出的要求。如果确认要求工期过短或过长、施工难以实现或代价过大,应以合理工期报批。

(一)工程建设阶段

工程建设阶段一般划分为四个施工阶段。

1. 工程筹建期

工程筹建期为工程正式开工前由业主单位负责为承包单位进场开工创造条件所需的时间。筹建工作有对外交通、施工用电、通信、征地、移民以及招标、评标、签约等。

2. 工程准备期

工程准备期为准备工程开工起至河床基坑开挖(河床式)或主体工程开工(引水式)前的工期。所作的必要准备工程一般包括场地平整、场内交通、导流工程、临时建房和施工工厂等。

3. 主体工程施工期

主体工程施工期为一般从河床基坑开挖或从引水道或厂房开工起,至第一台机组发电或工程开始受益为止的期限。

4. 工程完建期

工程完建期为自水电站第一台机组投入运行或工程开始受益起,至工程竣工止的工期。

工程施工总工期为后三项工期之和,并非所有工程的四个建设阶段均能截然分开,某些工程的相邻两个阶段工作也可交错进行。

(二)施工总进度的表示形式

根据工程不同情况分别采用以下三种形式表示施工总进度:

(1)横道图。具有简单、直观等优点。

(2)网络图。可从大量工程项目中表示控制总工期的关键路线,便于反馈、优化。

(3)斜线图。易于体现流水作业。

(三)主体工程施工进度编制

1. 坝基开挖与地基处理工程施工进度

(1)坝基岸坡开挖一般与导流工程平行施工,并在河流截流前基本完成。平原地区的水利工程和河床式水电站如施工条件特殊,也可在两岸坝基与河床坝基交叉处进行开挖,但以不延长总工期为原则。

(2)基坑排水一般安排在围堰水下部分防渗设施基本完成之后、河床地基开挖前进行。对土石围堰与软质地基的基坑,应控制排水下降速度。

(3)不良地质地基处理宜安排在建筑物覆盖前完成。固结灌浆可与混凝土浇筑交叉作业,经过论证,也可在混凝土浇筑前进行。帷幕灌浆可在坝基面或廊道内进行,不占直线工期,并应蓄水前完成。

(4)两岸岸坡有地质缺陷的坝基,应根据地基处理方案安排施工工期。当处理部位在坝基范围以外或地下时,可考虑与坝体浇筑(填筑)同时进行,在水库蓄水前按设计要求处理完毕。

(5)采用过水围堰导流方案时,应分析围堰过水期限及过水前后对工期带来的影响,在多泥沙河流上应考虑围堰过水后清淤所需工期。

(6)地基处理工程进度应根据地质条件、处理方案、工程量、施工程序、施工水平、设备生产能力和总进度要求等因素研究确定。对处理复杂、技术要求高、对总工期起控制作用的深覆盖层的地基处理应作深入分析,合理安排工期。

(7)根据基坑开挖面积、岩土等级、开挖方法及按工作面分配的施工设备性能、数量等分析计算坝基开挖强度及相应的工期。

2. 混凝土工程施工进度

(1)在安排混凝土工程施工进度时,应分析有效工作天数,大型工程经论证后若需加快浇筑进度,可分别在冬、雨、夏季采取确保施工质量的措施后施工。一般情况下,混凝土浇筑的月工作日数可按25 d计。对控制直线工期工程的工作日数,宜将气象因素影响的停工天数从设计日历天数中扣除。

(2)混凝土的平均升高速度与坝型、浇筑块数量、浇筑块高、浇筑设备能力以及温控要求等因素有关,一般通过浇筑排块确定。

大型工程宜尽可能应用计算机模拟技术,分析坝体浇筑强度、升高速度和浇筑工期。

(3)混凝土坝施工期历年度汛高程与工程面貌按施工导流要求确定,如施工进度难于满足导流要求,则可相互调整,确保工程度汛安全。

(4)混凝土的接缝灌浆进度(包括厂坝间接缝灌浆)应满足施工期度汛与水库蓄水安全要求,并结合温控措施与二期冷却进度要求确定。

(5)混凝土坝浇筑期的月不均衡系数:大型工程宜小于2,中型工程宜小于2.3。

3. 碾压式土石坝施工进度

(1)碾压式土石坝施工进度应根据导流与安全度汛要求安排,研究坝体的拦洪方案,论证上坝强度,确保大坝按期达到设计拦洪高程。

(2)坝体填筑强度拟定原则:

①满足总工期以及各高峰期的工程形象要求,且各强度较为均衡。

②月高峰填筑量与填筑总量比例协调，一般可取1:20～1:40。

③坝面填筑强度应与料场出料能力、运输能力协调。

④水文、气象条件对土石坝各种坝料的施工进度有不同程度的影响，须分析相应的有效施工工日。一般应按照有关规范要求结合本地区水文、气象条件参考附近已建工程综合分析确定。

⑤土石坝上升速度主要受塑性心墙（或斜墙）的上升速度控制，而心墙或斜墙的上升速度又和土料性能、有效工作日、工作面、运输与碾压设备性能以及压实参数有关，一般宜通过现场试验确定。

⑥碾压式土石坝填筑期的月不均衡系数宜小于2.0。

4.地下工程施工进度

地下工程施工进度受工程地质和水文地质影响较大，各单项工程施工程序互相制约，安排时应统筹兼顾开挖、支护、浇筑、灌浆、金属结构、机电安装等各个工序。

地下工程一般可全年施工，具体安排施工进度时，应根据各工程项目规模、地质条件、施工方法及设备配套情况，用关键线路法确定施工程序和各洞室、各工序间的相互衔接和最优工期。

地下工程月进度指标根据地质条件、施工方法、设备性能及工作面情况分析确定。

5.金属结构及机电安装进度

施工总进度中应考虑预埋件、闸门、启闭设备、引水钢管、水轮发电机组及电气设备的安装工期，妥善协调安装工程与土建工程施工的交叉衔接，并适当留有余地。

对控制安装进度的土建工程（如斜井开挖、支墩浇筑、厂房吊车梁及厂房顶板、副厂房、开关站基础等）交付安装的条件与时间，均应在施工进度文件中逐项研究确定。

6.施工劳动力及主要资源供应

单位工程施工进度计划编制确定以后，根据施工图纸、工程量计算资料、施工方案、施工进度计划等有关技术资料，着手编制劳动力需要量计划，各种主要材料、构件和半成品需要量计划及各种施工机械的需要量计划。它们不仅是为了明确各种技术工人和各种技术物资的需要量，而且还是做好劳动力与物资的供应、平衡、调度、落实的依据，也是施工单位编制月、季生产作业计划的主要依据之一。它们是保证施工进度计划顺利执行的关键。

1）劳动力需要量计划

劳动力需要量计划，主要是作为安排劳动力的平衡、调配和衡量劳动力耗用指标、安排生活福利设施的依据，其编制方法是将施工进度计划表内所列各施工过程每天（或旬月）所需工人人数按工种汇总而得。其表格形式如表11-2所示。

表11-2 劳动力需要量计划表

序号	工种名称	需要人数	××月			××月			备注
			上旬	中旬	下旬	上旬	中旬	下旬	

2) 主要材料需要量计划

主要材料需要量计划，是备料、供料和确定仓库、堆场面积及组织运输的依据，其编制方法是将施工进度计划表中各施工过程的工程量，按材料名称、规格、数量、使用时间计算汇总而得。其表格形式如表 11-3 所示。

对于某分部分项工程是由多种材料组成时，应按各种材料分类计算，如混凝土工程应换算成水泥、砂、石、外加剂和水的数量列入表格。

表 11-3　主要材料需要量计划表

序号	材料名称	规格	需要量		需要时间						备注
			单位	数量	× × 月			× × 月			
					上旬	中旬	下旬	上旬	中旬	下旬	

3) 构件和半成品需要量计划

建筑结构构件、配件和其他加工半成品的需要量计划主要用于落实加工订货单位，并按照所需规格、数量、时间，组织加工、运输和确定仓库或堆场，可根据施工图和施工进度计划编制。其表格形式如表 11-4 所示。

表 11-4　构件和半成品需要量计划表

序号	构件、半成品名称	规格	图号、型号	需要量		使用部位	制作单位	供应日期	备注
				单位	数量				

4) 施工机械需要量计划

施工机械需要量计划主要用于确定施工机械的类型、数量、进场时间，可据此落实施工机械来源，组织进场。其编制方法为将单位工程施工进度计划表中的每一个施工过程每天所需的机械类型、数量和施工日期进行汇总，即得施工机械需要量计划。其表格形式如表 11-5 所示。

表 11-5　施工机械需要量计划表

序号	机械名称	型号	需要量		现场使用起止时间	机械进场或安装时间	机械退场或拆卸时间	供应单位
			单位	数量				

四、单位工程施工进度计划的编制

（一）施工进度计划的作用与编制依据

1. 施工进度计划的作用与形式

单位工程进度计划的编制方式基本与总进度计划相同，在满足总进度计划的前提下应将项目分得更细、更具体一些。

单位工程施工进度计划是施工方案在时间上的具体反映，是指导单位工程施工的依据。它的主要任务是以施工方案为依据，安排工程中各个施工过程的施工顺序和施工时间，使单位工程在规定的时间内，有条不紊地完成施工任务。

施工进度计划的主要作用是为编制企业季度、月度生产计划提供依据，也为平衡劳动力，调配和供应各种施工机械和各种物资资源提供依据，同时也为确定施工现场的临时设施数量和动力设备提供依据。施工进度计划必须满足施工规定的工期，在空间上必须满足工作面的实际要求，与施工方法相互协调。因此，编制施工进度计划应该细致地、周密地考虑这些因素。

单位工程施工进度计划的表达形式一般分为横道计划、网络计划和时标网络计划。

2. 施工进度计划编制依据

本项目所述的单位工程施工组织设计主要指投标时的施工组织设计。为此，招标文件是主要的编制依据，同时必须满足：

（1）施工总工期及开、竣工日期。

（2）经过审批的建筑总平面图、地形图、单位工程施工图、设备及基础图、使用的标准图及技术资料。

（3）施工组织总设计对本单位工程的有关规定。

（4）施工条件、劳动力、材料、构件及机械供应条件，包分单位情况等。

（5）主要分部（项）工程的施工方案。

（6）劳动定额、机械台班定额及本企业施工水平。

（7）工程承包合同及业主的合理要求。

（8）其他有关资料，如当地的气象资料等。

（二）编制程序与步骤

现行的招标投标工作，是按国家规定的合法的程序进行，依据《中华人民共和国招标投标法》及相关规定，按照“统一量，市场价，竞争费”的办法进行，即：有统一的工程量清单；根据市场的材料单价；间接费率、利润费率等由投标企业自定选定，形成竞争费用。既然有了统一的工程量清单，那么工程量计算的工作也可以省略。

1. 划分施工过程

编制单位工程施工进度计划，首先按照招标文件的工程量清单、施工图纸和施工顺序列出拟建单位工程的各个施工过程，并结合施工方法、施工条件、劳动组织等因素，加以适当调整，使其成为编制单位工程进度计划所需的施工程序。

在确定施工过程时，应注意以下几点问题：

（1）施工过程划分的粗细程度，主要根据招标文件的要求，按照工程量清单的项目划分，基本可以达到控制施工进度，特别是开工、竣工时间，必须满足招标文件的时间要求。

(2)施工过程的划分要结合所选择的施工方案。不同的施工方案，其施工顺序有所不同，项目的划分也不同。

(3)注意适当简化单位工程进度计划内容，避免工程项目划分过细、重点不突出。根据工程量清单中的项目，有些小的项目可以合并，划分施工过程要粗细得当。

2. 校核工程量清单中的工程量

招标文件提供的工程量清单，是招标文件的一部分，投标者没有权利更改，但作为投标者应该进行工程量清单的校核。通过对工程量清单的校核，可以更多地了解工程情况，对投标工作有利，为中标后的工程施工、工程索赔奠定基础。

3. 确定劳动量和机械台班数

劳动量和机械台班数应当根据工程量、施工方法和现行的施工定额，并结合当时当地的具体情况确定：

$$P = \frac{Q}{S} \quad 或 \quad P = QH$$

式中 P——完成某施工过程所需的劳动量工时数或机械台时数；

Q——完成某施工过程所需的工程量；

S——某施工过程所采取的产量定额；

H——某施工过程所采取的时间定额。

例如，已知某农桥道的基础土方 3 240 m^3，可采取人工挖土，工时产量为 0.8 m^3，则完成挖基础所需总劳动量为：

$$P = \frac{Q}{S} = \frac{3\ 240}{0.8} = 4\ 050(\text{工时})$$

若已知挖每立方米土方的时间定额为 1.25 工时，则完成挖基础所需总劳动量为：

$$P = QH = 3\ 240 \times 1.25 = 4\ 050(\text{工时})$$

4. 确定各施工过程的施工天数

根据工程量清单中的各项工程量，以及施工顺序，确定其施工天数，这一过程非常重要，因为各分部分项工程的施工天数，组成整个工程的施工天数。在投标阶段，一般都采用倒排进度的方法进行。这是因为工程的开工时间、竣工时间都有招标文件规定了，不能更改，施工期又不能任意增加或减少。根据招标文件要求的开、竣工时间和施工经验，确定各分部分项工程施工时间，然后按分部分项工程所需的劳动量或机械台时数，确定每一分部分项工程每个班组所需的工人数或机械台数。

$$R = \frac{P}{tmk}$$

式中 R——每班安排在某分部分项工程上的施工机械台时数或劳动人数；

P——完成某分部分项施工过程所需的劳动量工时数或机械台时数；

t——完成某分部分项施工过程的天数；

m——每天工作班次；

k——每天工作时间。

训练项目二　混凝土拌和材料用量确定

一、基本理论

混凝土的实验室配合比中砂、石是以饱和面干状态(工民建为干燥状态)为标准计量的,并不含有超、逊径。但施工时,实际工地上存放的砂、石都含有一定的水分,并常存在一定数量的超、逊径。所以,在施工现场,应根据骨料的实际情况进行调整,将实验室配合比换算为施工配合比。

骨料含水量的调整:依据现场实测砂、石表面含水量(砂、石以饱和面干状态为基准)或含水量(砂、石以干燥状态为基准),在配料时,从加水量中扣除骨料表面含水量或含水量,并相应增加砂、石用量。假定工地测出砂的表面含水量为 $a\%$,石子的表面含水量为 $b\%$,设施工配合比 1 m^3 混凝土各材料用量为 m'_c, m'_s, m'_g, m'_w,则

$$\begin{cases} m'_c = m_{c,sh} \\ m'_s = m_{s,sh}(1 + a\%) \\ m'_g = m_{g,sh}(1 + b\%) \\ m'_w = m_{w,sh} - m_{s,sh} \cdot a\% - m_{g,sh} \cdot b\% \end{cases} \tag{2-1}$$

式中　$m_{c,sh}, m_{s,sh}, m_{g,sh}$——实验室配合比中的水泥、砂、石子用量。

骨料超、逊径调整:根据施工现场实测某级骨料超、逊径颗粒含量,将该级骨料中超径含量计入上一级骨料,逊径含量计入下一级骨料中,则该级骨料调整量为

调整量 =(该级超径量 + 逊径量) -(下级超径量 + 上级逊径量)　　(2-2)

二、计算实例

某工地所用混凝土的实验室配合比(骨料以饱和面干状态为基准)为:水泥 280 kg,水 150 kg,砂 704 kg,碎石 1 512 kg。已知工地砂的表面含水量为 4%,碎石表面含水量为 1.5%。试求该混凝土的施工配合比。施工现场采用的 JZ250 型搅拌机,其出料体积为 0.25 m^3,试求每搅拌一次的拌和用量。

解　(1)计算施工配合比。每 1 m^3 混凝土中,各材料的用量为:

水泥:280 kg;

砂子:704 ×(1 +4%)=732.2 kg;

石子:1 512 ×(1 +1.5%)=1 534.7 kg;

水:150 - 704 ×4% - 1 512 ×1.5% =99.2 kg。

(2)计算每搅拌一次的拌和用量:

水泥:280 ×0.25 =70 kg(取用一袋半水泥,即 75 kg);

砂子:732.2 ×(75/280)=196.1 kg;

石子:1 534.7 ×(75/280)=411.1 kg;

水:99.2 ×(75/280)=26.6 kg。

训练项目三　模板安装与拆除实训

实训单元一　基本知识

一、实训目的

通过模板的安装、拆卸实训，使学生掌握模板施工的基本要领、技术标准及检验方法等。

二、实训准备

（一）模板的设计

模板的设计内容，主要包括选型、选材、配板、荷载计算、结构设计和绘制模板施工图等。

（二）模板的验算

模板的验算主要包括荷载计算、荷载组合、模板刚度计算等。

三、实训内容

（一）现浇混凝土模板安装

1. 柱模板

（1）先在基础顶面弹出柱的中心线和四周边线。

（2）沿边线竖立竖向模板。正确固定柱脚，用斜撑将柱模板临时固定。再由柱顶用线锤吊直找正，然后正式固定。

（3）柱模根部要用水泥砂浆堵严，防止跑浆，柱模的浇筑口和清扫口，在配模时应考虑一并留出。

（4）通排柱模板的安装，应先装两端柱的模板、校正无误后固定，拉通线校正中间各柱模板。

（5）门子板应分节铺钉，或分节预留施工洞，由地面起每隔 1.0 ~ 2.0 m 留一道，以便灌入混凝土及插入振捣器。

（6）柱模板加柱箍，柱箍可采用不小于 50 ~ 100 mm 方木（立放），或工具式柱箍，每隔 0.5 ~ 1.0 m 加一道，将柱模板箍紧。

（7）在柱与梁的结合处，正确锯好梁的槽口，在梁的槽口上画好中心线。梁模板宜缩短 2 ~ 3 mm，并锯成小斜面，以便拆模。

2. 梁模板

（1）支模前，应先在柱或墙上找好梁中心线和标高。

(2)在柱模板的槽口下面钉上托板木,对准中心线,铺设梁底模板。

(3)梁模板必须侧板包底板,板边弹线刨直。主梁与次梁的接合处,在主梁侧板上正确锯好次梁的槽口,画好中心线。

(4)梁底支柱的间距,应符合设计要求。如设计无要求,一般当梁高在500 mm以内时为1~1.2 m;梁高在500~1 000 mm时为0.8~1.0 m;梁高在1 000 mm以上时为0.6~0.8 m。支柱之间应设拉杆,离地0.5 m设一道,以上每隔2 m设一道。支柱下均垫楔子(校正高低后钉固)和通长垫板((0.5~0.75)×200 mm)。若用工具式钢管支柱,也要设水平杆从斜拉杆。梁模支柱的设置应按计算确定,一般采用双支柱时,间距以0.6~1.0 m为宜。

(5)梁侧板吊直拉平后,在柱模预留梁槽口的两侧钉上夹口木条,在侧模上口钉上控制梁宽的小木条,在支柱帽上钉斜撑固定侧板,斜撑角度为45°,当梁高超过800 mm时,在侧板中加钉通长横木带,两侧横木带应用铅丝或螺栓拉紧加固。

(6)梁较高时,可先安装一面侧板,等钢筋绑扎好后再装另一面侧板。

3. 楼板模板

(1)根据设计标高,在梁侧板上固定水平大横楞,再在上面搁置平台栏栅,一般可以50 mm×100 mm方木立放,间距0.5 m,下面用支柱支撑,拉结条牵牢。板跨超2 m者,下面加设大横楞和支柱。

(2)平台栏栅找平后,在上面铺钉木板,铺木板时只将两端及接头处钉牢,中间少钉或不钉,以利拆模。如采用定型模板,需按其规格距离铺设栏栅,不够一块定型模板,可用木板镶满。

(3)采用桁架支模时,应根据载重量确定桁架间距,桁架上弦要放小方木,用铁丝绑紧,两端支撑处要设木楔,在调整标高后钉牢,桁架之间拉结条,保持桁架垂直。

(4)桃檐模板支柱一般不落地,采用在下层窗台上用斜撑支撑桃檐部分,也可采用三角架由砖墙支撑挑檐。挑檐模板必须撑牢拉紧,防止向外倾覆。

(二)现浇混凝土模板拆除

现浇结构的模板及其支架拆除时应符合下列原则:

(1)拆模时应先拆卡具、顺口方木、侧模,再松动木楔,使支柱、桁架平稳下降,逐段抽出底模板和底楞木,最后取下桁架、支柱、托具等。

(2)在拆除模板过程中,如发现混凝土影响结构安全质量,应暂停拆除。经过处理后,方可继续拆除。

(3)拆模时不要过急,不可用力过猛,不应对楼层形成冲击荷载。拆下来的模板和支架宜散堆放并及时清运。

四、实训成果

按规范要求进行质量验收,填写质量验收表格,见表3-1。

五、现浇结构模板安装质量验收的检验方法

现浇结构模板安装质量验收的检验方法见表3-1。

表 3-1　现浇结构模板安装质量验收的检验方法

项次	项目		检验方法
1	轴线位置(纵、横两个方向)		钢尺检查
2	底模上表面标高		水准仪或拉线、钢尺检查
3	截面内部尺寸	基础、柱、墙、梁	钢尺检查
4	层高垂直度	不大于 5 m	经纬仪或吊线、钢尺检查
		大于 5 m	经纬仪或吊线、钢尺检查
5	相邻两板表面高低差		钢尺检查
6	表面平整度		2 m 靠尺和塞尺检查

实训单元二　现浇钢筋混凝土梁的模板支架

一、实训题目

欲现浇一钢筋混凝土梁,长 3 000 mm、宽 200 mm、高 250 mm,已于现场放线完毕,试按照以下要求支架模板:

(1)采用钢模板支架。

(2)按《混凝土结构工程施工质量验收规范》(GB 5004—2002)施工,并进行自检。

(3)每小组 5 名同学,施工及自检时间总共 2 h。

(4)完成后将现浇结构模板安装检验批质量验收记录表(见附表 2)交由考查老师验收,并回答老师提出的问题。

二、评分标准

(一)操作步骤(40 分)

(1)支模前,应先在现场找好梁中心线和标高。

(2)对准中心线,铺设梁底模板。

(3)梁模板必须侧板包底板,板边尽量平直。

(4)梁侧板吊直拉平后,在侧模上口钉上控制梁宽的小木条。

(5)钉斜撑固定侧板,斜撑角度为 45°,在侧板中加钉通长横木带,两侧横木带应用铅丝或螺栓拉紧加固。

(6)每小组中的同学都应各有分工,注意协作。

(二)操作时间(10 分)

(1)同学应在 2 h 内完成施工及自检工作,上交质量验收记录表。

(2)如果在规定时间内不能完成,考查老师视具体情况酌减分数;若提前完成,则结合操作质量酌情加分。

(三)操作质量(40分)

考查老师在学生提交的质量验收记录表的基础上,按规范进行质量验收,由合格率乘以40作为本项得分。

(四)问题回答(10分)

考查教师在学生操作过程中或上交成果时,随机提问施工技术方面的相关问题,视回答情况打分。

(五)汇总

各评分项目得分之和为该学生的最终得分,评定表见附表1。

实训单元三　现浇钢筋混凝土柱的模板支架

一、实训题目

现浇一400 mm×400 mm钢筋混凝土柱,高2 400 mm,已于现场放线完毕,试按照以下要求支架模板:

(1)采用钢模板支架。

(2)按《混凝土结构工程施工质量验收规范》(GB 5004—2002)施工,并进行自检。

(3)每小组5名同学,施工及自检时间总共2 h。

(4)完成后将现浇结构模板安装检验批质量验收记录表(见附表2)交由考查老师验收,并回答老师提出的问题。

二、评分标准

(一)操作步骤(40分)

(1)先在基础顶面弹出柱的中心线和四周边线。

(2)沿边线竖立竖向模板。正确固定柱脚,用斜撑将柱模板临时固定。再由柱顶用线锤吊直找正,然后正式固定。

(3)柱模根部要用水泥砂浆堵严,防止跑浆,柱模的浇筑口和清扫口,在配模时应考虑一并留出。

(4)门子板应分节铺钉,或分节预留施工洞,由地面起每隔1.0～2.0 m留一道,以便灌入混凝土及插入振捣器。

(5)柱模板加柱箍,每隔0.5～1.0 m加一道,将柱模板箍紧。

(6)在柱与梁的结合处,正确锯好梁的槽口,在梁的槽口上画好中心线。

(7)每小组中的同学都应各有分工,注意协作。

(二)操作时间(10分)

(1)同学应在2 h内完成施工及自检工作,上交质量验收记录表。

(2)如果在规定时间内不能完成,考查老师视具体情况酌减分数;若提前完成,则结合操作质量酌情加分。

(三)操作质量(40 分)

考查老师在学生提交的质量验收记录表的基础上,按规范进行质量验收,由合格率乘以 40 作为本项得分。

(四)问题回答(10 分)

考查教师在学生操作过程中或上交成果时,随机提问施工技术方面的相关问题,视回答情况打分。

(五)汇总

各评分项目得分之和为该学生的最终得分,评定表见附表 1。

训练项目四　钢筋加工与绑扎实训

实训单元一　基本知识

一、实训目的

通过钢筋的加工、绑扎实训，使学生掌握钢筋工程施工的基本要领、技术标准及检验方法等。

二、实训准备

钢筋配料，根据结构施工图，分别计算构件各钢筋的直线下料长度、根数及质量，编制钢筋配料单，作为备料、加工和结算的依据。

三、实训内容

（一）钢筋加工

钢筋加工主要包括除锈、调直、切断和弯曲，每一道工序都关系到钢筋混凝土构件的施工质量，各个环节都应认真对待。

1. 钢筋调直

钢筋调直宜采用机械方法，也可采用冷拉方法。

2. 钢筋切断

（1）将同规格钢筋根据不同长度搭配，统筹排料；一般应先断长料，后断短料，减少短头和损耗。

（2）断料时应避免用短尺量长料，防止在量料中产生累积误差。为此，宜在工作台上标出尺寸刻度线并设置控制断料尺寸用的挡板。

（3）钢筋切断机的刀片，应由工具钢热处理制成。安装刀片时，螺丝紧固，刀口要密合（间隙不大于0.5 mm）；固定刀片与冲切刀片口的距离，对直径≤20 mm的钢筋宜重叠1~2 mm，对直径>20 mm的钢筋宜留5 mm左右。

（4）在切断过程中，如发现钢筋有劈裂、缩头或严重弯头等必须切除；如发现钢筋的硬度与该钢种有较大的出入，应及时向有关人员反映，查明情况。

（5）钢筋的断口，不得有马蹄形或起弯等现象。

3. 钢筋弯曲

（1）画线。钢筋弯曲前，对形状复杂的钢筋（如弯起钢筋），根据钢筋料牌上标明的尺寸，用石笔将各弯曲点位置画出。

(2)钢筋弯曲成型。钢筋在弯曲机上成型时,心轴直径应是钢筋直径的 2.5 ~ 5.0 倍,成型轴宜加偏心轴套,以便适应不同直径的钢筋弯曲需要。弯曲细钢筋时,为了使弯弧一侧的钢筋保持平直,挡铁轴宜做成可变挡架或固定挡架(加铁板调整)。

(3)曲线形钢筋成型。弯制曲线形钢筋时,可在原有钢筋弯曲机的工作盘中央,放置一个十字架和钢套;另外,在工作盘四个孔内插上短轴和成型钢套(和中央钢套相切)。插座板上的挡轴钢套尺寸,可根据钢筋曲线形状选用。钢筋成型过程中,成型钢套起顶弯作用,十字架只协助推进。

(二)钢筋绑扎与安装

在绑扎和安装钢筋前,应首先熟悉钢筋图,核对钢筋配料单和料牌,根据工程特点、工作量大小、施工进度、技术水平等,研究与有关工种的配合,确定施工方法。

1. 钢筋现场绑扎

1)准备工作

(1)核对成品钢筋的钢号、直径、形状、尺寸和数量等是否与料单牌相符,如有错漏,应纠正增补。

(2)准备绑扎用的铁丝、绑扎工具(如钢筋钩、带板口的小撬棍)、绑扎架等。

(3)准备控制混凝土保护层用的水泥砂浆垫块或塑料卡。

水泥砂浆垫块的厚度,应等于保护层厚度。当保护层厚度等于或小于 20 mm 时,垫块的平面尺寸为 30 mm × 30 mm;当保护层厚度大于 20 mm 时,垫块的平面尺寸为 50 mm × 50 mm。当在垂直方向使用垫块时,可在垫块中埋入 20 号铁丝。

塑料卡的形状有两种:塑料垫块和塑料环圈。塑料垫块用于水平构件(如梁、板),在两个方向均有槽,以便适应两种保护层厚度。塑料环圈用于垂直构件(如柱、墙),使用时钢筋从卡嘴进入卡腔,由于塑料环圈有弹性,可使节腔的大小适应钢筋直径的变化。

(4)画出钢筋位置线。平板或墙板的钢筋,在模板上画线;柱的箍筋,在两根对角线主筋上画点;梁的箍筋,则在架立筋上画点;基础的钢筋,在两向各取一根钢筋画点或在垫层上画线。

(5)绑扎形式复杂的结构部位钢筋时,应先研究逐根钢筋穿插就位的顺序。

2)钢筋绑扎要点

(1)钢筋的交叉点应采用 20 ~ 22 号铁丝绑扎,绑扎不仅要牢固可靠,而且铁丝长度要适宜。

(2)板和墙的钢筋网,除靠近外围两行钢筋的交叉点全部扎牢外,中间部分交叉点可间隔交错绑扎,但必须保证受力钢筋不产生位置偏移;对双向受力钢筋,必须全部绑扎牢固。

(3)梁和柱的箍筋,除设计有特殊要求外,应与受力钢筋垂直设置;箍筋弯钩叠合处,应沿受力钢筋方向错开设置。

(4)在柱中竖向钢筋搭接时,角部钢筋的弯钩平面与模板面的夹角,对矩形柱应为 45°角,对多边形柱应为模板内角的平分角;圆形柱钢筋的弯钩平面应与模板的切线面垂直;中间钢筋的弯钩平面应与模板面垂直;当采用插入式振捣器浇筑小型截面柱时,弯钩平面与模板面的夹角不得小于 15°。

(5)板、次梁与主梁交接处,板的钢筋在上,次梁钢筋居中,主梁钢筋在下;主梁与圈梁交接处,主梁钢筋在上,圈梁钢筋在下,绑扎时切不可放错位置。

(6)框架梁、牛腿及柱帽等钢筋应放在柱的钢筋内侧。

2. 钢筋安装质量检验

钢筋安装完毕后,应根据施工规范进行认真检查,主要检查以下内容:

(1)根据设计图纸,检查钢筋的钢号、直径、根数、间距是否正确,特别要检查负筋的位置是否正确。

(2)检查钢筋接头的位置、搭接长度,同一截面接头百分率及混凝土保护层是否符合要求。水泥垫块是否分布均匀、绑扎牢固。

(3)钢筋的焊接和绑扎是否牢固,钢筋有无松动、移位和变形现象。

(4)预埋件的规格、数量、位置等。

(5)钢筋表面是否有漆污和颗粒(片)状铁锈,钢筋骨架里边有无杂物等。钢筋绑扎要求位置正确、绑扎牢固,钢筋安装位置的偏差应符合规范的规定。

四、实训成果

按规范要求进行质量验收,填写质量验收表格,见附表3。

五、钢筋安装位置质量检验的检验方法

钢筋安装位置质量检验的检验方法见表4-1。

表4-1 钢筋安装位置质量检验的检验方法

项次	项目	检验方法
1	绑扎钢筋网:长、宽	钢尺检查
2	绑扎钢筋骨架:长、宽、高	钢尺检查
3	受力钢筋:间距、排距	钢尺量两端、中间各一点,取最大值
4	受力钢筋保护层厚度:基础、柱、梁、板、墙、壳	钢尺检查
5	绑扎箍筋、横向钢筋间距	钢尺量连续三档,取最大值
6	钢筋弯起点位置	钢尺检查
7	预埋件:中心线位置、水平高差	钢尺检查
8	水平高差	钢尺和塞尺检查

实训单元二 钢筋混凝土梁主筋下料、弯曲

一、实训题目

欲现浇一钢筋混凝土梁,长3 000 mm、宽200 mm、高250 mm,请依据配筋图(见图4-1)、

钢筋配料单(见表4-2)加工钢筋以备使用,要求如下:

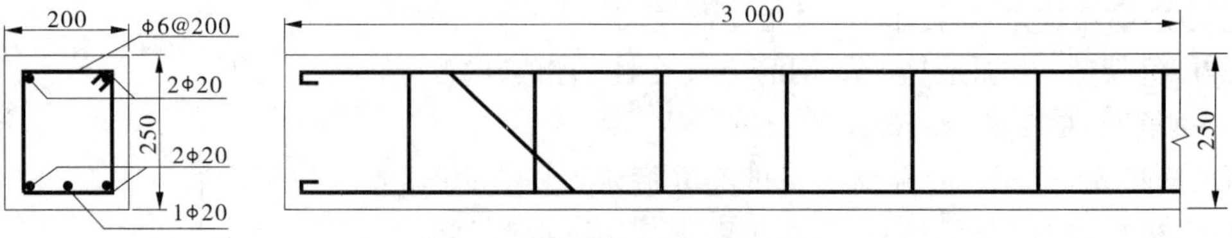

图4-1　配筋图　(单位:mm)

表4-2　钢筋配料单

钢筋编号	简图	直径(mm)	下料长度(mm)	根数
1	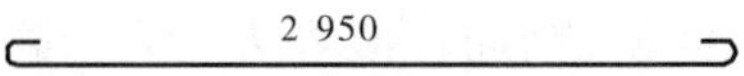	20	3 200	4
2	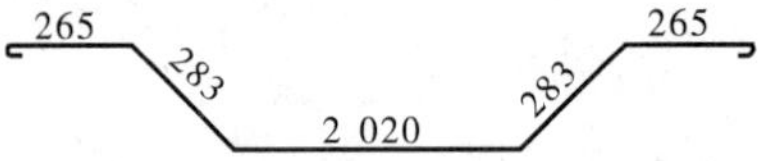	20	3 366	1
3	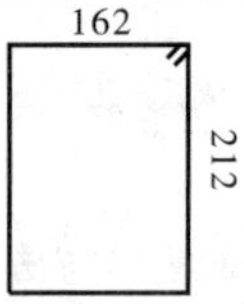	6	868	16

(1)根据配筋图及配料单完成纵向受力筋的下料及弯曲。

(2)注意合理搭配使用钢筋,避免浪费。

(3)按《混凝土结构工程施工质量验收规范》(GB 5004—2002)施工,并进行自检。

(4)每小组5名同学,施工及自检时间总共2 h。

(5)完成后将钢筋加工检验批质量验收记录表(见附表4)交由考查老师验收,并回答老师提出的问题。

二、评分标准

(一)操作步骤(40分)

(1)根据配筋图计算下料长度。

(2)钢筋切断:

①将同规格钢筋根据不同长度搭配,统筹排料。

②断料时应避免用短尺量长料,宜在工作台上标出尺寸刻度线并设置控制断料尺寸用的挡板。

③安装刀片时,螺丝紧固,刀口要密合;固定刀片与冲切刀片口的距离。

④在切断过程中,如发现钢筋有劈裂、缩头或严重弯头等必须切除;钢筋的断口,不得

有马蹄形或起弯等现象。

(3)钢筋弯曲:

①画线。钢筋弯曲前,用石笔将各弯曲点位置画出。

②钢筋弯曲成型。钢筋在弯曲机上成型时,心轴直径应是钢筋直径的 2.5 ~ 5.0 倍,成型轴宜加偏心轴套,以便适应不同直径的钢筋弯曲需要。

(4)每小组中的同学应各有分工,注意协作。

(二)操作时间(10 分)

(1)同学应在 2 h 内完成施工及自检工作,上交质量验收记录表。

(2)如果在规定时间内不能完成,考查老师视具体情况酌减分数;若提前完成,则结合操作质量酌情加分。

(三)操作质量(40 分)

考查老师在学生提交的质量验收记录表的基础上,按规范进行质量验收,由合格率乘以 40 作为本项得分。

(四)问题回答(10 分)

考查教师在学生操作过程中或上交成果时,随机提问施工技术方面的相关问题,视回答情况打分。

(五)汇总

各评分项目得分之和为该学生的最终得分,评定表见附表 1。

实训单元三　钢筋混凝土梁箍筋下料、弯曲

一、实训题目

欲现浇一钢筋混凝土梁,长 3 000 mm、宽 200 mm、高 250 mm,请依据配筋图(见图 4-1)、钢筋配料单(见表 4-2)加工钢筋以备使用,要求如下:

(1)根据配筋图及配料单完成箍筋的下料及弯曲。

(2)注意合理搭配使用钢筋,避免浪费。

(3)按《混凝土结构工程施工质量验收规范》(GB 5004—2002)施工,并进行自检。

(4)每小组 5 名同学,施工及自检时间总共 2 h。

(5)完成后将钢筋加工检验批质量验收记录表(见附表 4)交由考查老师验收,并回答老师提出的问题。

二、评分标准

(一)操作步骤(40 分)

(1)根据配筋图计算下料长度。

(2)钢筋切断:

①将同规格钢筋根据不同长度搭配,统筹排料。

②断料时应避免用短尺量长料,宜在工作台上标出尺寸刻度线并设置控制断料尺寸

用的挡板。

③安装刀片时,螺丝紧固,刀口要密合;固定刀片与冲切刀片口的距离。

④在切断过程中,如发现钢筋有劈裂、缩头或严重弯头等必须切除;钢筋的断口,不得有马蹄形或起弯等现象。

(3)钢筋弯曲:

①画线。钢筋弯曲前,用石笔将各弯曲点位置画出。

②钢筋弯曲成型。钢筋在弯曲机上成型时,心轴直径应是钢筋直径的 2.5 ~ 5.0 倍,成型轴宜加偏心轴套,以便适应不同直径的钢筋弯曲需要。

(4)每小组中的同学都应各有分工,注意协作。

(二)操作时间(10 分)

(1)同学应在 2 h 内完成施工及自检工作,上交质量验收记录表。

(2)如果在规定时间内不能完成,考查老师视具体情况酌减分数;若提前完成,则结合操作质量酌情加分。

(三)操作质量(40 分)

考查老师在学生提交的质量验收记录表的基础上,按规范进行质量验收,由合格率乘以 40 作为本项得分。

(四)问题回答(10 分)

考查教师在学生操作过程中或上交成果时,随机提问施工技术方面的相关问题,视回答情况打分。

(五)汇总

各评分项目得分之和为该学生的最终得分,评定表见附表 1。

实训单元四　钢筋笼绑扎

一、实训题目

欲现浇一钢筋混凝土梁,长 3 000 mm、宽 200 mm、高 250 mm,钢筋下料已完成,请依据施工图(见图 4-1)、钢筋配料单(见表 4-2),绑扎钢筋笼,要求如下:

(1)按《混凝土结构工程施工质量验收规范》(GB 50204—2002)施工并进行自检。

(2)每小组 5 名同学,施工及自检时间总共 2 h。

(3)完成后将钢筋安装检验批质量验收记录表(见附表 3)交由考查老师验收,并回答老师提出的问题。

二、评分标准

(一)操作步骤(40 分)

(1)核对成品钢筋的钢号、直径、形状、尺寸和数量等是否与料单牌相符。

(2)准备控制混凝土保护层用的水泥砂浆垫块或塑料卡,厚度应等于保护层厚度。

(3)画出钢筋位置线。

(4)钢筋的交叉点应采用20～22号铁丝绑扎,绑扎不仅要牢固可靠,而且铁丝长度要适宜。

(5)板和墙的钢筋网,除靠近外围两行钢筋的交叉点全部扎牢外,中间部分交叉点可间隔交错绑扎,但必须保证受力钢筋不产生位置偏移;对双向受力钢筋,必须全部绑扎牢固。

(6)梁和柱的箍筋,除设计有特殊要求外,应与受力钢筋垂直设置;箍筋弯钩叠合处,应沿受力钢筋方向错开设置。

(7)每小组中的同学应各有分工,注意协作。

(二)操作时间(10分)

(1)同学应在2 h内完成施工及自检工作,上交质量验收记录表。

(2)如果在规定时间内不能完成,考查老师视具体情况酌减分数;若提前完成,则结合操作质量酌情加分。

(三)操作质量(40分)

考查老师在学生提交的质量验收记录表的基础上,按规范进行质量验收,由合格率乘以40作为本项得分。

(四)问题回答(10分)

考查教师在学生操作过程中或上交成果时,随机提问施工技术方面的相关问题,视回答情况打分。

(五)汇总

各评分项目得分之和为该学生的最终得分,评定表见附表1。

附 表

附表 1 施工技术实践技能评定表

班级			考核日期		
姓名	操作步骤得分	操作时间得分	操作质量得分	问题回答得分	总分

附表 2 现浇结构模板安装检验批质量验收记录表

检控项目	序号	质量验收规范规定			施工单位检查评定记录			监理单位验收记录
主控项目	1	模板、支架、立柱及垫板		第 4.2.1 条				
	2	涂刷隔离剂		第 4.2.2 条				
一般项目	1	模板安装		第 4.2.3 条				
	2	用作模板的地坪与胎膜		第 4.2.4 条				
	3	模板起拱		第 4.2.5 条				
		项目		允许偏差(mm)	量测值(mm)			
	4	预埋钢板中心线位置		3				
	5	预埋管、预留孔中心线位置		3				
	6	插筋	中心线位置	5				
			外露长度	10,0				
	7	预埋螺栓	中心线位置	2				
			外露长度	10,0				
	8	预留洞	中心线位置	10				
			外露长度	10,0				
	9	轴线位置纵、横两个方向		5				
	10	底模上表面标高		±5				
	11	截面内部尺寸	基础	±10				
			柱、墙、梁	4，-5				
	12	层高垂直度	不大于 5 m	6				
			大于 5 m	8				
	13	相邻两板表面高低差		2				
	14	表面平整度		3				

附表3 钢筋安装检验批质量验收记录表

检控项目	序号	质量验收规范规定			施工单位检查评定记录			监理单位验收记录
主控项目	1	受力钢筋的品种、级别规格与数量		第5.5.1条				
		项目		允许偏差（mm）	量测值（mm）			
	2	钢筋保护层厚度允许偏差	梁	±5				
			板	±3				
一般项目	1	绑扎钢筋网	长、宽	±10				
			网眼尺寸	±20				
	2	绑扎钢筋骨架	长	±10				
			宽、高	±5				
	3	受力钢筋	间距	±10				
			排距	±5				
	4	受力钢筋保护层厚度	基础	±10				
			柱、梁	±5				
			板、墙、壳	±3				
	5	绑扎箍筋、横向钢筋间距		±20				
	6	钢筋弯起点位置		20				
	7	预埋件	中心线位置	5				
			水平高差	3,0				

注：1. 检查埋件中心线位置时，应沿纵、横两个方向量测，并取其中的较大值。

2. 表中梁类、板类构件上部纵向受力钢筋保护层厚度的合格点率应达到90%及以上，且不得有超过表中数值1.5倍的尺寸偏差。

附表4 钢筋加工检验批质量验收记录表

检控项目	序号	质量验收规范规定		施工单位检查评定记录			监理单位验收记录
主控项目	1	钢筋的弯钩和弯折	第5.3.1条				
	2	箍筋弯钩形式	第5.3.2条				
一般项目	1	钢筋的机械调直与冷拉调直	第5.3.3条				
		项目	允许偏差（mm）	量测值（mm）			
	2	受力钢筋顺长方向全长的净尺寸	±10				
	3	弯起钢筋的弯折位置	±20				
	4	箍筋内净尺寸	±5				

参考文献

[1] 钟汉华.水利水电工程施工技术[M].北京:中国水利水电出版社,2004.
[2] 侍克斌.水利工程施工[M].北京:中国水利水电出版社,2009.
[3] 苗兴皓.水利工程施工技术[M].北京:中国水利水电出版社,2008.
[4] 余恒睦.施工机械与施工机械化[M].北京:中国水利水电出版社,1987.
[5] 中华人民共和国国家能源局.NB/T 35006—2013 水电工程围堰设计导则[S].北京:中国电力出版社,2013.
[6] 中华人民共和国国家经济贸易委员会.DL/T 5114—2000 水电水利工程施工导流设计导则[S].北京:中国电力出版社,2001.
[7] 中华人民共和国国家能源局.DL/T 5128—2009 混凝土面板堆石坝施工规范[S].北京:中国电力出版社,2009.
[8] 中华人民共和国国家能源局.DL/T 5129—2013 碾压式土石坝施工规范[S].北京:中国电力出版社,2013.
[9] 中华人民共和国国家能源局.DL/T 5135—2013 水利水电工程爆破施工技术规范[S].北京:中国电力出版社,2013
[10] 中华人民共和国国家经济贸易委员会.DL/T 5144—2001 水工混凝土施工规范[S].北京:中国电力出版社,2002.
[11] 中华人民共和国国家能源局.DL/T 5169—2013 水工混凝土钢筋施工规范[S].北京:中国电力出版社,2013.
[12] 中华人民共和国国家经济贸易委员会.DL/T 5389—2007 水工建筑物岩石基础开挖工程施工技术规范[S].北京:中国水利水电出版社,2007.
[14] 中华人民共和国水利部.SL 62—2014 水工建筑物水泥灌浆施工技术规范[S].北京:中国水利水电出版社,2014.
[15] 中华人民共和国水利部.SL 274—2001 碾压式土石坝设计规范[S].北京:中国水利水电出版社,2002.
[16] 中华人民共和国水利部.SL 378—2007 水工建筑物地下开挖工程施工规范[S].北京:中国水利水电出版社,2007.
[17] 中华人民共和国水利部.SL 377—2007 水利水电工程喷锚支护技术规范[S].北京:中国水利水电出版社,2007.
[18] 中华人民共和国水利部.SL 223—2008 水利水电建设工程验收规程[S].北京:中国水利水电出版社,2008.
[19] 刘祥柱.水利水电工程施工[M].郑州:黄河水利出版社,2009.
[20] 周克已.水利工程施工[M].北京:中央广播电视大学出版社,2004.
[21] 张小林.土石方工程施工与组织[M].北京:中国水利水电出版社,2009.
[22] 中华人民共和国住房城乡建设部.GB 50204—2002(2011年版) 混凝土结构工程施工质量验收规范[S].北京:中国建筑工业出版社,2011.